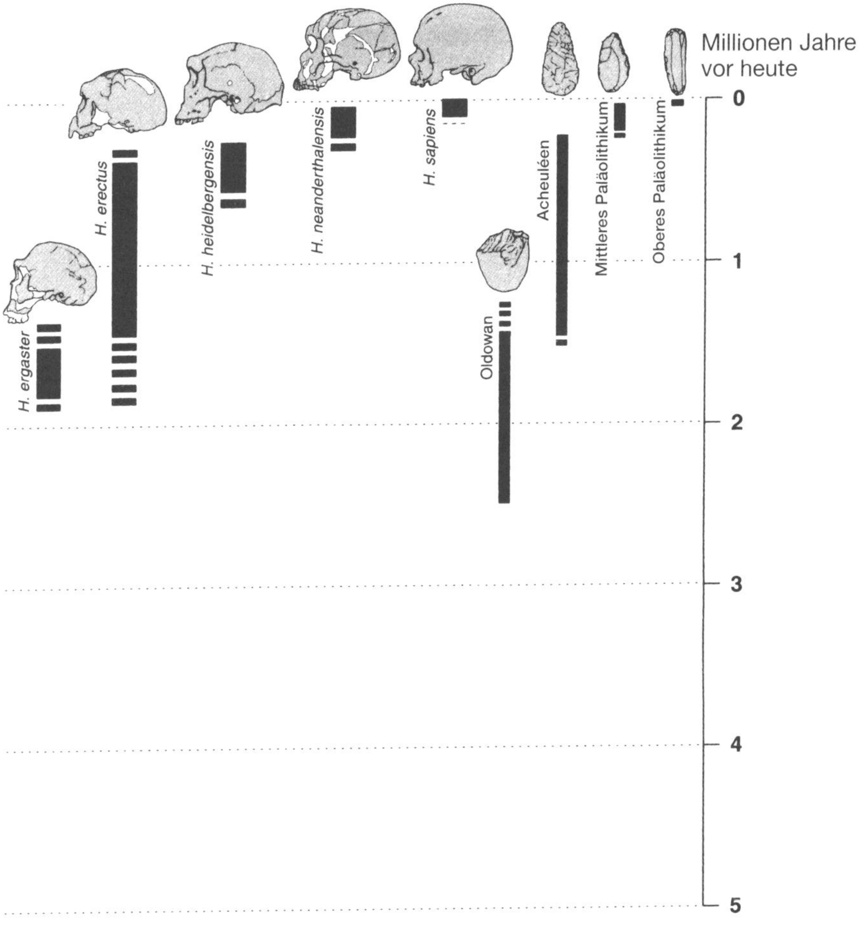

Millionen Jahre
vor heute

H. ergaster

H. erectus

H. heidelbergensis

H. neanderthalensis

H. sapiens

Acheuléen

Mittleres Paläolithikum

Oberes Paläolithikum

Oldowan

0

1

2

3

4

5

Puzzle Menschwerdung

Ian Tattersall

Puzzle Menschwerdung

Auf der Spur der menschlichen Evolution

Aus dem Englischen übersetzt von Katrin Welge
und Jorunn Wißmann

Spektrum Akademischer Verlag   Heidelberg · Berlin

Originaltitel: The Fossil Trail. How We Know What We Think We Know about Human Evolution
Aus dem Englischen übersetzt von Katrin Welge und Jorunn Wißmann

Amerikanische Originalausgabe bei Oxford University Press, New York und Oxford
Ergänzte Taschenbuchausgabe bei Oxford University Press 1996
© 1995 by Oxford University Press, Inc.
Deutsche Übersetzung mit Genehmigung von Oxford University Press, Inc.

Die Deutsche Bibliothek – CIP-Einheitsaufnahme

Tattersall, Ian:
Puzzle Menschwerdung : auf der Spur der menschlichen Evolution / Ian Tattersall. Aus
dem Engl. übers. von Kartin Welge und Jorunn Wißmann. – Heidelberg ; Berlin :
Spektrum, Akad. Verl., 1997
   Einheitssacht.: The fossil trail <dt.>
   ISBN 3-8274-0140-2

© 1997 Spektrum Akademischer Verlag GmbH Heidelberg · Berlin

Lektorat: Frank Wigger/Marion Handgrätinger, Martina Mechler (Ass.)
Redaktion: Erich Lange
Produktion: Brigitte Trageser
Umschlaggestaltung: Kurt Bitsch, Birkenau
Druck und Verarbeitung: Franz Spiegel Buch GmbH, Ulm

Inhaltsverzeichnis

Vorwort

Sir Isaac Newton sagte einmal, daß er Weitblick zeigen konnte, weil er auf den Schultern von Riesen gestanden habe. Mit diesen für ihn ungewöhnlich gnädigen Worten bekannte er sich zu der Dankesschuld gegenüber der Vergangenheit – die gleichzeitig (wohl nie gewollt) eine Last darstellt –, die alle Wissenschaftler empfinden. Auch wenn jeder Wissenschaftler und jede Wissenschaftlerin auf einem Fundament weiterbaut, das ihre jeweiligen Vorgänger legten, hängt das, was man von der eigenen erhabenen Position aus erkennt, von der Größe des Riesen sowie von der Richtung ab, in die er gerade blickt. Davon handelt dieses Buch; denn die Deutung des jeweils vorliegenden Beweismaterials ist letztlich auch dadurch bestimmt, was man erwartet. Gerade in der Paläoanthropologie mögen vorgefaßte Meinungen eine noch größere Rolle spielen als in anderen Naturwissenschaften. Natürlich hat das Studium der menschlichen Evolution seit seinen frühen Tagen gewaltige Fortschritte gemacht – sowohl hinsichtlich der Fossilfunde als auch bei deren Deutung –, doch noch immer sind wir weitgehend überlieferten Weisheiten hörig. Dies führt uns zum Hauptthema dieses Buches zurück: Wie – und warum – sind wir zu dem gekommen, was wir über die menschliche Evolution, über die komplexe Geschichte unserer eigenen biologischen Vergangenheit, zu wissen glauben?

Die meisten populärwissenschaftlichen Bücher der letzten Jahre über die Evolution des Menschen gingen von den Erfahrungen einzelner Paläoanthropologen aus, die Ausgrabungen durchführten und dadurch zumindest implizit die Vorstellung verbreiteten, die Rekonstruktion der Vergangenheit sei im wesentlichen eine Sache des Entdeckens: Es müßten nur genügend Fossilien gefunden werden, dann offenbarte sich schon alles. Dies wiederum spiegelt die Vorstellung wider, die Paläontologie gliche einem Riesenpuzzle. Hätten wir alle Teile beisammen, würden sie sich zusammenfügen und ergäben ein vollständiges Bild – zumindest aber könnten wir mit genügend Teilen die groben Umrisse des Musters erkennen.

Daher das alte Lamento der traditionellen Paläontologen über die fossile Überlieferung, die fast ausnahmslos als „kläglich" bezeichnet wird. Tatsächlich werden wir mit Sicherheit niemals über eine „vollständige" fossile Dokumentation verfügen. Die menschlichen Fossilfunde werden ganz gewiß nie auch nur ein tausendstel Prozent aller Individuen, die jemals gelebt haben, repräsentieren. Dennoch verfügen wir inzwischen über eine recht gute Stichprobe fossiler Arten – selbst fossiler Menschen –, die uns nach entsprechender Untersuchung eine vorläufige Vorstellung über die wichtigsten Ereignisse, die zur Entstehung unserer Art geführt haben, liefern sollten. Den Ausdruck „vorläufig" gebrauche ich im positiven Sinne, weil alle wissenschaftliche Erkenntnis vorläufig ist. Wie könnten wir auch auf irgendeinem Wissensgebiet mit einem Fortschritt rechnen, wäre das, was wir gerade annehmen, nicht irgendwie ungenau oder zumindest unvollständig? Eine wissenschaftliche Theorie läßt sich immer aufgrund neuer Beobachtungen überprüfen, ob diese nun experimentell erzielt worden sind, auf neuen Entdeckungen beruhen oder sich aus erneuten Analysen alter Befunde ergeben. Entgegen landläufigen Vorstellungen sind wissenschaftliche Überzeugungen keine unumstößlichen Manifestationen der Wahrheit und wollen das auch gar nicht sein.

Doch der Ausgangspunkt für jede neue Theorie ist die vorangegangene. Das heißt, wovon wir heute überzeugt sind, vermag sich nie völlig von dem zu lösen, woran wir gestern glaubten. Darüber hinaus kann nichts, was unserem eigenen Dasein so nah ist wie die Geschichte unserer Herkunft, unabhängig von unserem Selbstbild sein. Natürlich ist es zuviel verlangt, bei diesem emotional gefärbten Thema wissenschaftliche Ansichten völlig von den herrschenden gesellschaftlichen Auffassungen und Haltungen trennen zu wollen. Um zu verstehen, wie wir zu dem gekommen sind, was wir heute über die menschliche Evolution zu wissen meinen, müssen wir also in die Vergangenheit der Paläoanthropologie blicken, auf jene verschlungenen Pfade, auf denen wir zu unserem aktuellen Erkenntnisstand gelangt sind. Unsere frühere Vorstellungswelt, die heute vorliegenden Belege und unser Umgang mit ihnen beeinflussen einander auf sehr komplexe Weise. Deshalb folgt dieses Buch einem chronologischen Pfad.

New York   I. T.

Danksagung

Nie hätte ein Buch wie dieses ohne die Hilfe und den Einfluß zahlreicher anderer geschrieben werden können. Zu viele wären hier einzeln zu nennen, obwohl die meisten im Text namentlich erwähnt werden. Vielen Dank an alle.

Meine Kollegen Niles Eldredge, Eric Delson und Richard Milner vom American Museum of Natural History waren so freundlich, das Manuskript zu lesen und wertvolle Anregungen zu geben. Keiner von ihnen – am allerwenigsten Eric – wird mit allem hier Niedergeschriebenen einverstanden sein, aber jedem von ihnen gebührt mein Dank.

Die Paläoanthropologie ist vor allem eine visuelle Wissenschaft, daher ist eine gute Illustration von entscheidender Bedeutung. Ich hatte das Glück, hierfür mit Don McGranaghan und Diana Salles zusammenzuarbeiten. Ihre Grafiken sind durch die Initialen D. M. und D. S. am Ende der jeweiligen Bildunterschrift gekennzeichnet. Meine Hochachtung an beide, genauso an Jaymie Brauer, die freudig den obskursten Literaturhinweisen nachjagte und (nicht ganz so freudig) den Index erstellte.

Dieses Buch wäre ohne den Weitblick und die hilfreiche Unterstützung von Bill Curtis, jetzt beim Wiley-Liss-Verlag, niemals begonnen und ohne die Ermutigung durch Kirk Jensen von Oxford University Press sowie dessen Beharrlichkeit und Geduld sicherlich auch nie fertiggestellt worden. Beiden bin ich zu tiefstem Dank verpflichtet, ebenso Carole Schwager für ihre sorgfältige Redaktionsarbeit und Dolores Oetting, die das Buch durch die Produktion brachte.

Abschließend möchte ich mich nochmals beim American Museum of Natural History herzlich bedanken, da es mir die Möglichkeit zum Schreiben und eine hierfür unvergleichliche Umgebung bot.

Abkürzungen

AMNH   American Museum of Natural History

DK   Douglas Korongo (Fundstätte in der Olduvai-Schlucht)

FLK   Frida Leakey Korongo (Fundstätte in der Olduvai-Schlucht)

FLKNN   FLK North – North (Fundstätte in der Olduvai-Schlucht)

KBS   Kay Behrensmeyer Site (East Turkana)

KNM   Kenya National Museums

KNM-ER   Kenya National Museums – East Rudolf

KNM-WT   Kenya National Museums – West Turkana

LH   Laetoli Hominid

MLD   Makapansgat Limeworks Deposit

MNK   Mary Nicol Korongo (Fundstätte in der Olduvai-Schlucht)

NME   National Museum of Ethiopia

NME-AL   National Museum of Ethiopia – Afar Locality (Afar-Region)

NMT   National Museum of Tanzania

NMT-WN   National Museum of Tanzania – West Natron

OH   Olduvai Hominid

SK   Swartkrans

Sts   Sterkfontein site (TM-Katalogbezeichnung)

Stw   Sterkfontein site (UW-Katalogbezeichnung)

TM   Transvaal Museum

UW   University of the Witwatersrand

1. Vor Darwin

Das Interesse an unserer Herkunft reicht bis in eine Zeit zurück, als noch niemand etwas von einer Fossilgeschichte oder gar einer evolutionären Vergangenheit wußte. Tatsächlich hat jede menschliche Gesellschaft ihre eigenen Ursprungsmythen, denn das Bedürfnis nach Klärung der eigenen Herkunft scheint eine tiefverwurzelte Eigenart der menschlichen Psyche zu sein. Dennoch wurden hominide Fossilien zunächst nur aus demselben Grund untersucht, der auch Bergsteiger seit jeher auf Gipfel klettern ließ – einfach, weil sie da waren. Natürlich interessierte man sich Mitte des 19. Jahrhunderts, als die fossile Überlieferung ihre ersten Geheimnisse preisgab, schon sehr für die beachtliche Vielfalt der belebten Natur und die Stellung der Menschheit darin. Dies entsprach dem wachsenden Verdacht, die Erde müsse sehr viel älter sein, als die Bibel anscheinend glauben machte (zumindest in der Übersetzung des 17. Jahrhunderts). Dennoch wurden menschliche Fossilien erst ziemlich spät in evolutionistische und geologische Systeme eingeordnet; und viele der ersten Deutungen der Unterschiede zwischen uns und dem 1856 entdeckten „Ur"-Neandertaler rochen etwas nach Ad-hoc-Erklärungen. Liest man heutzutage jene phantastischen Spekulationen, hat man kaum den Eindruck, daß sie auf irgendeinem Theoriegebäude basierten, sei es nun kohärent oder nicht. Ein gehässiger Beobachter könnte anmerken, daß im Verlauf des vergangenen Jahrhunderts und noch darüber hinaus die Praxis der Paläoanthropologie – der Wissenschaft von den fossilen Menschen – ihre Furche immer weit entfernt von der Hauptrichtung der Evolutionsbiologie zog. Aber vielleicht ist bei einer Thematik, die uns so unmittelbar berührt, eine gewisse Engstirnigkeit unvermeidlich.

Im 18. Jahrhundert beschäftigte die Zoologen immer häufiger ein Sachverhalt, der sich schon den Menschen der Antike offenbart hatte: Die unterschiedlich starke Ähnlichkeit der Menschen mit anderen nichtmenschlichen Lebewesen folgt einer „natürlichen" Ordnung. Ein relativ typischer Vertreter dieser Zeit war Carl von Linné (1707–1778), der auch als Carolus Linnaeus bekannte schwedische Gelehrte, der das System zur Benennung und Klassifikation von Organismen aufstellte, das wir bis heute anwenden. Das Linnésche System wurde in den beiden vergangenen Jahrhunderten zwar stark weiterentwickelt, ist aber in seinen Grundzügen noch unverändert. Es besteht in einer hierarchischen Anordnung, die von niedrigeren (weniger umfassenden) zu höheren (umfassenderen) systematischen Kategorien fortschreitet. So faßte Linné die Arten zu Gattungen, die Gattungen zu Ordnungen und die Ordnungen zu Reichen, der umfassendsten Untergliederung belebter Natur, zusammen.

In die Ordnung Primates schloß Linné neben den Gattungen *Vespertilio* (Fledermäuse), *Lemur* (Madagaskarlemuren und verschiedene verwandte Formen) sowie *Simia* (Affen) auch die Gattung *Homo* mit ein. Diese Gattung enthielt neben den Menschen, die der Art *Homo sapiens* zugeordnet wurden, auch die Art *Homo troglodytes*, welche jene beiden großen Menschenaffen miteinbezog, die Linné kannte: den Schimpansen und den Orang-Utan. Dieser Teil der Linnéschen Klassifikation fand allerdings bei der Veröffentlichung kaum Beachtung. Doch war nicht zu leugnen, daß von allen Tieren die Menschenaffen den Menschen am meisten ähnelten; eine Tatsache, die der große englische Anatom Edward Tyson schon Jahre zuvor elegant demonstriert hatte. Tyson hatte bereits 1698 durch den Vergleich der Anatomie eines Schimpansen mit der eines Menschen sowie mit der eines niederen Affen gezeigt, daß Schimpanse und Mensch sich in 47 Merkmalen ähnelten. Der Schimpanse und die „niederen" Affen hatten hingegen nur 34 Merkmale gemeinsam. Das beunruhigte nicht weiter, solange die Vorstellung von der Konstanz der Arten unangetastet blieb. Mit anderen Worten, solange man die Ähnlichkeiten zwischen den Arten einfach als Gottes Wille ansah, bedeutete die bloße Feststellung der Ähnlichkeiten, die auch für den größten Laien sichtbar waren, keine ernsthafte Bedrohung für den damals vorherrschenden Glauben. Danach galten Menschen noch immer als Sonderfall der Schöpfung – erschaffen, um der Natur Bedeutung zu verleihen. Eine Welt ohne den Menschen, dachten die meisten Europäer, wäre eine Welt ohne Sinn und Zweck.

Nun hatte die Erde selbst nach der biblischen Überlieferung tatsächlich gar nicht lange ohne Sinngebung auskommen müssen. Die wörtliche Auslegung des Wortes „Tag" in den Genesisübersetzungen läßt darauf schließen, daß Menschen die Erde gleich nach ihrer Erschaffung betreten haben, denn eine Woche ist schließlich nicht mehr als ein Augenblick in den annähernd 6 000 Jahren, die nach Überzeugung der Theologen vergangen waren, seit Gott Adam in die Welt gesetzt hatte. Martin Luther hatte diese Zahl höchstpersönlich niedergeschrieben, und zahlreiche Theologen äußerten ähnliche Vorstellungen über das Alter der Menschheit. Das Datum um 4000 vor Christus ergab sich aus der Summe aller im Alten Testament erwähnten Geschlechter; diese ergänzte man durch astronomische Berechnungen. Mit dieser Methode kam man mitunter zu erstaunlich präzisen Zeitangaben. So errechnete Mitte des 17. Jahrhunderts John Lightfoot, Vizekanzler der University of Cambridge, daß die Schöpfung sich am 23. Oktober 4004 vor Christus um neun Uhr morgens zugetragen haben müsse – rechtzeitig zum Beginn des akademischen Jahres!

Ähnlich wie Verfassungen bergen auch heilige Dokumente einen verführerisch großen Interpretationsspielraum. Gegen Ende des 18. Jahrhunderts begannen einige Naturforscher aus Lücken im Buch Genesis den Schluß zu ziehen, die Erschaffung der Erde habe sehr viel länger als 6 000 Jahre gedauert. Nie zuvor hatte jemand gewagt, diese Zeitangabe für den Ursprung der Menschheit anzuzweifeln. Die Ereignisse der Französischen Revolution förderten in Frankreich solche Tendenzen, insbesondere dort, wo eine neue, theistische Sichtweise in Mode kam. Nach dieser Vorstellung habe der Schöpfer den Stein zwar ins Rollen gebracht, sich dann jedoch mehr oder weniger herausgehalten und den Gang der Dinge mit einem gewissen Interesse verfolgt, ohne aber selbst viel aktiv einzugreifen – wenigstens bis der Mensch die Bühne betrat. Der große französische Naturforscher Comte Georges de Buffon (1707–1788) machte das Beste aus diesem neuen, sich rasch verbreitenden Gedankengut. Er strukturierte seine Darstellung der Erdgeschichte nach den Worten der Genesis und beschrieb sieben Phasen des Lebens. Der Mensch erschien erst in der sechsten Phase und begann erst in der letzten, die Natur zu beeinflussen. Buffon hatte somit eine dynamische, ständig im Wandel begriffene Erde vor Augen, die schon seit Zehntausenden von Jahren existierte. Dieser relativ lange Zeitraum war im wesentlichen eine Vorbereitung auf die Ankunft des Menschen, die erst erfolgte, als die Erde „seiner Herrschaft würdig" geworden war.

Durch die Arbeiten Buffons und anderer Wissenschaftler fand die Idee einer langen Erdgeschichte gegen Ende des 18. Jahrhunderts

allgemeine Anerkennung, obwohl sie bedeutete, daß die Schöpfungsgeschichte nur als Allegorie zu verstehen war. Doch bestimmte die
biblische Genealogie noch immer den Alltag, und der Zeitpunkt vor
6 000 Jahren für die Erschaffung der Menschheit wurde von Buffon
und den meisten anderen weiterhin als guter Näherungswert akzeptiert.

Hatte die Erde tatsächlich eine derart lange Geschichte, dann konnte man geologische Beobachtungen nicht mehr länger aus deren Erörterung heraushalten. Gegen Ende des 18. Jahrhunderts machte ein
weiterer hervorragender französischer Wissenschaftler, Georges Cuvier (1769–1832), darauf aufmerksam, daß die geologische Entwicklung der Erde nicht kontinuierlich, sondern durch zahlreiche dramatische Einbrüche gekennzeichnet sei. Er fand auch, daß in Meeren
abgelagerte Sedimente überall von terrestrischen Ablagerungen gefolgt sein konnten, die dann ihrerseits wiederum von neuen marinen
Schichten bedeckt wurden. Offensichtlich war das Land wiederholt
vom Meer überflutet worden. Darüber hinaus entdeckte er, daß Fossilien immer weniger der heutigen Fauna gleichen, je tiefer sie in einer
Gesteinsabfolge lagern. Anhand seiner Untersuchungen der Fossilien
riesenhafter Säugetiere, die – würden sie noch existieren – die Beschreiber der zeitgenössischen Fauna kaum hätten übersehen können,
wies er das Aussterben von Arten nach (das viele ablehnten, weil es
mit der Perfektion der göttlichen Schöpfung nicht vereinbar war).
Solche Fossilien prähistorischer Tiere fanden sich massenhaft in geologischen Ablagerungen bei Paris. Diese Ablagerungen bestanden aus
Geschieben, die damalige Geologen lediglich mit starker Wasserbe-
wegung in Verbindung brachten. Heute wissen wir, daß sie auf Vergletscherung beruhten. All dies brachte Cuvier auf den Gedanken, die
Geschichte der Erde sei durch eine Reihe von „Revolutionen" oder
„Katastrophen" gekennzeichnet, die ganze Faunen auslöschten, als
das Land überflutet und der Meeresboden freigelegt wurde. Cuvier
vermutete, die jüngsten der von ihm beschriebenen Faunen könnten
aus der Zeit vor etwa 6 000 Jahren stammen. Die engsten Parallelen
zwischen dieser jüngsten Katastrophe und der Sintflut sah man allerdings nicht in Frankreich, sondern in England.

Cuvier selbst war immer sehr darauf bedacht, seine Argumente auf
vorhandene Belege zu beschränken und theologische Überlegungen
zu vermeiden. So bezieht sich seine berühmte Aussage »Den fossilen

Menschen gibt es nicht!« schlichtweg darauf, daß er keine Fossilfunde von Menschen kannte. Erst nachfolgende Interpreten ergänzten, ein solches Fossil *könne* nicht existieren. Beispielsweise hatte sich der englische Arzt James Parkinson (bestens bekannt durch die Beschreibung der nach ihm benannten Krankheit), noch bevor Cuviers Hauptwerk zur Katastrophentheorie 1812 erschien, ausgerechnet dessen wissenschaftliche Thesen zur Bestätigung der biblischen Schöpfungsgeschichte ausgesucht. Die Vorstellung vom Menschen als Krone der Schöpfung, wie sie das erste Buch Mose offenbart, wurde nicht zuletzt dadurch untermauert, daß die Paläontologen damals noch keine Menschenknochen in den ausgestorbenen Faunen gefunden hatten. Überdies galt die Existenz von Fossilien ausgestorbener Tiere in Geschieben nun als Beweis der Sintflut. Doch blieb dies nicht allzulange unangefochten, obwohl sich eine Reihe einflußreicher Gelehrter damit befaßte, wie etwa der exzentrische, aber brilliante Geologe William Buckland (1784–1856). Die Wissenschaft der Geologie entwickelte sich rasch, und Bucklands Beweisführungen mußten sich bald den Argumenten von Forschern wie dem Geologen Charles Lyell (1797–1875) beugen. Von Lyell hieß es einmal, er sei berufen, »die Wissenschaft von Moses zu befreien«.

Lyell entwickelte in seinen *Principles of Geology* („Grundlagen der Geologie") von 1830 die grundlegende Chronologie der heute als Tertiär bezeichneten letzten etwa 65 Millionen Jahre der Erdgeschichte. Er unterteilte diese Zeitspanne in die aufeinanderfolgenden Epochen Eozän, Miozän und Pliozän (damals natürlich noch ohne Jahresangaben). In einer späteren Ausgabe seines Buches fügte er am Ende der Reihe noch eine Epoche, das Pleistozän, an. Später setzten andere Autoren das Oligozän zwischen Eozän und Miozän sowie das Paläozän ganz an den Anfang der Reihe. Bald nach Lyells Einführung des Begriffs Pleistozän bemerkte der Paläontologe Hugh Falconer, daß dieses zeitlich mit den Eiszeiten zusammenfiel, die der Schweizer Geologe Louis Agassiz (1807–1873) zunächst in Europa und später auch in Amerika festgestellt hatte. Man identifizierte das „diluviale" („Sintflut-")Geschiebe schließlich als Resultat einer der Phasen klimatischer Abkühlung mit folgender Vereisung (Ausdehnung der polaren Eiskappen) während des Pleistozäns. Viel später erst wurde der Begriff „Holozän" für die vergangenen rund 10 000 Jahre eingeführt, in denen sich das Klima seit dem Ende der letzten Eiszeit erwärmt

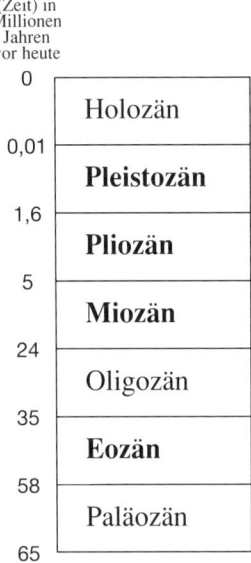

(Zeit) in
Millionen
Jahren
vor heute

0	Holozän
0,01	**Pleistozän**
1,6	**Pliozän**
5	**Miozän**
24	Oligozän
35	**Eozän**
58	Paläozän
65	

1.1 Abfolge der geologischen Epochen in den vergangenen 65 Millionen Jahren nach neuen Datierungen. Vom Paläozän bis zum Pliozän erstreckt sich das Tertiär; das Pleistozän und das Holozän bilden das Quartär. Die von Lyell benannten Epochen sind fettgedruckt. (D. S.)

hatte. Von den unvorhersehbaren Folgen menschlicher Eingriffe in solche Abläufe einmal abgesehen, gibt es jedoch keinen Grund anzunehmen, der eiszeitliche Kreislauf, der den größten Teil des Pleistozäns prägte, läge schon hinter uns.

Ein wichtiger Effekt der fachlichen „Demontage" Bucklands durch das Gros der Geologen war die endgültige Verbannung der biblischen Chronologie aus der wissenschaftlichen Diskussion seit den dreißiger Jahren des vorigen Jahrhunderts. Als sich das diluviale Geschiebe nicht mehr mit bestimmten Ereignissen der Heiligen Schrift in Verbindung bringen ließ, schwand auch die Bedeutung biblischer Vorgaben für die geologische Überlieferung. Diese Chronologie wurde zwar von einer allgemein gläubigen Bevölkerung nicht vergessen, aber es stand den Geologen nun frei, ein wahrlich enormes Erdalter zu erwägen. Wie James Hutton (1726–1797) , einer der Väter der Geologie, schon 1795 gesagt hatte, gab es »keine Spur von einem Anfang und auch keine Aussicht auf ein Ende«.

Natürlich war es kein zentrales Anliegen der Geologen, das hohe Alter der Menschheit nachzuweisen. Tatsächlich hatten sie in den dreißiger Jahren des vergangenen Jahrhunderts auch keine – oder

höchstens negative – Hinweise hierauf. Hingegen verfügten die Altertumsforscher über für diese Frage höchst bedeutsames Material.
Durch ihre Unverwüstlichkeit sind Steinwerkzeuge die häufigsten Beweise für Aktivitäten früher Menschen; allerdings mußte man sie erst
einmal als vom Menschen hergestellte Produkte (Artefakte) erkennen.
Abschlaggeräte aus Flint, die in Europa seit undenklichen Zeiten bekannt waren, galten als Raritäten, die einer Erklärung bedurften. Derartige Erklärungen waren ebenso vielfältig wie einfallsreich: Man
hielt die Geräte beispielsweise für versteinerte Blitze, Zauberpfeile
oder Wolkenausscheidungen. Trotz des Gebrauchs von Feuersteinen
war es in Europa damals undenkbar, Schneid- oder Schabwerkzeuge
aus Stein zu fertigen, weil doch so viel anderes, höherwertiges Material zur Verfügung stand. Niemand kam auf die Idee, diese seltsamen
Objekte könnten eine ganz profane Ursache haben – bis die Neue Welt
entdeckt wurde; denn dort stellten die Menschen immer noch Steinwerkzeuge her und gebrauchten sie. Von da an war die Voraussetzung,
wenn auch nicht das intellektuelle Klima, für eine korrekte Diagnose
gegeben. Isaac de la Peyrère aus Bordeaux veröffentlichte 1655 als
erster die Theorie, diese „Blitzschläge" seien die Erzeugnisse vorgeschichtlicher, „prä-adamitischer" Menschen. Leider büßte der arme
Isaac für seine Kühnheit; er wurde von der Inquisition verhaftet und
sein Buch auf den Straßen von Paris öffentlich verbrannt.

In England herrschte ein toleranteres, wenn auch nicht gerade auf-
nahmebereites soziales Klima. Kurz nachdem de la Peyrères Buch
erschienen war, veröffentlichte Sir William Dugdale, Autor einer Abhandlung über die Altertümer von Warwickshire, die Illustration einer
„Steinaxt", die nach seiner Behauptung von prähistorischen Briten
stammte, die keinen Umgang mit Metallen kannten. Dugdales Aussage wurde allgemein ignoriert, doch tauchten in den folgenden Jahren
einige ähnliche Überlegungen auf. Während des nicht mehr ganz so
doktrinären 18. Jahrhunderts übernahmen einige französische Gelehrte, darunter der angesehene Botaniker A. L. de Jussieu (1748–1836),
die These, Steinwerkzeuge seien das Werk von Menschen, die keine
Metalle kannten. Als man in der Gaylenreuthhöhle in Deutschland
erstmals Skelettfragmente von Menschen in Verbindung mit Steinwerkzeugen und ausgestorbenen Tieren fand, leugnete allerdings ihr
Entdecker Johann Friedrich Esper betrüblicherweise die Tragweite
dieses Ereignisses. Er schrieb 1774, er »wage nicht anzunehmen«, die

Überreste der Menschen stammten aus derselben Zeit wie die Tierfossilien, zwischen denen man sie fand. So dauerte es bis zum Ende des 18. Jahrhunderts, bis endlich der englische Gutsherr John Frere einige steinzeitliche Faustkeile, die er in einer Kiesgrube bei Hoxne in der Grafschaft Suffolk freigelegt hatte, mehr oder weniger richtig identifizierte. Sie hatten zusammen mit den Knochen ausgestorbener Tiere in einer Tiefe von etwa vier Metern gelegen. Es handele sich, schrieb er im Jahre 1800, um Waffen, hergestellt von Menschen, die keine Metallverarbeitung kannten; und ihr geologischer Kontext »mag uns zu der Annahme verleiten, sie stammten aus einer wahrhaft fernen Zeit, die sogar jenseits der heutigen Welt liegt«. Womit er natürlich die biblische Welt der 6 000 Jahre meinte.

Freres Erkenntnisse blieben unbeachtet, weil sie ihrer Zeit voraus waren. Ebenso unbeachtet blieb der erste Fund von Steinwerkzeugen und Knochen ausgestorbener Tiere zusammen mit Skelettfragmenten einer ausgestorbenen Hominidenart etwa 30 Jahre später in der Höhle von Engis in einem Abhang im Tal der Maas bei Lüttich in Belgien. Philippe-Charles Schmerling legte diese Stätte frei und erkannte in den Steingeräten die Erzeugnisse urzeitlicher Menschen. Als er sich jedoch außerstande sah, den Druck seines großartigen Werkes *Recherches sur les Ossements Fossiles Decouvertes dans les Cavernes de la Province de Liège* („Untersuchungen an den in den Höhlen der Provinz Lüttich gefundenen fossilen Gehirnen") zu bezahlen, verkaufte man einen Großteil der Auflage als Papierabfälle, womit es der Fachwelt nur in begrenztem Umfang zur Verfügung stand. Obendrein hatte einer der beiden von Schmerling entdeckten Hominidenschädel zwar ein recht hohes Alter, stammte aber von einem Individuum modernen Formentyps; der ältere repräsentierte dagegen tatsächlich eine ausgestorbene Hominidenart, war aber der eines Kindes und sah deshalb täuschend modern aus. Zu guter Letzt gerieten diese Funde fast zwangsläufig in Vergessenheit, weil Schmerling frühzeitig starb und seine Sammlung in die Obhut der Universität von Lüttich übergeben wurde, die sie in einer Scheunenecke verschwinden ließ. Erstaunlicherweise überdauerten die Fossilien und zogen dann mit Verspätung die Aufmerksamkeit auf sich. Erst nach vielen Jahren erkannte man ihre wahre Bedeutung. Dabei hatte man ihr hohes Alter nie ernsthaft bezweifelt, und ihre zeitliche Zuordnung zu ausgestorbenen Arten wie Mammut und Wollnashorn bestätigte schließlich kein Geringerer als Sir Charles Lyell.

Ein ähnliches Schicksal ereilte einen adulten, viel besser erhaltenen archaischen Schädel, der 1848 oder früher bei Arbeiten an militärischen Befestigungen auf Gibraltar gefunden wurde. Auch er lag jahrelang vernachlässigt im Regal, bevor man seine Bedeutung erfaßte.

So schreibt man für gewöhnlich Jacques Boucher de Perthes (1788–1868), einem Zollbeamten aus Abbeville in Nordfrankreich, das Verdienst zu, das Fundament der steinzeitlichen Frühgeschichte geschaffen zu haben. In den späten dreißiger Jahren des 19. Jahrhunderts wandte sich Boucher de Perthes nach erfolglosen Versuchen als Dichter und Dramatiker den Steinwerkzeugen zu, die man an verschiedenen Stellen im Sommetal fand, teilweise mit ausgestorbenen Faunen assoziiert. Zuerst hielt er diese Objekte für diluvial, doch verwarf er bald diese sich auf Noahs Zeiten beziehende Erklärungen und bezeichnete sie in seinen umfangreichen Werken als antediluvial – aus der Zeit vor der Sintflut stammend. Da die meisten französischen Geologen damals noch Anhänger der Katastrophentheorie waren, galt Boucher de Perthes bald als unglaubwürdig, zumal er bei der Identifi-

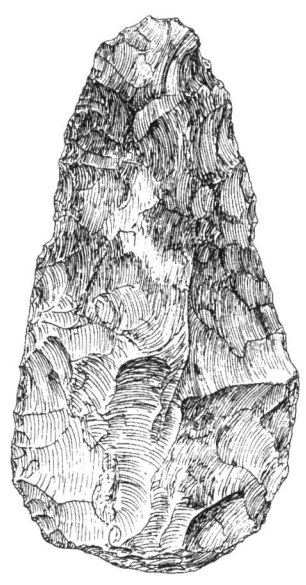

1.2 Chert-Faustkeil des Acheuléen (AMNH 6.9) aus dem Sommetal, Frankreich; ähnlich den von Jacques Boucher de Perthes beschriebenen. Maßstab: ein Zentimeter. (D. S.)

zierung von Werkzeugen und Fossilien oft ein wenig ungenau war. Er hielt jedoch eisern an seiner Auffassung fest und bekam auch fast von Anfang an einige Unterstützung von französischen Wissenschaftlern. Letztlich konnte er viele von ihnen für seine Ansicht gewinnen, diese Objekte seien Werkzeuge und die dabei gefundenen Fossilien belegten überzeugend ihre prähistorische Herkunft. In England verlief die Entwicklung ähnlich, und das Jahr 1859 markierte für Boucher de Perthes einen Wendepunkt. Damals suchten die britischen Gelehrten Joseph Prestwich und John Evans das Sommetal auf und bestätigten die Echtheit seiner Funde. Nach seiner Rückkehr erstattete Evans der Royal Society entsprechenden Bericht und machte die vorzeitliche Herkunft der Menschheit sozusagen amtlich. Passenderweise war es dasselbe Jahr, in dem Charles Darwin (1809–1882) sein Werk *Über die Entstehung der Arten durch natürliche Zuchtwahl* veröffentlichte.

Während die Altertumsforscher nach und nach die lange Geschichte der Menschwerdung demonstrierten, etablierte sich auch allmählich, nicht zuletzt aufgrund der Bemühungen Cuviers, die Wissenschaft der Paläontologie – die Erforschung der Lebewesen vergangener Erdperioden anhand der fossilen Überlieferung. Doch die Existenz ausgestorbener Arten zu beweisen war eine Sache, die Transformation einer Art in die nächste anzuerkennen, eine völlig andere. Cuvier betrachtete wie fast alle seine Zeitgenossen Arten als statische, unveränderliche Einheiten, und keiner der Fossilfunde brachte ihn dazu, seinen konventionellen Standpunkt aufzugeben. Sicher folgte unter den Fossilien eine Fauna auf die andere, aber dies führte man entweder auf die Einwanderung von Tieren zurück, die die vorangegangene Katastrophe irgendwo überlebt hatten, oder auf darauf folgende Neuschöpfungen. In letzterem Fall enthielt sich Cuvier allzu genauer Ausführungen; denn als exzellenter Wissenschaftler mochte er Religion und Naturwissenschaft nicht vermischen. Dennoch vermochte er sich noch nicht vorzustellen, eine Fauna oder eine Art könne sich zu einer anderen entwickeln.

Cuviers Überzeugungen übten einen starken Einfluß aus. Noch Jahrzehnte nach seinem Tod 1832 dominierten sie, von einer großen Anhängerschar vervollkommnet, die französische Geologie und Paläontologie. Nichtsdestotrotz gelangte sein Zeitgenosse Jean de Monet, Chevalier de Lamarck (1744–1829), zu einer anderen Einschätzung. Nachdem er fast während seines gesamten Wissenschaftslebens an der

herkömmlichen Auffassung von der Konstanz der Arten festgehalten
hatte, vollzog Lamarck zwischen 1799 und 1800 eine Art „180-Grad-
Wendung", die seinen Standpunkt radikal änderte. Dieser Kurswech-
sel erfolgte anscheinend, als er beim Studium einer Molluskensamm-
lung (Mollusken sind Weichtiere wie Schnecken und Muscheln) fest-
stellte, daß viele fossile Arten offenbar in der heutigen Fauna Eben-
bilder haben – und das konnte man nach Cuviers Katastrophenlehre
eigentlich nicht erwarten. Außerdem ließen sich seine Mollusken in
vielen Fällen in eine sich verändernde Reihe einordnen, die sich stufenweise von frühen fossilen Arten über spätere, ebenfalls ausgestorbene in rezente Arten fortzusetzen schien. Lamarck schloß daraus, daß
diese Reihen zusammenhängende Stammlinien mit Vor- und Nachfahren darstellten und sich folglich Arten sehr wohl langsam von einer in
die andere umwandeln könnten. Nach seiner Ansicht hieß das verall-
gemeinert, die ernorme Vielfalt der heute lebenden Arten sei auf die
divergente Entwicklung von Abstammungslinien zurückzuführen, die
sich allmählich über riesige Zeiträume hinweg vollzog. Solche Abstammungslinien, so dachte er, seien ständig im Wandel begriffen, um
mit der sich verändernden Umwelt Schritt zu halten. Die Zeit bereitete
Lamarck keine Schwierigkeiten: Unbeeinflußt von Rücksichten auf
die Bibel konnte er über eine unbegrenzte Erdgeschichte nachdenken,
ja sogar annehmen, der Mensch sei durch diesen Prozeß aus einem
affenähnlichen Tier hervorgegangen, das den aufrechten Gang angenommen hatte. Diese Schlußfolgerungen präsentierte Lamarck 1809
der Welt mit seinem Werk *Philosophie Zoologique* („Zoologische Philosophie").

Nachdem Lamarck einen kurzen Blick auf die Grundzüge der Geschichte des Lebens geworfen hatte und die statische Auffassung vom
Lebendigen durch eine dynamische ersetzt hatte, sah er sich mit der
Frage konfrontiert, wodurch sich Abstammungslinien wandeln? Leider brachte er sich mit der Wahl seiner Antwort um seinen Ruf unter
späteren Wissenschaftshistorikern. Zunächst schlug er einen inneren
Drang der Organismen zur höheren Entwicklung vor, obwohl er erkannte, daß die tatsächliche Entwicklung, wie sie sich in den Fossilbelegen zeigt, für eine derartige These zu ungeordnet verlief. Also
brauchte er ein weiteres Argument. Da die Arten mit der Umwelt im
Einklang leben mußten, diese sich aber laufend veränderte, sollten
sich die Arten irgendwie mit der Umwelt verändern können. Lamarck

dachte daher, neue Verhaltensweisen aufgrund einer veränderten Umgebung bewirkten auch Veränderungen in den Organismen selbst. Die infolge dieser veränderten Verhaltensweisen neu erworbenen Eigenschaften würden dann an den Nachwuchs weitergegeben, woraus sich ein allmählicher physischer Wandel der Arten ergäbe. Den Anfangspunkt dieses Prozesses bildete die – nie genau definierte – Urzeugung einer Stammart.

Im Gegensatz zu Lamarcks bahnbrechenden Erkenntnissen über den Wandel innerhalb von Entwicklungslinien und der Veränderlichkeit der Arten waren seine einander ergänzenden Ideen zur Veränderung von Organen durch Gebrauch oder Nichtgebrauch und von der Vererbung erworbener Eigenschaften nicht gerade neu. Im nachhinein brachte man seinen Namen allerdings gerade mit diesen beiden Gedanken – besonders den letztgenannten – in Verbindung. Sie schienen stellvertretend für sein gesamtes Werk und brachten es in Mißkredit. Schon zu Lamarcks Lebzeiten wurden seine Ideen von so ungleichen und einflußreichen Personen wie Cuvier in Frankreich und Lyell in England heftigst angegriffen. Als man zu Beginn unseres Jahrhunderts dann die Gesetze der Genetik wiederentdeckte, fielen seine entlehnten, falschen Vorstellungen zum Mechanismus des Wandels schließlich völlig in Ungnade. So wurde das Kind mit dem Bade ausgeschüttet. Vielleicht wäre alles weitere Nachdenken über die Evolution ganz anders verlaufen, hätte man zu Beginn des 19. Jahrhunderts mehr auf Lamarck als auf Cuvier gehört.

Lamarcks Konzepte blieben, sofern sie nicht auf offenen Widerstand stießen, unbeachtet. Sogar unter den Geologen, die dem Aktualismus anhingen – die also wie Lyell zu beweisen versuchten, die Welt sei in der Vergangenheit von den gleichen Kräften gestaltet worden wie heute –, hielt sich der Glaube, alles auf Erden und die Erde selbst seien letztlich das Werk eines genialen Schöpfers. Daher war die – anonyme – Veröffentlichung des Werkes *Natürliche Geschichte der Schöpfung* des Londoner Autors Robert Chambers 1844 ein Skandal. Es verwundert nicht allzu sehr, daß Chambers lieber anonym bleiben wollte: Obwohl er den göttlichen Schöpfer hinter der irdischen Lebensgeschichte akzeptierte, meinte er doch, das Leben habe sich im Laufe der Zeit entwickelt – und zwar durch allmähliche Veränderungen, die nicht mit irgendwelchen Katastrophen zu tun hätten, sondern einem »Gesetz progressiver Entwicklung« folgten. Viele seiner Äuße-

rungen nahmen die Argumente vorweg, die Charles Darwin 15 Jahre
später vorbringen sollte; doch als naturwissenschaftlichem Amateur
unterliefen Chambers auch zahlreiche Fehler, und bei seiner Beweis-
sammlung unterschied er Volkstümliches nicht durchgehend von wissenschaftlichen Fakten. Vor allem konnte er keinen überzeugenden
„Motor" für die Evolution benennen. Trotzdem war sein Buch eine
bemerkenswerte Arbeit, selbst wenn es eher Empörung hervorrief als
eine Überprüfung der bequemen britischen Vorurteile zur Folge hatte.
Es hielt in den Köpfen der Biologen jenes Schreckgespenst des La-
marckismus wach, das Leben habe sich wirklich mit der Zeit gewandelt. Wer Mitte des 19. Jahrhunderts Lebewesen untersuchte, konnte
nicht die Möglichkeit ignorieren, ihrer Vielfalt liege eine Entwicklung
zugrunde, selbst wenn er dies – in aller Redlichkeit – ablehnte.

In der ersten Hälfte des 19. Jahrhunderts war inzwischen in
Deutschland die *Naturphilosophie* aufgekommen, eine romantische
und bisweilen ziemlich blauäugige Bewegung. Deren Anhängern widerstrebte es, für Naturphänomene rein mechanistische Erklärungen
zu akzeptieren, obgleich nicht alle in theologischen Deutungen Zuflucht suchten. Viele waren überzeugt, den Organismen wohne ein
Antrieb zur „Entwicklung" inne, der entweder schon vorhandene
Möglichkeiten aktivierte oder irgendeine Form von Umwandlung auslöste. Im Jahre 1851 war Chambers Buch ins Deutsche übersetzt worden und hatte so bedeutende Denker wie Schopenhauer beeinflußt.
Damit entstand in den folgenden Jahren unter deutschen Wissenschaftlern bereits eine gewisse Aufnahmebereitschaft für Darwins Ide-
en, bevor diese schließlich veröffentlicht wurden. Hermann
Schaaffhausen (1816–1893), der Erstbeschreiber der Neandertal-Fun-
de, meinte sogar schon 1853, noch vor Entdeckung der Neandertal-
Fossilien und dem Erscheinen von Darwins Buch, »die Unveränderlichkeit der Arten ... ist nicht erwiesen«. Der Titel von Schaaffhausens
Aufsatz *Über die Beständigkeit und Umwandlung der Arten* gibt die
damals lebhafte Debatte in deutschen Wissenschaftskreisen wieder.

In diesem intellektuellen Milieu fand man die ersten als solche
erkannten menschlichen Fossilfunde bemerkenswert genug, um eine
besondere Sorgfalt auf deren Deutung zu verwenden. 1856 begannen
Arbeiter, eine kleine Höhle im Steilhang des Neandertals auszuräu-
men, durch das die Düssel in den Rhein fließt. Sie legten dabei ein
Skelett frei, das unter einer etwa zwei Meter dicken Schlammschicht

begraben war. Einige Knochen von dem, was zum Zeitpunkt des Fundes noch ein komplettes Skelett gewesen sein könnte, überstanden die Ausgrabung und gelangten in die Hände des hier tätigen Lehrers Johann Fuhlrott. Dieser erkannte sie ganz richtig als prähistorisch und menschlich und ließ sie zur genaueren Beschreibung Schaaffhausen zukommen, einem Professor für Anatomie in Bonn. Die erhaltenen Skelettelemente bestanden aus einem Schädeldach (Kalotte), den beiden Femora (Oberschenkelknochen), aus Fragmenten des linken Ober- und Unterarms, einem Teil des Beckens sowie noch einigen weiteren Stückchen und Splittern.

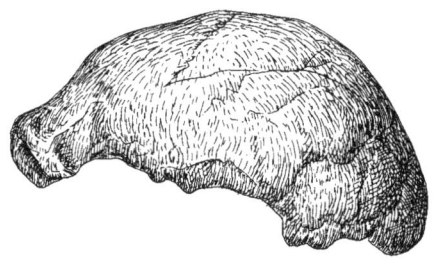

1.3   Seiten- oder Lateralansicht der 1858 in der Nähe von Düsseldorf gefundenen Schädelkalotte des Neandertalers. Typusexemplar des *Homo neanderthalensis*. Maßstab: ein Zentimeter. (D. S.)

Schaaffhausens Bericht, der 1858 veröffentlicht und von dem Anatomen George Busk 1861 ins Englische übersetzt wurde, ist in vielerlei Hinsicht beeindruckend. Schaaffhausen verfaßte eine sehr detaillierte anatomische Beschreibung, in der er die Dickwandigkeit der Knochen und die stark ausgeprägten Ansatzstellen der Muskulatur erwähnte. Dies ließ ihn vermuten, das Neandertal-Individuum sei – vielleicht aufgrund einer sehr anstrengenden Lebensweise – besonders kräftig und muskulös gewesen. Die meiste Aufmerksamkeit widmete Schaaffhausen jedoch der ungewöhnlichen Form der Kalotte, besonders den dicken Wülsten über den Augen, den großen Stirnhöhlen und der niedrigen, schmalen Stirn. Alles zusammen verlieh dem Schädel ein Aussehen, »das in der That an das Gesicht der großen Affen erinnert.« Diese Merkmale, die nach seinem Befund weder auf künstliche Manipulation noch auf pathologische Deformierungen zurückzuführen waren, stellten das Exemplar jenseits von allem, was ihm unmittelbar vertraut war. Doch was hatten sie zu bedeuten?

»Es sind der Gründe genug vorhanden für die Annahme«, schrieb Schaaffhausen, »daß der Mensch schon mit den Thieren des *Diluvium* gelebt hat, und mancher rohe Stamm mag vor aller geschichtlichen Zeit mit den Thieren des Urwaldes verschwunden sein, während die durch Bildung veredelten Rassen das Geschlecht erhielten.« So war es ausgesprochen sinnvoll, unter den zahlreichen archäologischen Berichten über hominide Schädel, die man in urgeschichtlichem Kontext gefunden hatte, für das Neandertal-Exemplar nach Vergleichsmaterial zu suchen. Das tat Schaaffhausen ausgiebig und erwähnte dabei sogar, daß der Schädel aus Engis Berichten zufolge ein ähnlich schmales Stirnbein hatte – obwohl er sich auf den adulten Schädel modernen Formentyps bezog. Der wirklich archaische Kinderschädel aus Engis war jedenfalls zu jung für jene Oberaugenwülste, die das Individuum im Erwachsenenalter aufgewiesen hätte. Obgleich er in der Literatur nichts finden konnte, was auch nur annähernd zu seinem Neandertaler gepaßt hätte, kam er am Ende seiner Recherche doch zu dem Schluß, »dass am häufigsten an Schädeln roher und zumal nordischer Völker, denen zum Theil ein hohes Alterthum zugeschrieben wird, ein starkes Vortreten der Augenbrauengegend sich befindet, dessen Spuren sich bis in die Gegenwart verfolgen lassen, so darf man vermuthen, dass eine solche Bildung der schwache Rest eines uralten Typus ist, der uns in dem Schädel aus dem Neanderthale in der auffallendsten Weise entgegentritt.« Schaaffhausen fuhr dann mit der Beschreibung der Barbarei verschiedener vorgeschichtlicher europäischer Stämme fort (meist wie aus der Sicht antiker oder frühchristlicher Chronisten). Daraus folgerte er, daß sein Exemplar, zusammen mit verschiedenen anderen, »wohl einem in Nordeuropa vor der germanischen Einwanderung ansässigen Urvolke angehöre.« Trotzdem war Schaaffhausen mit seiner Schlußfolgerung nicht vollkommen zufrieden, denn »die menschlichen Gebeine und der Schädel aus dem Neanderthale übertreffen alle die anderen an jenen Eigenthümlichkeiten der Bildung, die auf ein rohes und wildes Volk schließen lassen.«

Schaaffhausens Analyse ist ein klassisches Beispiel einer sorgfältigen und einsichtsreichen wissenschaftlichen Analyse, die von den

Grenzen des herrschenden Wissensstandes bestimmt war. 1858 stand
es außer Frage, daß Menschen, die auch als solche zu erkennen waren,
erstmals in der entfernten Vergangenheit aufgetreten sein mußten; und
der Fortschrittsglaube in Deutschland erleichterte die Vorstellung von
wilden Stämmen der Vorzeit, die sich von den zivilisierten Menschen,
ob nun in physischer oder physiognomischer Hinsicht, ein wenig unterschieden haben könnten. In der Tat behauptete Schaaffhausen,
»dass schon im Alterthum die verschiedenen germanischen Stämme
…, je nachdem sie eine rohe oder schon gesittetere Lebensweise
führten, eine verschiedene Körperbeschaffenheit sowie Gesichts- und
Kopfbildung hatten.« Doch solange die These von der Veränderlichkeit der Arten (im Gegensatz zur Mannigfaltigkeit der Arten) nur als
Abstraktion galt, als philosophische Vorstellung und nicht als organi-
sierendes Prinzip der Vielgestaltigkeit des Lebens, fehlte Schaaffhausen und allen anderen notwendigerweise die Idee der gemeinsamen
Abstammung von Arten (obwohl er bei „Stämmen" daran denken
konnte). Der damals vorherrschenden Geisteshaltung war es völlig
fremd, daß der Neandertaler, der zwar so offensichtlich menschlich,
aber ebenso offensichtlich keinem bekannten Menschen ähnlich war,
nicht nur eine Varietät, sondern ein Verwandter – vielleicht sogar ein
Vorfahr – der neuzeitlichen Menscheit sein könnte. Das wäre einfach
ein zu großer Schritt gewesen, angesichts eines einzigen, unvollständigen und eher seltsam aussehenden Schädels. Berücksichtigt man,
daß Schaaffhausen die Skelettüberreste aus dem Neandertal in eine –
wie wir heute wissen – unzutreffende Betrachtungsweise der Natur
einpassen mußte, so ist seine dennoch sehr ausgewogene Analyse
bemerkenswert.

In seinem Kommentar zu Schaaffhausens Besprechung dieses bei-
spiellosen Materials hob Busk den Vergleich zwischen dem Neandertaler und den Menschenaffen hervor. Er machte auch nochmals besonders auf die Vergleiche mit dem adulten Engis-Schädel aufmerksam –
ironischerweise mit dem anatomisch modernen und nicht dem Kinderschädel, der, wie heute feststeht, tatsächlich von einem weiteren Neandertaler stammt. Doch Friedrich Mayer, ein Kollege Schaaffhausens
an der Universität Bonn, war ganz und gar anderer Meinung. Fünf
Jahre nach der Veröffentlichung von Darwins *Über die Entstehung
der Arten* und zu einem Zeitpunkt, da ihm die potentielle Bedeutung
des Neandertalers bereits bewußt war, schrieb Mayer 1864, daß die-

sem Schädel ein Sagittalkamm (Crista sagittalis) fehle – also der knöcherne Kamm oben auf dem Hirnschädel, an dem beim Menschenaffen, beispielsweise dem männlichen Gorilla, massige Kaumuskeln (Temporalismuskeln) ansetzen. Wie wir heute wissen, ist die Crista sagittalis nur ein passives Resultat aus der Kombination kräftiger Kaumuskulatur mit einem kleinen Hirnschädel. Allerdings hatte der Neandertaler einen großen Hirnschädel mit einem Gehirn von dem Volumen des unseren. Jedoch war dies damals wohl weniger offensichtlich, denn Mayer verlangte: »Man zeige mir einen fossilen Menschenschädel mit einem Sagittalkamm und ich werde zugeben, daß der Mensch von einem affenähnlichen Vorfahren abstammt.«

Während Mayer Schaaffhausens Interpretation so zurückwies, stellte er gleichzeitig zwei alternative Thesen auf. Nach der ersten gehörten die Überreste des Neandertalers einem modernen Individuum, dessen Skelett durch eine künstliche Rachitis krankhaft degeneriert war. Die Form der Oberschenkelknochen ließ ihn beim Neandertaler O-beinigkeit vermuten, wie sie bei vielen Reitern anzutreffen ist. Schließlich folgerte er, es handele sich bei den Skelettfragmenten um einen Deserteur aus dem Kosakenheer, das in der Nähe des Neandertales gelagert hatte, bevor es im Januar 1814 den Rhein überquerte und in Frankreich einfiel. Nach entsprechenden Aufzeichnungen Schaaffhausens wies das erhaltene Ellenbogengelenk des Skeletts auch Anzeichen einer Verletzung auf. Somit hatte diese Person unter ständigen Schmerzen gelitten, die nach Mayers Behauptung zusammen mit den Folgen der Rachitis zu einem andauerndem Stirnrunzeln geführt hätten. Die angespannte Gesichtsmuskulatur wiederum hätte die Form der Augenbrauenregion beeinflußt! Heutzutage klingt diese Begründung äußerst merkwürdig und amüsant, doch damals wurde sie von vielen aufgegriffen. Langfristig fand allerdings Mayers Alternativvorschlag, der Neandertal-Schädel stamme von einem modernen Menschen mit zum Teil aus der Kindheit herrührenden pathologischen Veränderungen, den größten Anklang.

An dieser Episode finde ich besonders merkwürdig, daß Schaaffhausen in seiner Schrift von 1858 anmerkte, Professor Mayer habe schon zu einem frühen Zeitpunkt auf die verzweigten Verkrustungen des Fossilfundes aufmerksam gemacht – und deretwegen war Fuhlrott schließlich zu dem Schluß gekommen, das Exemplar sei fossilisiert. Mayer mag Schaaffhausens und Fuhlrotts Interpretationen der Knochen tatsächlich mit Zurückhaltung aufgenommen haben; es ist aber sehr gut möglich, daß seine eigene bevorzugte Auslegung – wonach ein sterbender Kosake einen 18 Meter hohen, fast senkrechten Felsen erkletterte, um sich selbst, nackt, 1,70 Meter tief unter Schlamm zu begraben – mindestens genauso viel mit Politik und den Intrigen der anatomischen Fakultät in Bonn zu tun hatte wie mit den Eigenschaften der Skelettfragmente selbst. Wenn dem so ist, dann hat sich nicht viel geändert – *plus ça change, plus c'est la même chose* (je größer der Wandel, desto mehr bleibt alles beim alten).

2. Darwin und die Folgen

Charles Darwins *Über die Entstehung der Arten* brach nicht in eine für den Gedanken des evolutionären Wandels völlig unvorbereitete Welt hinein. Zwar war sie unwillig, diese Vorstellung zu akzeptieren, aber sie kannte die Tatsachen, mit denen Darwin argumentierte. Sicherlich gab es 1859, dem Erscheinungsjahr dieses bedeutenden Buches, mehr als genügend Material, das einen unvoreingenommenen Beobachter von der Realität der Evolution überzeugen konnte. Beispielsweise ähnelten die Erkenntnisse des Naturforschers Alfred Russel Wallace (1823–1913) denen Darwins in auffallender Weise; er hatte sein Manuskript 1858 von der abgelegenen Insel Ternate nach England gesandt, wo es zusammen mit Auszügen aus Darwins Schriften auf einer denkwürdigen Tagung der Linnéschen Gesellschaft verlesen wurde. So bemerkenswert es rückblickend auch erscheinen mag, damals stimmten wohl nur wenige nicht dem Präsidenten der Gesellschaft zu, der die Ereignisse im Jahrbuch folgendermaßen resümierte: »Dieses Jahr ist von keiner jener bedeutenden Entdeckungen gekennzeichnet, die den Bereich der Naturwissenschaften ..., zu dem sie gehören, revolutionieren.« Die Idee der Evolution lag 1859 durchaus schon in der Luft, doch war ihre Zeit noch nicht unumstößlich gekommen. Was der *Entstehung der Arten* zum Durchbruch verhalf, war nicht bloß die Tatsache, daß Darwin ein bei seinen Kollegen angesehener Naturwissenschaftler war, sondern auch, daß er seine Theorie äußerst eloquent, präzis und in den Einzelheiten erschöpfend vorstellen konnte. Er schuf ganz einfach ein Werk, das nicht zu übersehen war. Wahrscheinlich neigen wir vom Standpunkt des späten 20. Jahrhunderts aus dazu, den Einfluß, den Darwins Idee von der natürlichen Selektion auf das evolutionäre Denken des späten 19. und frühen 20. Jahrhunderts hatte, zu überschätzen. Doch zweifelsohne gelang es ihm trotz anfänglich erheblichen Widerstands, dem Gedanken der Evolution Achtung zu verschaffen und das Fundament für unser modernes Verständnis von der Entwicklung des Lebens auf der Erde zu legen.

Wissenschaftshistorisch gesehen war Darwin Gegenstand zahlreicher Karrieren in der Geschichte der Naturwissenschaft; seine schriftstellerische Produktion war so umfangreich, daß sich durch geschicktes Zitieren nahezu jeder Standpunkt zur Evolution als irgendwie „darwinistisch" verteidigen läßt. Trotzdem kann man das Wesentliche aus Darwins Evolutionstheorie recht einfach zusammenfassen. Seine eigene kurze Definition der Evolution war „Abstammung mit Wandel" (*descent with modification*); Stammarten bringen Nachkommen hervor, die ihnen nicht exakt gleichen. Bei der Suche nach einem Mechanismus, der dieses Phänomen erklären könnte, stand er einem politisch-religiösen wie auch naturwissenschaftlichen Problem gegenüber: Er mußte nicht nur einen plausiblen Weg des evolutionären Wandels aufzeigen, sondern auch irgendwie die herrschende Vorstellung von der Konstanz der Arten zerstören. Darwins Lösung war einfach. Seine Studien an Rankenfüßern hatten ihm gezeigt, daß sich Arten der lebenden Fauna mit ihren fließenden Übergängen zu nahe verwandten nur schwer oder gar nicht unterscheiden lassen. Der Vorstellung ihrer Konstanz gab er endgültig den Gnadenstoß, indem er ihnen ihre Identität in der zeitlichen Dimension absprach, und zwar mit folgender Begründung.

Wie die Naturforscher schon lange bemerkt hatten, unterscheiden sich in jeder Generation die Individuen der gleichen Art in verschiedener Hinsicht. Einige sind dem Überleben in ihrer Umwelt besser angepaßt als andere. Weiterhin werden in jeder Generation viel mehr Individuen geboren, als je überleben werden, um aufzuwachsen und sich ihrerseits fortzupflanzen. Diejenigen, die besser angepaßt sind, werden sich am zahlreichsten vermehren; und da Merkmale vererbt werden, geben sie ihre überlegenen Adaptationen (Anpassungen) an ihren Nachwuchs weiter. Jede Generation wird sich daher von der vorangegangenen geringfügig unterscheiden, da sie mehr vorteilhaft angepaßte Individuen und weniger anatomisch schlechter angepaßte aufweist. Auf diese Art und Weise ändern sich Abstammungslinien allmählich über lange Zeiträume hinweg. Dabei passen sie sich einer verändernden Umgebung an oder vervollkommnen ihre Anpassung an eine konstante Umwelt. Diesen Prozeß nannte Darwin „natürliche Auslese".

Der Veränderungsprozeß ist nicht zielgerichtet, wie Darwin betonte, sondern eher ein von den Zufällen der Umwelt bestimmtes Sortieren. Weniger gut angepaßte Individuen bringen weniger (ihnen gleichende) Nachkommen in die nächste Generation, entweder weil sie früh sterben oder weil sie nur wenige Nachkommen zeugen; die besser Ausgestatteten überleben und produzieren mehr (ihnen ebenfalls gleichende) Nachkommen. Vereinfacht ausgedrückt, ist natürliche Auslese (Selektion) unterschiedlicher Fortpflanzungserfolg. Die wesentliche Voraussetzung dieser Theorie ist, daß die Nachkommen ihre besonderen Eigenschaften, ob vorteilhaft oder nachteilig, von ihren Eltern erben; eine Tatsache, die sich schon seit undenklichen Zeiten den Tierzüchtern offenbart hatte, und die jedem offensichtlich war, der einmal familiäre Ähnlichkeiten bemerkt hatte. Interessanterweise kannte Darwin keine Erklärung für diese Erscheinung. Seine Vererbungstheorien waren sogar völlig falsch; dennoch blieb ihm erspart, hierfür angeprangert zu werden, wie es dem bedauernswerten Lamarck ergangen war. Wichtig ist, daß Darwin seine bleibenden Ideen zur Evolution *ohne* eine gültige Vererbungstheorie exakt formulieren konnte. Auf dieses Thema werden wir später noch einmal zurückkommen.

Darwin widersprach zwar der Vorstellung von der Beständigkeit der Arten; seine Gedanken zur Evolution durch natürliche Selektion jedoch kamen dem Zeitgeist seiner Tage sehr nahe, denn das viktorianische Ethos war von Fortschritt, von Verbesserung geprägt. Denjenigen, die Muße zum Nachdenken hatten (wenn auch nicht den Angehörigen der Arbeiterklasse, die unter großen Entbehrungen ihr Tagwerk verrichteten), war die Allgegenwart des Fortschritts offensichtlich. Die explosionsartige technologische Veränderung und die ökonomische Expansion, die die industrielle Revolution entfesselt hatte, drangen im 19. Jahrhundert in alle Erfahrungsbereiche ein und prägten eine forsche und optimistische Einstellung zur Unvermeidlichkeit progressiven Wandels. Dieser Wandel sollte sich natürlich nur allmählich vollziehen; eine Revolution war undenkbar und gewiß unerwünscht. Vor diesem Hintergrund befanden sich Darwins Ideen völlig im Einklang mit seiner Zeit; ob nun bewußt oder unbewußt übernahm er den ziemlich allgemein gehaltenen Gedanken von der Unvermeidlichkeit des Fortschritts in die Biologie.

Dennoch wurde Darwin, nachdem sich der Aufruhr um sein Buch gelegt hatte, vor allem wegen seiner Auffassung von einer durch natürliche Auslese langsam fortschreitenden Evolution hartnäckig kritisiert. Tatsächlich steht diese Sichtweise bis heute im Brennpunkt kriti-

scher Aufmerksamkeit. Dagegen wurde Darwins zentrale Aussage –
immer noch Angelpunkt der modernen Evolutionstheorie –, alle Lebensformen seien miteinander verwandt, von seinen Kollegen recht
schnell akzeptiert, obwohl sie für die allgemeine Öffentlichkeit unmittelbar schockierender war. Darwin erkannte in der Natur Zusammenhänge, die vor ihm schon in der Antike Aristoteles und andere bemerkt
hatten und im 17. Jahrhundert von Linné und weiteren frühen Systematikern wiederentdeckt worden waren, als sie die Wissenschaft der
Taxonomie entwickelten. In der Natur existiert eine Ähnlichkeitshier-
archie, denn einige Organismen zeigen mehr gemeinsame Merkmale
als andere. Wirbeltiere ähneln sich untereinander mehr, als sie Wirbel-
losen gleichen; doch innerhalb dieser Gruppe sind wiederum die Säugetiere einander ähnlicher als etwa einer Schildkröte oder einem
Neunauge. Und Primaten haben untereinander mehr Gemeinsamkeiten als mit einer Kuh oder einem Opossum. Darwins grundlegendste
Erkenntnis bestand darin, daß diese offensichtliche Hierarchie der
Ähnlichkeiten unter den Lebewesen auf eine gemeinsame Abstammung zurückzuführen sei. Dies ist eine großartig einfache Erklärung
der in der Natur vorgefundenen Muster, und die einzige, aufgrund
derer man Aussagen darüber treffen könnte, wie diese Muster aussehen müßten. »Abstammung mit Wandel« bedeutete für Darwin, daß
alle Arten, ob lebend oder ausgestorben, von einem einzigen frühen
Vorfahren abstammten. In einem Schema ließe sich das vielleicht so
darstellen, wie wir Stammbäume vom Menschen aufzeichnen: in
Form eines Baumes oder eines verzweigten Busches.

    In *Über die Entstehung der Arten* war Darwin, wie es seiner um-
sichtigen und friedliebenden Natur entsprach, mit den Konsequenzen,
die seine Theorie für die genealogischen Beziehungen der Menschen
hatte, so vorsichtig, wie er überhaupt nur sein konnte – auch wenn
diese Konsequenzen auf der Hand lagen. »Licht wird auf den Ursprung des Menschen und seine Geschichte fallen«, war alles, was er
dazu zu sagen hatte. Doch erwartungsgemäß entfachte diese naheliegende Schlußfolgerung in den Monaten nach der Veröffentlichung der
Entstehung der Arten hitzige Auseinandersetzungen. Die berühmteste
dieser Art war die Begegnung zwischen Bischof Wilberforce und
Thomas Henry Huxley (1825–1895), der „Bulldogge" Darwins. Sie
trafen bei der Zusammenkunft der British Association for the Ad-
vancement of Science im Juni 1860 aufeinander, als die Verwandt-

schaft des Menschen mit den Menschenaffen erstmals öffentlich zur
Diskussion stand. Der Evolutionsgedanke wurde damals weitestgehend in Form der Behauptung karikiert, der Mensch sei ein direkter
Abkömmling der Menschenaffen. Die Presse griff das mit Vergnügen
auf, aber natürlich besagte die Theorie der gemeinsamen Abstammung
nichts Derartiges. Auch die Menschenaffen haben sich über Millionen
von Jahren hinweg verändert und sich dabei von unserem gemeinsamen Vorfahren entfernt, der weder ein moderner Mensch noch ein
moderner Affe war.

Als Huxley 1863 einen kleinen Essayband mit dem Titel *Zeugnisse
für die Stellung des Menschen in der Natur* herausgab, packte er den
Stier überzeugend an den Hörnern. Diese Arbeit demonstrierte mit
Hilfe der vergleichenden Anatomie, daß Menschenaffen dem Menschen mehr ähnelten als die übrigen Affen. In einem Aufsatz beschrieb er, was über die Geschichte und Lebensweise der Menschenaffen bekannt war. In einem anderen Essay zeigte er anhand der Embryologie und Anatomie die engen Beziehungen der Menschen zu den
Primaten im allgemeinen und zu den Menschenaffen im besonderen
auf, wobei er Darwins Auffassung von der gemeinsamen Abstammung als einzig denkbaren Ansatz vorführte. Ein dritter Aufsatz handelte von Fossilien, die für die Evolution des Menschen eine Bedeutung haben könnten. Er beschränkte sich hierbei auf Engis und Neandertal; das adulte Exemplar aus Engis identifizierte er korrekt als
»ziemlich durchschnittlichen menschlichen Schädel, der ebensogut
einem Philosophen angehört wie das Gehirn eines gedankenlosen Wilden enthalten haben könnte«. Er war von der Eigenart der Neandertal-
Kalotte beeindruckt, doch folgerte er, vor allem weil die Größe des
Gehirns dem eines modernen Menschen entsprochen haben mußte,
daß sie keinesfalls »als die Überreste eines mitten zwischen Affen und
Mensch stehenden menschlichen Wesens angesehen werden« konnten. »Wenn auch der Neanderthal-Schädel der affenähnlichste aller
bekannten menschlichen Schädel ist«, bildete die Neandertal-Kalotte
»nur die extreme Ausprägung einer allmählich von ihm bis zum höch-
sten und bestentwickelten menschlichen Schädel führenden Reihe.«
Trotz seiner überlegenen evolutionären Sichtweise sah Huxley in diesen Exemplaren nicht mehr als einen Beweis für das hohe Alter der
Menschheit, wenngleich nicht zuletzt diese Perspektive ihn zu der
Frage befähigte, ob »in noch älteren Schichten die fossilisierten Kno-

chen eines menschenähnlicheren Affen, oder eines affenähnlicheren Menschen als alle jetzt bekannten auf die Untersuchungen noch nicht geborener Paläontologen warten«. So hatte er zu dem von Schaaffhausen bereits Gesagten nichts Neues beigetragen – außer vielleicht, daß er die Gehirngröße als wesentliches Kriterium für das Menschsein eingeführt hatte. Doch kann man ihm das kaum zum Vorwurf machen. Immerhin war alles, worauf er sich stützte, ein seltsames und äußerst unvollständiges Fossil, dem in der damaligen Wissenschaft nichts Vergleichbares zur Seite stand.

Andere hinderte dies allerdings überhaupt nicht. Ein Jahr nach Huxley machte der Geologe William King noch einmal auf das »bemerkenswerte Fehlen jener Konturen und Proportionen, die die Stirn unserer Art ausmachen« am Neandertal-Schädel aufmerksam, und daß sich »kaum jemand dagegen verschließen kann, daß dieser Mangel das Neandertalfossil dem Menschenaffen näherbringt als dem *Homo sapiens*«. King argumentierte sogar, die Affenähnlichkeit des Schädels ließe »daran zweifeln, ihn *überhaupt* mit dem Menschen in eine Gattung zu stellen«, wenn er auch einräumte, »ohne Gesichtsschädel und Schädelbasisknochen« würde ein Verfechten dieser Ansicht »die Grenzen des logischen Denkens eindeutig überschreiten«. Nichtsdestotrotz sah sich King bei der Betrachtung des Neandertal-Schädels zu der Schlußfolgerung gezwungen, daß »die Gedanken und Wünsche, die einst in ihm wohnten, sich nicht über das Animalische erhoben«.

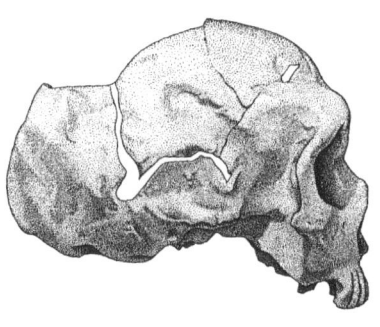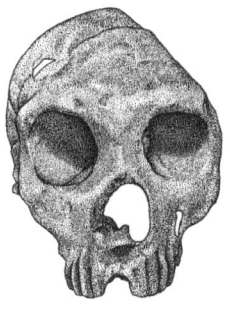

2.1 Lateral- und Frontalansicht des Neandertalerschädels aus dem Forbes-Steinbruch auf Gibraltar. Maßstab: ein Zentimeter. (D. M.)

In einer Fußnote kreierte er für den Neandertaler die Art *Homo nean-*
derthalensis, wobei er sein Bedürfnis, ihn einer anderen Gattung zuzuordnen, unterdrückte. King akzeptierte als erster offiziell die Existenz einer anderen menschlichen Art auf der Erde neben dem *Homo*
sapiens. Unterdessen war, als der Autor mit seiner Schlußfolgerung
anhand nur eines einzigen Fossils zweifellos auch Mut an den Tag
legte, ohne sein Wissen ein weiteres Fossil entdeckt worden, das
demonstrierte, daß der Neandertal-Fund kein Einzelfall war.

Den schon erwähnten Schädel von Gibraltar hatte man bereits einige Jahre vor 1848 gefunden, als er der Gibraltar Scientific Society
vorgelegt wurde. In seiner wahren Bedeutung verkannt, lag er als
Staubfänger in einem kleinen örtlichen Museum, bis ihn 1863 dort ein
Anthropologe entdeckte. Dieser Herr veranlaßte, den Fund nach London zu schicken, damit George Busk, der Übersetzer Schaaffhausens,
sich seiner annehmen konnte. Der Schädel selbst gehört eindeutig
demselben menschlichen Typ an wie das wahrscheinlich männliche
Individuum aus dem Neandertal. Da er erheblich leichter gebaut ist,
könnte er von einem weiblichen Individuum stammen. Der Hirnschädel ist lang und niedrig und kann im Hinterhauptsbereich als auslad-
end bezeichnet werden; die Stirn ist hinter den ausgeprägten Wülsten
der Überaugenregion stark fliehend. Das großflächige Gesicht erweckt den Eindruck, als trete es aus dem Schädel heraus. Die Nasen-
öffnung ist weit. Die Jochbeine weichen zurück. Die Bedeutung dieses Schädels entging Busk nicht, der sofort kundtat, dies belege, daß
der Neandertaler »nicht nur eine individuelle Besonderheit . . . darstel-
le«. Der Fund zeige, daß der Neandertaler tatsächlich »eine Rasse«
repräsentieren könnte, »die sich vom Rhein bis zu den Säulen des
Herakles ausbreitete«. »Nicht einmal Professor Mayer wird vermuten
wollen«, so schrieb Busk, »daß einst ein am Feldzug von 1814 beteiligter rachitischer Kosak in einen abgeschlossenen Spalt des Felsens
von Gibraltar gekrochen sei.«

Leider stieß Busks scharfsinniger Kommentar auf taube Ohren.
Huxley hatte Carter Blake, den Sekretär der Anthropologischen Gesellschaft in London, hinzugezogen, um die Neandertalerknochen als
die eines in der Höhle gestorbenen armen Irren oder Einsiedlers abzu-
tun. Noch immer waren Krankheit und Schwachsinn die bevorzugten
Erklärungen für die fremdartige Morphologie des Neandertalers, denn
tatsächlich können gewisse erblich bedingte Behinderungen zu abnor-

men Entwicklungen des Schädels führen. Diese Einschätzung galt vor allem für Deutschland, wo der Fund fast zwangsläufig in den Mittelpunkt einer zunehmend härter geführten Kontroverse rückte. Der berühmte, antievolutionär eingestellte Pathologe und Anthropologe Rudolf Virchow entschied 1872, das Neandertal-Individuum sei ein betagter Mann gewesen, der als Kind an Rachitis, im mittleren Alter an Kopfverletzungen und an seinem Lebensende an chronischer Arthritis gelitten hätte. All dies hätte zu seinem obskuren Aussehen beigetragen. Darüber hinaus könne er aufgrund seiner Behinderungen gar nicht prähistorisch sein, führte Virchow an, denn in einer frühzeitlichen Gesellschaft hätte er nicht überlebt.

Vielleicht war es unvermeidlich, daß der Neandertaler als einziger, damals bekannter, eindeutig früher Mensch in die Auseinandersetzungen um die Evolution selbst geriet, die sich in den Jahren nach der Veröffentlichung von *Über die Entstehung der Arten* entwickelten. Die Vielfalt der Meinungen spiegelte aber auch den Umstand wider, daß die gerade entstehende Wissenschaft der Paläoanthropologie – mit nur einem einzigen Fossil und noch schlecht etablierten Rahmenbedingungen – ihren Weg zu suchen begann. Fast jede mögliche Erklärung für die seltsame Gestalt des Neandertalers wurde in den Jahren nach seiner Beschreibung in Betracht gezogen, denn andere vergleichbare Fossilien fehlten, und theoretische Gebäude als Interpretationshilfen standen nicht zur Verfügung. Krankheit, Schwachsinn, Verletzung, extreme Variante, Zugehörigkeit zu einer völlig anderen Art als die des modernen Menschen – wieviele Möglichkeiten ließen sich noch außerhalb des Reiches der Theologie ausfindig machen?

Nun, eine noch – nämlich diejenige, die den meisten von uns heutzutage am selbstverständlichsten erscheint. Der Neandertaler könnte zu einer Vorläuferart des modernen Menschen oder zu einer verwandten Seitenlinie gehören. Diese Idee war dem damals allgemein herrschenden Gedankengut vollkommen fremd, das größtenteils aus der Zeit vor dem Aufkommen des Darwinismus stammte. Jahrelang war unter Anthropologen die Entstehung der menschlichen Rassen ein Hauptanliegen gewesen. Einige dachten, sie hätten einen gemeinsamen Ursprung, andere meinten, sie wären getrennt entstanden. Solange die biblische Version der Schöpfung vorherrschte, wurde natürlich der eine gemeinsame Ursprung bevorzugt. Doch als die wortgetreue Auslegung der Genesis im späten 19. Jahrhundert an Boden verlor, rückte die These mehrerer Ursprünge in den Vordergrund. Der holländische Wissenschaftshistoriker Bert Theunissen hat darauf hingewiesen, daß beide Annahmen über die Entstehung der menschlichen Rassen sich leicht in einen evolutionären Kontext integrieren ließen, als darwinistische Ideen Anklang fanden. Entweder hatten die Menschen sich, von einer einzigen vorzeitlichen Art ausgehend, in Rassen aufgeteilt, oder jede Rasse stammte von einer eigenen, ausgestorbenen Art ab. Die Betonung lag hier auf den Unterschieden zwischen den menschlichen Rassen und weniger auf ihren Gemeinsamkeiten, und typologische Konzepte – vor allem von der Unveränderlichkeit der Formen – bestimmten den Alltag. Dies war schon ziemlich grotesk, denn selbst zu Buffons Zeiten war es erlaubt gewesen, über die Transformation einer innerartlichen Form in eine andere zu spekulieren, wohingegen man jetzt nur noch über Umwandlungen zwischen den Arten reden durfte. Daraufhin konnten die Anthropologen mühelos den Neandertaler als eine zusätzliche Gruppe in das Spektrum der definierten menschlichen Arten einfügen. So war es vor allem, seit europäische Wissenschaftler dazu neigten, die Menschheit in eine Stufenleiter der Vervollkommnung einzuordnen, und sich selbst, wie sollte es anders sein, auf der obersten Stufe sahen. Und da gemeinhin angenommen wurde, die Rassen der obersten und der untersten Stufe unterschieden sich stärker voneinander als die untersten menschlichen Rassen von den Menschenaffen, paßte der Neandertaler um so besser zur herrschenden Meinung.

Ein weiterer Grund, die Möglichkeit, der Neandertaler sei ein menschlicher Vorfahre oder ein Seitenverwandter, außer acht zu lassen, lag darin, daß man in den sechziger Jahren des 19. Jahrhunderts der fossilen Überlieferung für die Klärung evolutionärer Beziehungen wenig Bedeutung beimaß. Der Beweis für die Evolution wurde in vergleichender Anatomie und Embryologie gesucht und gefunden. Da Organismen in größerem oder kleinerem Umfang strukturelle Eigenschaften und Entwicklungssequenzen miteinander teilen, spiegele das einerseits die gemeinsame Abstammung wider und werde andererseits durch sie erklärt. Insbesondere die enthusiastische, darwinistische deutsche Morphologenschule versuchte ausschließlich durch Vergleiche zwischen lebenden Organismen, die der natürlichen Vielfalt innewohnende Ordnung herauszufinden. So entkräftete der große deutsche Embryologe Ernst Haeckel (1834–1919) mit seiner Aussage »die Ontogenie ist eine Rekapitulation der Phylogenie« nicht nur die Bedeutung der Fossilfunde, sondern auch den Wert der vergleichenden Morphologie adulter Organismen für das Erforschen evolutionärer Beziehungen. Auch wenn Haeckels These, jeder einzelne Organismus durchlaufe während seiner Entwicklung alle Stadien seiner Vorläuferarten, nicht Wort für Wort haltbar ist, ist es doch prinzipiell möglich, Beziehungen zwischen noch existierenden Tieren ohne Kenntnisse ihrer fossilen Geschichte herauszufinden. Wie wir heutzutage wissen, liefern uns letztlich nur Fossilien eine zeitliche Dimension zur Rekonstruktion der Evolutionsgeschichte und erweitern das brauchbare Vergleichsmaterial. In der Mitte des 19. Jahrhunderts wurden menschliche Fossilien zwar als Beweis prähistorischen menschlichen Lebens akzeptiert, jedoch nicht mit der Frage nach der menschlichen Herkunft in Verbindung gebracht.

Theunissen machte noch auf eine andere weitverbreitete These aufmerksam, die der Akzeptanz des Neandertalers als Vorgänger des modernen Menschen entgegenwirkte. Im frühen 19. Jahrhundert setzte sich der Gedanke durch, die modernen Europäer hätten sich nicht an Ort und Stelle entwickelt, sondern seien Abkömmlinge eingewanderter Völker aus Zentralasien. Diese These, die ursprünglich auf linguistischen Vergleichen zwischen europäischen Sprachen und dem altindischen Sanskrit beruhte, wurde allmählich mit den Rassenanschauungen zusammengebracht. Im dritten Viertel des 19. Jahrhunderts war die sogenannte Arier-Hypothese bis zu der Vorstellung gediehen, späte paläo- oder neolithische Stämme, die Ackerbau betrieben, seien, von Süden und Osten kommend, in Europa eingefallen. Diese „überlegenen" Invasoren, verdrängten die eingeborene, jagende Bevölkerung, die, so vermutete man, ausgerottet wurde oder auf andere Art ausstarb. Der paläolithische Neandertaler ließ sich somit kaum mit den modernen Europäern in eine direkte Verbindung bringen, wodurch paläolithische Europäer zur Nebensache wurden. Die menschlichen Vorfahren, auf die es ankam, waren in Asien zu suchen. Obwohl spätere Funde, besonders die zweier fast kompletter Skelette am belgischen Fundort Spy im Jahre 1886, die Welt endlich von einer klar erkennbaren, von der unseren abweichenden Gestalt vorgeschichtlicher Menschen überzeugte, waren nur wenige bereit, ihre Bedeutung anzuerkennen. Die Diskussion um die genaue Beziehung zwischen Neandertalern und uns hält bis zum heutigen Tage an.

Während die Vorstellung Darwins, »Arten sind abgeänderte Abkömmlinge anderer Arten«, unter Biologen immer mehr Zustimmung fand, wandelten sich die Altertumsforscher zu Archäologen und etablierten zweifelsfrei eine vorgeschichtliche menschliche Abstammung. Darüber hinaus machten sie sich daran, eine Chronologie der prähistorischen Menschheitsgeschichte zu entwickeln. 1865 gab der englische Archäologe Sir John Lubbock seine *Prehistoric Times* heraus, worin er das Schema aufeinanderfolgender Zeiten von Stein-, Bronze- und Eisenzeit übernahm, das bereits die beiden dänischen Gelehrten Thomsen und Worsaae vorgeschlagen hatten. Ferner unterteilte Lubbock die Steinzeit in eine frühere und eine spätere Periode: das Paläolithikum, das sich durch behauene Steingeräte auszeichnet, und das Neolithikum, in dem geschliffene Steingeräte benutzt wurden. Schon 1865 war völlig klar, daß das Paläolithikum von allen Perioden mit Abstand die längste war. Bald wurde es in weitere Abschnitte gegliedert. Diese Unterteilung trieb man Mitte der sechziger Jahre des 19. Jahrhunderts voran, als der Paläontologe Edouard Lartet (1809–1871) mit dem ortsansässigen Adligen Marquis de Vibraye um das Jahr 1865 begann, das archäologische Material der Höhlen und Halbhöhlen (Abris) im Kalksteingebiet der Dordogne in Westfrankreich zu erforschen. Schon jahrelang war bekannt gewesen, daß die Erde in der Dordogne an solchen Stellen reichlich bearbeiteten Flint und Knochen enthielt. Doch Lartets Aufmerksamkeit richtete sich zunächst auf wei-

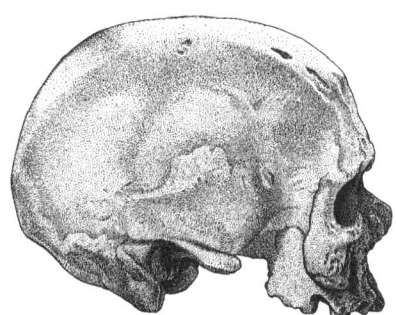 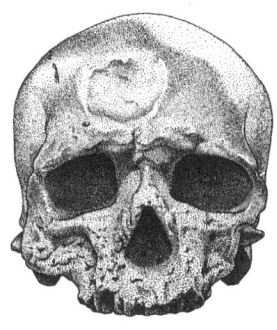

2.2 Lateral- und Frontalansicht des Schädels vom „Alten Mann", gefunden 1868 im Abris von Cro-Magnon, Südwestfrankreich. Maßstab: ein Zentimeter. (D. M.)

ter südlich gelegene Plätze wie der Höhle von Aurignac im Südwesten von Toulouse, die 1852 zahlreiche Gräber in Verbindung mit einer ausgestorbenen Fauna und Steingeräten ergegeben hatte.

Lartet und der englische Bankier Henry Christy gruben 1868 in einer kleinen Halbhöhle in Les Eyzies de Tayac, einem Dorf im Vézèretal, welches sehr bald zur „Hauptstadt der Ur- und Frühgeschichte" ernannt werden sollte. An dieser im örtlichen Dialekt Cro-Magnon „großer Felsen" genannten Stelle, hatten Arbeiter beim Bau einer Eisenbahnlinie einige menschliche Skelette entdeckt. Die Untersuchungen Lartets und Christys offenbarten, daß mindestens fünf Individuen, davon ein Kind, unter diesem Felsdach begraben worden waren. Die Menschen waren zwar von modernem Typ, doch, wie es inzwischen oft geschah, wurden sie zusammen mit Steingeräten und Überresten ausgestorbener Tiere gefunden. Cro-Magnon war für die ersten modernen Menschen der Dordogne und später für die ganz Europas namensgebend.

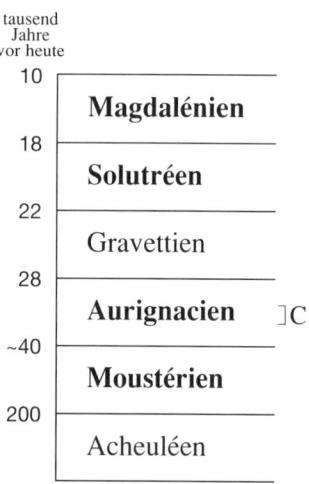

tausend
Jahre
vor heute

10	**Magdalénien**
18	**Solutréen**
22	Gravettien
28	**Aurignacien**]C
~40	**Moustérien**
200	Acheuléen

2.3 Die für das europäische Paläolithikum allgemein anerkannte Kulturabfolge. Die fettgedruckten Kulturbezeichnungen wurden von de Mortillet geprägt. Die angezeigten Daten sind ungefähre Angaben; beispielsweise trat das Aurignacien in Osteuropa früher als im Westen auf (das angegebene Datum bezeichnet das östliche). Die ungefähre Zeitdauer der Châtelperronnien-Kultur ist auf der rechten Tabellenseite mit der eckigen Klammer vor dem „C" gekennzeichnet. (D. S.)

Ab 1865 erschienen die verschiedenen Teile von Lartets und Christys hervorragendem Werk *Reliquiae Aquitanicae*. In dieser richtungsweisenden Studie erörterte Lartet, daß seine drei Fundorte nahe Les Eyzies, Le Moustier, Laugerie Haute und La Madeleine zwar ganz

offensichtlich zu einer »Zeit des grob behauenen Steines ohne dome-
stizierter Tiere« gehörten, aber dennoch keine »Einheitlichkeit in der
Herstellung der Werkzeugtechnologie besaßen.« Das Paläolithikum
mußte also unterteilt werden. Als Paläontologe versuchte Lartet das
verständlicherweise anhand der zusammen mit den Artefakten gefundenen Tiere. So beschrieb er eine Höhlenbär-, eine Wollmammut-,
eine Rentierperiode und so weiter. Die Archäologen allerdings waren
mit einer Charakterisierung der kulturellen Entwicklung des Menschen auf der Grundlage zoologischer Kriterien unzufrieden, und so
dauerte es nicht lange, bis Gabriel de Mortillet (1821–1898) die Chronologie Lartets überarbeitete, um die verschiedenen Perioden in Übereinstimmung mit den jeweils kennzeichnenden Artefakttypen zu bringen.

De Mortillets Klassifizierung von 1872, die in seinem beeindruk-
kenden Buch *Le Préhistorique* („Die Vorgeschichte"; 1883) nachzule-
sen ist, legte vier kennzeichnende Phasen der Steingeräteherstellung

2.4 Fragment eines Rentierknochens mit eingravierten Hirschkühen aus Le
Chaffaud, Frankreich. Dieses Stück, das wahrscheinlich aus dem Magdalénien
stammt, gehörte zu den ersten eiszeitlichen Kunstwerken, die man als solche
erkannte. Maßstab: ein Zentimeter. (D. S.)

im Paläolithikum fest. Jede dieser Kulturgruppen wurde nach dem Ort
benannt, an dem die Werkzeuge zuerst gefunden worden waren oder
am häufigsten vorkamen. Die älteste dieser Werkzeugindustrien, beziehungsweise Kulturen, war das Chelléen (später umbenannt in Abbevillien), das nach einem der Ausgrabungsorte von Boucher de
Perthes im Sommetal benannt wurde. Die Werkzeuge dieser Zeit waren massive Faustkeile, die aus einem Kernstück durch große Ab-

schläge gewonnen wurden, bis sich eine Standardform ergab. Im darauffolgenden Moustérien wurden die Werkzeuge aus größeren Abschlägen hergestellt, die entsprechend der gewünschten Form von einem Abbaukern abgeschlagen wurden. Danach kam das Solutréen, das sich durch unglaublich filigrane, „lorbeerblattförmige" Spitzen auszeichnet. Die letzte paläolithische Kultur war das Magdalénien, in der die Verwendung von Stein zurückging und stattdessen mehr organische Materialien wie Knochen oder Geweih verwertet wurden. In späteren Ausgaben bestimmte de Mortillet das Aurignacien zur ersten Periode des Oberen Paläolithikums und fügte es zwischen das Moustérien und das Solutréen sowie das Acheuléen direkt hinter das Chelléen ein. In ihren Grundzügen gilt diese Chronologie des Paläolithikums noch heute. Trotz der allgemeinen Abneigung gegenüber Darwins Theorien in Frankreich, wo man noch im Schatten Cuviers stand, war de Mortillet ein begeisterter Anhänger Darwins und ein früher Vertreter der Idee, die Wurzeln des *Homo* seien tatsächlich uralt. Er prägte auch den Ausdruck „Eolithen" (früheste Steine), für die einfachen Werkzeuge, die seiner Ansicht nach vom »Homo-Simius«, dem Vorgänger des Menschen, stammten.

Als das archäologische Fundmaterial aus dem Paläolithikum umfangreicher wurde, kamen die ersten Beweise künstlerischer Aktivitäten im Aurignacien und späteren Kulturen ans Licht. Ein Stab und eine Harpune aus Geweih, die 1833 unter dem Abris von Veyrier in der Schweiz gefunden wurden, waren mit Gravuren verziert. Etwa zur gleichen Zeit entdeckte man in der französischen Höhle von Le Chaffaud die eingeritzte Darstellung zweier Hirsche auf einem Rentierknochenfragment. Ihre Entdecker hielten die Stücke aus Le Chaffaud für keltischer Herkunft, doch Lartet sprach sie dem Paläolithikum zu. Dementsprechend publizierte er sie 1861 zusammen mit der Gravur eines Bärenkopfes, die in einer Höhle bei Massat in den Ausläufern der französischen Pyrenäen entdeckt worden war. Auch in Aurignac fand man in Knochen eingeritzte Zeichnungen, so daß Lartet und Christy 1864 eine genaue Erörterung dieses Zeugnisses frühgeschichtlicher künstlerischer Tätigkeit herausgaben. Das hohe Alter dieser Stücke ließ sich objektiv kaum bezweifeln. Schließlich waren die meisten *in situ* gefunden worden, unter dicken Erdschichten und in Verbindung mit ausgestorbenen Tieren, deren Darstellungen sie manchmal trugen. Trotzdem dauerte es noch einige Zeit, bis sich die

Vorstellung von einer prähistorischen Kunst bei den etablierten Fach-
leuten durchsetzte. Doch 1867 war die Echtheit der „tragbaren" (be-
wegliche Gegenstände schmückende) paläolithischen Kunst soweit
anerkannt, daß über 50 Exemplare davon auf der großen Weltausstel-
lung in Paris ihren Platz fanden.

Bis zur Akzeptanz der paläolithischen Höhlenkunst sollte jedoch
noch einige Zeit vergehen. Die erste derartige Entdeckung war 1879
die berühmte Deckenmalerei in der Höhle von Altamira in Nordspani-
en. Die kleine Tochter von Don Marcelino Sanz de Sautuola war die
einzige, die unter der niedrigen Höhlendecke aufrecht stehen konnte,
während ihr Vater den Boden nach prähistorischen Artefakten untersuchte. Sie schaute nach oben und erblickte im Laternenlicht die heute
berühmten mehrfarbigen Darstellungen der Wisente, Pferde und anderer großer Säuger. Ihr Vater erkannte die Ähnlichkeiten zwischen diesen Bildern und den Ritzzeichnungen, die ihm von der Kunst auf
kleinen Gegenständen her schon vertraut waren, und folgerte daraus,
daß diese Gemälde ebenfalls dem Paläolithikum entstammten. Die
Reaktion auf diese bemerkenswerte Entdeckung war anfangs positiv,
doch wendete sich in akademischen Kreisen bald das Blatt. Ein Prähi-
storiker nach dem anderen erklärte Altamira als Fälschung. Bald waren die Anhänger de Sautuolas nur noch eine verschwindend kleine
Minderheit. Das blieb so, bis gegen Ende des Jahrhunderts an anderen
Orten bestätigende Funde gemacht wurden, die die allgemeine Meinung zugunsten des damals schon verstorbenen de Sautuola umschla-
gen ließen, so daß die Höhlenkunst des Oberen Paläolithikums
schließlich akzeptiert wurde.

Während nach de Mortillets Vorstellung die Werkzeuge von einem
frühgeschichtlichen Vorgänger des Menschen geschaffen worden wa-
ren und er die Authentizität Altamiras heftigst bestritt, stellten andere
Forscher Vermutungen über die Eigenschaften des Geschöpfs selbst
an. In erster Reihe stand hierbei der deutsche Zoologe Ernst Haeckel.
Als einer der enthusiastischsten Anhänger Darwins wagte Haeckel
sich in Bereiche wie der Differenzierung verschiedener hominider
Taxa, die der Meister selbst, wenn überhaupt, nur mit Vorsicht betrat.
In seinem umfangreichen und sehr populärem Werk *Die natürliche
Schöpfungsgeschichte* von 1868 beschrieb und illustrierte Haeckel
einen höchst differenzierten Baum des Lebens, der in 22 Stufen von
einem spontan entstandenen, „unstrukturiertem Leben" an der Wurzel

bis zur Menschheit an der Spitze reichte. Die Menschenaffen hatten kleine Zweige in der Nähe der Baumkrone inne, aber unterhalb des Menschengeschlechts waren am Stamm die „Affenmenschen" angeordnet. Die lebenden Affen, hob Haeckel hervor, konnten nicht als eine dem Menschen vorangegangene Form betrachtet werden. Aber irgendeinen Vorfahren mußte es gegeben haben. Dieser »hypothetische Urmensch ... [war] ... aus den Menschenaffen oder Anthropoiden entstanden.« Die »Schädelform desselben wird wahrscheinlich sehr langköpfig und schiefzähnig gewesen sein, ... die Behaarung des ganzen Körpers wird dichter als bei allen jetzt lebenden Menschenarten gewesen sein, die Arme im Verhältnis länger und stärker, die Beine dagegen kürzer und dünner (mit ganz unterentwickelten Waden); der Gang mit stark eingebogenen Knien«. Dieser ziemlich unattraktiven Kreatur fehlte jedoch die wichtigste Eigenschaft, die nach Haeckels Ansicht den Menschen von seinen engsten Verwandten in der Natur abhob: die deutliche Sprache. Das Evolutionsstadium der sprachlosen Affenmenschen nannte Haeckel »Alalus oder *Pithecanthropus*« – eine Bezeichnung, die in Kürze in einem anderen Zusammenhang berühmt werden sollte.

In seinem gleichermaßen ausschweifenden, doch lesbareren Beitrag *Die Abstammung des Menschen* von 1871 äußerte sich Darwin nicht ganz so überschwenglich. Tatsächlich war er diesmal eher an der Frage der geschlechtlichen Auslese (durch weibliche Wahl) als Evolutionsfaktor als an der Erörterung der menschlichen Abstammung selbst interessiert. Die Fossilfunde beachtete er so gut wie gar nicht; bemerkte lediglich nebenbei, der Neandertal-Schädel sei »sehr gut entwickelt und geräumig«. Keine Probleme hatte er jedoch mit der Schlußfolgerung, nach der die anatomischen und embryologischen Ähnlichkeiten von Menschen und Menschenaffen viel zu zahlreich sind, als sie auf irgendetwas anderes als die Abstammung von einem gemeinsamen Vorfahren zurückzuführen. Diese Vorfahren, die nach Darwin weiter verbreitet waren als irgendeiner ihrer lebenden Nachfahren, waren »mit Haaren bekleidet gewesen ..., ihre Ohren wahrscheinlich zugespitzt ..., ihr Körper ausgestattet mit einem Schwanz, ... ohne Zweifel ... Baumtiere, welche ein warmes, waldreiches Land bewohnten«.

Darwin argumentierte biologisch. Wie wir gesehen haben, führte er embryologische und anatomische Vergleiche zur Demonstration der

Abstammungsgemeinsamkeiten zwischen Menschen und anderen Lebewesen an. Es verwundert deshalb kaum, daß er in seine Überlegungen zur Herkunft des Menschen keine archäologische Information
einbezog, anhand derer er das Bild von der Vergangenheit unserer Art
hätte füllen können. De Mortillet jedoch fehlte diese Abneigung. Er
glaubte, die kulturelle Evolution sei auf das Engste mit der späteren
Abzweigung des Menschen von „niederen" Formen verknüpft. Er gab
dem hypothetischen Vorfahren des Menschen, der im späten Tertiär
gelebt haben sollte, den Namen *Anthropopithecus*. Von einem solchen
zwischen Affe und Mensch stehenden Vorfahren waren keine Fossili-
en bekannt, doch für de Mortillet mußte sich zwischen einem affenähnlichen Vorfahren und dem modernen Menschen eine stufenweise
Entwicklung vollzogen haben. In seinen späteren Arbeiten sah er den
Neandertaler, der damals mit der „Moustérien"-Kultur assoziiert worden war und noch einige Merkmale seiner äffischen Vorfahren trug,
als Stufe in diesem Prozeß. Ebenso wie er in der Vergangenheit eine
kontinuierliche Folge von immer menschlicher werdenden Arten vermutete, sah er eine konstante Folge von Kulturen durch das ganze
Paläolithikum hindurch, in der eine die andere hervorgebracht hatte.
Die Auffassung, das Neandertal-Fossil repräsentiere einen Vorläufer
des modernen Menschen, war eine theoretische Möglichkeit, die von
keinem der frühen biologischen Interpreten, die sich mit diesem Exemplar beschäftigt hatten, in Erwägung gezogen worden war. Der
Archäologe de Mortillet war auf ein Thema gestoßen, das auf die
Paläoanthropologen eine bleibende Faszination ausübt und ihre Wissenschaft bis zum heutigen Tag zutiefst bewegt.

3. Der *Pithecanthropus*

Die archäologische Dokumentation des Paläolithikums wuchs in den siebziger und achtziger Jahren des 19. Jahrhunderts weitaus schneller an als der Bestand an menschlichen Fossilien. Bei archäologischen Ausgrabungen sehr alter Fundorte tauchte zwar gelegentlich ein modern aussehender menschlicher Schädel auf, doch neben den beiden fast vollständig erhaltenen adulten neandertaliden Skeletten, die man im Jahre 1886 in der Höhle von Spy in Belgien entdeckte, gab es in diesem Zeitraum keine neuen archaischen Fossilfunde. Die Funde von Spy waren von größter Wichtigkeit, weil sie bestätigten, daß der ursprüngliche Fund aus dem Neandertal keine abweichende Einzelerscheinung war, und weil man sie darüber hinaus in einem ungestörten, archäologischen Kontext aufgefunden hatte. Dieser belegte ohne Zweifel das hohe Alter dieser frühen Menschen und ihre kulturelle Zugehörigkeit zum Mousterién. Julien Fraipont und Max Lohest, welche die Spy-Funde beschrieben, sahen in ihnen die Überreste von Menschen, die gegenüber den Affen bereits sehr weit „fortgeschritten" waren und von noch affenähnlicheren Formen abstammen mußten. Trotz dieser evolutionären Sichtweise folgerten sie jedoch schlußendlich, daß sie eine »menschliche Rasse« darstellen. So gab es zu Beginn der neunziger Jahre des vorigen Jahrhunderts keinen allgemein anerkannten physischen Beweis für jenen weit zurückliegenden „äffischen" Vorfahren des Menschen, dessen Existenz immer mehr Naturwissenschaftler hypothetisch ins Auge faßten.

Einer der vielen Gründe, warum man im 19. Jahrhundert so wenig menschliche Fossilien zutage gefördert hat, war die zufällige Natur all dieser Funde. Die menschlichen Überreste waren immer als Nebenprodukte in Steinbrüchen oder auf Baustellen, bei Grabungen von Geologen oder von Altertumsforschern und Prähistorikern auf der Suche nach Artefakten aufgetaucht. Trotz des paläontologischen Sachverstands Edouard Lartets, der viel für die Anerkennung des hohen Alters der Menschheit leistete, hatte man noch nie ein urgeschichtliches menschliches Fossil nach heute üblicher paläontologi-

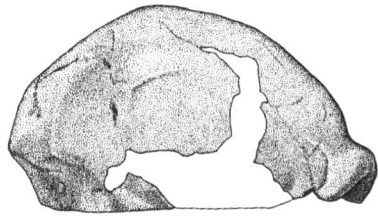
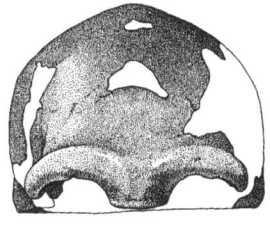

3.1 Lateral- und Frontalansicht eines der Neandertalerschädel (Spy 1) von der belgischen Fundstätte Spy. Maßstab: ein Zentimeter. (D. M.)

scher Arbeitsweise entdeckt. Praktisch alle damals bekannten menschlichen Fossilien waren aus den Erdschichten von Höhleneingängen freigelegt worden, kein einziges aus den Schichten von Sedimentgesteinen, in denen fossilisierte Knochen normalerweise zu finden sind. Nur wenige Höhlen enthalten Ablagerungen, die älter als einige zehntausend Jahre sind; allein in den Schichten, welche die normale Landschaft bilden, können wirklich urgeschichtliche Fossilien gefunden werden. Und im wissenschaftlichen Klima des späten 19. Jahrhunderts erforderte es schon eine gewisse Inspiration, echte prähistorische menschliche Fossilien ausfindig zu machen.

Niemand weiß genau, warum der junge holländische Anatom und Arzt Eugene Dubois 1887 – in der erklärten Absicht, die Überreste des fossilen Menschen aufzuspüren – ausgerechnet nach Indonesien, dem damaligen Niederländisch-Ostindien, segelte. Offensichtlich beflügelte ihn eine Vorlesung des charismatischen Ernst Haeckel, die er in der medizinischen Fakultät gehört hatte. Haeckel hatte die Existenz eines fossilen Affenmenschen „vorhergesagt" und hierfür auf die Erforschung der „Knochenhöhlen" des Malaiischen Archipels gedrängt. Dubois (1858–1940), ein von Kindesbeinen an begeisterter Naturforscher, hatte eine recht konventionelle biologische und anatomische Ausbildung genossen – in der deutschen Tradition, die vielleicht mehr als andere dazu tendierte, beim Dokumentieren der Evolution die fossile Überlieferung zu umgehen. Dubois fühlte sich in seiner Position als Dozent für Anatomie an der Universität von Amsterdam offenbar nicht sonderlich wohl, und die Gründe, warum er bei der Fossilsuche sein Glück gerade in Indonesien und nicht woanders suchte, sind klar. Doch wissen wir nichts über die Hintergründe, warum er alles – seine Arbeit, seine Aussichten als Anatom – aufgab, um der erste „Human-Paläontologe" zu werden, zumal sein Heimatland damals so gut wie keine paläontologische Tradition besaß.

Dennoch wurde Dubois zum überzeugten Darwinisten, der die Ansicht Haeckels von der Bedeutungslosigkeit der Fossilbelege für die menschliche Evolution (trotz dessen Vorhersage, sie würden einst entdeckt werden) zurückwies. Dubois war zutiefst davon überzeugt, daß der Verlauf der menschlichen Evolution nur mit Hilfe von Fossilien zu belegen und zu beschreiben war, und er setzte sich zur Aufgabe, sie zu finden. Aus dieser Sicht mag es vielleicht eigenartig erscheinen, daß Dubois' Interpretation des Neandertal-Schädels und anderer ähnlicher Funde völlig konventionell war. Er sah in diesen Fossilien keinerlei Hinweis auf eine mögliche Vorläuferschaft für den modernen Menschen; selbst wenn die Funde nicht pathologisch deformiert waren, wiesen sie seiner Ansicht nach doch lediglich auf die Existenz einer primitiven Rasse menschlicher Wesen hin. In dieser konventionellen Sichtweise Dubois' finden wir jedoch einen Schlüssel zu seiner unkonventionellen Handlungsweise: Die Neandertaler konnten keine Vorgänger des modernen Menschen sein, weil nach damaligem Wissensstand die Menschen erst nach ihrer „Vollendung" in Europa angekommen waren. Folglich mußten die Vorläufer des *Homo sapiens* notwendigerweise außerhalb Europas zu suchen sein.

Nur wo? Darwin hatte Afrika, die tropische Heimat von zweien der drei Menschenaffen, Schimpanse und Gorilla, als Wiege der Menschheit favorisiert. Aber weil Dubois kaum über private Mittel verfügte, brauchte er, wo immer er hinging, eine Arbeit, und aus diesem Grund trat er schließlich der königlich holländischen Ostindienarmee als Militärarzt bei. Dieser Schritt ermöglichte es ihm, auf Regierungskosten in jene Region zu gelangen, die von dem dritten Menschenaffen, dem Orang-Utan, bewohnt wird. Der Orang-Utan war in vielen frühen Abhandlungen über die menschliche Herkunft und die Stellung des Menschen in der Natur ausführlich besprochen worden. Es waren also nicht rein finanzielle Gründe, die Dubois bewogen, Indonesien als Wirkungsbereich zu wählen. Die indonesischen Inseln liegen in den Tropen, und nach allgemeiner Übereinstimmung hatte der menschliche Vorfahre in den Tropen gelebt. Die ausgestorbene Fauna der Inseln ähnelte, soweit bekannt, der Indiens, wo schon in den siebziger

Jahren in Sedimenten, die mit der Entstehung des Himalaya in Beziehung stehen, fossiles Material von Affen entdeckt worden war. Es handelte sich dabei zu Dubois' Zeiten um die Bruchstücke des Oberkiefers einer Form, die damals als *Paleopithecus sivalensis* bekannt war. Richard Lydekker, der sie beschrieb, hielt sie für einen Verwandten des Schimpansen. 1886 fand man dann noch einen Zahn, der sich von dem Backenzahn eines Orang-Utans nicht unterscheiden ließ. Indonesien war natürlich auch die Heimat einiger kleinerer Affenarten wie der Gibbons. Wenn die Menschen vom Affen abstammten, dann bot ein Landstrich der Erde, der sowohl lebende als auch mutmaßlich fossile Affen beherbergte, verlockende Aussichten, den Vorgänger des Menschen zu finden. Die Kalkfelsen von Sumatra und den anderen Inseln waren überdies dafür bekannt, von Höhlen geradezu durchlöchert zu sein – ähnlich den Orten, an denen in Europa die menschlichen Fossilien gefunden worden waren.

Dennoch hatte Dubois einen sehr riskanten Schritt gewagt, und daß dieser sich ausgezahlt hat, ist höchst bemerkenswert. Der Erfolg war anfangs nicht abzusehen, wenngleich seine ersten Höhlenerkundungen in Sumatra mit einer beeindruckenden Anzahl von fossilisierten Knochen lebender Arten belohnt wurden, die ihm eine finanzielle Unterstützung seitens der Regierung für seine Arbeit sicherte. Die weiteren Höhlenforschungen verliefen jedoch eher enttäuschend, und so widmete er 1890 seine Aufmerksamkeit der Insel Java, wo man in

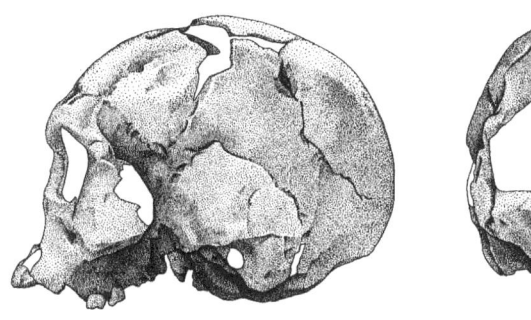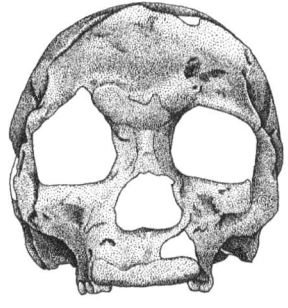

3.2 Lateral- und Frontalansicht eines fossilisierten Schädels eines modernen Menschen, gefunden bei Wadjak auf Java. Maßstab: ein Zentimeter. (D. M.)

einem Abris bei Wadjak im Osten der Insel ein menschliches Schädel-
fossil gefunden hatte. Zwar war der Schädel der eines modernen Menschen, doch unterschied er sich nach Dubois' Ansicht so deutlich von
den Schädeln der lebenden Einwohner Javas, daß er eine eigene frühere Population repräsentierte. Die Höhlenuntersuchungen förderten jedoch erneut nichts aufregend Neues zu Tage, und so hielt Dubois
seinen Arbeitstrupp – Strafgefangene unter der Aufsicht zweier Hee-
reskorporäle – an, in freiliegenden geologischen Schichten zu graben,
von denen bekannt war, daß sie Fossilien von Säugetieren, häufig von
ausgestorbenen Arten, enthielten. Im November 1890 fand er an einem Ort namens Kedung Brubus zwischen vielen Wirbeltierresten
seinen ersten fossilen Menschenknochen. Es handelte sich um ein
wenig beeindruckendes Unterkieferfragment mit nur einem Prämolaren und der Alveole eines Eckzahnes. Weder Dubois noch irgendjemand später konnte viel damit anfangen. Bald sollte ihm jedoch besseres Material in die Hände fallen.

Im Jahre 1891 begann Dubois, auf Java in der Nähe des Orts Trinil
die aus wechselnden Sand- und Vulkangesteinsschichten bestehende
Uferregion des Flusses Solo zu untersuchen. Entgegen der herkömmlichen Vorgehensweise der Paläontologen, die normalerwesie nach
durch Erosion freigelegten Knochen in freiliegenden Sedimenten
suchten und nur bei der Suche nach speziellen Fossilien Grabungen
vornehmen, gingen Dubois' Leute wie Archäologen vor, indem sie
Löcher in den Boden gruben. Bei Trinil hoben die Häftlinge eine
riesige Grube von etwa 13 Metern Durchmesser und letztlich 17 Metern Tiefe aus. Die zahlreichen dort gefundenen Fossilien wurden in
Teakbaumblätter verpackt und in regelmäßigen Abständen Dubois zu-
geschickt, der die meiste Zeit in seinem Basislager im weit entfernten
Tulungagang zubrachte. Unglücklicherweise ließ sich bei dieser Vorgehensweise kein Fossil genau lokalisieren – ein Problem, das Dubois
immer wieder verfolgen und auch die spätere paläoanthropologische
Forschung auf Java noch lange verwirren sollte. Doch die Grabungen
erwiesen sich als erfolgreich: Im September 1891 wurde ein homino-
ider Backenzahn entdeckt (Hominoidea ist der zoologische Begriff für
die Überfamilie, der der Mensch und die Menschenaffen zugerechnet
werden), im darauffolgenden Monat ein Schädeldach. Dieser Fund
entsprach in seiner Vollständigkeit in etwa dem ürsprünglichen Neandertal-Fossil, obwohl der Hirnschädel deutlich kleiner war. Dubois

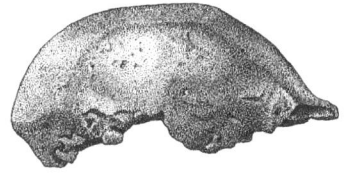

3.3 Lateral- und Frontalansicht des *Pithecanthropus*-Schädeldaches, das Eugene Dubois 1891 bei Trinil entdeckte. Typusexemplar des *Homo erectus*. Maßstab: ein Zentimeter. (D. M.)

erklärte die Überreste zunächst als Fossilfragmente eines Schimpansen, nachdem er festgestellt hatte, daß sie weder einem Gorilla noch einem Orang-Utan ähnelten. Allerdings änderte er bald seine Meinung.

Nachdem im darauffolgenden Jahr die Fluten der Regenzeit zurückgegangen waren, stießen Arbeiter in der Nähe von Trinil in einem Grabenausläufer auf einen Oberschenkelknochen. Den Berichten zufolge stammte er aus demselben stratigraphischen Niveau wie die Kalotte und der Zahn, doch in einer Entfernung von – hier gehen die Berichte auseinander – 15, 12 oder 10 Metern. Trotz einer pathologisch bedingten großen Knochenexostose war zu erkennen, daß dieses Femur dem eines modernen Menschen glich, und es wies auf den aufrechten Gang seines Besitzers hin. Nachdem eine erneute Einschätzung der Schädeldachwölbung ergeben hatte, daß die Schädelkapazität für einen der lebenden Affen zu groß war, zog Dubois den Schluß, die Fragmente, die er vor sich hatte, seien eher die Überreste eines affenähnlichen Menschen als die eines menschenähnlichen Affen. Zu Ehren Haeckels nannte er ihn *Pithecanthropus erectus*, den „aufrecht gehenden Affenmenschen". Haeckel erwiderte das Kompliment, indem er an Dubois »Gratulationen von dem Erfinder des *Pithecanthropus* an dessen Entdecker« telegraphierte.

Noch stärker als beim Neandertaler standen über den Augen des *Pithecanthropus* Knochenwülste hervor. Die Wölbung des etwas kleineren Schädels war langgezogen und niedrig, doch höher als beim Affen, und bildete am Hinterhaupt einen spitzen Winkel. Das Kranium bestand aus dicken, schweren Knochen. Dubois schätzte das Hirnvolumen auf etwa 1000 Kubikzentimeter. Dies ist die unterste Grenze für den modernen Menschen, dessen durchschnittliche Schädelkapazität bei etwa 1 400 Kubikzentimetern liegt. Ein ähnliches Volumen weisen Neandertaler auf, doch verzichtete Dubois auf den Vergleich mit den Neandertal- und Spy-Funden, weil er sie lediglich für pathologisch veränderte und für Varianten moderner Menschen hielt. Später senkte Dubois seinen Schätzwert der Trinilkalotte auf 900 Kubikzentimeter, und heutige Berechnungen ergeben 940 Kubikzentimeter. Zum Vergleich: die Werte eines durchschnittlichen Schimpansenhirns liegen bei 400 Kubikzentimetern und die des wesentlich größeren Gorillas bei 460. Die Gehirngröße hängt natürlich in gewissem Maße von der Körpergröße ab, doch Dubois befand auf der Grundlage des Femurs, die Statur seines frühen Menschen sei mit der moderner Europäer vergleichbar. Das Alter seines *Pithecanthropus* war nach den Mutmaßungen Dubois' aufgrund der massenhaft geborgenen Fauna spätes Pliozän oder frühes Pleistozän; es lag zwischen jenem der indischen Siwalikfauna und dem der menschlichen Fossilfunde, die man aus dem späten Pleistozän Europas kannte.

War dieser aufrecht gehende Affenmensch der menschliche Vorfahr, den er gesucht hatte? In einer langatmigen, 1894 veröffentlichten Beschreibung argumentierte Dubois, man könne den *Pithecanthropus* nicht entweder der menschlichen Gattung *Homo* oder den Menschenaffen zuordnen. Vielmehr stünde er zwischen ihnen, wo gemäß dem Evolutionsgedanken ein derartiges Geschöpf gestanden haben mußte. Nach seiner Vorstellung, war aus einem gibbonartigen Vorfahren der ausgestorbene indische „Schimpanse" hervorgegangen, der sich dann seinerseits zum *Pithecanthropus erectus* entwickelt hatte, aus dem schließlich der *Homo sapiens*, inklusive dem Neandertaler, hervorgegangen war. Hiernach sollten sich zwischen jeder dieser aufeinanderfolgenden Stadien größere anatomische Veränderungen zugetragen haben, doch Dubois sah in Sprüngen dieser Art kein Problem. Darüber hinaus bestätigte ihm seine neue Spezies die Richtigkeit der Thesen Lamarcks und Darwins, denenzufolge die erste charakteristische Adaptation der zum Menschen führenden Entwicklungslinie der aufrechte, zweifüßige Gang war. Eigenschaften wie manuelle Geschicklichkeit und ein größeres Gehirn wurden erst später erworben. Doch während das Femur zweifelsohne den Beweis menschlicher Bipedie erbrachte, verhielt es sich mit dem Schädeldach, das noch Spuren des „Affentypus" trug, anders. Daher ließ sich der *Pithecanthropus*, ob-

wohl er auf dem Weg zum Menschsein schon ein gutes Stück zurück-
gelegt hatte, noch nicht den Hominidae, der Familie der Menschenähnlichen, zuordnen. Zwar hatte sich Dubois letztlich für eine eigene
Familie, die Pithecanthropidae, entscheiden, doch kehrte er in seinen
Beschreibungen kontinuierlich zu Vergleichen mit dem Schimpansen
und dem Gibbon zurück. Diese „niederen" Menschenaffen hangeln
sich armschwingend durch die Bäume. Bei ihren seltenen Bodenkon-
takten laufen sie jedoch zweibeinig. Diese Beobachtung beeindruckte
Dubois zutiefst und führte ihn in eine Sackgasse, wohin ihm viele
andere folgten.

Trotz aller Komplikationen brachte Dubois bei seiner Rückkehr
nach Europa im Sommer 1895 eine recht einfache Botschaft mit: im
späten Pliozän oder frühen Pleistozän hatte ein zwischen Affe und
Mensch stehendes, aufrecht gehendes Wesen auf Java gelebt. Nebenbei sei noch bemerkt, daß damals niemand genau wußte, wie lange
das zurück lag. Lyell hatte 1863 die Dauer des Pleistozäns auf etwa
800 000 Jahre geschätzt, während ein anderer englischer Geologe, W.
J. Sollas um 1900 nur noch von der Hälfte dieser Zeit ausging.

Obwohl Dubois' Beschreibung seiner *Pithecanthropus*-Fossilien
1894 im entfernten Batavia (dem heutigen Djakarta) als Spezialpubli-
kation und in keinem anerkannten Journal erschien, erreichten die
Neuigkeiten über seinen Fund Holland schneller als er selbst. In den
ersten Reaktionen bezweifelten die meisten Wissenschaftler die Verbindung zwischen dem Schädeldach und dem Femur. Einige Kritiker
taten den Schädel als den eines Affen ab, nach gewissen Autoritäten
möglicherweise den eines Riesengibbons, während sie das Femur einem modernen Menschen zuschrieben. Andere, besonders in England
und Irland, waren bereit, das Schädeldach als ein menschliches, wenn
auch von ziemlich niederem Rang, anzuerkennen. Der Dubliner Anatom Daniel Cunningham sah im *Pithecanthropus* eine Form, die den
Neandertaler und darauf folgend den modernen Menschen hervorgebracht hatte, obwohl er das Femur als eindeutig modern befand. In
Amerika pflichtete der berühmte Paläontologe O. C. Marsh den
Schlußfolgerungen Dubois' gänzlich bei. Wie dem auch sei, die unsi-
chere Zusammengehörigkeit von Femur und Kalotte galt zunächst als
Schwachpunkt in Dubois' Interpretation.

Noch einmal müssen wir uns vor Augen halten, daß diese Diskussion ohne die Basis eines aussagefähigen Vergleichsmaterials geführt

wurde. Die Vorstellung, der Neandertaler sei nicht nur eine eigenartige, prähistorische Rasse des modernen Menschen, war dem Denken der meisten Wissenschaftler fremd, die im *Pithecanthropus* die einzige Stufe zwischen Mensch und Affe sahen. Vielen erschienen Kalotte und Femur verschiedene Geschichten zu erzählen, so daß sie den Zweifel an ihrer Zusammengehörigkeit zur Vereinfachung der eigenen analytischen Arbeit nutzten. Weiterhin gab es im ausgehenden 19. Jahrhundert keine einheitliche Hypothese, in deren Licht man die Fossilfunde hätte bewerten können. So gut wie völlig einig war man sich, daß die Abstammung mit evolutivem Wandel die Erklärung für die Verschiedenheit der lebenden Organismen sei. Doch gingen die Meinungen sehr weit darüber auseinander, wie sich die Evolution konkret vollzieht. Darwins Theorie von der natürlichen Selektion hatte ihre Anhänger, aber ihr folgten keineswegs alle Biologen. Im übrigen hatte Darwin die zentrale Frage, die er im Titel seines Buches *Über die Entstehung der Arten durch natürliche Zuchtwahl* erhoben hatte, nur gestreift. Natürliche Auslese bewirkt den morphologischen Wandel innerhalb von Abstammungslinien, was sich, je nach Standpunkt, nicht ganz mit der Entstehung von Arten deckt oder sogar etwas ganz anderes ist. Selbst überzeugte Verfechter der Evolution, wie Thomas Henry Huxley, kritisierten Darwin wegen seiner beharrlichen Konzentration auf die langsame Akkumulation kleiner Veränderungen. Huxley schrieb in seiner Rezension zu Darwins Buch: »Mr. Darwins Position könnte … um einiges stärker sein, hätte er sich mit dem Aphorismus „Natura non facit saltum" [die Natur macht keine Sprünge] nicht selbst in Verlegenheit gebracht … die Natur macht hin und wieder Sprünge, und das Anerkennen dieser Tatsache ist von nicht geringer Bedeutung.« Huxley gab die Ansicht vieler wieder, während andere immer noch den Lamarckschen Ideen von einer wie auch immer zielgerichteten Evolution anhingen. So verwunderte es nicht, daß mit einer Theorie, die selbst für die Interpretation des spärlichsten Fossils keine verläßlichen Ansätze bot, die Erklärungen für Dubois' *Pithecanthropus* sehr unterschiedlich und immer zahlreicher wurden.

Oft wurde gesagt, diese Interpretationen seien allgemein ungünstig für Dubois gewesen und die negativen Reaktionen hätten ihn in den Jahren nach 1900 dazu bewegt, zuerst sich selbst und dann seine Fossilien aus der Schußlinie zu ziehen. Allerdings zeigte kürzlich Bert

Theunissen sehr nachdrücklich, daß Dubois in seiner Überzeugungsarbeit, im *Pithecanthropus* eine dem Menschen vorangegangene oder zumindest dem menschlichen Vorfahren nahestehende Form zu sehen, viel erfolgreicher war, als gemeinhin angenommen wird. Von 1895 bis 1900 reiste Dubois quer durch Europa, um seine Exemplare auf verschiedenen internationalen Kongressen zur Geltung zu bringen. Viele seiner Kollegen, so stellte sich heraus, waren beim Anblick der Originalfunde bereit, ihre Einstellung zu korrigieren. Die meisten von ihnen akzeptierten schließlich die Zusammengehörigkeit von Femur und Kalotte und fast alle stimmten dem hohen Alter dieser Knochen zu, als sie deren vollständige Fossilisierung mit eigenen Augen sahen. Allerdings ist nicht anzunehmen, es hätte nun überhaupt keine Opposition zu Dubois' Meinung mehr gegeben; beispielsweise verkündete Virchow lautstark, die Überreste seien die eines riesigen Gibbons, wobei diese Interpretation wohl weniger auf naturwissenschaftlichen Erwägungen beruhte als durch seinen gehässigen Streit mit Haeckel ausgelöst sein mag, der Dubois gleich energisch unterstützte. Sogar diejenigen, die im *Pithecanthropus* eine affenähnlichere oder eine menschenähnlichere Form als Dubois sahen, akzeptierten schließlich, daß hier ein Beweis für einen menschenähnlichen Affen oder einen affenähnlichen Menschen vorlag. Das Vorhandensein beider Extreme im Meinungsspektrum gab Dubois' Thesen Rückhalt. Einige Autoritäten hielten es noch für möglich, die Stücke seien pathologisch deformiert oder repräsentierten eine ausgestorbene menschliche Rasse, doch war das eine kleine Minderheit.

Durch das aufsehenerregende neue Material aus Java war es unvermeidlich, daß man den Neandertaler nochmals kritisch untersuchte. Auch wenn Dubois sich niemals von der Vorstellung löste, der Neandertaler sei einfach nur eine ausgestorbene Rasse des *Homo sapiens*, fanden es andere Naturwissenschaftler, die im *Pithecanthropus* einen direkten oder zumindest der menschlichen Linie sehr nahestehende Vorfahren sahen, leichter, den Neandertaler als ein späteres Stadium im gleichen Prozeß aufzufassen. Großen Einfluß hatten um die Jahrhundertwende die langen Monographien des deutschen Anatomen Gustav Schwalbe über den *Pithecantropus* und den Neandertaler. Schwalbe sah eine morphologische Reihe vom Affen über den *Pithecanthropus* und den Neandertaler bis hin zum *Homo sapiens*. Den Neandertaler, den er, die frühere Namensgebung Kings außer acht lassend, *Homo primigenius* taufte, stellte er näher zum *Pithecanthropus* als zum modernen Menschen. Die Weiterentwicklung seiner Ideen führte Schwalbe dazu, diese Reihe als eine Entwicklungslinie aufzufassen; damit entsprach er einem Konsens, der sich besonders stark in England abzeichnete. Letztendlich spielte Schwalbes minutiös dokumentierte Analyse eine entscheidende Rolle für die Anerkennung des Neandertalers als besondere Form frühen Menschseins. Diese Akzeptanz erhöhte sich am Ende des 19. Jahrhunderts noch durch den Niedergang der Arier-Hypothese und das Ausklingen des Disputs über einen gemeinsamen, beziehungsweise multiplen Ursprung der menschlichen Rassen.

Schwalbes starkes Interesse am *Pithecanthropus* schien eine direkte, wenn auch unbeabsichtigte Wirkung auf Dubois zu haben, der anscheinend sein intellektuelles Kapital dahinschwinden sah, als unter dem Namen anderer Naturwissenschaftler genaue Beschreibungen seiner Fossilien erschienen. Letztendlich entzog er seine Knochen dem wissenschaftlichen Zugriff, die bis 1923 unter Verschluß blieben. Von nun an widmete Dubois sich vergleichenden Studien der Größe von Säugetiergehirnen, die er bereits mit dem Ziel begonnen hatte, die Stellung des *Pithecanthropus* zwischen Affe und Mensch nachzuweisen. Dubois glaubte an sprunghaften evolutionären Wandel und an einen inneren Drang zur „Vervollkommnung"; damit stand er im Gegensatz zu Darwin, der von allmählicher Anpassung an Umweltfaktoren überzeugt war. Später in seiner Karriere kam Dubois zu dem Schluß, die Evolution des Säugetiergehirns sei über eine Reihe plötzlicher Größenverdopplungen erfolgt, die jeweils auf einer zusätzlichen Teilung der ursprünglichen Gehirnzellen beruhten. Dies sollte dazu geführt haben, daß, bezogen auf das Körpervolumen, die Menschenaffen (einschließlich der Gibbons) ein Viertel der menschlichen Gehirngröße besitzen; die Mehrheit der Säugetiere wie Wiederkäuer, Katzen, Hunde und so weiter ein Achtel; Kaninchen, Flughunde und verschiedene andere Formen ein Sechzehntel; Mäuse, Maulwürfe und Blattnasenfledermäuse ein Zweiunddreißigstel; und Spitzmäuse wie auch alle Kleinfledermäuse, die die primitivsten Säugetiere darstellen, ein Vierundsechzigstel. In dieser Reihe blieb die Stelle zwischen Affe und Mensch mit der Hälfte der relativen Größe des menschlichen Gehirns leer. In diese Position müßte eine Übergangsform vom Affen zum Menschen passen. Doch während das Femur darauf hinzuweisen schien, daß der *Pithecanthropus* die Größe moderner Menschen hatte, deutete die Kalotte auf ein Gehirn von nicht nur der Hälfte, sondern gut zwei Dritteln der Größe von dem des modernen Menschen. Dennoch fand sich ein Ausweg: ein *Pithecanthropus*, der sich gibbonartiger, körperlicher Proportionen mit relativ kurzen Beinen und einem langen Thorax rühmen konnte, mußte sehr viel schwerer als ein Mensch mit einem gleichlangen Femur gewesen sein. Das im Verhältnis zum erhöhten Körpergewicht „vergrößerte" Gehirn des »Java-Menschen« paßte somit tadellos in die Verdoppelungsreihe.

Dubois sprach dem *Pithecanthropus* also deshalb gibbonartige Merkmale zu, um seine ursprüngliche These, dieses Geschöpf sei eine Übergangsform zwischen Affe und Mensch, zu verteidigen. Doch aus dem äffischen Vorfahren wurde kein großer Menschenaffe, sondern ein kleiner; und je älter Dubois wurde, desto mehr Eigenleben erhielt die Gibbon-Hypothese. Beispielsweise meinte er 1935, am *Pithecanthropus* trotz seines aufrechten Ganges, obere Gliedmaßen feststellen zu können, die »immer noch der Fortbewegung dienten … in ähnlicher Weise wie beim Gibbon«, der ja ein hochspezialisierter, arborealer Schwinghangler ist. Zu diesem Zeitpunkt allerdings befand Dubois sich schon nicht mehr auf dem neuesten Stand der Evolutionstheorie, ebensowenig auf dem der Erforschung der Gehirnstruktur und -funktion; und auch die fortgeschrittenen Erkenntnisse der menschlichen Fossilgeschichte waren ihm nicht mehr geläufig. Obwohl er die Diskussion um die evolutionäre Entwicklung des Menschen einst wie kein anderer vorangetrieben hatte, trug er nach 1900 nur noch wenig zum Hauptstrom dieser Debatte bei. Fixiert auf seinen *Pithecanthropus* weigerte er sich, die Bedeutung anderer, dem Menschen nahestehender Fossilien zur Kenntnis zu nehmen, die damals zutage traten.

4. Das frühe 20. Jahrhundert

Im Jahre 1900 entdeckten drei Forscher unabhängig voneinander erneut die Prinzipien der Vererbung, die der aus Mähren stammende Mönch Gregor Mendel 34 Jahre zuvor in einer unbekannten Zeitschrift veröffentlicht hatte. Die damaligen Auffassungen zur Vererbung waren vage, manche auch von Lamarckscher Prägung. Die meisten nahmen an, bei der Vererbung würde irgend etwas „gemischt", denn man war sich allgemein einig, daß der Nachwuchs sich sexuell fortpflanzender Arten in vielen Merkmalen beiden Elternteilen ähnelt, doch mit keinem von ihnen identisch ist. Mendels große Idee bestand darin, die Übertragung von einzelnen Merkmalen zu verfolgen, die sich in deutlich alternativen Formen ausprägen. Mit blühenden Erbsen, von entweder großem oder kleinem Wuchs, mit grünen oder gelben Samen und so weiter, führte er im Garten seines Klosters Zuchtversuche durch. Dabei zeigte er auf elegante Weise, daß solche Eigenschaften von Erbfaktoren bestimmt werden, die wir heute als Gene kennen und die in verschiedenen Formen, den Allelen, existieren. Jedes Individuum erhält je ein Allel für jedes Merkmal von jedem Elternteil. Ein Allel eines der Paare, die somit jedes Individuum in sich trägt, kann das andere dominieren, das dann als rezessives Allel nicht in Erscheinung tritt. Bei Mendels Erbsen war beispielsweise das „groß"-Allel gegenüber dem „klein"-Allel dominant, so daß ein Individuum mit zwei verschiedenen Allelen für dieses Merkmalspaar dennoch großwüchsig war. Die beiden potentiell unterschiedlichen Allele, die in jedem Individuum für die verschiedenen Merkmale existieren, werden mit gleicher Wahrscheinlichkeit an die nächste Generation weitergegeben. Mendel stellte weiterhin fest, daß jedes einzelne Merkmal, ob Größe oder Samenfarbe, in jeder Kombination mit irgendeinem anderen wieder auftauchen kann; verschiedene Merkmale werden unabhängig voneinander übertragen.

Wie wir heute wissen, ist dieses Verhalten der Gene auf den doppelten Chromosomensatz, den jedes Individuum besitzt, zurückzuführen. Je ein Chromosomensatz ist von einem Elternteil erbt; die Gene sind aufeinanderfolgend auf den Chromosomen angeordnet und jedes Chromosom eines Paares trägt ein Allel von jedem auf ihm befindlichen Gen. Die Merkmale, die Mendel für seine Beobachtungen auswählte, lagen alle auf unterschiedlichen Chromosomen, und jedes wurde von nur einem einzigen Gen bestimmt. Damit hatte er Glück. Die meisten physischen Eigenschaften werden von mehreren Genen, die normalerweise auf verschiedenen Chromosomen vorkommen, beeinflußt; dies wird auch durch die Tatsache, daß die Nachkommenschaft meistens beiden Elternteilen ähnelt, nahegelegt. Andererseits beeinflussen die meisten Gene mehr als nur eine Eigenschaft.

Mendels scharfsinnige Beobachtungen wurden in einer unbekannten Lokalzeitschrift veröffentlicht und dämmerten über drei Jahrzehnte lang unbeachtet dahin. Währenddessen wurden dennoch andere, durchaus bemerkenswerte Fortschritte in der Vererbungslehre erzielt. Hervorzuheben wäre die antilamarckistische Beweisführung des deutschen Biologen August Weismann, derzufolge das genetische Material von körperlichen Veränderungen seines Trägers unbeeinflußt bleibt. Doch die Wiederentdeckung der Mendelschen Regeln entfesselte erstaunliche Aktivitäten auf dem entstehenden Gebiet der Genetik. Erfolgt Vererbung durch diskrete Einheiten (Gene), dann konnte das Vererbungsmuster – selbst wenn gewöhnlich mehrere Gene beteiligt sind – mathematisch modelliert und das Studium der Vererbung somit auf eine solide wissenschaftliche Grundlage gestellt werden. Und wenn Evolution die Summe der Störungen in der Übertragung genetischer Information zwischen den Generationen ist, dann konnten – ja mußten sogar – mit diesem Mechanismus Evolutionsphänomene erklärt werden. Auch wenn Darwin und seine naturforschenden Kollegen wie Wallace die grundlegenden Evolutionsphänomene ohne jegliche klare Vorstellung von den Mechanismen der Vererbung perfekt erkennen und beschreiben konnten, schien vielen die Genetik plötzlich der Schlüssel zum Geheimnis der natürlichen Vielfalt zu sein. Zwar dauerte es noch einige Jahrzehnte, bis Systematiker, Paläontologen und Genetiker an diesem Punkt zusammenkamen, doch dann ergaben sich hieraus tiefgreifende Konsequenzen für die Zukunft der Evolutionsbiologie.

Paradoxerweise lernen die Studierenden der Paläoanthropologie in Kursen über den evolutionären Wandel fast als erstes das sogenannte Hardy-Weinberg-Gesetz. Dieser in den frühen Jahren unseres Jahrhunderts mathematisch formulierte Sachverhalt zeigt, wie die Allele in sich frei kreuzenden Organismenpopulationen verteilt sind, und daß diese Verteilungen von einer zur nächsten Generation mehr oder weniger konstant bleiben. Folglich ist diese Regel eine Demonstration von Stabilität und nicht der Veränderlichkeit. Das Hardy-Weinberg-Gesetz wurde in späteren Jahrzehnten durch umfangreiche Literatur über genetische Homöostase untermauert, die auf die Tendenz der Populationen, sich nicht zu verändern, verwies. Es wurde zum Grundstein der Wissenschaftsdisziplin, die wir heute als Populationsgenetik kennen, deren Verteter sich gemeinhin als Evolutionsbiologen verstehen. Doch natürlich bedeutet Evolution Veränderung, und die große Frage ist, wie sie vonstatten geht. In der Terminologie der Populationsgenetik ist Darwins Theorie von der natürlichen Selektion eine graduelle Veränderung der Allelfrequenzen innerhalb von Populationen, die stattfindet, wenn vorteilhafte Allele beziehungsweise Allelkombinationen sich von Generation zu Generation auf Kosten der weniger vorteilhaften ausbreiten. Doch konnten beispielsweise Hundezüchter, die physische Veränderungen wie längere Beine, eine kürzere Schnauze oder was auch immer erzielen wollten, nicht einfach irgendwelche Allelfrequenzen verschieben. Sie mußten mit der vorhandenen Variationsbreite arbeiten, wollten sie anatomische Neuerungen oder neue Rassen erzielen. Das wußten sie schon, bevor irgendwelche Evolutionstheorien Gestalt annahmen. Die Evolution vollzieht sich sowohl durch anatomische Veränderung als auch durch das Hervorbringen neuer Arten, und am Ende des 19. Jahrhunderts war die Beziehung zwischen diesen beiden unterschiedlichen Seiten der Medaille alles andere als klar – so wie es, offengestanden, immer noch der Fall ist.

Schon 1865 beklagte der französische Naturforscher Pierre Trémaux , daß es »für die Arten so viele Definitionen wie Naturwissenschaftler gibt«, dies hat sich seitdem kaum geändert. Trémaux legte seinen Finger auf die Crux dieser Angelegenheit: »Zwei prinzipielle Sachverhalte dienten zur Definition der Arten: die Ähnlichkeit zwischen Individuen und die Fähigkeit zur Fortpflanzung. Die erste dieser Bedingungen … ist … die Konsequenz der zweiten.« Dies gilt ungebrochen bis heute. Die meisten Biologen betrachten Arten als reproduktive Gemeinschaften, die sich aus einander mehr oder weniger ähnelnden Individuen zusammensetzen. Sie können sich, zumindest potientiell, untereinander kreuzen, jedoch nicht mit Angehörigen anderer solcher Gemeinschaften. Trémaux hatte vollkommen recht damit, daß die Individuen einer Art sich aufgrund ihres gemeinsamen genetischen Erbes ähneln. Dennoch erkennen wir die Zugehörigkeit von Individuen zur gleichen Art nach wie vor fast immer an dem zweitrangigen Ähnlichkeitskriterium. Selbst bei lebenden Organismen, geschweige denn bei Fossilien, bereitet es sowohl theoretisch als auch praktisch erhebliche Probleme, isolierte Fortpflanzungsgemeinschaften zu erkennen. Im wesentlichen ist es auf diese Probleme zurückzuführen, daß wir noch immer so viele Definitionen wie Forschende haben. Doch während sich eine Art wenigstens theoretisch durch irgendeine Form von Ähnlichkeit erkennen läßt, wenn wir uns in der lebenden Natur umsehen (obwohl Darwin selbst, man möge sich erinnern, damit Probleme hatte), dürfen wir nach strengen darwinistischen Grundsätzen in der Fossilforschung nicht so verfahren, außer wir beschränken uns auf einen engen Zeitabschnitt. Denn nach Darwin transformiert sich eine Art unter der führenden Hand der natürlichen Auslese durch langsam fortschreitende Veränderung selbst aus ihrer Existenz heraus. Reproduktive Kontinuität besteht über Jahrtausende hinweg ungebrochen, trotzdem verändert sich die Anatomie, mitunter gravierend.

Die alternative Auffassung, die im späten 19. Jahrhundert im Gegensatz zur natürlichen Selektion sehr populär war, besagte, Arten behielten ihre Identität über Zeit und Raum hinweg bei. Nehmen wir dies an, müssen wir allerdings die Transformation einer Art in eine andere innerhalb einer relativ kurzen Zeitspanne erklären können. Sie muß so kurz sein, daß uns ein aus ihr stammendes Fossil nur mit sehr geringer Wahrscheinlichkeit in die Hände fallen würde. Den Erkenntnissen der Genetiker zufolge schien dies auch selbstverständlich möglich zu sein. Schon lange war bekannt, daß zuweilen plötzlich „Spielarten" auftauchen, die stark von der Norm abweichen, während die meisten Individuen der betreffenden Population sich nur geringfügig voneinander unterscheiden. Der holländische Botaniker Hugo de Vries stützte sich auf die partikuläre Vererbung der Mendelschen Genetik, die er wiederentdeckt hatte, und zeigte, daß plötzliche Veränderungen, „Mutationen", in einem Allel der Grund für Neuerungen dieser Art sein könnten. Er entwickelte diesen Gedanken weiter und stellte 1901 die These auf, neue Arten entstünden auf ähnliche Weise durch plötzliche Schritte, wodurch ein Hauptmerkmal oder ein ganzer

Merkmalkomplex verändert würde. Diese Vorstellung von der Artbildung fand die rasche Zustimmung vieler einflußreicher Genetiker. Schon bald wurden sich die Mendelianer mehr oder weniger darüber einig, in der Mutationsrate – die Häufigkeit, mit der Mutationen stattfinden – die treibende Kraft hinter dem evolutionären Wandel zu sehen.

Diese neue Strömung führte dazu, die Aufmerksamkeit von anderen Möglichkeiten der Artenbildung abzulenken. Es bildete sich eine Kluft zwischen den Genetikern und den traditionelleren Naturforschern, Systematikern und anderen. Die Genetiker, die in Kürze ein Theoriegebäude entwickelten, um mit der offensichtlichen Tatsache fertig zu werden, daß die Vererbung in den meisten Fällen viel komplizierter verläuft, als es Mendels einfache Regeln nahelegen, konzentrierten sich dennoch auf die Rolle diskontinuierlicher Merkmale wie beispielsweise die Wuchsform von Erbsenpflanzen. Andererseits betonten die klassischen Naturforscher, welche die natürliche Selektion nun nach und nach anerkannten, die Wichtigkeit der kontinuierlich veränderlichen Merkmale, wie etwa die Größe beim Menschen, für den Evolutionsprozeß. Die Paläontologen trugen nichts Gewichtiges zu dieser Debatte bei. Sie neigten dazu, einfach einen der beiden Standpunkte zu übernehmen. Von den Paläoanthropologen unterstützte Dubois, um nur einen zu nennen, die Mutationsthese seines Landsmannes de Vries, wohingegen viele andere zum allmählichen evolutionären Wandel tendierten.

In diesem unruhigen Klima offener evolutionärer Grundfragen zu Beginn unseres Jahrhunderts sammelten sich beständig immer mehr fossile Zeugnisse der Menschwerdung an. Neue Funde kamen durch Archäologen oder zufällig ans Licht. Einige Naturwissenschaftler folgten den Spuren Dubois' und gingen auf die Suche nach menschlichen Fossilien. Besonders erwähnenswert ist eine deutsche Expedition bei Trinil unter der Leitung von Magarethe Selenka von 1907 bis 1908, die allerdings keine weiteren menschlichen Exemplare fand. Dennoch war diese Expedition nicht erfolglos, denn es wurden viele nichtmenschliche Wirbeltierfossilien gesammelt. Dubois selbst hatte sich nach seiner Rückkehr nach Europa nur noch selten mit Fossilien dieser Art beschäftigt, von denen er eine beachtliche Menge mitgebracht hatte. Seine Sammlung ist sogar bis zum heutigen Tage noch nicht vollständig bearbeitet. Darum war es besonders wichtig, daß das

Untersuchungsergebnis des Selenka-Materials, das Alter der Trinil-Fauna als frühes oder mittleres Pleistozän bestätigte, obwohl es das Bild in gewisser Hinsicht verkomplizierte. Damals wurden die Neandertaler ins mittlere Pleistozän, also vor den Cro-Magnon-Menschen des späten Pleistozän, datiert. Wenn aber sowohl der Neandertaler als auch der *Pithecanthropus* im mittleren Pleistozän gelebt hatten, wie konnte der letzere dann der Vorfahr des ersteren gewesen sein? Diese Frage blieb einige Zeit offen, sogar dann noch als die These, der *Pithecanthropus* und der Neandertaler stünden in der direkten Abstammungslinie des Menschen oder repräsentierten zumindest Abschnitte dieser Linie, an Glaubwürdigkeit gewann.

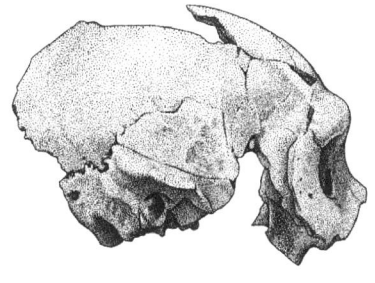 

4.1 Lateral- und Frontalansicht des Krapina-Schädels C, eines der vielen fragmentarischen Neandertalerfossilien, die an dieser kroatischen Ausgrabungsstätte um die Jahrhundertwende gefunden wurden. Maßstab: ein Zentimeter. (D. M.)

Des Rätsels Lösung ließ jedoch nicht allzulange auf sich warten. Zwischen 1908 und 1911 wurden bei Grabungen in den Höhlen von La Chapelle-aux-Saints, Le Moustier, La Ferrassie und La Quina mehrere vollständige oder nahezu komplette Skelette von Neandertalern geborgen, die endlich die Möglichkeit boten, die gesamte Skelettanatomie dieser frühen Menschen zu bewerten. Sie ergänzten eine Reihe unvollständigerer Knochenfunde von Neandertalern. Einige davon waren zwischen 1899 und 1905 in der Höhle von Krapina im heutigen Kroatien (Ex-Jugoslawien) und weitere, wie ein fragmentierter Schädel, 1908 bei Ehringsdorf entdeckt worden. Dazu kamen im ersten Viertel des Jahrhunderts diverse andere Bruchstücke und Teil-

funde. Doch aus verschiedenen Gründen wurde das Skelett des „Alten
Mannes" aus La Chapelle der Archetyp des Neandertalers, nicht zuletzt auch wegen der zahlreichen Publikationen des einflußreichen
französischen Paläontologen Marcellin Boule. Boule wandte sich
strikt dagegen, im Neandertaler mehr als eine ausgestorbene Seitenlinie ohne Nachkommen im menschlichen Stammbaum zu sehen. Anatomisch hätten die Neandertaler, so machte Boule geltend, unterschiedlich große Zehen und daher auch Greiffüße aufgewiesen, die
das Gewicht wie beim Menschenaffen auf der Außenkante trugen. Die
Haltung wäre vornübergeneigt, die Knie gebeugt, der Hals kurz und
dick und das Gehirn unterentwickelt gewesen. Ferner glaubte Boule,
zu Zeiten des Neandertalers hätten bereits Formen moderner Menschen existiert. Er verwies darauf, daß in Frankreich die Steinwerkzeuge der Neandertaler im Moustérien oder Mittleren Paläolithikum
ziemlich abrupt von Werkzeugen des Oberen oder Jungpaläolithikums
zusammen mit Funden moderner Menschen abgelöst worden wären.
Dies führte ihn zu der Überlegung, das Obere Paläolithikum habe sich
andernorts schon einige Zeit vorher entwickelt. Auch dies schien ihm
zu zeigen, daß die Neandertaler nichts anderes als ein Seitenzweig der
menschlichen Evolution waren. Boule war es ganz recht, die Neandertaler als *Homo neanderthalensis* in der Gattung *Homo* zu sehen; doch
schrieb er 1913 im Schlußteil seiner langen Abhandlung über das
Skelett von La Chapelle-aux-Saints: »welch ein Kontrast zu den ...
Cro-Magnons [mit ihren wesentlich eleganteren] Körpern, den grazi-
leren Köpfen, hoher, aufrechter Stirn ... handwerklicher Geschick-

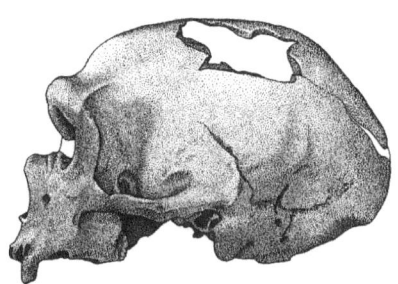 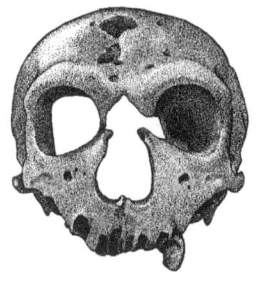

4.2   Lateral- und Frontalansicht des Schädels vom „Alten Mann" aus La-Chapelle-
aux-Saints in Corrèze, Frankreich. Maßstab: ein Zentimeter. (D. M.)

lichkeit ... Einfallsreichtum ... künstlerischer und religiöser Sensibilität ... [und] dem Vermögen zum abstrakten Denken; sie waren die ersten, die den glorreichen Titel des *Homo sapiens* verdienen!«.

Man sollte Personen der Vergangenheit nicht nach ihrer Bedeutung für heutige Denkrichtungen beurteilen (und meine eigenen Ansichten decken sich mit einigen von Boule). Doch muß ich zugeben, daß ich seine allzu nachlässige Behandlung des *Pithecanthropus* in der Monographie von 1911 bis 1913 nicht nachvollziehen kann. In einer langatmigen Darstellung des Großverlaufs der menschlichen Abstammungsgeschichte zählte er fast jeden damals bekannten fossilen Primaten auf, einschließlich solcher sensationell belangloser Formen wie die erst kürzlich ausgestorbenen Madagaskarlemuren *Megaladapis* und *Archaeolemur*. Dem *Pithecanthropus* widmete er hingegen nur eine Randbemerkung. Besonders gern machte Boule darauf aufmerksam, daß physische Ähnlichkeit nicht unbedingt phylogenetische Abstammung bewies. Dieses Argument hatte er sehr effektiv eingesetzt, um den Neandertaler von der direkten menschlichen Linie auszuschließen, und benutzte es wieder, um den *Pithecanthropus* von jeglicher Nähe zum Menschen auszugrenzen. Nach Boule war der *Pithecanthropus*, wie es Virchow schon 16 Jahre zuvor gesagt hatte, ein riesenhafter Gibbon. Daher waren die frühen Menschen andernorts zu suchen, und hierzu hatte Boule zwei Vorschläge.

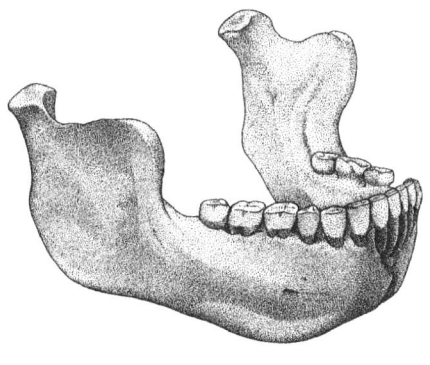

4.3 Ansicht des 1908 bei Mauer in Deutschland gefundenen Unterkiefers. Holotypus des *Homo heidelbergensis*. Maßstab: ein Zentimeter. (D. M.)

Der erste war der *Homo heidelbergensis*, eine Art, die Otto Schoetensack 1908 aufgrund eines Unterkiefers, der in einer Kiesgrube bei Mauer in der Nähe von Heidelberg gefunden worden war, benannt hatte. Zu jener Zeit war die Zeitskala mit vier Eiszeiten während des Pleistozäns, die der schottische Geologe James Geikie 1894 aufgestellt hatte, wissenschaftlich weitgehend anerkannt. Diese kalten „Eiszeiten" (Glaziale) waren von drei „zwischeneiszeitlichen" Phasen (Interglaziale) unterbrochen worden, in denen ein milderes Klima herrschte. Aufgrund der zusammen mit ihm gefundenen Fauna schrieb Schoetensack den Unterkiefer von Mauer dem Unteren Pleistozän und hier speziell der ersten Interglazialperiode zu. Das machte ihn unbestritten älter als jedes andere aus Europa bekannte menschliche Fossil. Schoetensack sah in dem Fund einen Vorgänger des geologisch jüngeren Neandertalers, und Boule stimmte dem grundsätzlich zu. Während er die Zähne mit denen eines modernen Menschen verglich, war der Kieferknochen seiner Ansicht nach affenähnlich. Für Boule gehörte der Kiefer, wenn er auch für eine definitive Analyse nicht ausreicht, einem potentiellen Vorfahren des *Homo neanderthalensis*. Dagegen gebührte die Ehre, Vorfahre des modenen Menschen zu sein, nach seinen Vorstellungen dem *Eoanthropus dawsoni*.

Jenseits des Ärmelkanals, in England, war damals gerade das Interesse an der Möglichkeit menschlicher Existenz modernem Typs von extrem hohem Alter erwacht. Der einflußreiche Anatom Arthur Keith (1864–1944) untersuchte 1910 aufs neue ein modern wirkendes Skelett, das 1888 am Galley Hill in Ablagerungen des Frühpleistozäns entdeckt worden war, sich später jedoch als sehr viel jünger herausstellte. Doch vor allem die Entdeckung bei Ipswich von 1911, die Parallelen zu Galley Hill aufwies, veranlaßte Keith, modern einzustufende Anatomie mit einem vermeintlich hohen Alter zu verbinden. Von hier aus war es nur noch ein kleiner Schritt, den Mauer-Fund und den Neandertaler von der direkten Linie des menschlichen Stammbaumes auszuschließen. Glaubte man den Funden von Galley Hill, dann hatten beide zeitgleich mit modernen Menschen gelebt. Dieser Ansicht fühlte sich Keith bis Ende 1912 sehr verpflichtet. Doch dann erschienen die Piltdown-Fossilien.

Schon 1908 hatten Arbeiter einer Kiesgrube bei Piltdown in Sussex – angeblich – Charles Dawson, einem ortsansässigen Juristen und Amateurpaläontologen, einige Fragmente eines dickwandigen menschlichen Schädels ausgehändigt. Im Verlauf der folgenden Jahre fielen Dawson noch weitere Bruchstücke in die Hände. 1912 gab er diese Fundstücke an Arthur Smith Woodward weiter, dem Leiter der geologischen Abteilung des British Museum (Natural History) und führendem Experten auf dem Gebiet der Fischfossilien. Smith Woodward schloß sich den Ausgrabungen von Dawson und Pierre Teilhard de Chardin, einem jesuitischen Paläontologen und theologischen Mystiker, an. Das Trio stieß auf weitere Schädelbruchstückchen, zusammen mit einem Fragment der rechten unteren Hälfte eines affenähnlichen Unterkiefers, des weiteren auf verschiedene Säugetierfossilien und einige grob behauene Steinwerkzeuge. Die Fauna des Fundortes schien auf das Frühpleistozän oder sogar Spätpliozän zu verweisen. Diese Einschätzung wurde später durch geologische Übereinstimmungen offenbar bestärkt. Gegen Ende 1912 fügte Smith Woodward die verschiedenen Bruchstücke und Teilchen zur Rekonstruktion eines Schädels zusammen. Mit dem vorstehenden Kiefer eines Affen und einem hohen menschlichen Schädel gab er ein ziemlich wunderliches Bild ab. Die Schädelkapazität war mit etwa 1 070 Kubikzentimetern etwas geringer als die durchschnittliche eines modernen Menschen. Kurz vor Weihnachten enthüllte er auf einer Versammlung der Geological Society of London dieses Wunderding, das er *Eoanthropus dawsoni* („Dawsons Frühmensch") nannte. Der Gehirnforscher Grafton Elliot Smith untersuchte zur gleichen Zeit einen Endokranialausguß, der mehr oder weniger die äußere Form des Gehirns widerspiegelte. Er hielt ihn für sehr „affenartig" und meinte, dies sei nur möglich, wenn man voraussetzt, das menschliche Gehirn habe sich aus dem eines Affen entwickelt. Er stimmte Smith Woodward zu, daß es sich hier um einen Vorfahren des modernen Menschen handele.

Arthur Keith war weniger enthusiastisch. Waren die Piltdown-Fossilien nicht älter als seine Exemplare von Galley Hill und Ipswich, konnten sie kaum einen Vorgänger des modernen Menschen repräsentieren. Darüber hinaus hatte er erhebliche Vorbehalte gegenüber Smith Woodwards Rekonstruktion. Innerhalb weniger Monate stellte er seine eigene vor, die er nicht nur mit einer beträchtlich größeren Schädelwölbung, sondern den affenähnlichen Unterkiefer sogar mit einem menschlichen Kinn ausstattete. Diese Differenz überrascht kaum, denn die Piltdown-Überreste boten sicher viel Raum für Mutmaßungen. Der größte Teil der Stirn und die rechte Schädelseite fehlten,

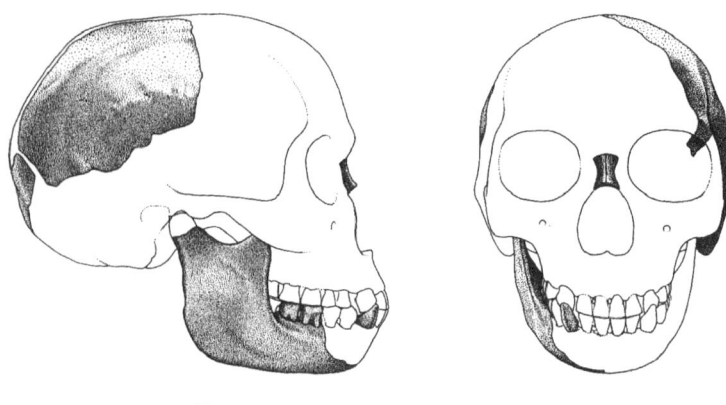

4.4   Lateral- und Frontalansicht des Piltdown-„Schädels" nach der Rekonstruktion von Arthur Smith Woodward, 1913. Maßstab: ein Zentimeter. (D. M.)

ebenso die Gelenkverbindung des Kieferknochens zum Schädel. Ihm fehlte auch die vordere Partie, die das Vorhandensein eines Kinns oder die Größe der Eckzähne angezeigt hätte. Moderne Menschen besitzen ein Kinn, Affen – und Neandertaler – hingegen nicht, und große Eckzähne hätten auf einen Affen, kleine auf einen Menschen hingewiesen. Smith Woodwards schlagfertige Erwiderung auf Keiths Attakke war einfach. 1913 präsentierte er einen unteren Eckzahn, den Teilhard de Chardin in der Kiesgrube von Piltdown gefunden haben sollte. Dieser Eckzahn, den sie dem Piltdown-Menschen zugehörig vermuteten, ähnelte nicht nur dem eines Affen, sondern in bemerkenswerter Weise auch den Zähnen seiner Schädelrekonstruktion. Dieser Zahn schien die Angelegenheit in seinem Sinne beizulegen, und gegen 1915 war es in England Konsens, daß der Piltdown-Mensch mit seinem kleinen, doch menschenähnlichen Hirnschädel und dem affenähnlichen Kiefer tatsächlich der Vorfahr des modernen Menschen war. Keith hielt jedoch an seiner Überzeugung fest, das nach seiner Ansicht große Gehirn des Piltdown-Menschen wie das des Neandertalers bedeuteten eine Sackgasse in der menschlichen Evolution. Noch vor 1917 verkündete Smith Woodward den Fund von Fragmenten eines zweiten Piltdown-Individuums, die Dawson im Jahr vor seinem Tode an einer von der ersten etwas entfernteren Stelle, doch auf gleichem stratigraphischen Niveau entdeckt haben sollte. Daraufhin gab Keith der mehrheitlichen Meinung nach.

Genauer gesagt, gab er nur der englischen Mehrheitsmeinung nach. Trotz Boules frühzeitiger Zustimmung, die er später durch die Ansicht, der Schädel und der Kiefer gehörten nicht zueinander, revidierte, fand der Piltdown-Schädel weder auf dem europäischen Kontinent noch in Amerika jemals ungeteilte Anerkennung. Schon vor 1915 hatte der amerikanische Säugetierkundler Gerrit S. Miller gefolgert, das Piltdown-Exemplar vereinige den Schädel eines Menschen und den Kiefer eines Schimpansen. Eine neue Rekonstruktion von Elliot Smith aus dem Jahre 1922 wendete die internationale Meinung, einschließlich derer Boules, noch einmal zu Gunsten des Piltdown-Schädels. Die neue Version befriedigte die meisten Parteien durch ihren Kompromiß bezüglich der Gehirngröße von 1 200 Kubikzentimetern, der in etwa zwischen den Schätzungen von Woodward und Keith lag. Damit wuchs die Popularität der „Präsapiens-Hypothese", nach der sich irgendwann in der Vergangenheit, wahrscheinlich im Pliozän, eine Spaltung im menschlichen Stammbaum ereignet hatte. Ein Zweig hätte über den Piltdown-Menschen eine frühe Erscheinungsform des modernen Menschen hervorgebracht, der andere zu den ausgestorbenen Neandertalern geführt. Dieses Modell schien angesichts des Piltdown-Fossils sehr überzeugend. Kaum ein Paläoanthropologe – nicht einmal Gustav Schwalbe selbst, der Boules Einfluß vor seinem Tode 1917 erlegen war – hielt Anfang der zwanziger Jahre noch an der Theorie der deutschen Schule fest, derzufolge die modernen Menschen vom Neandertaler abstammen. Mit der bemerkenswerten Ausnahme eines einzigen.

Von Anfang an betrachtete der in Amerika lebende tschechische Anthropologe Aleš Hrdlička das Material aus Piltdown mit tiefstem Argwohn. Er war der festen Überzeugung, das Menschengeschlecht habe, von einem bisher unentdeckten „anthropoiden Vorgänger" ausgehend, eine ständige, progressive Transformation erfahren. Die moderne Form sei erst gegen Ende des Pleistozäns aufgetreten, kurz bevor sie sich in die Neue Welt ausbreitete, weshalb die Piltdownsche Kombination affenähnlicher und menschlicher Merkmale für Hrdlička ein Schlag ins Gesicht war. Letzten Endes akzeptierte er den Kiefer als echtes Fossil, dessen affenähnlichen Merkmale auch zu seinem hohen Alter paßten, das wiederum eine Verbindung zu dem noch älteren fossilen Menschenaffen *Dryopithecus* herstellte. Hingegen glaubte er nicht an das behauptete hohe Alter des Kraniums. Sein oberstes Anliegen war jedoch, die Stellung des Neandertalers in der direkten Linie der menschlichen Abstammung nachzuweisen. Seine diesbezüglichen eineinhalb Jahrzehnte während Bemühungen hatten ihren Höhepunkt, als er am Royal Anthropological Institute in London einen Vortrag mit dem Titel »Die Neandertalerphase des Menschen« (*The Neanderthal Phase of Man*) hielt. Mit seiner Definition des Neandertalers als „den Menschen des Mousterién" griff Hrdlička die These von deren Verdrängung durch einfallende Aurignacién-Menschen (aus der ersten Periode des Oberen Paläolithikums) an. Das Moustérien war, nach ihm, nicht einfach nur dem Jungpaläolithikum vorausgegangen, sondern hatte sich zu selbigem entwickelt. Er betonte die Formenvielfalt in der Sammlung der bekannten Neandertalerfossilien und vermutete eine fortwährende adaptive Wandlung in der Population als deren Ursache. Diese Anpassung würde sich auch in heutigen menschlichen Populationen, beispielsweise in Form der sich verringendern Zahngröße, fortsetzen. »Dies scheint«, folgerte Hrdlička, »weniger den Begriff einer neandertaliden *Art* als den einer neandertaliden *Phase* des Menschen zu rechtfertigen.«

Obwohl Hrdlička eine frühere orthodoxe Denkrichtung wiedergab – und seine Argumente sollten überleben, um in späteren Jahren wieder Geltung zu erlangen – blieb eine unmittelbare Reaktion auf seine Attacke gegen die „Präsapiens-Hypothese" so gut wie aus, auch als er sie 1930 in Form eines Buches wiederholte. Wahrscheinlich standen die Piltdown-Fragmente zu sehr im Mittelpunkt. Und das bringt uns wiederum die Bedeutung dieser eigenartigen Überreste nahe: Wie keine andere Entdeckung zuvor bewiesen sie, wie wichtig die Fossilforschung für die Dokumentation der Stellung der Menschheit in der Natur ist. Selbstverständlich waren die Piltdown-Fossilien, wie wir heute alle wissen, eine Fälschung, und einige haben dies wohl auch schon 1913 gewußt. Der Kiefer war tatsächlich der eines Menschenaffen und die Schädelfragmente stammten, obwohl sie sehr dickwandig waren, von einem modernen Menschen. Die Zähne wurden abgefeilt und die Knochen wie echte Fossilien gefärbt. Zusammen mit den Säugetierfossilien und den Steinwerkzeugen hatte man sie in der Grube bei Piltdown plaziert, damit die Paläontologen sie finden sollten.

Wer nun der Fälscher war, ist noch immer nicht geklärt. So gut wie jeder mögliche Name war im Gespräch, obgleich Dawson ziemlich eindeutig auf die eine oder andere Weise beteiligt war. Mit Sicherheit läßt sich nur sagen, daß der oder die Täter die etablierten britischen Paläoanthropologen gut genug kannten, um zu wissen, was diese relativ unkritisch akzeptieren würden. Der ungewöhnliche Piltdown-Mensch geriet sehr schnell ins Abseits, als andere menschliche Fossilien entdeckt wurden und seit der Betrug 1953 aufgedeckt worden war, ignorierte man ihn weitestgehend. Doch zweifelsohne hat er Fortschritte der paläoanthropologischen Wissenschaft eine zeitlang ernsthaft behindert.

Jedoch rückte das Piltdown-Fossil in seiner Funktion als „missing link" die Forschung zur Fossilgeschichte des Menschen paradoxerweise ins Interesse der Öffentlichkeit und der Medien. Darüber hinaus nimmt die Fossilforschung seit Piltdown die zentrale Stellung für das Verständnis des geheimnisvollen Prozesses ein, der den modernen Menschen aus einem „äffischen" Vorfahren hervorgehen ließ. Ohne Frage ist dies eine positive Folgeerscheinung; aber es ist auch nicht zu leugnen, daß die Paläoanthropologie die einzige der paläontologischen Disziplinen ist, die jedem neu auftauchenden Fossil eine fast heilige Bedeutung beimißt. Kaum ein Paläontologe, der an anderen Gruppen von Organismen arbeitet, sieht sich jemals genötigt, seine Überzeugungen grundlegend zu überprüfen, sobald hierzu gehörende neue Fossilien ans Tageslicht kommen. Unter Paläoanthropologen ist das allerdings oft der Fall; und die Behauptung, dies habe sich nachteilig auf ihre Wissenschaft ausgewirkt, ist berechtigt. Doch so ungewöhnlich diese paläoanthropologische Tradition auch sein mag, sie verleiht dem Studium der Menschwerdung auch einen gewissen Reiz und letztlich den Anschein des Fortschritts, was für uns beim Betreiben unserer eigenen Ahnenforschung vielleicht am wichtigsten ist. Im Guten wie im Schlechten läßt sich dieser Arbeitsstil bis zu dem peinlichen Piltdown-„Fossil" zurückverfolgen.

5.   Aus Afrika …

Während der Stern des Piltdown-Menschen im Zenit stand und Dubois seinen *Pithecanthropus* wieder einmal ans Tageslicht holte, reiste Anfang 1923 ein junger australischer Anatom namens Raymond Dart (1893–1988) von London nach Johannesburg in Südafrika, um an der dortigen University of the Witwatersrand, auch „Wits" genannt, den Lehrstuhl für Anatomie anzunehmen. Einige Jahre zuvor war bei der Ortschaft Broken Hill, dem heutigen Kabwe in Sambia, damals noch Rhodesien, ein nahezu vollständiges fossiles Kranium eines ausgestorbenen Hominiden mit einer großen Schädelkapazität gefunden worden. Daneben fand man weitere Knochen von Menschen und Säugern sowie einige Steinwerkzeuge. Arthur Smith Woodward, der die Exemplare Ende 1921 beschrieb, ordnete sie der neuen Art *Homo rhodesiensis* zu. Am Gesicht stellte er Ähnlichkeiten mit dem Neandertaler, am Schädeldach mit dem *Pithecanthropus* fest, obwohl das Gehirn bedeutend größer war. Dennoch schien diese Form den modernen Menschen ähnlicher als den Neandertalern, denn der Knochenbau ihrer Gliedmaßen war leichter. Im Hinblick auf Grafton Elliot Smiths Vermutung, daß »die Grazilisierung des Gesichts wahrscheinlich der letzte Schritt in der menschlichen Evolution war«, bemerkte er, das Fossil von Broken Hill könnte »die Idee wieder aufleben lassen, daß der Neandertaler tatsächlich ein Vorfahr des *Homo sapiens* ist; denn der *Homo rhodesiensis* verbindet ein Gesicht, das nahezu dem eines Neandertalers gleicht, mit einem moderneren Hirnschädel und einem vollkommen modernen Skelett. Er könnte sich als die dem Neandertaler folgende Stufe in der aufsteigenden Reihe erweisen«. Kein einziges Wort war ihm der Vergleich mit Piltdown wert! Der Grund dafür war vielleicht, daß er das Exemplar wegen der assoziierten Säugetierknochen, die den Berichten zufolge allesamt zu noch lebenden Arten gehörten, für verhältnismäßig rezent (also zum Holozän gehörend) hielt: Die Füllung der Höhle, so schrieb Woodward, »fand möglicherweise erst nach dem Pleistozän statt«. Wie dem auch sei, abgesehen von dem ziemlich rätselhaften und äußerst unvollständigen Schädel,

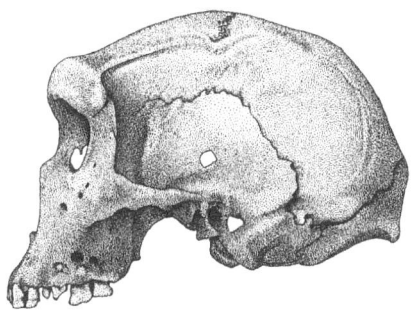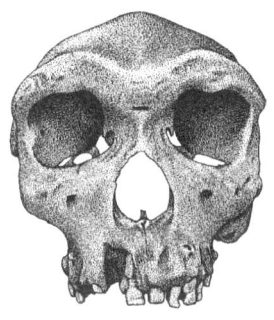

5.1 Lateral- und Frontalansicht des „Rhodesian-Man"-Schädels, entdeckt 1921 bei Broken Hill (heute Kabwe), Sambia. Maßstab: ein Zentimeter. (D. M.)

der 1913 in der südafrikanischen Boskop-Region gefunden worden war, und einem anscheinend prähistorischen, doch modern aussehenden Skelett, das man im selben Jahr in der Olduvai-Schlucht in Tanganyika, dem heutigen Tansania, geborgen hatte, war der Fund von Broken Hill zum damaligen Zeitpunkt das einzige menschliche Fossil aus Afrika. Im Mittelpunkt der Paläontologie des Menschen standen noch immer Europa und Asien.

Als junges Fakultätsmitglied des University College London hatte Dart mit Elliot Smith zusammen gearbeitet und sich von seinem Mentor anstecken lassen. Die Evolution des menschlichen Gehirns faszinierte ihn. Nichts lag ihm ferner als die Erforschung menschlicher Fossilien, als eine seiner Studentinnnen, Josephine Salmons, ihm 1924 einen fossilisierten Pavianschädel brachte. Er war bei Sprengarbeiten im Kalksteinbruch von Buxton bei der Ortschaft Taung, die in beträchtlicher Entfernung nordwestlich von Johannesburg liegt, aufgetaucht. Sein Kollege R. B. Young, ein Geologieprofessor in Wits, bot an, ihm noch weitere Exemplare von diesem Ort zu bringen. Auf diese Weise geriet ein Fossil in Darts Hände, das aus dem Gesichtsschädel und einem Endokranialausguß – einer natürlichen Abformung des Schädelinneren – bestand. Es stammte von einem kindlichen Hominoiden, also von einem Menschenaffen oder einem affenähnlichen Menschen. Als Neuroanatom richtete Dart seine Aufmerksamkeit zunächst auf den Gehirnausguß, der im Gegensatz zum Gesicht nicht von einer harten, kalkigen Schicht umschlossen war. Elliot Smith, Darts ehemaliger Chef, hatte allerdings beim Studium endokranialer Gipsabgüsse verschiedener rezenter und fossiler Menschen sowie anderer Säugetiere ein alles andere als hinreißendes Resultat erzielt; beispielsweise wurden die Gehirnwindungen oft nur schlecht wiedergegeben. Darüber hinaus meinten die meisten seiner Kollegen, die Schlüsse, die Smiths aus den Abgüssen auf geistige und motorische Fähigkeiten zog, seien kaum zu rechtfertigen, noch nicht einmal, wenn die Gehirne selbst für die Untersuchung ihrer äußeren Form zur Verfügung gestanden hätten. Doch Dart ließ sich von Smiths Erfahrungen nicht abschrecken und gestattete sich eine Bewertung des Schädelausgusses, die ihn, gestützt durch andere Merkmale des Fundes, zu einer weitreichenden Schlußfolgerung führte. Dies erreichte er ohne das übliche wissenschaftliche Rüstzeug: Die südafrikanischen Bibliotheken waren unzureichend, geeignetes Vergleichsmaterial nicht vorhanden und darüber hinaus arbeitete er allein an seinem Exemplar, von anderen Kollegen isoliert.

Nachdem er mühevoll die harte Matrix vom Gesichtsschädel des „Taung-Kindes" entfernt hatte, schrieb Dart einen Bericht, obwohl er bis dahin den Unterkiefer noch nicht vom oberen gelöst hatte, und schickte ihn nach London an die Zeitschrift *Nature*. Hier erschien er am 6. Januar 1925 unter dem aussagekräftigen Titel „*Australopithecus africanus: The Man-Ape of South Africa*". Dart verwies auf einige zweifellos menschenähnliche Merkmale im Gesicht, unter anderem auf die hohe, gerundete Stirn, das Fehlen der Oberaugenwülste, die annähernd kreisförmigen Augenhöhlenränder, die zarte Struktur der Wangenknochen, das flache Profil und den leicht gebauten Unterkiefer. Die Zähne, die denen eines modernen sechsjährigen Kindes mit dem ersten, bleibenden Molaren entsprachen, beschrieb er als „humanoid". Die Milcheckzähne überragten kaum die anderen Zähne, die Schneidezähne waren klein und ein Diastema (eine Lücke zwischen Eckzahn und erstem Prämolar im Unterkiefer des Affen, in die bei geschlossenem Maul der große obere Eckzahn hineinragt) fehlte. Die meisten dieser Merkmale hingen vor allem mit dem zarten Alter des Individuums zusammen, denn sowohl beim Affen als auch beim Menschen ist der jugendliche Gesichtsschädel im Verhältnis zum Hirnschädel klein und zierlich gebaut. Die Gehirnabformung gab, abgesehen von einigen geringfügigen Schadstellen, die gesamte rechte Seite des Gehirns wider. Sie war klein (moderne Schätzungen geben für das Gesamtvolumen etwa 440 Kubikzentimeter an) und Dart bekannte, daß es im adulten Zustand wahrscheinlich kaum über die Größe eines Gorillahirnes hinausgekommen wäre. Dennoch sah er am Schädel einen Hinweis auf eine im Vergleich zu den Menschenaffen größere Ausdehnung der höheren Gehirnzentren, mit »einer gerundeten und gut ausgefüllten Kontur, die auf eine symmetrische und ausgewogene Entwicklung der Fähigkeiten des assoziativen Gedächtnisses und der intellektuellen Aktivität hindeuten.« Am signifikantesten schien ihm die menschenähnliche Rückwärtsverlagerung des Sulcus lunatus, eine Furche, welche die Vorderseite der primären Sehrinde markiert. Eine solche Verlagerung deutet auf die Ausdehnung des Assoziationscortex hin, der vor dem Sulcus liegt. Dies ließ Dart vermuten, in diesem Geschöpf seien »die Grundlagen differenzierten Wahrnehmens von Gestalt, Gefühl und objektspezifischen Geräuschen angelegt gewesen, die ein notwendiger Meilenstein auf dem Weg zum Erwerb der gesprochenen Sprache waren.« Es hatte auch schon, davon war er überzeugt, den aufrechten Gang erworben, da das Foramen magnum, durch welches das Rückenmark aus dem Gehirn tritt, mehr zur Mitte der Schädelbasis hin und nicht wie beim vierfüßigen Affen im hinteren Teil lag.

Die ziemlich rudimentären Möglichkeiten, verwandtschaftliche Beziehungen zwischen Organismen zu erkennen, beschränkten sich im Jahre 1925 im wesentlichen auf die Feststellung allgemeiner Ähnlichkeiten, die in der Regel der Intuition des Beobachters entsprachen. Man war sich noch über die folgenden Jahrzehnte hinweg nicht darüber im klaren, daß Bezeichnungen wie „affenähnlich" oder „menschenähnlich" allein für die Bestimmung taxonomischer Beziehungen im Grunde ziemlich bedeutungslos waren. Man kann Dart den Gebrauch dieser Begriffe bei der Analyse seines Fossils nicht vorwerfen, doch liest man in seiner Beschreibung zwischen den Zeilen, läßt sich auf eine traditionelle, selbst schon zu seinen Zeiten archaische Grundeinstellung schließen. »Das gesamte Kranium«, schrieb er, »offenbart in eindrucksvollem Maße das *harmonische Verhältnis* der Calvaria (Hirnschädel) zum Gesichtsschädel, wie Pruner-Bey es betonte.« Diese Aussage bezieht sich auf die das Wesen betonende Ästhetik, von der die Reaktion auf die ersten ans Licht gekommenen menschlichen Fossilien geprägt war. Sie hatte das »Tierische« der Menschenaffen

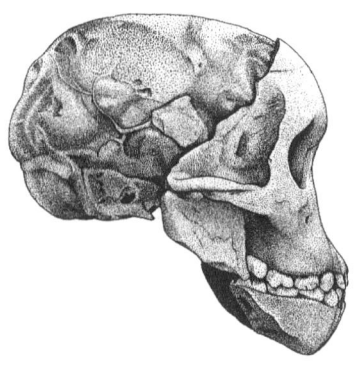 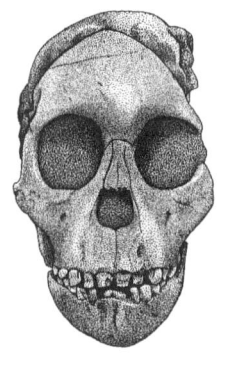

5.2 Lateral- und Frontalansicht des „Taung-Kindes" (Gesichtsschädel und Gehirn-ausguß), gefunden im südafrikanischen Buxton-Kalksteinbruch, 1924. Maßstab: ein Zentimeter. (D. M.)

und sogar der »niederen Rassen« des Menschen hervorgehoben, die im Gegensatz zur zivilisierten Eleganz der »höheren Rassen« stand. Tatsächlich ging der Franzose Pruner-Bey, den Dart zitierte, als jener Gelehrte in die Geschichte ein, der den Neandertaler als einen kräftig gebauten Kelten abhandelte, dessen Schädel »in gewisser Hinsicht dem eines modernen Iren mit verminderten geistigen Fähigkeiten ent-spricht.« Von Bedeutung könnte in diesem Zusammenhang sein, daß Dart selbst kein Freund des *Pithecanthropus* war, den er als die »Kari-katur eines frühreifen hominiden Fehlschlags« bezeichnete.

Obwohl ihn die „humanoiden" Aspekte seines Exemplars am mei-sten beeindruckten, wählte er dafür den Artnamen *Australopithecus africanus*, übersetzt der »Südaffe Afrikas«. Er beschrieb ihn als einen »menschenähnlichen Menschenaffen,« der »eine ausgestorbene Men-schenaffenrasse« repräsentiert, die *»zwischen den lebenden Anthropo-iden [Menschenaffen] und den Menschen* steht«. Diese »Rasse«, die »zwar in der Entwicklung jener Eigenarten, von denen man das bei einem ausgestorbenen Bindeglied zwischen dem Menschen und sei-nem äffischen Vorfahren erwartet, der Gesichts – und Gehirnmerkma-le dem modernen Menschenaffen weit voraus war«, hatte gleichzeitig ein kleines Gehirn, dem die »charakteristischen Erweiterungen be-stimmter Felder fehlten, die auf die Sprachfähigkeit des Menschen hinweisen und dessen Vorraussetzung sind.« Daher war es »kein echter Mensch«, und Dart schlug zu seiner Einordnung eine neue Familie, die Homo-simiadae, vor. Weil das Gebiet von Taung direkt am Rande der Kalahariwüste liegt, und weil er überzeugt war, das rauhe Klima dieser Gegend sei seit ewigen Zeiten stabil gewesen, vermutete Dart, daß »für die Entstehung des Menschen eine andersgeartete Lehrzeit [verschieden von der des Affen in den ,üppigen Wäldern des Tropengürtels'] vonnöten war, um den Geist zu schärfen und höhere Ausdrucksformen des Intellekts zu begünstigen – eine offenere Steppenlandschaft, wo sich der Wettkampf aufgrund von Schnelligkeit und List entschied, und wo die Gewandtheit des Denkens und der Bewegung die vorherrschende Rolle in der Erhaltung der Art spielte.« Mir gefällt dieser letzte Satz, auch wenn er von Darts Kollegen wegen der Übertreibungen rundweg abgelehnt wurde. Denn diese Stelle offenbart, wie Dart als erster Erforscher der menschlichen Fossilgeschichte das Drama der biologischen Vergangenheit der Menschheit innerlich nachempfand. Er gehörte sicherlich zu den ersten, die verstanden, daß die Geschichte unserer Art eine Geschichte von Individuen und Populationen ist, und daß das Leben, Kämpfen und Sterben der Arten einen Ausschnitt eines hochgradig komplexen Geflechts des Lebens bildet. Des weiteren sah er, daß diese Geschichte nicht vollständig ist, wenn wir uns nicht weit über die Zähne und Knochen, die das hauptsächliche Beweismaterial liefern, hinaus wagen. Dart erlaubte sich seine lebendige Phantasie, um sie bei späterer Gelegenheit zu zügeln; doch glaube ich, daß er an dieser Stelle, obwohl er für die ehrwürdige Zeitschrift *Nature* schrieb, den Nagel auf den Kopf traf.

Nur wenige stimmten ihm damals zu. In England hat man entweder einen Ruf oder nicht. Und nach Aussage des angesehenen Anatomen Wilfried Le Gros Clark war Darts Ruf schon immer fragwürdig gewesen. Dart hatte, bevor er die Universität verließ, eine Arbeit mitverfaßt, die nach Le Gros Clarks Zeugnis den Eindruck erweckte, er »könnte zu übereilten Schlußfolgerungen bei zu geringer Beweisgrundlage neigen.« Und viele dachten bei der Lektüre seines *Nature*-Artikels, daß seine farbige Prosa wieder einmal auf überschwengliche Schlußfolgerungen hindeutete. Eine Woche nachdem sein Artikel erschien, gaben vier Größen der britischen Paläoanthropologie in der *Nature* ihre Urteile ab. Sie beruhten natürlich einzig und alleine auf Darts Beschreibungen und Illustrationen, denn keiner dieser Gelehrten hatte das Original oder wenigstens einen Abguß davon gesehen. Abgüsse sind schwierig herzustellen und niemand von Darts Mitarbeitern beherrschte diese Fertigkeit, so daß schließlich ein professioneller Stukkateur angestellt wurde! Der erste Abguß traf nicht etwa deshalb in England ein, weil Dart seinen Kollegen eine Freude machen wollte, sondern um auf der British Empire Exhibition, die im Sommer 1925 eröffnet wurde, ausgestellt zu werden. Das britische paläoanthropologische Establishment, nun gezwungen, die Exemplare im Gedränge und Geschube der Volksmassen in einem Glaskasten zu betrachten, war nicht gerade begeistert.

Angesichts der Umstände ist die allgemein negative Reaktion von Darts Kollegen aber verständlich. Die Beurteilung eines Fossils ist immer schwierig, wenn nur Fotografien und Beschreibungen von anderen zur Verfügung stehen. Viele der „humanoiden" Kennzeichen, auf die Dart hinwies, hätten sich genauso auf das jugendliche Alter seines Exemplars zurückführen lassen; die Besonderheiten des Gehirnausgusses sind bis heute umstritten. Zudem hatte Dart keinen einzigen Hinweis auf das geologische Alter seines Fossils gegeben – obwohl es ganz offensichtlich alt war, was auch immer das heißen mag. So ließen sich die meisten der anfänglich vorsichtigen Reaktionen vielleicht rechtfertigen. Arthur Keith neigte dazu, den *Australopithecus* in die gleiche Unterfamilie wie die afrikanischen Menschenaffen einzuordnen. Elliot Smith zeigte Interesse, hielt jedoch seine Meinung, insbesondere wegen der noch anstehenden Bewertung der Zähne, zurück. Diese sollte erfolgen, sobald der Unterkiefer vom Rest getrennt vorlag. Smith Woodward, seit jeher Fürsprecher des Piltdown-Schädels, wies Darts Exemplar ohne Zögern mit der Begründung ab, es sei »sicherlich von geringer Bedeutung für die Frage«, ob sich in Asien oder Afrika Menschen entwickelt hätten. Schließlich gestand der Anatom W. L. H. Duckworth aus Cambridge dem Schädel einige evolvierte Merkmale zu; Dart hatte sich beim Vergleich des Taung-Kindes mit den Menschenaffen im wesentlichen auf dessen Abhandlung *Morphology and Anthropology* gestützt. Doch Duckworth fand die größte Ähnlichkeit mit dem Taung-Kind letztlich beim Gorilla. Insgesamt war diese Reaktion ziemlich lau, doch in jedem Falle den öffentlichen Reaktionen vorzuziehen, die der Berichterstattung über Darts Behauptungen folgten. Ein Journalist bezichtigte Dart, ein Priester Baals zu sein, und aus Frankreich ließ jemand ihn wissen, daß er einst »in den ewigen Feuern der Hölle schmoren« würde. Ein Engländer hoffte, ihn bald in einer »Irrenanstalt« zu finden.

Dart war im Grunde an Gehirnen und weniger an Knochen interessiert und eher zufällig in die Paläoanthropologie geraten. Wahrscheinlich versuchte er deshalb nicht, seinen Fund dadurch zu untermauern, daß er bei Taung oder in anderen der zahlreichen Kalkminen im Innern Südafrikas nach adulten *Australopithecus*-Fossilien fahndete. Seine Universität bot ihm recht bald die Möglichkeit an, nach Europa zu reisen, um sein Fossil den Kollegen vorzuführen und es direkt mit anderen Exemplaren der großen naturhistorischen Institute Europas zu vergleichen. Dennoch brachte er das Taung-Kind erst 1931, als die Fronten schon verhärtet waren, nach England, wo seine Kollegen es aus erster Hand begutachten konnten. Doch bis dahin hatte sich die paläoanthropologische Aufmerksamkeit von Afrika wieder einmal nach Asien gewandt.

Seit einiger Zeit hegten Paläontologen die Vermutung, die Abspaltung der menschlichen Entwicklungslinie von den Menschenaffen könnte ein klimatischer Wandel bewirkt haben. In bestimmten einflußreichen Kreisen glaubte man, der wahrscheinlichste Ort eines derartigen Wandels sei Zentralasien gewesen, wo die Auffaltung des Himalayas im Zusammenspiel mit einer allgemeinen posteozänen klimatischen Abkühlung und Trockenheit offene Hochebenen geschaffen hatte. Jeder dort lebende Menschenaffe hätte seine Urwaldexistenz zugunsten einer offeneren Landschaft aufgeben müssen, vielleicht mit den Konsequenzen, auf die Dart in seiner Diskussion des *Australopithecus* hingewiesen hatte. Der hauptsächlichste Befürworter dieses Standpunkts war Henry Fairfield Osborn, der Präsident des American Museum of Natural History. Dieser bedeutende Paläontologe war von der These, Zentralasien sei die Wiege der Menschheit, derart überzeugt, daß das American Museum in den zwanziger Jahren eine Reihe bedeutender Expeditionen in dieses Gebiet veranstaltete. Osborn glaubte, daß sich die »Frühmenschen [in der stärkenden] Atmosphäre des relativ trockenen Hochlandes [entwickelt]« hatten, »während die Menschenaffen im bewaldeten Tiefland von Asien und Europa prächtig gediehen.« Die Expeditionen, die viele außerordentliche Entdekkungen machten, fanden keine menschlichen Fossilien, schafften es jedoch, die öffentliche und paläoanthropologische Aufmerksamkeit auf diesen Teil der Welt zu lenken. Auch wenn Osborn zu dieser Zeit immer mehr dazu neigte, die Menschenaffen als menschliche Vorfahren abzulehnen oder unsere Abstammung wenigstens so weit wie möglich in die Vergangenheit zu drängen, tat dies der Attraktivität des zentralasiatischen Szenariums keinen Abbruch.

Während die Expeditionen des American Museum in Gang kamen, hatten in China schon paläontologische Arbeiten begonnen, die im wesentlichen dem leidenschaftlichen Eifer Johann Gunnar Anderssons zu verdanken waren. Andersson war von Beruf Bergwerksingenieur, doch ein Paläontologe aus Berufung. Aufgrund seiner Bemühungen hatten Naturwissenschaftler der Universität Uppsala in Schweden das alleinige Recht erwirkt, in China nach Fossilien zu suchen. Durch offizielle Abkommen von den Arbeiten in diesem Land ausgeschlossen, beschränkten die Amerikaner ihre Aufmerksamkeit auf das Hochland der Mongolei. Die dortigen Gesteine hatten ein derart hohes Alter, daß niemand außer Osborn mit den Überresten früher Menschen rechnete – denoch wurde, wie schon erwähnt, vieles gefunden, was anderweitig von großem Interesse war. Andererseits lenkten die Europäer ihre Aufmerksamkeit unter anderem auf rezentere Höhlenablagerungen, aus denen die „Drachenknochen", eigentlich fossile Säugetierzähne, schon seit langem bekannt waren. Hierzu leistete der Paläontologe Walter Granger, ein sehr erfahrener Mann im Team des American Museum, einen wertvollen Beitrag. Unter anderem erforschten diese Wissenschaftler den aufgegebenen Kalksteinbruch bei Chou K'ou Tien, dem heutigen Zhoukoudian, in der Nähe von Peking.

Es dauerte nicht lange, bis man erste Ergebnisse erhielt. Die Höhlenfüllung von Zhoukoudian war reich an Fossilien. Schon im Sommer 1921 hatte Otto Zdansky den ersten direkten Beweis dessen entdeckt, was später als „Peking-Mensch" bekannt wurde. Die zahlreich vorhandenen, grob gefertigten Steingeräte hatte bereits Andersson korrekt bestimmt. Der junge österreichische Paläontologe behielt seine Entdeckung jedoch für sich, bis er auf einer Tagung in Peking 1926 zwei menschliche Zähne aus der Fossilfundsammlung von Zhoukoudian vorstellte. Zdansky selbst machte nicht viel Aufhebens von diesem Fund, doch der Kanadier Davidson Black, Professor für Anatomie am Union Medical College in Peking, war Feuer und Flamme. Er arrangierte eine Finanzierung durch die Rockefellerstiftung, die auch das Medical College unterstützte, so daß im Frühjahr 1927 unter der Leitung des jungen Schweden Birger Bohlin die Ausgrabungen in

Zhoukoudian fortgesetzt werden konnten. Im Herbst desselben Jahres wurde ein weiterer menschlicher Zahn entdeckt. Black hatte die beiden zuvor gefundenen Zähne zur Gattung *Homo* gerechnet, doch aufgrund dieser Entdeckung benannte er die neue Gattung und Art *Sinanthropus pekinensis*, der „China-Mensch aus Peking". Nur wenige seiner Kollegen zeigten sich beeindruckt. Der eine Zahn, den Black ihnen auf einem Besuch in Europa vorweisen konnte, war nicht gerade viel, um eine völlig neue Menschengattung darauf zu gründen, und die ersten beiden Zähne befanden sich in Schweden. Doch Black hatte Ausdauer, und mit der fortlaufenden Unterstützung der Rockefellerstiftung richtete er in Peking das Cenozoic Research Laboratory ein, dessen erstes Projekt die Fortführung der Grabungen in Zhoukoudian unter Einbeziehung einer großen chinesischen Arbeitsgruppe war.

Riesige Mengen von Höhlenablagerungen wurden abgetragen, in denen sich Unmengen von Säugetierfossilien fanden, darunter auch einige menschliche Zähne. Aber erst gegen Ende 1929 zahlten sich diese Arbeiten mit der Entdeckung eines Hirnschädels des *Sinanthropus* aus. Dies war der Anfang einer Flut neuer Entdeckungen, die sich über Blacks frühen Tod 1934 hinaus fortsetzte, bis Guerillaaktivitäten um Zhoukoudian die Arbeiten 1937 zum Stillstand brachten. Bis zu diesem Zeitpunkt hatte die Grabungsstelle die Fragmente von 14 Schädeln sowie verschiedene Knochen des übrigen Skeletts (postkraniale Skelettknochen) des *Sinanthropus* freigegeben. All diese Funde fesselten das Interesse einer sensationshungrigen Öffentlichkeit, deren Aufmerksamkeit dadurch vom *Australopithecus* abgelenkt wurde. Denn seit der chinesische Paläontologe W. C. Pei 1929 den ersten Schädel entdeckt hatte, war klar, daß es sich hier um einen frühen Menschen handelte, der sehr große Ähnlichkeit zu dem von Java aufwies. Die Stirn des ersten Zhoukoudian-Schädels war, wie spätere auch, etwas steiler als die des *Pithecanthropus* von Trinil und die Hirnschädelkapazität etwas größer; doch Black war bei diesen frühen Menschen mehr von den Ähnlichkeiten als von den Unterschieden beeindruckt, obwohl er den Namen *Sinanthropus* beibehielt. Damit stellte er beide Fossilien allerdings in unterschiedliche Gattungen. Black hielt den *Sinanthropus* für eine weiter entwickelte Form, die eine Position zwischen dem *Pithecanthropus* und den Neandertalern einnahm.

Wie vorherzusehen war, lehnte Eugene Dubois all das ab, wenn auch auf merkwürdige Art und Weise: Der *Sinanthropus* sei »vollkommen« Mensch, wahrscheinlich ein Neandertaler, befand er, obwohl er dies später wieder zurückzog. Dagegen weise der *Pithecanthropus* besonders im Gehirn einige menschenaffenähnliche Merkmale auf. Um die Integrität seiner Theorie der Gehirnevolution zu wahren, bemühte sich Dubois vor allem um den Nachweis, daß der *Pithecanthropus* weder mit dem Menschen noch mit den lebenden Menschenaffen auf eine evolutionäre Stufe zu stellen sei. Die evolvierten Merkmale, worauf die Beschreiber des *Sinanthropus* hingewiesen hatten, zwangen ihn somit, diesen abseits von seinem eigenen Fossilfund zu stellen. Jedoch demonstrierte der *Sinanthropus* in überzeugender Weise, daß der *Pithecanthropus* tatsächlich ein früher Mensch war; und als immer mehr Material aus Zhoukoudian geborgen wurde, kamen die meisten Fachleute zu der Überzeugung, beide repräsentierten dieselbe Gruppe früher Menschen. In dieser Hinsicht war eine Reihe von Schädelkalotten mit Gehirngrößen zwischen 850 und 1 200 Kubikzentimetern, die in Zhoukoudian bis Ende 1934 gefunden worden waren, von besonderer Bedeutung. In diese Variationsbreite paßte die Trinilkalotte bestens hinein.

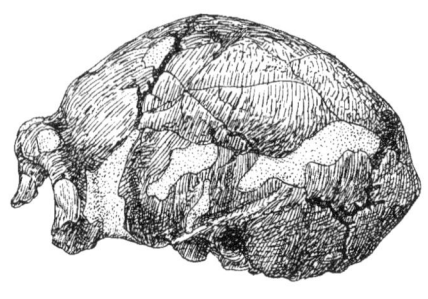

5.3 Lateralansicht des vollständigsten Exemplars der „Peking-Mensch"-Krania (Schädel XII), entdeckt in der Vorkriegszeit bei Zhoukoudian, China. Maßstab: ein Zentimeter. (D. S.)

Die umfassenderen archäologischen Funde unterschieden Zhoukoudian von den Fossilien auf Java. 1931 berichtete Black, daß einige Tierknochen aus dem Zhoukoudian-Fundus offenbar durch Feuer angegriffen worden waren und sich in den geschwärzten Schichten der

Höhlenablagerungen durch Tests große Mengen Kohlenstoff nachweisen lassen. Zwar fand man keine echten Feuerstellen, wie es in einigen späteren europäischen Höhlen der Fall war, doch hielt Black dies für hinreichend, um den Umgang mit Feuer und dessen Gebrauch zu den Fertigkeiten des *Sinanthropus* zu zählen. Im selben Jahr meldete W. C. Pei (1904–1982) die Entdeckung von Quarzsplittern und anderer Steinartefakte in Zhoukoudian; und so wurden dem Peking-Menschen in kurzer Zeit viele Verhaltensmerkmale, die gemeinhin mit dem Menschen in Verbindung gebracht werden, zugeschrieben. Den relativ harmlosen Attributen des Werkzeug- und Feuergebrauchs fügte der deutsche Anatom Franz Weidenreich, Blacks Nachfolger, 1939 die weniger attraktiven Eigenschaften Mord und Kannibalismus hinzu. Weidenreich vermerkte, daß unter den Überresten von fast 40 menschlichen Individuen, darunter 15 Kindern, die in einer Höhle gefunden worden waren, kein einziges Skelett vollständig war. Die menschlichen Fossilreste beschränkten sich fast ausschließlich auf den kranialen Bereich und waren darüber hinaus alle fragmentiert. Viele von ihnen zeigten Anzeichen von Verletzungen, die ihnen noch lebend zugefügt worden waren. Sie bezeugten »gewalttätige Angriffe«, die ihre Träger und Trägerinnen »erlitten hatten«. Sämtliche Knochen der Zhoukoudian-Funde, menschliche wie nichtmenschliche, hielt Weidenreich für Nahrungsreste des *Sinanthropus*. Ferner waren alle Schädelbasen zertrümmert, vermutlich um das Gehirn für kannibalistische Zwecke zu entfernen. Diese Erklärung wurde schon oft und wird immer wieder herangezogen, um Beschädigungen an den Schädelbasen menschlicher Fossilien zu erklären. Weidenreich war besonders von der Behauptung des Anthropologen Paul Wernert beeindruckt, daß von prähistorischer Zeit bis zur Gegenwart »immer eine Verbindung zwischen den Riten der Anthropophagie und der Kopfjägerei bestanden« habe. Sie beruhte auf der Vorstellung »die körperlichen und geistigen Kräfte des Einzelnen beziehungsweise der Gemeinschaft zu vergrößern, indem man sich die Leichname der Besiegten einverleibt«. Vor diesem Hintergrund mußte Weidenreich zu dem Schluß kommen, daß »die *Sinanthropus*-Bevölkerung aus Zhoukoudian erschlagen, gleich darauf deren Köpfe vom Rumpf getrennt, die Gehirne herausgenommen und die Gliedmaßen zerteilt worden waren.«

Während Weidenreich sich vergegenwärtigte, daß »es sich für manchen vernünftigen Menschen als ziemlich erschreckend erweisen

könnte zu erfahren, daß der primitivste Vorfahr der heutigen Menschheit solch schreckliche Taten wie das Erschlagen von Frauen und
Kindern sowie des Kannibalismus zu verantworten hat«, bedauerte er,
daß die Leserschaft im Verhalten anderer fossiler Menschen auch
„nichts erfreulicheres" finden würde. »Vor zehn Jahren«, schrieb er,

> »konnte ich bereits nachweisen, daß der fossile Mensch von Weimar-
> Ehringsdorf, ein Repräsentant der letzten zwischeneiszeitlichen
> Neandertalgruppe, ähnlichen Gewohnheiten gefrönt haben muß. Der
> Schädel war wie die des *Sinanthropus* beschädigt, der Stirnknochen wies
> die sehr charakteristischen Merkmale schwerer Schläge auf, und die
> Schädelbasis fehlte ... Die Überreste der Krapinabevölkerung, die zu
> derselben Zeit wie der Mensch von Weimar-Ehringsdorf lebte, waren
> dermaßen zertrümmert, daß die Rekonstruktion eines ganzen Hirn-
> schädels aus den unzähligen, von 20 Individuen stammenden Knochen-
> fragmenten fast unmöglich war ... Der kürzlich entdeckte Schädel aus
> Steinheim, der sogar noch älter als die Menschen von Weimar-
> Ehringsdorf und Krapina sein könnte, weist ebenfalls ... Manipulationen
> auf, die denen der *Sinanthropus*-Schädel gleichen.«

Einige sahen das anders, genauso wie heute, wenn auch nicht aus
denselben Gründen. Beispielsweise fand Marcellin Boule, der *Sinanthropus* sei viel zu primitiv gewesen, um Steinwerkzeuge herzustellen, Feuer anzuzünden oder die Tiere von Zhoukoudian zu erlegen.
Nach seiner Ansicht mußte ein anderer, weiter entwickelter Mensch
dort gelebt haben und für die Asche, die Werkzeuge und die Ansammlung von Knochen in der Höhle, die vom *Sinanthopus* und anderen
Tieren stammten, verantwortlich sein. Fehlende Spuren dieses weiter-

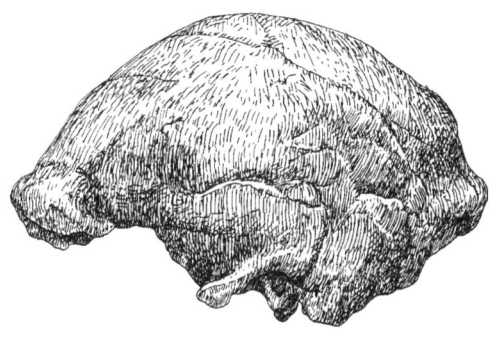

5.4 Lateralansicht
eines Schädels
(Schädel V), der in den
dreißiger Jahren
zusammen mit einigen
anderen bei Ngandong
(Solo) auf Java
gefunden wurde.
Maßstab: ein Zentime-
ter. (D. S.)

entwickelten Menschen überraschten ihn nicht, denn es gab, wie er hervorhob, viele andere Fossilfundstätten, die auch ohne menschliche Knochen die Anwesenheit von Menschen belegten. Dennoch setzte Weidenreichs Interpretation sich im allgemeinen durch – und ließ ein umfassendes Szenarium einer blutbefleckten Menschheitsgeschichte erahnen, wie es in Kürze aus Afrika bekannt werden sollte.

Während die Arbeit in China voranschritt, richtete sich die Aufmerksamkeit noch einmal auf die Fossilfunde von Java. In den Jahren 1931 und 1932 entdeckte der holländische Bergwerksingenieur W. F. F. Oppenoorth im Solotal von Westjava elf Schädel, deren Hirnvolumen zwischen 1 035 und 1 255 Kubikzentimetern variierte. Diese Fossilien wurden dem Spätpleistozän zugerechnet und somit jünger geschätzt als die Exemplare des Peking-Menschen, deren Alter der Zhoukoudian-Fauna gemäß ins Frühpleistozän zu datieren war. Obgleich Oppenoorth anfänglich mehr von ihren Ähnlichkeiten mit den Neandertalern beeindruckt war, glichen sie doch in gewisser Hinsicht den Peking-Funden. Während er später die Unterschiede zwischen den Solo- und den Neandertalerschädeln hervorhob, kamen viele zu der Auffassung, im *Javanthropus* (oder *Homo*) *soloensis* eine Art asiatisches Äquivalent zum Neandertaler zu sehen.

Nach 1936 machte der deutsche Paläoanthropologe Ralph von Koenigswald (1902–1982) weitere Entdeckungen auf Java, die beträchtlich mehr Beachtung fanden. Das erste menschliche Fossil, das von Koenigswald bei Modjokerto entdeckte, war das Kranium eines Kindes, das er ins Unterpleistozän datierte. Er hielt diesen Kinderschädel für einen *Pithecanthropus*, nannte ihn jedoch aus Respekt vor Dubois' abweichender Meinung *Homo modjokertensis*. Dubois sah an dem Exemplar vor allem Ähnlichkeiten mit den Solo-Schädeln, die er für Vorfahren der australischen Aborigines hielt. Seine nomenklatorische Gefälligkeit dehnte von Koenigswald jedoch nicht auf das sehr robuste Unterkieferfragment aus, das er beim Dorf Sangiran gefunden hatte. Dieses ordnete er glattweg dem *Pithecanthropus* zu, den er für gleichaltrig hielt. In Ablagerungen nahe Sangiran fand er dann 1937 ein Schädeldach, das vollständiger als Dubois' Trinil-Fossil war. In vergleichbaren Merkmalen ähnelten sich die beiden Funde allerdings so sehr, daß nun auch für den *Pithecanthropus* wie vorher schon für den *Sinanthropus* die Zugehörigkeit zur Menschenfamilie zweifelsfrei bewiesen war. Aufgrund seiner recht niedrigen Schädelkapazitätschät-

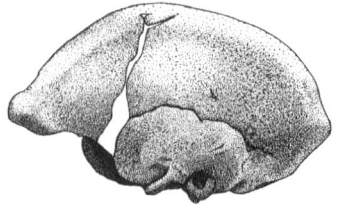 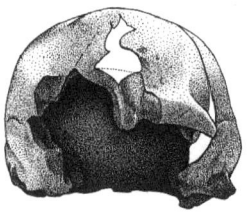

5.5 Lateral- und Frontalansicht eines Hirnschädels („*Pithecanthropus* II"), 1937 bei Sangiran auf Java entdeckt. Maßstab: ein Zentimeter. (D. M.)

zung von etwa 750 Kubikzentimetern hielt von Koenigswald seinen *Pithecanthropus* für primitiver als den *Sinanthropus*; neuere Schätzungen lagen etwas höher, doch unter denen der Trinil-Funde. Diesen ersten Funden folgten weitere, einschließlich des hinteren Bereichs einer Schädeldecke, in den nächsten Jahren noch ein Hinterhauptsbein in Verbindung mit einer Maxilla (Ober-) und eine massive Mandibula (Unterkiefer). Zunächst wurden ihnen verschiedene Namen zugeteilt, doch die Größen- und Robustizitätsunterschiede ließen sich schließlich auf den Sexualdimorphismus zurückzuführen – auf Unterschiede in Größe und Gestalt zwischen den Geschlechtern.

Leider wurden die Ausgrabungen aller Java-Fossilien nur sehr selten geologisch überprüft, so daß die Datierung der Fossilien von Trinil, Sangiran und Solo bis heute umstritten ist. Neueste Untersuchungen deuten jedoch auf einen möglicherweise außerordentlich langen Zeitraum zwischen dem ältesten Trinil-Material und dem jüngsten aus Solo hin.

1939 reiste von Koenigswald nach China, um seine Fossilien mit dem *Sinanthropus*-Material, das sich inzwischen unter der Obhut Franz Weidenreichs (1873–1948) befand, zu vergleichen. Seit die Zhoukoudian-Grabungen 1937 eingestellt werden mußten, hatte Weidenreich den *Sinanthropus* intensiv anatomisch untersucht. Er begann eine Abstammungslehre zu entwickeln, nach der sich die verschiedenen menschlichen Rassen weit in die Fossilgeschichte zurückverfolgen lassen. Damit wollte Weidenreich auch eine Alternative zur alten polygenetischen Vorstellung vom Ursprung des Menschen bieten, die er ablehnte, obwohl er in der fossilen Überlieferung zahlreiche Hin-

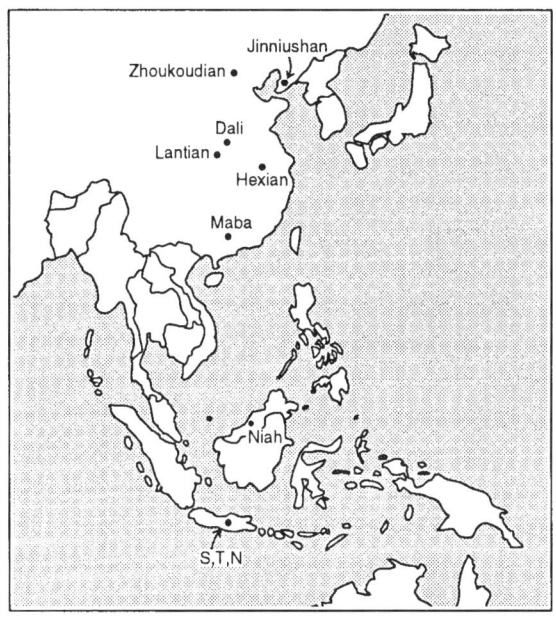

5.6 Fundregionkarte der bedeutendsten Ausgrabungsstätten menschlicher Fossilfunde in Ost- und Südostasien. S, T und N zeigen die ungefähre Lage von Sangiran, Trinil und Ngandong. (D. S.)

weise auf eine „polyzentrische" Entstehung der modernen Menschheit sah. Nach seiner Ansicht hatte sich jede Rasse einzeln von den anderen getrennt und dabei inneren, zielgerichteten Faktoren folgend, die mit der Größenzunahme des Gehirns zusammenhingen, zum *Homo sapiens* entwickelt. Obwohl nach dem damaligen Stand der Evolutionstheorie derartige Gedanken als eindeutig überholt galten, scheute sich Weidenreich nicht, diese Zielgerichtetheit mit Orthogenese zu erklären; der Vorstellung, die Evolution verliefe aus inneren Gründen auf ein Ziel zu. In diesem weiter gefaßten Schema ordnete er den *Sinanthropus* als den speziellen Vorläufer des mongoliden Rassenkreises ein.

Zu Dubois' Bestürzung hatte Weidenreich schon vor von Koenigswalds Ankunft in Peking Unterschiede zwischen den Femurfragmenten von Zhoukoudian und dem Femur von Trinil festgestellt. Das überzeugte ihn davon, daß die Kalotte und der Femur von Trinil nicht zusammengehörten, obwohl er eine verwandtschaftliche Beziehung zwischen den Arten, die durch die Kalotte und die Funde aus Zhoukoudian repräsentiert wurden, annahm. Andererseits war er anfänglich von den Ähnlichkeiten zwischen dem Sangiran-Material und den Solo-Schädeln beeindruckt. Er vermutete, von Koenigswald sei bei Sangiran auf weibliche Individuen der Solo-Spezies gestoßen und der *Pithecanthropus* sei primitiver als der *Sinanthropus* gewesen. Direkte Vergleiche der chinesischen und javanesischen Funde führten Weidenreich und von Koenigswald zur Überzeugung, diese »Prähominiden« seien »auf gleiche Weise wie zwei unterschiedliche Rassen der gegenwärtigen Menschheit miteinander verwandt gewesen, die ebenfalls gewisse Variationen in ihrem Entwicklungsniveau zeigen könnten.« Dazu, wer »progressiv« war, legten sie sich nicht fest, doch stimmten sie darin überein, daß »der *Pithecanthropus* einige bezeichnende Merkmale aufweist, die als primitiver anzusehen sind als die beim *Sinanthropus* nachgewiesenen.«

Interessanterweise ließen sie die Begriffe „*Sinanthropus*" und „*Pithecanthropus*", die sie in ihrem gemeinsamen *Nature*-Artikel beibehielten, nicht kursiv drucken. In der zoologischen Nomenklatur ist die kursive Schreibweise von Art- und Gattungsnamen obligatorisch, und beide hatten sich in vorangegangenen Publikationen an diese Konvention gehalten. Überdies setzten sie in ihrem Bericht den *Homo soloensis* kursiv, den sie als die nächste Stufe der menschlichen Evolution ansahen. Dies deutet darauf hin, daß sie diese Gattungsnamen einfach der Bequemlichkeit halber benutzten (wie ich es von nun an auch tun werde). Wären sie zu einer eindeutigen Festlegung gedrängt worden, hätten sie wohl den Java- und den Peking-Menschen ebenfalls der Gattung *Homo* zugewiesen. Sicherlich entwickelte Weidenreich seine Theorie der *Sinanthropus*-Mongolen-Verbindung weiter, um insbesondere darzulegen, daß »seit dem Auftreten der ersten echten Hominiden [repräsentiert durch *Pithecanthropus* und *Sinanthropus*, mehrere] Zweige [existiert haben mußten], die sich morphologisch gut voneinander unterschieden und sich alle in die gleiche Richtung – auf die heutige Menschheit hin – entwickelten.« Demnach hätte der *Pithecanthropus* über den *Homo soloensis* und den „Cohuna-Menschen", ein relativ rezentes australisches Fossil, zu den modernen australischen Aborigines geführt. Die modernen Chinesen stammten vom *Sinanthropus* über noch unbekannte Zwischenformen ab. Die jüngere afrikanische Vorfahrenschaft zeige sich im „neandertaloiden" Rhodesien-Menschen, und während die Neandertaler in Westeuropa anscheinend von einfallenden modernen Menschen vertrieben worden waren, konnten sie sich andernorts durchaus selbst zu der Form entwickelt haben, die sie später ablöste. In seinen Grundzügen hat sich dieses Schema bis zum heutigen Tag mit bemerkenswerter Hartnäckigkeit gehalten, wenn auch in modifizierter Form.

Bedauerlicherweise blieben die Peking-Mensch-Fossilien nicht lange zugänglich. Davidson Black (1884–1934) hatte das Cenozoic Research Laboratory unter der Vorraussetzung eingerichtet, daß die Zhoukoudian-Fossilien in China blieben. Doch im Vorfeld des Pazifikkrieges wuchs auch die Sorge um die Sicherheit der Funde, besonders als die Japaner in China einmarschierten. Diese Befürchtungen waren nicht unbegründet; trotz der Vorsichtsmaßnahmen, die von Koenigswald vor seiner Internierung durch die neuen japanischen Machthaber auf Java getroffen hatte, landete einer der Solo-Schädel im japanischen Kaiserpalast in Tokio. Schließlich wurde die Möglichkeit erörtert, die menschlichen Fossilien aus Zhoukoudian vorrübergehend in eine sichere Zuflucht nach den Vereinigten Staaten zu schikken. Die Kustoden der Fossilien vertrödelten jedoch 1941 die Zeit mit Erwägungen darüber, wann und wie dies zu geschehen habe; und Weidenreich nahm sie Mitte des Jahres nicht mit, als er seine Arbeit am American Museum of Natural History aufnahm. Faktisch wurde die endgültige Entscheidung über den Export erst kurz vor Ausbruch der offiziellen Kriegshandlungen zwischen Japan und den USA im Dezember 1941 gefällt. Am 8. Dezember fanden die Japaner auf der Suche nach dem Verwahrungsort der Fossilien nur Abgüsse; der Verbleib der Originale ist seitdem ein Geheimnis. Möglicherweise waren sie, verstaut in ein paar Seekisten, einer Kompanie der US-Marineinfanterie anvertraut worden, die sie in den Hafen von Tianjin bringen sollte. Von dort sollten sie wahrscheinlich mit dem Dampfer *President Harrison* in die Vereinigten Staaten gelangen, doch sank das Schiff noch auf dem Weg zum Hafen, und die Fossilien verschwanden einfach spurlos. Obwohl zahlreiche Theorien existieren, bleibt das Schicksal des Skelettmaterials von Zhoukoudian bis zum heutigen Tage unbekannt. Glücklicherweise konnte Weidenreich bis zu seinem Tode 1948 eine Reihe ausgezeichneter, detaillierter Monographien über den *Sinanthropus* fertigstellen; und die, für die technischen Voraussetzungen ihrer Zeit hervorragenden Abgüsse bleiben – wenn auch als blasser Ersatz – Zeugnisse der Originale. Ausgrabungen nach dem Krieg förderten in Zhoukoudian noch einige menschliche Fossilien, inklusive eines Fragments eines von Weidenreich beschriebenen Hirnschädels, zutage, allerdings nichts mit den anthropologischen Reichtümern der Vorkriegszeit Vergleichbares.

Wo auch immer die Fossilien des Peking-Menschen geblieben sein mögen, zusammen mit von Koenigswalds Fundexemplaren erfüllten sie den wichtigen Zweck, Dubois' ursprünglichen Funde zu bestätigen. Für uns ist es heutzutage schwer zu begreifen, wie noch 1938 ein anonymer Kommentator in *Nature* schreiben konnte, »in den letzten Jahren neigten die Stellungnahmen in immer stärkerem Maße« dazu, die Überreste des Duboisschen *Pithecanthropus* von eher äffischer als menschlicher Natur zu sehen. Das hatte sich jedoch bis zum Verschwinden des *Sinanthropus*-Materials unwiderruflich geändert. Daher standen die Funde aus Ostasien ohne Frage zu Recht im Mittelpunkt des öffentlichen Interesses, das sie in den dreißiger Jahren genossen; doch unterdessen vollzogen sich gleichermaßen bedeutsame Entwicklungen mit weniger Tamtam in Afrika.

6. … immer etwas Neues

Eine der interessantesten Persönlichkeiten in der Geschichte der Paläoanthropologie war Robert Broom (1866–1951), ein gebürtiger Schotte und ausgebildeter Arzt. Sein leidenschaftliches Interesse an der Enstehung der Säugetiere brachte ihn 1892 nach Australien, wo die primitivsten Säuger der Welt beheimatet sind. Fünf Jahre später zog er nach Südafrika, das für den Rest seines langen Lebens seine Heimat bleiben sollte. Nachdem er eine Fauna kleiner Säuger aus einer pleistozänen Knochenbrekzie beschrieben hatte, verlagerte sich Brooms Interesse auf die fossilienreichen Sedimente der Karroo-Region in Zentralsüdafrika. Schnell wurde er auf dem Gebiet der Säugetierähnlichen Reptilien, die in diesen Felsen in außerordentlich großer Zahl vorkommen, zur weltweit führenden Kapazität. Broom, der Darts Interpretation des *Australopithecus* als Bindeglied zwischen lebenden Menschenaffen und Menschen frühzeitig (und jahrelang als einziger) bedingungslos unterstützte, gab seine medizinische Tätigkeit 1934 im Alter von 68 Jahren auf, um einen Posten im Transvaal Museum von Pretoria anzunehmen. In den ersten zwei Jahren am Museum beschäftigte er sich mit fossilen Reptilien; doch 1936, als man seit nunmehr zwölf Jahren keinen Versuch mehr unternommen hatte, adulte Exemplare des *Australopithecus* freizulegen, beschloß er, diese Situation zu verbessern. Seine Geldmittel waren knapp, und Taung lag zu weit entfernt, daher nahm er sich die Höhlen der näheren Umgebung vor, an denen es im Karstgebiet von Transvaal nicht mangelte. Die meisten dieser Höhlen waren mit Gesteinstrümmern angefüllt, die zu kalkhaltigen Höhlensedimenten verbacken waren, in vielen baute man den Kalkstein ab. Sehr bald wurde Broom von Trevor R. Jones, einem Studenten Darts, auf eine Kalkmine bei Sterkfontein hingewiesen, die nur etwa 64 Kilometer von seinem Büro in Pretoria entfernt lag. Zufälligerweise hatte der dortige Leiter die Aufsicht in Taung geführt, als Darts juveniler *Australopithecus* zum Vorschein kam. Im August 1936 fand man in Sterkfontein einen stark mitgenommenen und unvollständigen Schädel eines adulten *Australopithecus*,

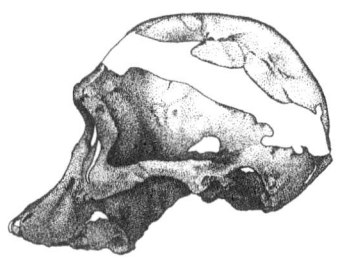
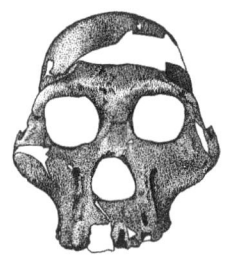

6.1 Lateral- und Frontalansicht des Kalvariums Sts 5 („Mrs. Ples") aus Sterkfontein Member 4, Südafrika. Dies ist der bekannteste Schädel, der dem *Australopithecus africanus* zugeordnet wird. Maßstab: ein Zentimeter. (D. M.)

den Broom sofort in *Nature* als eine Bestätigung der Auffassungen Darts bekannt gab. Die in Verbindung mit dem Schädel gefundene Fauna ließ Broom vermuten, die Ablagerungen von Sterkfontein seien jünger als die von Taung; daher plazierte er seinen Fund in eine neue Art, *Australopithecus transvaalensis*. Später beeindruckten ihn die Unterschiede zwischen den Zähnen der Taung- und Sterkfontein-Exemplare dann so stark, daß er seinen Fund als *Plesianthropus* („dem Menschen nahestehend") *transvaalensis* einer neuen Gattung, zuordnete; obwohl sein Fossil nur vier Zähne hatte und beim Taung-Kind lediglich der erste bleibende Molar durchgebrochen war.

Broom sah in dem vorliegenden Fossilmaterial den eindeutigen Beweis für Darts Behauptungen. Seine europäischen Kollegen nahmen indessen die Nachricht von seinen Funden zwar höflich, aber ohne große Begeisterung zur Kenntnis. Arthur Keith kam 1930 einer ausführlichen Monographie Darts zuvor, indem er in seinen *New Discoveries Relating to the Antiquity of Man* („Neue Entdeckungen bezüglich der Vorzeitlichkeit des Menschen") den *Australopithecus* als belanglos abfertigte, was in Großbritannien als das letzte Wort zu dieser Kreatur galt. Auf dem europäischen Kontinent hatte die Beurteilung des Deutschen Wolfgang Abel, das Taung-Kind sei nichts anderes als ein junger Menschenaffe, einen ähnlich starken Einfluß. In diesem intellektuellen Klima galt Brooms fragmentarisches Fossil als ein unzulängliches Beweisstück, das nicht ausreichte, um den herkömmlichen Standpunkt, der *Australopithecus* sei nichts weiter als ein früher Menschenaffe, aufzugeben. Broom blieb jedoch weiterhin beharrlich und fand in den folgenden Monaten in Sterkfontein noch einige weitere Bruchstücke und Teilchen. Der nächste wirkliche Durchbruch ereignete sich im Juni 1938 an einer benachbarten Stelle auf der anderen Seite des Tales von Sterkfontein, die Kromdraai genannt wird. Hier hatte ein Schüler des Ortes, Gert Terblanche, einen Oberkiefer mit partieller Bezahnung gefunden. Andere Funde folgten, und recht bald hatte Broom einen halben Schädel zusammen, der schwerer als sein *Plesianthropus* gebaut war, ein flacheres Gesicht und viel größere Backenzähne aufwies. Diese Unterschiede brachten Broom dazu, noch eine weitere Gattung und Art, den *Paranthropus* („neben dem Menschen stehend") *robustus* zu schaffen. Bei späteren Arbeiten an derselben Knochenbrekzie, aus der auch die ersten Fragmente stammten, stieß er auf einige Knochen des postkranialen Skeletts einschließlich eines sehr menschenähnlichen Talus (Sprungbein).

In Amerika fanden Brooms Ansichten vom vormenschlichen Status des *Australopithecus* die Unterstützung des einflußreichen Paläontologen und vergleichenden Anatomen William K. Gregory vom American Museum of Natural History. Mit seinem Kollegen Milo Hellman reiste er im Juni 1938 nach Südafrika, um die Originalfunde aus Taung und Sterkfontein zu begutachten – genau in dem Moment, als die ersten Fossilien von Kromdraai ans Licht kamen. Insbesondere der Zahnbefund führte Gregory und Hellman zu der Schlußfolgerung, daß hier »sowohl in morphologischer als auch in genetischer Hinsicht die überlieferten Cousins der damaligen hominiden Linie« erhalten vorlägen. »Die ganze Welt«, teilte Gregory einer Versammlung der Associated Scientific and Technical Societies of South Africa am 20. Juli 1938 mit, »ist diesen beiden Männern [Broom und Dart], zu Dank verpflichtet, da ihre Entdeckungen den Höhepunkt einer mehr als ein Jahrhundert währenden Forschung über den Ursprung und die Morphologie des Menschen darstellen.« Die südafrikanischen Fossilien waren nach Gregory und Hellman echte Bindeglieder zwischen den ausgestorbenen Menschenaffen des Miozäns, wie dem *Dryopithecus*, und dem modernen Menschen. Solange die amerikanischen Wissenschaftler sich 1939 noch mit einem Urteil darüber, ob *Australopithecus*, *Plesianthropus* und *Paranthropus* tatsächlich jeweils eine getrennte Gattung verdienen, zurückhielten, ordneten sie formal alle derselben Subfamilie Australopithecinae[*] aus der Familie Hominidae zu. Die andere hominide Subfamilie Homininae umfaßte den modernen Menschen und seine post-australopithecinen Vorgänger. Die Menschenaffen gehörten im Gegensatz dazu ihrer eigenen Familie, Pongidae (von *Pongo*, dem Orang-Utan hergeleitet), an.

Ein weiterer früher Befürworter der Verwandtschaft der Australopithecinen mit den Menschen war von Koenigswald, der 1942 erklärte, er könne an der Bezahnung »keine Eigenschaften [finden], die diese Gruppe von den Hominidae abgrenzt.« Dennoch konnte er in ihnen keine Vorfahren des Menschen sehen, da er sie zum einen für geologisch zu jung und zum anderen ihre Zähne für zu groß hielt. Weil er allerdings erkannte, daß letzteres kein unüberwindliches Hindernis für einen Vorfahrenstatus bildet, fühlte er sich zu einer ausführlicheren Erläuterung verpflichtet. Vor allem nähme einer Gesetzmäßigkeit zufolge die Größe der Organismen während ihrer stammesgeschichtlichen Entwicklung zu, wie es das menschliche Gehirn im Verlauf der Evolution beispielhaft verdeutliche. *Pithecanthropus*, *Sinanthropus*, die Neandertaler und der moderne Mensch bildeten jedoch eine Reihe, in der die Zahngröße abnähme, und dies verlange nach einer besonderen Erklärung. Diese Erklärung lag im Gebrauch von Geräten zur Nahrungszubereitung und in der Nutzung des Feuers zum Kochen – und für derartige Aktivitäten gab es offenbar seit Zhoukoudian zahlreiche Belege. Wegen dieser Neuerungen »benutzte [der Mensch] seine Zähne auf eine andere Art und Weise als seine anthropomorphen Vorfahren. Als er zu sprechen begann, beanspruchte er die Kiefermuskulatur auf eine neue Weise. Die zivilisatorische Entwicklung ist der alleinige Grund für die Menschwerdung, so auch für die Zahnreduktion in Kombination mit einer erstaunlich progressiven Gehirnentwicklung – beides sicherlich ineinandergreifend.« So weit, so gut – vielleicht. Hätte nicht von Koenigswald desweiteren bei Abwesenheit von Zivilisationsfaktoren eine zwangsläufige Größenzunahme der Zähne vermutet, wonach *Pithecanthropus*, wahrscheinlich der erste hominide Zivilisationsträger, die größten Zähne der gesamten menschlichen

---

*Im Fachjargon der zoologischen Nomenklatur enden die Bezeichnungen für die Subfamilien immer auf „-inae" und die für die Überfamilien auf „-oidea". Der Name Australopithecinae kennzeichnet somit aus klassifikatorischer Sicht eine Subfamilie, doch wie wir sehen werden, wird der Begriff „Australopithecine" manchmal ohne den korrekten klassifikatorischen Bezug benutzt.

Stammlinie besessen haben müßte. Daraus folgt, daß »jedes menschenähnliche Wesen, das größere Zähne als *Pithecanthropus* hat, aus der direkten Linie der menschlichen Evolution auszuschließen ist.« Die Australopithecinen fielen bedauerlicherweise unter die letztere Kategorie. In jeder anderen paläontologischen Disziplin hätte Mitte des 20. Jahrhunderts eine solche Argumentation Skepsis ausgelöst. Doch, als eine Folge der fortdauernden Isolation der Paläoanthropologie, klang sie für von Koenigswalds Kollegen nicht allzu abwegig.

Auch wenn Broom keinesfalls ein von Selbstzweifeln geplagter Mensch war, beflügelte ihn die Unterstützung Gregorys und Hellmans zweifellos, als er in den Jahren des Zweiten Weltkrieges an einer monographischen Abhandlung seiner Funde arbeitete. In seinem Werk, das Anfang 1946 kurz vor seinem 80. Geburtstag erschien, folgerte Broom, die Australopithecinen seien biped gewesen, und wiederholte trotz der relativ großen Gesichtsschädel seine und Gregorys Beurteilung der Zähne als von hominidem Typ (Zähne sind für Paläontologen besonders wichtig, weil sie als härteste Substanz des Körpers häufiger als andere Strukturen in fossilisierter Form erhalten bleiben). Sie hatten kleine Gehirne, »wahrscheinlich zwischen 460 und 650 Kubikzentimetern«, wovon sich die erste Angabe als durchschnittlicher, die zweite als überdurchschnittlicher Wert herausstellte. Wahrscheinlich verfügten sie jedoch über entwickelte manuelle Fähigkeiten, zu denen auch der Werkzeuggebrauch zählte. Alles zusammenfassend schrieb Broom über die Australopithecinen, »könnte einer von ihnen heutzutage lebend angetroffen werden, denke ich, würden die meisten Wissenschaftler ihn wahrscheinlich als eine primitive Form des Menschen ansehen.« Er führte geologische Hinweise an, nach denen diese Wesen in offener Landschaft gelebt hatten; und meinte, hinsichtlich des erdgeschichtlichen Alters sei Sterkfontein aufgrund der Fauna ins mittlere oder späte Pliozän zu datieren, Taung möglicherweise ein wenig älter und Kromdraai etwas jünger, vielleicht frühes Pleistozän. Spätere Menschen, glaubte Broom, würden von einem, dem *Australopithecus* nicht unähnlichen, pliozänen Australopithecinen abstammen.

So eindrucksvoll Brooms Monographie auch war, stieß sie dennoch bei seinen britischen Kollegen auf wenig Begeisterung. Beispielsweise sah Wilfried Le Gros Clark gewisse Anzeichen überhasteter Arbeit, doch war die ablehnende Haltung hauptsächlich auf die damit einhergehende Überschätzung der von allen drei Fundstellen zur Verfügung stehenden Gehirnabgüsse, sowohl natürlicher als künstlicher, zurückzuführen. Sie waren von G. W. H. Schepers, einem Kollegen und ehemaligen Studenten Darts, angefertigt worden, der für sich in Anspruch nahm, aus den Huckeln und Furchen der Abgüsse eine ganze Reihe hominider Verhaltensweisen ableiten zu können. Darüber hinaus attackierte Schepers nachdrücklich die Idee der menschlichen Abstammung von »spezialisierten und degenerierten Anthropoiden«. Unter dem Einfluß des Anatomen Frederic Wood Jones argumentierte er, die hominide Entwicklungslinie hätte sich im Eozän abgetrennt. Frederic Wood Jones hatte eine eigene Theorie der Hominisation entwikkelt, nach der die Menschen nicht von Menschenaffen abstammten, sondern von einer eozänen Form, die kleinen, wenig bekannten Primaten, den Tarsiidae ähnelte („Tarsioiden-Hypothese"). Alle Menschenaffen sah Wood Jones als einer eigenen Stammlinie zugehörig. Schepers Argumente kamen nicht gut an und schadeten Brooms schlichteren, wenn nicht überhaupt gänzlich zurückhaltenden Beweisführung, da sie miteinander in Verbindung gebracht wurden. Tatsächlich wendete sich das Blatt erst, als Le Gros Clark 1947 persönlich nach Südafrika fuhr, um die gesamte Breite des Australopithecinen-Materials zu begutachten. Le Gros Clark war der erste des britischen paläoanthropologischen Establishments, der die Fossilien aus nächster Nähe untersuchte und trotz seiner anfänglichen Skepsis bald von der Richtigkeit der Thesen Brooms überzeugt war. Mit seiner neuen Botschaft geriet er in England sofort in Opposition zu Wood Jones und dem gleichgesinnten Anatomen Solly Zuckerman, einem instinktiven und unnachgiebigen Reaktionär, doch setzte sich seine Autorität schnell durch.

Sogar Brooms penibler Zeitgenosse Arthur Keith widerrief, indem er 1948 in seinem Buch *A New History of Human Evolution* („Eine neue Geschichte der menschlichen Evolution") schrieb, daß »von allen uns bekannten fossilen Formen die Australopithecinae dem Menschen am nächsten stehen und am wahrscheinlichsten in direkter Abstammungslinie zum Menschen stehen.« Doch obwohl er angesichts dieser Geschöpfe akzeptierte, daß ein großes Gehirn erst im Verlauf der Anthropogenese erworben werden mußte, anstatt gleich von Anfang an vorhanden gewesen zu sein, konnte Keith in den Australopithecinen keine frühen Menschen sehen. Denn er hielt, wie viele ande-

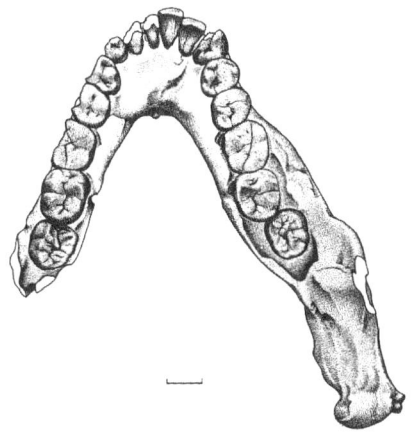

6.2 Leicht deformierter Unterkiefer (TM Sts 53b) des *Australopithecus africanus*, mit kompletter, doch etwas beschädigter Bezahnung aus Sterkfontein Member 4, Südafrika. Maßstab: ein Zentimeter. (D. M.)

re auch, ein kleines Gehirn definitionsgemäß für ein Merkmal der Menschenaffen. Die nun gefundenen kleinen Gehirne bei frühen Angehörigen der menschlichen Vorfahrenreihe erforderten es, einen „zerebralen Rubikon" für die Gehirngröße zu bestimmen, eine Schwelle, die überschritten sein mußte, um als Mensch zu gelten. Diese Schwelle setzte er bei einem Volumen von 750 Kubikzentimetern an und vermerkte, der *Pithecanthropus* hätte den Test bestanden, während die Australopithecinen durchgefallen seien. Der Piltdown-Schädel kam natürlich auch durch. Doch, obwohl dessen betrügerische Natur damals noch nicht nachgewiesen war, wurde Piltdown schon zu jener Zeit langsam peinlich. Hierdurch sah Keith sich gezwungen, ihn als eine „aberrante", ausgestorbene Form auf ein Nebengleis der Evolution abzuschieben. Interessanterweise rang in Amerika etwa zur gleichen Zeit der Anthropologe E. A. Hooton von der Harvard University mit dem gleichen Problem. Er kam zu einer negativeren Beurteilung der Australopithecinen, weil ihnen »die für Menschen spezifische Gehirngrößenzunahme fehlte, die vielleicht das Hauptkriterium für ein direktes Abstammungsverhältnis zum Menschen sein sollte, wonach man einen pliozänen Vorgänger bewerten muß. Weil ihnen Gehirnmasse fehlte, blieben sie Menschenaffen, trotz ihrer hominoiden Zähne. Da die Australopithecinae in Afrika ausstarben, während der Gorilla und der Schimpanse überlebten, scheint ein wahrhaft richtiger Menschenaffe besser als ein halber Mensch zu sein.« Der logische Fehler (oder gar mehrere) ist äußerst augenfällig, aber vielleicht macht der poetische Beitrag Hootons zur Debatte um die Australopithecinen dies wieder wett:

»Cried an angry she-ape from Transvaal
Though old Doctor Broom had the gall
To christen me Plesi-
anthropus, it's easy
To see I'm not human at all.«

(Es zürnte eine Äffin aus dem Transvaal,
Auch wenn der alte Doktor Broom frechweg empfahl,
Mich Plesianthropus zu nennen,
So ist doch einfach zu erkennen,
Daß ich allemal kein Mensch bin.)

Auf diesen unnützen Streit hätte kein Funken Energie verschwendet werden müssen, wenn die verschiedenen Autoren einen Augenblick darüber nachgedacht hätten, wie hinderlich die Schwammigkeit des Begriffs „menschlich" (und „äffisch", doch dazu kommen wir später) für das Verständnis unserer Stammesgeschichte ist. Bevor der Evolutionsgedanke aufkam, waren die Bedeutungen von „Mensch" und „Affe" natürlich eindeutig: auf der einen Seite der existierende *Homo sapiens* mit all seinen einzigartigen Attributen, auf der anderen der Schimpanse und seinesgleichen. Doch mit der Evolutionstheorie kam die Vorstellung von Übergangsformen auf, die uns mit dem Rest der Natur verbinden. Aus dieser Sicht schien die Frage, mit der Keith und andere sich abmühten, unvermeidbar: an welchem Punkt wurden unsere Vorfahren, die uns immer weniger gleichen, je weiter wir in die Vergangenheit zurückschauen, zu Menschen? Selten denken wir im übrigen über die Kehrseite, das Wesen des Menschenaffen, nach und darüber, wann seine Vorfahren dazu wurden. Doch es ist im Positiven wie im Negativen legitim, das Adjektiv „menschlich" zu benutzen; sowohl im weiteren Sinne als zu unserer Abstammungslinie gehörend, als auch im engeren für Geschöpfe mit Qualitäten, die sie wie uns von allen anderen Lebewesen unterscheiden. Diese beiden Bedeutungen des Worts widersprechen sich: Ein früher Angehöriger unserer Entwicklungslinie mußte nicht jede der geistigen Fähigkeiten besitzen, die wir für unsere Art als einmalig ansehen – und konnte natürlich auch nicht alle haben. Tatsächlich mußte er nur ein oder zwei anatomische Neuheiten aufweisen, die der *Homo sapiens* während der langen Zeit seiner Evolutionsgeschichte erworben hat. Die meisten Anthropologen und Anthropologinnen neigen heute zum einschließenden Gebrauch dieses Begriffes, um sowohl die Australopithecinen als auch spätere, fossile Angehörige der menschlichen Gruppe zu erfassen. Wichtig ist jedoch, nicht zu vergessen, daß es, je nachdem, welche Merkmale als typisch „menschlich" gelten, bei einigen Mitgliedern der Menschenfamilie schwierig wird, sie im funktionellen Sinn als wirklich „menschlich" anzusehen.

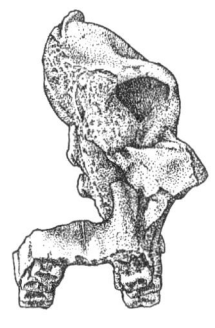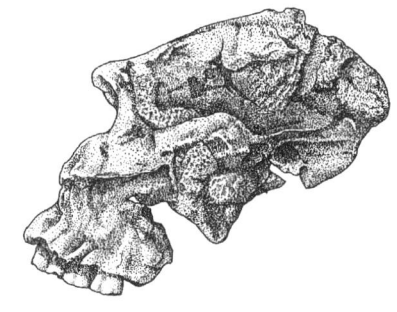

6.3 Frontal- und Lateralansicht des Schädels SK 48 aus Swartkrans Member 1, Südafrika. Einer der besterhaltenen Skelettüberreste des *Paranthropus robustus* (oder *P. crassidens*). (D. S.)

Broom geriet in seiner Heimat Südafrika gerade wieder in Schwierigkeiten, als die Außenwelt seine Entdeckungen zu feiern begann. Schon früher in seiner Laufbahn war er bei seinen Kollegen in Mißkredit geraten, weil er seine paläontologische Forschung nicht einfach durch seine Tätigkeit als Arzt, sondern auch durch den Verkauf von Fossilien an Institutionen in Übersee finanziert hatte. Von diesem Groll war etwas zurückgeblieben, das sich in den ersten Nachkriegsjahren mit Zweifeln an Brooms Ausgrabungsmethode mischte. Bei seinen Fundstätten handelte es sich um komplexe Formationen, die aus unterirdischen Höhlensystemen entstanden waren. Über lange Zeiträume hinweg war hier Schutt jeglicher Art, einschließlich Knochen, über Einbruchstrichter eingeschwemmt worden. Die Stratigraphie innerhalb dieser Höhlensysteme war äußerst kompliziert, ebenso die zeitlich Abfolge des Oberflächenabtrags durch Erosion des Deckengesteins. In diesem Zusammenhang hielten manche das Aufsprengen der harten Höhlenbrekzie mittels Dynamit zur Fossilienbergung nicht für eine der präzisen stratigraphischen Kontrolle dienliche Methode. Eine genaue Stratigraphie ist notwendig, wenn Fossilien über den faunistischen Vergleich zuverlässig datiert werden sollen. Deshalb waren Bedenken durchaus berechtigt, obwohl auch etwas übertrieben, berücksichtigt man, wie steinhart die kompakten Höhlensedimente waren. Eine gewisse Unsicherheit über die Datierung haftet den südafrikanischen Australopithecinen-Fundstätten tatsächlich noch immer an, dieser Umstand kann allerdings kaum als Brooms Verschulden angesehen werden. Doch die Historical Monuments Commission untersagte Broom weitere Arbeiten, bis ein „kompetenter Geologe" teilnähme. Diese Verfügung war für jemand, der als Professor am Victoria College in Stellenbosch jahrelang Geologie und Zoologie gelehrt hatte, ein ungeheuerlicher Affront. Unter Mißachtung der Komission verdoppelte der empörte Broom seine Ausgrabungstätigkeit, bis sie schließlich nachgab. Innerhalb weniger Tage zahlten sich seine Mühen mit der Entdeckung eines fast kompletten, wenn auch zahnlosen Kraniums bei Sterkfontein aus. Bis Ende 1947 hatte Broom weitere Exemplare zusammengetragen, darunter einen Unterkiefer mit Zähnen und ein Teilskelett mit einem mehr oder weniger erhaltenen Bekken sowie großen Teilen der Wirbelsäule. Das Becken lieferte einen recht überzeugenden Beweis für den aufrechten, bipeden Gang seines Besitzers. Die Monographien zu diesen Funden erschienen 1950, als nur noch eine kleine Opposition gegen Brooms Interpretation der Australopithecinen als »anzestrale Formentypen des Menschen, nur etwas primitiver als der *Pithecanthropus*« übriggeblieben war.

Mit unverminderter Energie richtete er seine Aufmerksamkeit 1948 auf das nahe Sterkfontein gelegene Swartkrans. Dieser Ausgrabungsort stellte sich letzten Endes als der vielleicht fundreichste seiner Art heraus. Kaum, daß sie begonnen hatten, stießen Broom und sein Mitarbeiter John Robinson auf Fossilien früher Menschen. Als erstes beförderten sie einen juvenilen Unterkiefer (Mandibula) zu Tage, der

in seiner Robustizität an den Kromdraai-Fund erinnerte. In Anspie-
lung auf die großen Backenzähne gab Broom diesem Fund 1949 den
Namen *Paranthropus crassidens*. Bis zu seinem Tode 1951 grub er
noch einige unterschiedlich gut erhaltene Schädel aus. Während der
Grabungskampagne 1949 kamen noch ein paar Unterkiefer zum Vorschein, die einen leichter gebauten Hominiden repräsentierten, den
Broom und Robinson zum *Telanthropus* („fern dem Menschen")
capensis ernannten. Sie hielten ihn für eine »Stufe zwischen einem
Affenmenschen und dem echten Menschen«, vielleicht vergleichbar
mit dem Mauer-Individuum aus Deutschland. Später wies Robinson
diese neuen Fossilien dem *Homo erectus* zu, wie es sich in den frühen
fünfziger Jahren auch für den *Pithecanthropus* und *Sinanthropus* her-
ausgestellt hatte. Als Robinson Ende 1952 seine Untersuchungen in
Swartkrans abschloß, gehörten zu der ansehnlichen Fundkollektion
einige postkraniale Überreste, einschließlich einiger Handknochen
und einem Beckenfragment. Von den Schutthalden früherer Minenar-
beiten wurden noch einige grobe Quarzartefakte gerettet, die man
zunächst kaum beachtete, bis C. K. Brain dort in Verbindung mit
hominiden Skelettüberresten ein bedeutendes Steingeräteinventar erkannte.

Dart hatte in der Zwischenzeit wenig Interesse an weiteren paläoanthropologischen Forschungen gezeigt, obwohl neben Taung schon
1925 an anderen Stellen Fossilien zum Vorschein gekommen waren.
In jenem Jahr hatte der Lehrer Wilfried Eitzman einige fossile Knochen aus einem Kalksteinbruch bei Makapansgat im nördlichen Transvaal an Dart geschickt. Dart ging damals diesem Hinweis nicht nach,
doch 1945 begann ein archäologisches Team in der nahegelegenen
Höhle von Hearths eine Grabung. Zu den Ausgräbern gehörte James
Kitching, der später als Entdecker und Beschreiber von Karroo-Repti-
lien bekannt wurde. An einem freien Tag wanderte Kitching zu den
derzeit bereits stillgelegten Makapansgat Limeworks und begann den
Brekzienschutt, den Minenarbeiter aus den Höhlen geräumt hatten, zu
durchsuchen. Bald stieß er auf Fossilien, woraufhin Dart eine Ausgra-
bungskampagne in Makapansgat einleitete. Von 1946 bis 1947 durch-
stöberte das Team unter der Leitung der Gebrüder Kitching und Alun
R. Hughes die Brekzienhalden. Sie legten wahre Fossilienschätze frei;
Tausende meist fragmentarische Knochen wurden geborgen. Zwar
fanden sich darunter nur wenige Fossilien von Hominiden[*], doch ein

Teilschädel, mehrere Kiefer sowie einige postkraniale Knochen waren dabei. Sie schienen leichter als die robusten Skelettfragmente aus Kromdraai und Swartkrans gebaut zu sein, so daß Dart sie als neue Art *Australopithecus prometheus* klassifizierte, die er nach dem griechischen Helden benannte, der den Göttern das Feuer stahl. Er tat dies in dem Glauben, der geschwärzte Zustand vieler Knochen von Makapansgat weise auf den Feuergebrauch dieser Wesen hin, wie es Davidson Black für Zhoukoudian vermutet hatte. Die schwarze Verfärbung stellte sich jedoch später als schlichte Manganablagerung in den Knochen heraus.

Bedeutsamer war das Ergebnis von Darts Analyse der Knochenfragmente, die ihn eine, wie er sie nannte, osteodontokeratische Kultur dieser frühen Menschen vermuten ließ, in der Knochen, Zähne und Horn verarbeitet worden wären. Diese Schlußfolgerung zog Dart aus dem fragmentarischen Zustand der Knochen von Säugern und anderen Tieren, aus dem Verhältnis verschiedener Skelettabschnitte sowie der Anzahl der in Makapansgat vertretenen Tierarten. Er hatte schon viele mögliche Erklärungen für die Akkumulation des Knochen-, Zahn- und Hornmaterials erwogen, bis er zu dem Ergebnis kam, daß es einzig und allein durch die Jagd- und Schlachtaktivitäten seines *Australopithecus prometheus* den Weg in die Höhle gefunden hätte und dort zerschmettert worden sei. Viele der Fragmente seien von diesen frühen Menschen als Werkzeuge genutzt worden, während andere Nahrungsreste darstellten. Darüber hinaus nahm Dart ähnliche Umstände für die Fundkollektion der Tierknochen aus Zhoukoudian und verschiedener europäischer Höhlen an. Nach seiner Meinung untermauerte dies sowohl seine spezielle Theorie zu der Knochenakkumulation in Makapansgat als auch seine allgemeinere Folgerung, osteodontokeratische Werkzeuge seien unter frühen Hominiden weit verbreitet gewesen.

Auch wenn spätere Studien seine Theorien widerlegten, leistete Dart Pionierarbeit, die ihn in die Lage versetzte, verschiedene Vermutungen über australopithecine Verhaltensweisen anzustellen. Einige betrafen die Besonderheiten der Zerlegungstechniken und Nahrungs-

---

* Ron Clarke, von dem wir später noch mehr erfahren werden, errechnete einmal, daß in den riesigen Mengen von Fossilfragmenten nur etwa acht hominide Individuen repräsentiert waren.

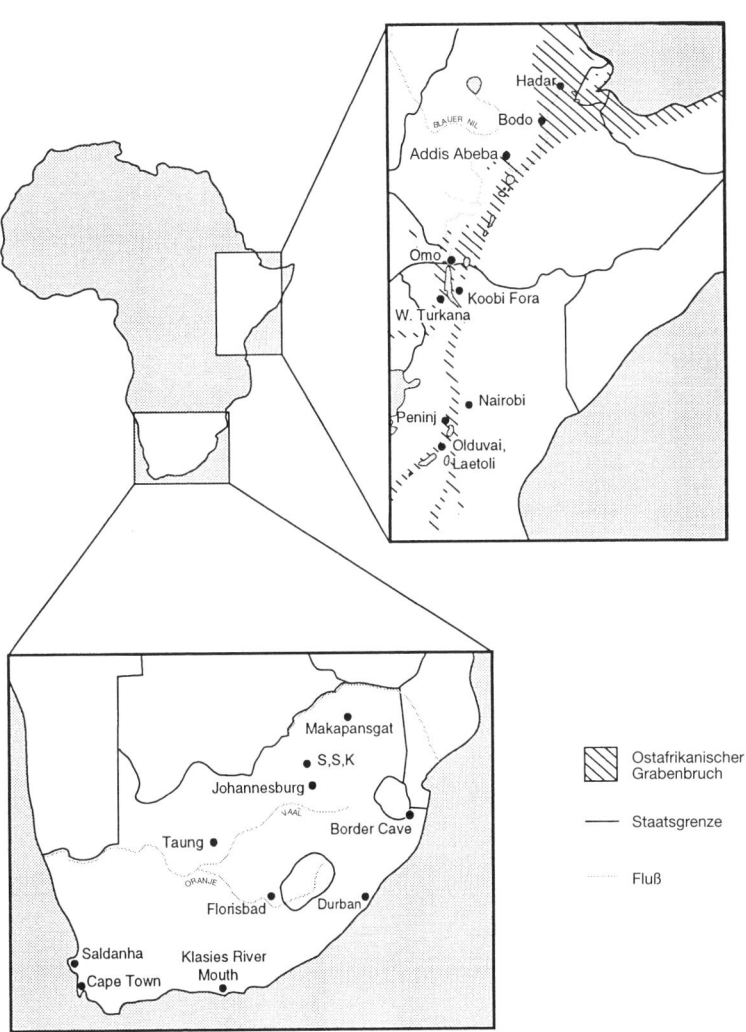

6.4   Fundregionkarte von süd- und ostafrikanischen Ausgrabungsstätten, an denen Hominiden gefunden wurden. Mit S, S, K ist die Lage von Sterkfontein, Swartkrans und Kromdraai bezeichnet. (D. S.)

präferenz, andere waren weitreichender und umrissen Aspekte der Intelligenz, der Werkzeugkultur und des Verhaltens. Beispielsweise zeugte nach Dart die Häufigkeit der zertrümmerten Schädel und Hufe

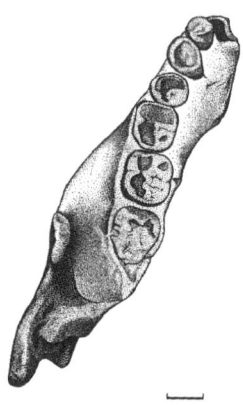

6.5 Halber Unterkiefer MLD 40 aus Makapansgat
Member 3, Südafrika. Maßstab: ein Zentimeter.
(D. M.)

unter dem Knochenmaterial von der »Konzentration des australopithecinen Bewußtseins auf die Quellen der Kraft«,

> »einer menschlichen Eigenschaft, [die] nur als Vorstellungsvermögen des *A. prometheus* interpretiert werden kann, nämlich davon, daß die Köpfe und Füße der Tiere Verkörperungen ihrer Stärke seien, und diese Kraft nicht nur den Tieren entzogen, sondern auch von ihren Bezwingern aufgenommen und gegen die Tiere zu ihrer Vernichtung verwendet werden konnte. Die intellektuelle Fähigkeit und manuelle Geschicklichkeit, die sich in dem Vollbringen dieser Großtaten zeigen, bildeten den Hintergrund ihrer promethischen Kultur.«

Darüber hinaus »fügte … die Menschheit dieser osteodontokeratischen, psychologischen Indoktrination Stein und Metall hinzu, war jedoch nie in der Lage, sich phylogenetisch oder ontogenetisch von den Materialien Knochen, Zahn und Horn zu lösen.« Dart sah in der Art der Fragmentierung seiner Australopithecinen-Fossilien einen Beweis für Kannibalismus. In späteren Artikeln charakterisierte er – weitaus weniger maßvoll als Weidenreich die Zhoukoudian-Exemplare – diese Wesen als knüppelschwingende »Mörder und Fleischjäger«, deren gewalttätige Neigungen unausweichlich zu »den blutbespritzten, von Gemetzeln durchzogenen Archiven der Menschheitsgeschichte führten.« Eine erregende Materie, die sicherlich die Phantasie von Popularisatoren wie Robert Ardrey anheizte, der in Büchern wie *African Genesis* eine blutige Geburt des Menschengeschlechts skizzierte, das er als unvergleichlich mutwilligen Räuber und marodierenden »Killeraffen« darstellte, dessen bösartige Veranlagung in uns erhalten blieb.

Darts Übertreibungen riefen, wie vorauszusehen war, beträchtliche Kritik hervor, und spätere Untersuchungen ergaben, daß die Knochenansammlungen von Makapansgat eher auf die vereinten Kräfte von Wasser und Stachelschweinen als auf das räuberische Verhalten der Australopithecinen zurückzuführen sind. Dennoch lieferten diese Vorstellungen Stoff für eine allgemeine Tendenz der damaligen Zeit, das kulturelle Konzept als konstituierendes Moment der Menschheit durch ein anatomisches zu ersetzen, wie es in Arthur Keiths »zerebralem Rubikon« zum Ausdruck kam. Interessanterweise befürworteten vor allem Anatomen als erste die Idee, der Status „Mensch" würde am deutlichsten im Verhalten, vorzugsweise im Gebrauch von Steinwerkzeugen sichtbar. Weidenreich, um nur einen zu nennen, kritisierte schon 1948 vehement die Thesen über die Verhaltensweisen des *Plesianthropus*, die Scheper von den Gehirnabgüssen abgeleitet hatte, mit der Erklärung, »Kulturobjekte seien die einzigen Anhaltspunkte über das Seelenleben«. Solly Zuckerman verfolgte eine ähnliche Richtung: Worauf es ankomme, sei nicht das Aussehen des Gehirns, sondern wofür es eingesetzt wurde. Alle Schlußfolgerungen dieser Welt waren ohne den Nachweis der Werkzeugherstellung wertlos – und gerade Steinwerkzeuge fehlten als entscheidende Zeugnisse an diesen südafrikanischen Fundplätzen. Ironischerweise geriet Darts Behauptung, diese Vormenschen hätten sich mit der für den Menschen charakteristischen Tätigkeit der Werkzeugherstellung befaßt, genau zu dem Zeitpunkt unter scharfe Kritik, als der von ihm hartnäckig geforderte menschliche, oder zumindest vormenschliche Status des *Australopithecus* allgemein anerkannt wurde.

Einige tausend Kilometer weiter nördlich, in Ostafrika, stellte für Louis Leakey ein Mangel an Steinwerkzeugen kein Problem dar. Leakey war als Kind einer Missionarsfamilie in Kenia zur Welt gekommen und sammelte bereits als Zwölfjähriger Steinartefakte in der näheren Umgebung seines Zuhauses bei Nairobi. Während seines Studiums in Cambridge nahm er an einer Expedition des Britischen Museums zum Sammeln von Fossilien in Tanganyika teil und erweiterte seine archäologische und anthropologische Ausbildung um die paläontologische Praxis. Nach seinem Studienabschluß leitete er mehrere archäologische Expeditionen nach Ostafrika, auf denen sich sein In-

teresse immer stärker auf die Olduvai-Schlucht konzentrierte, die im
Norden Tansanias 48 Kilometer weit die Serengeti-Ebene durch-
schneidet. Diese Erdspalte, die an manchen Stellen bis zu 91 Meter
tief ist, wurde 1911 vom deutschen Entomologen Kattwinkel entdeckt, als er, so wird erzählt, auf der Jagd nach Schmetterlingen
beinahe in sie hineinfiel. Er kletterte die Schlucht, die zahlreiche
Sedimentschichten durchtrennt, hinab und stieß auf eine Menge fossiler Knochen, die überall an der Oberfläche zum Vorschein kamen. In
Deutschland erregten seine gesammelten Fossilien Aufsehen, als man
unter ihnen Teile eines frühen Pferdes erkannte, das in Europa seit
dem Pliozän ausgestorben ist. Daraufhin wurde 1913 an der Universität Berlin eine Folgeexpedition unter der Leitung von Hans Reck
ausgerüstet. Recks Gruppe fertigte eine vorläufige Stratigraphie der
Schlucht an und sammelte eine große Anzahl Fossilien; doch der
meistbeachtetste Fund war das Skelett eines Menschen.

Spätere Sedimente bilden sich auf früheren; wird eine solche Sedi-
mentsäule durch Erosion freigelegt, wie es bei den Wänden der Olduvai-Schlucht der Fall ist, dann repräsentieren die unteren Schichten
eine frühere Epoche als die oberen. Das Skelett wurde ziemlich weit
unten in der Abfolge geologischer Lagen gefunden, in Sedimenten,
die, nach den frühpleistozänen Säugetierfossilien aus derselben
Schicht zu urteilen, sehr alt waren. Die moderne Anatomie des fossilen menschlichen Skeletts führte Reck auf eine sehr frühe Existenz
des modernen Menschen zurück, so wie Arthur Keith sie kürzlich aus
dem Skelett von Galley Hill gefolgert hatte. Doch wie Keith wurde
auch Reck von Kollegen bestürmt, die darauf insistierten, daß es sich
nur um ein in ältere Schichten eingetieftes Grab handele und demzufolge kein Beweis für derartige Vermutungen war. Die Notwendigkeit
weiterer Untersuchungen war offensichtlich. Doch kam der erste
Weltkrieg dazwischen, die Briten besetzten Tanganyika und damit
waren die Pläne der deutschen Anthropologen, diesen vielverspre-
chenden Funden nachzugehen, durchkreuzt. Erst in den frühen dreißiger Jahren, als Leakey eine seiner Expeditionen nach Olduvai führte,
wurde die Forschung dort wieder aufgenommen.

Seltsam an Recks Olduvai-Sammlung war, daß sie zwar Skelettelemente eines vollkommen modernen Menschen, jedoch nichts enthielt,
was auch nur im entferntesten ein Steingerät hätte sein können. Als
Leakey die Schlucht zum ersten Mal erblickte, wurde ihm der Grund

klar. Steinwerkzeuge waren eigentlich in Hülle und Fülle vorhanden, aber nicht aus dem Flint beschaffen, den europäische Archäologen gewohnt waren. Feuerstein eignet sich hervorragend für die Herstellung von Werkzeugen, weil er sauber und vorhersehbar splittert und scharfe Kanten bildet. Doch in Olduvai, wie in Ostafrika überhaupt, gibt es keinen Feuerstein. Obwohl kleine Mengen des vulkanischen Gesteins Obsidian vorkamen, mußten die frühen Ostafrikaner mit gröberem, kristallinerem Material auskommen. Solches Gestein wie Basalt, Quarzit und so weiter eignet sich nicht wie Feuerstein für feingearbeitete Geräte, und die Deutschen hatten die wenig beeindruckenden Gesteinsbrocken, die in Olduvai verstreut umher lagen, schlichtweg nicht als Werkzeuge erkannt. Durch seinen für die örtlichen Verhältnisse geschulten Blick hatte Leakey damit keine Probleme, weshalb er wohl auch fast von Anfang an entsprechend fündig wurde. Leakey reiste 1931 mit Reck zur Olduvai-Schlucht, und genauso problemlos, wie sich Reck überzeugen ließ, daß es sich bei seinen Funden tatsächlich um grobe Steinwerkzeuge handelte, schien es plötzlich ähnlich geringe Schwierigkeiten zu bereiten, den zunächst skeptischen Leakey von dem hohen Alter des 1913 gefundenen Skeletts zu überzeugen. In der Tat war das Vorhandensein der Werkzeuge der entscheidende Faktor für seinen Gesinnungswandel. Leakey machte sich daran, das Vorkommen der Steinartefakte in allen vier stratigraphischen Haupteinheiten, die Reck in der Schlucht erkannt hatte, zu dokumentieren, ganz unten beginnend mit Bed I bis zu Bed IV nahe der Erdoberfläche. Diese zeigten, nach seiner Meinung, eine progressive Entwicklung von grobbehauenen „pebble tools" (Geröllgeräten) an der Sohle, deren Kultur er später „Oldowan" nannte, bis zu Faustkeilen in den obersten Schichten. Abgesehen vom Materialunterschied, waren die letztgenannten den Faustkeilen der Acheuléenkultur, die Boucher de Perthes (1788–1868) in Frankreich beschrieben hatte, auffallend ähnlich.

Noch im selben Jahr besuchte Leakey Kanam und Kanjera im angrenzenden Westen Kenias. Bei Kanjera sammelte er einige unscheinbare Bruchstücke eines modern aussehenden Hirnschädels, und bei Kanam die vordere Partie eines stark beschädigten Unterkiefers, die er beide dem *Homo sapiens* zuordnete und älter als das Olduvai-Skelett einstufte. Nach England zurückgekehrt, traf Leakey bei seinem Publikum auf eine bemerkenswerte Aufnahmebereitschaft für seine ehrgeizigen, doch kaum fundierten Ausführungen, und so dauerte es nicht lange, bis wieder ein renomierter Geologe das hohe Alter des Olduvai-Skeletts bestritt. 1935 nahm Leakey diesen Kritiker, Percy Boswell, mit auf seine nächste Expedition nach Ostafrika, wo er zu seiner größten Verlegenheit außerstande war, seine These zu untermauern. Trotzdem setzte er seine Arbeit in Olduvai fort, entdeckte viele artefaktträchtige Fundplätze, führte geologische Beobachtungen durch und sammelte zahlreiche Wirbeltierfossilien. Gegen Ende seines Aufenthalts suchte er, dem Rat eines Massai folgend, einige Plätze im nahen Laetoli-Gebiet auf (diese Nähe ist relativ zu sehen; Leakey brauchte drei Tage für die Anreise von Olduvai; heutzutage ist die Strecke in 90 Minuten zu schaffen). Dort sammelte er ein paar Fossilien ein, deren Alter damals mit Bed I und II von Olduvai gleichgesetzt wurde, und unter denen sich ein hominider Eckzahn befand, der aber erst 1981 als solcher erkannt wurde. Dieses Gebiet wurde 1939 von dem deutschen Forscher Ludwig Kohl-Larsen wieder besucht, der eine große Fossilsammlung zusammenstellte, die allerdings ungeordnet aus Gesteinsschichten verschiedener Zeitalter stammte. Hierunter war ein kleines Stück eines hominiden Oberkiefers mit zwei Zähnen und ein einzelner Molar, der dem Paläontologen Hans Weinert später als Grundlage für die neue Art *Meganthropus africanus* diente. Die Gattung *Meganthropus* hatte von Koenigswald eingeführt, um ein massives Unterkieferfragment aus den Ablagerungen bei Sangiran auf Java zu benennen. Laetoli sollte in der Paläoanthropologie erst bedeu-

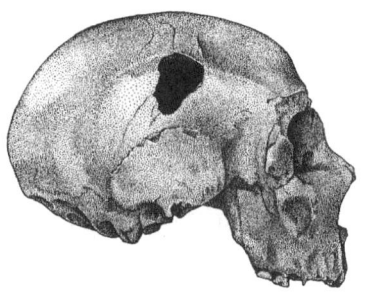
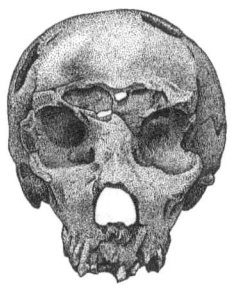

6.6 Lateral- und Frontalansicht des Neandertalerschädels von Saccopastore, Italien. Maßstab: ein Zentimeter. (D. M.)

tend später eine Rolle spielen. Leakey kam erst wieder in diese Gegend zurück, als sich 1959 außergewöhnliche Neuigkeiten aus Olduvai ankündigten.

Doch 1935 ließen die Glanzzeiten Olduvais noch ein Vierteljahrhundert auf sich warten. Das Ansehen von Wunderkindern steht immer auf wackligen Füßen, und Leakeys Ruf war von dem Disput um das Olduvai-Skelett ernstlich angeschlagen. Es war nämlich tatsächlich ein in ältere Schichten eingetieftes Grab, und zwar in den oberen Teil von Bed II, nachdem Bed III und Bed IV, die darüberlagen, erodiert waren. Dieses Debakel ging 1936 mit einer verbittert geführten Scheidung einher und führte dazu, daß eine akademische Anstellung in England außer Reichweite geriet. Leakey ließ sich daraufhin in Kenia nieder und arbeitete jenseits der Grenze in Olduvai, sobald Zeit und Finanzen es zuließen.

Ab und an waren in der Zwischenzeit an anderen Plätzen der Welt neue Funde ans Licht gekommen. Beispielsweise wurde in Europa in den zwei Jahrzehnten vor dem Zweiten Weltkrieg eine Anzahl Fossilien gefunden, die dem Neandertaler ähnelten. 1926 entdeckte die britische Archäologin Dorothy Garrod einen jugendlichen Neandertalerschädel in der Höhle Devil's Tower auf Gibraltar. Drei Jahre später gab ein Steinbruch bei Saccopastore in der Nähe von Rom einen recht leicht gebauten Neandertalerschädel frei, der anscheinend in das letzte Interglazial zu datieren war. Er wurde zusammen mit einer Variante des Moustérien gefunden, die Ähnlichkeit mit dem archäologischen

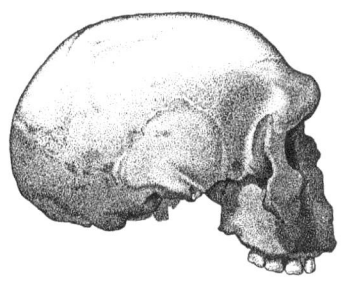 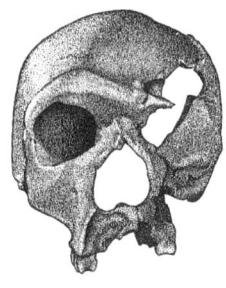

6.7 Lateral- und Frontalansicht des deformierten Schädels von Steinheim, Deutschland. Maßstab: ein Zentimeter. (D. M.)

Inventar der etwas späteren Ausgrabung im italienischen Monte
Circeo hatte. Dort fand man 1939 in der Mitte eines Steinkreises einen
typischeren Neandertalerschädel. Weit hiervon entfernt wurde bei
Teshik-Tash in Usbekistan zur gleichen Zeit das Teilskelett eines
neunjährigen Neandertalerjungen gefunden, der offensichtlich inmit-
ten eines Kreises aus Ziegenschädeln bestattet worden war. Das Alter
dieses Fundes ist noch immer unklar. Nach wie vor besteht jedoch
seine Bedeutung darin, zu zeigen, wie weit sich im späten Pleistozän
Menschen mit typisch neandertalider Morphologie nach Osten hin
ausgebreitet haben.

Nicht ganz so einfach ließen sich die Krania von Swanscombe in
England und Steinheim an der Murr in Deutschland interpretieren, die
man Mitte der dreißiger Jahre entdeckte. Das letztere wurde in Fluß-
schotter gefunden, der aufgrund der Fauna in die Mindel-Riß-Warm-
zeit datiert wurde. Ursprünglich zwar als jünger eingeschätzt, war das
Kranium somit älter als die meisten, wenn nicht sogar als alle anderen
Fundorte von Neandertalern. Der Fund selber bestand aus einem fast
vollständigen, doch etwas deformierten Kranium, das trotz der niedrig
geschätzten Schädelkapazität von etwa 1 100 Kubikzentimetern, neben den Merkmalen eines Neandertalers auch progressivere aufwies.
Dagegen entsprach das Gehirnvolumen eines Neandertalers durchschnittlich dem eines modernen Menschen oder lag sogar etwas höher.
Arthur Keith vermutete eine Verwandtschaft zwischen dem Stein-
heim-Schädel und dem von Weidenreich beschriebenen Fund aus
Weimar-Ehringsdorf, der nicht für alle ein eindeutiger Neandertaler
war. Die Fragmente aus Swanscombe schienen etwa gleichen Alters
zu sein und setzten sich anfänglich nur aus dem Hinterhauptsbein und
dem daran anschließenden linken Scheitelbein zusammen – bis das
rechte 20 Jahre später gefunden wurde! Größte Beachtung fand damals das auffallend moderne Aussehen dieses Schädelteils und die
geschätzte Hirnkapazität, die mit 1 325 Kubikzentimetern im Bereich
der Werte für moderne Menschen lag. Keith erklärte den Swanscom-
be-Fund zu einem Vorgänger des Piltdown-Menschen, wohingegen
andere am Hinterhaupt eher neandertalide Eigenschaften ausmachten.

Noch interessantere und suggestivere Entdeckungen wurden zur
gleichen Zeit im Nahen Osten gemacht. Im heutigen Israel entdeckte
1925 der englische Amateur Turville Petre in der Höhle von Zuttiyeh
(auch Mughâret el-Zuttiyeh; Palästina) ein Stirnbein mit markanten

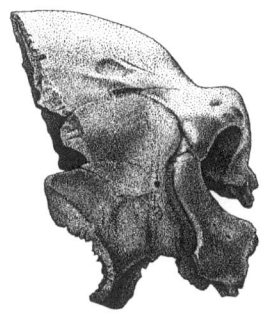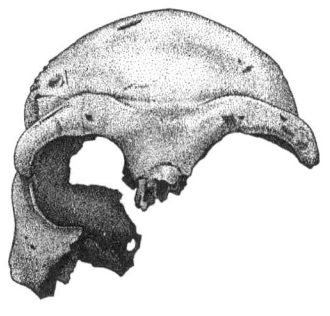

6.8 Lateral- und Frontalansicht des Gesichtsschädelfragments („Galiläa-Mensch")
aus Mugharet el-Zuttiyeh, Israel. Maßstab: ein Zentimeter. (D. M.)

Oberaugenwülsten, aber relativ hoher Stirn, sowie einige andere Fragmente, die gut und gerne einmal ein kompletter Schädel gewesen sein
mögen. Man fand sie zusammen mit „Levalloiso-Moustérien"-Werk-
zeugen, die der Werkzeugtechnologie der europäischen Neandertaler
sehr ähnelten. Zufälligerweise sammelten Besucher der nur einige
Kilometer von Genezareth entfernt liegenden Höhle Jebel Qafzeh
Feuersteingeräte dieser Art, die in den frühen dreißiger Jahren den
französischen Konsul in Jerusalem, René Neuville, neugierig machten. Neuville begann 1933 mit Ausgrabungen und legte bald eine vom
Mittel- bis Jungpaläolithikum reichende archäologische Sequenz frei.
In den mittelpaläolithischen (Moustérien) Schichten fanden Neuville
und sein Kollege Moshe Stekelis die Fragmente von fünf Skeletten
anatomisch moderner Menschen, die sie provisorisch dem Anfang der
letzten Eiszeit zuschrieben. Allerdings wurden sie zu Neuvilles Lebzeiten nicht weiter bearbeitet und verpaßten dadurch die Chance, die
Aufmerksamkeit auf sich zu ziehen, die nunmehr auf die Grabungen
in den Mount-Carmel-Höhlen bei Haifa gerichtet wurde. In der Tat
wurde die volle Bedeutung Qafzehs erst in jüngster Zeit durch Fortschritte in den Datierungsmethoden erkannt.

Wie gesagt, waren damals die Ausgrabungen viel einflußreicher,
die in den Kalksteinhöhlen am westlichen Fuße des Mount Carmel in
Palästina, in Sichtweite des Mittelmeeres, stattfanden. Zwischen 1929
und 1934 erforschte eine Gruppe unter der Leitung von Dorothy Garrod die Höhle von Tabun (Mugharet et-Tabun), wobei sie auf ein fast

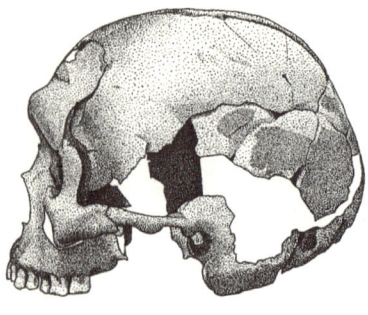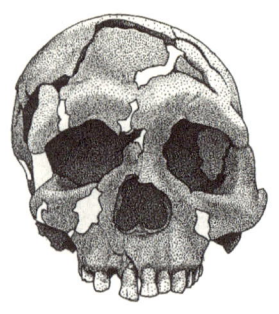

6.9 Lateral- und Frontalansicht des Schädels 6 aus Jebel Qafzeh, Israel. Maßstab: ein Zentimeter. (D. M.)

komplettes Skelett einer Frau und einen robusteren Unterkiefer, der als männlich interpretiert wurde, stieß. Die in derselben Schicht gefundenen zahlreichen Säugtierknochen verwiesen diese stratigraphische Einheit in das letzte Interglazial, und die mit dem Fund assoziierten Artefakte waren wieder Levalloiso-Moustérien. Während der weibliche Schädel leichter gebaut und sein Hinterhaupt abgerundeter war, wenn man ihn mit den Krania der meisten westeuropäischen Neandertaler verglich, offenbarte er doch andererseits deutlich neandertalide Merkmale. In unmittelbarer Nähe entdeckte dasselbe Grabungsteam 1932 in der Höhle von Skhul (Mugharet es-Skhul) eine

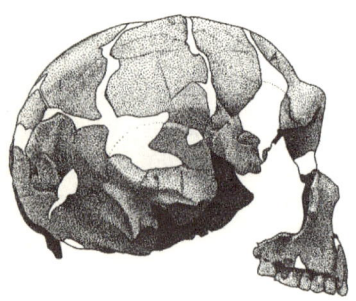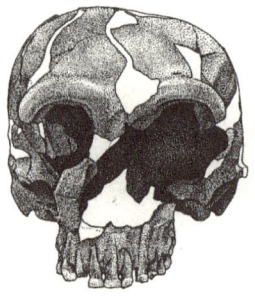

6.10 Lateral- und Frontalansicht des Schädels C1 aus der Höhle von Tabun, Israel. Maßstab: ein Zentimeter. (D. M.)

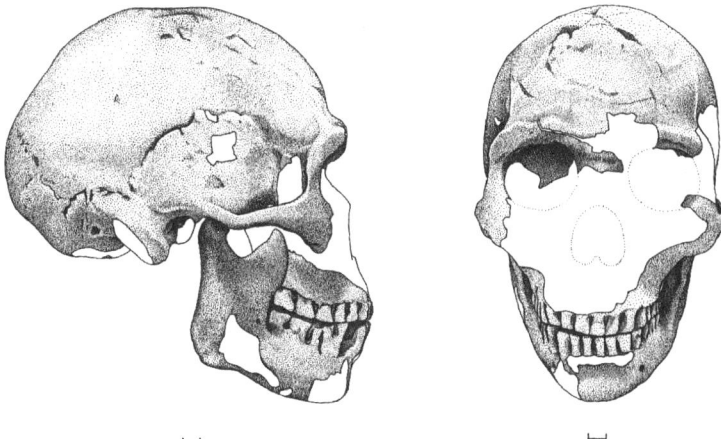

6.11 Lateral- und Frontalansicht des am vollständigsten erhaltenen menschlichen Kraniums (Skhul V) aus der Höhle von Skhul, Israel. Maßstab: ein Zentimeter. (D. M.)

richtige Grabstätte, aus der Skelettelemente von mindestens zehn morphologisch ziemlich modernen Individuen geborgen wurden. Die Menschen dieser Population fallen vor allem durch ihre markanten, wenngleich dünnen Oberaugenwülste auf, die jedoch spätere Autoren gewöhnlich nicht davon abhielten, sie im wesentlichen als modern anzusehen. Auch diese Funde waren mit Levalloiso-Moustérien-Inventar assoziiert, so daß man trotz faunistischer Differenzen der Überzeugung war, die Tabun- und Skhul-Populationen seien mehr oder weniger zeitgleich dem letzten Interglazial zuzurechnen.

Die Fossilien der beiden Grabungen vom Mount Carmel wurden 1939 von Theodore McCown und Arthur Keith bearbeitet und einer einzigen hochvariablen Population zugeschrieben. Als gute Morphologen taten sie sich natürlich schwer mit diesem Ergebnis, zumal die alleinige anatomische Grundlage hierfür die Ähnlichkeit der Zähne war. McCown und Keith fühlten sich hauptsächlich deshalb verpflichtet, diese Fossilien als Angehörige einer Population zu bewerten, weil sie ähnliche Werkzeugindustrien betrieben hatten und die beiden Fundstätten nicht nur einen Steinwurf voneinander entfernt lagen, sondern auch, wie sie meinten, gleichen Alters waren. Warum diese Population so außerordentlich variabel war, erforderte eine Erklärung. Steckten diese Menschen »mitten in einer stammesgeschichtlichen

Entwicklung und waren daher in ihrer genetischen Konstitution unbeständig und formbar?« Oder beruhte »die Variabilität auf Bastardierung, der Vermischung zweier verschiedener Völker oder Rassen?« McCown und Keith bevorzugten die erstgenannte Version, obwohl andere Fachleute der zweiten zuneigten. Auf jeden Fall setzten McCown und Keith mit ihren beiden Hypothesen den Rahmen für die Diskussion um die Menschen aus dem Mount Carmel.

Weil sie es nicht mit einem homogenen Material zu tun hatten, waren McCown und Keith beim Vergleich des Hominidenmaterials vom Mount Carmel mit anderen Funden natürlich in einer komplizierten Situation. Sie sahen sich einem Spektrum spätpleistozäner fossiler Menschen gegenüber, das von den europäischen Neandertalern bis zu den Cro-Magnon-Menschen reicht. Mitten zwischen diesen beiden Extremen liegen die Mount-Carmel-Funde, mit Skhul näher den Cro-Magnons und Tabun näher den anderen. Zwischen der Tabun-Varietät und dem „klassischen" Neandertaler Westeuropas sind die Krapina-Menschen zu sehen, die eine leichter gebaute Zwischenform darstellen. Die Skhul- und Cro-Magnon-Fomentypen schienen eng beieinander zu liegen, da beide spezifisch europäische Eigenschaften zeigen. Aus dieser phänotypischen Kontinuität hätte man den Schluß ziehen können, daß die Neandertaler sich einfach über ein Mount-Carmel-ähnliches Stadium zu modernen Europäern entwickelten; doch McCown und Keith entwarfen ein komplexeres Szenarium. Sie schrieben, die Neandertaler seien im „Mittelpleistozän" überall in Westeuropa vertreten gewesen, veränderten sich jedoch nach und nach von West nach Ost, bis in Palästina eine Übergangsform zum modernen Menschen auftrat. Hieraus leiteten sie die These ab, die Vorfahren der modernen europäischen Bevölkerung kämen aus Westasien, irgendwo aus dem Osten Palästinas. Darum seien die Menschen des Mount Carmel »nicht die eigentlichen Vorfahren der Cro-Magnons, sondern neandertaloide Verwandte beziehungsweise Cousins dieses Typs.« Bis ich diese Begründung nachvollziehen konnte, mußte ich McCowns und Keiths atemberaubend undurchsichtige Darstellung mehrmals lesen. Dieser Mangel an Transparenz führt, nach meiner Meinung, beispielhaft vor Augen, was passiert, wenn man beim Aufstellen von Verwandtschaftshypothesen andere Aspekte über die Morphologie stellt. Es zeigt aber auch, und dies muß erwähnt werden, daß McCown und Keith niemals völlig übereinstimmten. Weidenreich war dennoch von McCowns und Keiths Erklärung, »Ostasien [sei] die Wiege der Proto-Mongolen«, angetan und fügte nun seinerseits aus Gefälligkeit Palästina den Zentren der Menschheitsentwicklung hinzu. Damit wurde die Levante zum Entstehungsgebiet der modernen Europäer.

7. Die Synthetische Theorie

Obwohl man nicht weit – wenn überhaupt – über die Ordnung Primates hinausgehen muß, um mehr oder weniger das ganze Spektrum der Evolutionsphänomene zu erfassen, bleibt doch zu konstatieren, daß die Anthropologie zur allgemeinen Entwicklung der Systematik und Evolutionstheorie ziemlich wenig beigetragen hat. Vielleicht überrascht es daher nicht allzusehr, wie spät die Paläoanthropologie die Auswirkungen der tiefgreifenden Veränderung der evolutionären Gedankenwelt wahrnahm, die sich in den dreißiger und vierziger Jahren vollzog. Damals stimmte Broom einerseits der These von Alfred Russel Wallace zu, derzufolge »das große Gehirn nicht durch die natürliche Selektion entstanden sein konnte«, andererseits bestand von Koenigswald auf der Zwangsläufigkeit der Größenzunahme – ohne daß eine dieser Behauptungen in anthropologischen Ohren besonders merkwürdig klang. Doch lange, bevor jene Weisen dies schrieben, waren schon die Grundlagen für ein Gedankengebäude geschaffen, das – außer vielleicht in Frankreich – schnell zu einem bis heute gültigen Evolutionskonzept werden sollte.

In den zwanziger und frühen dreißiger Jahren hatte jenes Auseinanderfallen der Evolutionsbiologie, auf das ich bereits hinwies, ausgesprochen chaotische Ausmaße angenommen. Fast jeder vertrat eine eigene Evolutionstheorie, und nur wenige dieser Theorien sahen im Sinne des Darwinismus in der natürlichen Selektion die treibende Kraft evolutionären Wandels. In der Tat stand ein „Antiselektionismus" auf der Tagesordnung. Viele Biologen, darunter auch Anthropologen wie Weidenreich, waren mehr oder weniger noch immer von der Vorstellung der Orthogenese durchdrungen, der Idee einer Evolution mit einem inneren, zielgerichteten Antrieb. Eine Variante dieses Gedankens besagte, der evolutionäre Wandel sei Ausdruck einer angeborenen inneren Kraft, die vielen Entwicklungslinien im Organismenbereich innewohne. Der „Saltationismus", der die Entstehung neuartiger Organismen als Resultat plötzlich eintretender sprunghafter Veränderung begreift, grassierte noch immer. „Mutationen" galten häufig nicht – wie heute – als kleine genetische Veränderungen, sondern als regelrechte Quantensprünge, die plötzlich zu neuen Arten führen. Tatsächlich hatte Hugo de Vries den Begriff Anfang des Jahrhunderts in diesem Sinne neu geprägt. Und wenn damals von „Mutationen" im modernen Sinne gesprochen wurde, galt der „Mutationsdruck" oft als treibende Kraft der Evolution. Verschiedene Formen lamarckistischen Denkens waren noch immer geläufig, etwa die Vorstellung, Veränderungen in der Umwelt riefen auf irgendeine Weise Veränderungen im Organismus hervor oder der Gebrauch beziehungsweise Nichtgebrauch einzelner Organe im Leben eines Individuums beeinflusse deren Erscheinungsform bei seinem Nachwuchs. Sogar einige erklärte Darwinisten integrierten Bestandteile dieses Denkens in ihre eigenen Evolutionstheorien, wenn sie zum Beispiel die natürliche Selektion mit Ideen einer „sanften" – weitestgehend lamarckistischen – Vererbung verknüpften. Weismanns Nachweis einer vom Soma (den Körperzellen) getrennten Keimbahn (Keimzellen) harrte noch seiner allgemeinen Anerkennung in der Biologie, obwohl er schon Jahrzehnte zuvor von Wallace und anderen aufgegriffen worden war, um eine „neodarwinistische" Schule zu begründen.

Darüber hinaus war, wie es der Ornithologe Ernst Mayr in mehreren faszinierenden historischen Berichten festgehalten hat, das erste Drittel des 20. Jahrhunderts Zeuge einer bis zur Entfremdung gehenden Auseinanderentwicklung verschiedener Wissenschaftszweige, die wir heute als gleichwertige Disziplinen der Evolutionsbiologie sehen. Die Genetiker studierten auf experimentellem Wege die Gene, oft an ihrem Modellorganismus, der Taufliege; die Zoologen wollten die Natur der Arten und die Mechanismen ihrer Entstehung ergründen; und die Paläontologen hatten sich der Beschreibung und Klassifizierung jener Arten verschrieben, aus denen sich der schnell anwachsende Fundus der fossilen Überlieferung zusammensetzte. Zwischen diesen verschiedenen Spezialgebieten entstanden in kürzester Zeit sehr massive Mauern gegenseitigen Unverständnisses. Der Paläontologe George Gaylord Simpson, Mayrs Kollege am American Museum of Natural History, resümierte diese Situation 1944 mit den berühmt gewordenen Sätzen:

»Es ist noch nicht lange her, daß die Paläontologen der Meinung waren, ein Genetiker wäre jemand, der sich in ein Zimmer einschließt, die Vorhänge herunterläßt, kleine Fliegen in Milchflaschen bei ihrem Zeitvertreib beobachtet und glaubt, auf diese Weise die Natur zu studieren. Ein so von der Wirklichkeit des Lebens entferntes Arbeiten, sagten sie, hätte keine Bedeutung für den echten Biologen. Andererseits behaupteten die Genetiker, daß die Paläontologie der Biologie keine weiteren Beiträge mehr liefern könne, daß ihre einzige Bedeutung darin bestanden habe, den vollständigen Beweis für die Realität der Evolution zu erbringen, und daß sie eine zu ausschließlich deskriptive Angelegenheit sei, um die Bezeichnung „Wissenschaft" zu verdienen.«

Vielleicht ergaben sich solche Einstellungen zwangsläufig aus den scheinbar grundlegend verschiedenen Herangehensweisen der beteiligten Wissenschaftler. Abgesehen von einer Nachhut gegen die schwindenden Verfechter einer sanften „Mischvererbung" beschäftigten sich die Genetiker jener Zeit vor allem mit der Erforschung der Veränderung von Gen- oder Allelfrequenzen innerhalb von Populationen vor dem Hintergrund, daß Mutationen sowohl Gene als auch Chromosomen betreffen können (bei letzteren zeigte sich, daß gelegentlich ganze Gengruppen gegeneinander ausgetauscht werden.) Es gab aber keine offenkundige Beziehung zwischen der („mikroevolutionären") Genfrequenzänderung und den „makroevolutionären" Phänomenen, denen das Hauptinteresse der Naturforscher galt: dem Ursprung der Arten, der Existenz höherer Taxa*, der evolutionären Vielfalt und so weiter. Mayr hat das Problem erst kürzlich dahingehend erklärt, daß alle diese Faktoren im Grunde einer einzigen Hierarchie angehören, die von Molekülen und Genen über Individuen, Populationen und Arten zu höheren Taxa und den damit verbundenen makroevolutionären Phänomenen reicht. Die Schwierigkeiten erwuchsen wenigstens zum Teil daraus, daß die Genetiker sich mit den unteren Ebenen der Hierarchie beschäftigten, während die Naturforscher an den höheren interessiert waren. Doch nur zum Teil: Weitere Gründe für die vertrackte Situation waren die Beharrlichkeit des Saltationismus und der These der sanften Vererbung, die ebenfalls nicht sterben wollten. Diese Faktoren führten sogar innerhalb jeder einzelnen Forschungsrichtung dazu, daß Zwietracht an der Tagesordnung war.

---

* Ein *Taxon* (Plural: *Taxa*) ist eine bestimmte Einheit auf beliebiger Hierarchieebene der biologischen Systematik (Art, Gattung, Familie, Ordnung und so weiter). Unter *höheren* Taxa versteht man Einheiten, die über der Art-Ebene stehen.

Für eine fruchtbare Zusammenarbeit innerhalb der Fachrichtungen, geschweige denn zwischen ihnen, war dies kaum eine gute Vorraussetzung. Dennoch erreichte man Mitte der vierziger Jahre eine „Synthese" der Evolutionshypothesen, zu der sich fast alle bekannten. Noch immer ist mir nicht ganz klar, wie diese Synthetische Theorie genau zustande kam, oder zumindest, warum sie so schnell Anerkennung fand. Sie verknüpfte jedoch die darwinistischen Vorstellungen von der natürlichen Auslese mit der Veränderung von Genfrequenzen in Populationen. Am treffendsten zeigte dies vielleicht die Idee von der „adaptiven Landschaft", die der amerikanische Genetiker Sewall Wright im Jahr 1932 entwickelte. Wie wir bereits wissen, ist das Erbmaterial – die Gene – an den Chromosomen entlang aufgereiht. Jedes Gen besetzt auf dem betreffenden Chromosom eine bestimmte, als „Locus" bezeichnete Stelle, an der es durch eines von mehreren möglichen Allelen, wie die alternativen Formen eines Gens genannt werden, vertreten ist. Mit vielen Tausenden von Loci, von denen jeder mit mehreren eigenen Allelen ausgestattet ist, enthält der „Genpool" jeder Population eine riesige Anzahl verschiedener Allelkombinationen („Genotypen"). Manche dieser Kombinationen, vermutete Wright, müssen vorteilhafter als andere sein, denn sie erzeugen „tauglichere" Individuen, die in einer bestimmten Umgebung besser in der Lage sind, zu überleben und sich fortzupflanzen. Er zeichnete das Äquivalent einer topographischen Karte, in der er die Höhenlinien durch Linien ersetzte, die Orte gleicher Tauglichkeit miteinander verbinden. Auf den Bergkuppen der so entstehenden adaptiven Landschaften ballten sich die überlebensfähigeren Genotypen, während die weniger tauglichen die Täler belegten. In dieser Analogie strebt jede Art danach, die Anzahl ihrer Individuen auf den Bergen zu maximieren und die Täler möglichst wenig zu bevölkern. Diese einleuchtende Analogie war im wesentlichen darwinistisch, obwohl Wright erkannte, daß auch Zufallsfaktoren („Gendrift") das Überleben neuer Allele oder Genkombinationen bewirken können. Die relative „Fitness" der Individuen, zentrales Moment in den Überlegungen Darwins, implizierte praktisch die natürliche Selektion.

Die Metapher der adaptiven Landschaft wurde bald von vielen verschiedenen Forschern aufgegriffen und weiterentwickelt, oft über Wrights ursprüngliche Absichten hinweg. Insbesondere die Berggipfel standen für sehr unterschiedliche Dinge. Doch wie auch immer man sie interpretiert, verbindet diese Analogie Selektion und Genfrequenzen eindeutig miteinander, und eben diese Kombination bereitete den Boden für kommende Entwicklungen. Viele Naturwissenschaftler trugen etwas zu der entstehenden „Synthese" evolutionären Denkens bei, doch die besten Darstellungen ihrer Prinzipien erschienen in drei Büchern. Das erste war *Genetics and the Origin of Species* („Die genetischen Grundlagen der Artbildung", 1939) von Theodosius Dobzhansky im Jahre 1937, Mayr folgte ihm 1942 aus der Perspektive des Systematikers mit *Systematics and the Origin of Species* (Systematik und Ursprung der Arten), und Simpson brachte 1944 mit *Tempo and Mode in Evolution* („Zeitmaße und Ablaufformen der Evolution", 1959) die Paläontologie ins Spiel. Jedes dieser Werke hatte seinen eigenen Schwerpunkt, jedoch akzeptierten alle einige einfache Grundprinzipien. Erstens sah man die Evolution als einen schrittweisen, langzeitigen Prozeß, der im wesentlichen aus einer Anhäufung kleiner Mutationen und Rekombinationen innerhalb von Entwicklungslinien bestand. Nach hinreichender Zeit hätte die Anhäufung geringfügiger Veränderungen große Auswirkungen. Zweitens wurde diese Generation-zu-Generation-Veränderung durch natürliche Auslese kontrolliert, wobei Umweltfaktoren die Adaptation innerhalb der Abstammungslinie durch unterschiedlich starken reproduktiven Erfolg oder Mißerfolg verschiedener Varianten fördern. Verändert sich die Umwelt, halten die Populationen durch eigenen Wandel Schritt und bewahren beziehungsweise verbessern ihre Anpassung. Drittens schloß man aus dem Prozeß der schrittweisen Zunahme genetischer, folglich auch physischer, Veränderung auf komplexere Phänomene, wie etwa die Entstehung neuer Arten und biotischer Vielfalt.

Die Übereinstimmung in diesem letzten Punkt war der entscheidende Schritt, Genforscher und diejenigen, deren zentrales Interesse die Organismen waren, zusammenzubringen. Die allmähliche Anhäufung genetischer Veränderungen implizierte zwar eine grundlegende Kontinuität, trotzdem waren für jeden, der mit der Welt der lebenden Organismen zu tun hatte, die Diskontinuitäten offenkundig. Jede Art in dieser wunderbar vielfältigen Biosphäre war ein isoliertes, von allen anderen zu unterscheidendes genetisches Paket. War aber der grundlegende Mechanismus der Evolution einfach nur die Summierung kleiner Veränderungen, die mit der Zeit größere Effekte auslöste, wie ließen sich dann diese Diskontinuitäten erklären? Hierauf gab die adaptive Landschaft die Antwort. Ihre Berggipfel standen für vorteilhafte ökologische Nischen, denen sich die Populationen, die sie besiedelten, angepaßt hatten. Die Täler waren dagegen unwirtliche Gebiete, und kein Individuum einer Art konnte es sich leisten, den Hang zu weit hinunter in die Talsohle zu rutschen. Aber die Karte blieb nicht konstant. Wie Simpson es darstellte, war sie »eher eine bewegte See als eine statische Landschaft.« Die natürliche Selektion mußte unaufhörlich arbeiten, um jede Population auf einer sich unter ihr bewegenden Bergspitze im Gleichgewicht zu halten. Von Zeit zu Zeit teilte sich solch ein Berggipfel selbst in zwei neue, die sich voneinander fortbewegten. Indem die natürliche Selektion auf jedem neuen Gipfel in verschiedene Richtung arbeitete, entwickelten sich die dort lebenden Populationen mit der Zeit genügend auseinander, um separate Arten zu bilden. Na bitte! Die Speziation – die Bildung neuer Arten – war auf einen weiteren Adaptationsaspekt zurückgeführt, der wiederum auf der Anhäufung winziger genetischer Veränderungen beruhte. Über lange Zeiträume hinweg ließ die Wiederholung dieses einfachen Prozesses letztendlich neue Gattungen, Familien, Ordnungen und so weiter entstehen. Dies würde zumindest für Säugetiere bedeuten, daß Speziation ohne eine äußere Barriere – sei es ein Meeresarm, eine Wüste oder ein Gebirgszug –, die eine weitverbreitete Population teilt, kaum stattfände. Doch war das einmal geschehen, stand das Ergebnis in den meisten Fällen quasi von vornehrein fest.

Genetiker fanden all dies natürlich großartig, insbesondere die Mathematiker unter ihnen. Denn es sprach den Schlüssel zum Verständnis des evolutionären Wandels gänzlich den Hütern der im Werden begriffenen modellorientierten Wissenschaft der Populationsgenetik zu. Akzeptabel war es auch für die Zoologen, die Arten zwar nicht länger als zeitlich diskrete Einheiten ansehen konnten, jedoch noch immer als räumlich abgegrenzte, und das alleine zählte für ihr tägliches Tun. Schwierig war es allerdings für die Paläontologen. Es ist unangenehm für einen Naturwissenschaftler, keine grundlegende Definition der Einheit seines Forschungsgegenstandes zu haben, und um dieses notwendige Fundament hatte die Synthetische Theorie die Paläontologen gebracht. Das einzelne Fossil kann diese Aufgabe sicher nicht leisten, wenn es nicht zufällig das einzige seiner Art ist. Bevor sich irgendein Fossil in größere Zusammenhänge einordnen läßt, muß man wissen, welcher Art es angehört. Und nach der Synthetischen

Theorie werden Arten durch sich ständig summierende kleine Veränderungen unerbittlich zu anderen. Im Laufe der Zeit, die sich allein in der fossilen Überlieferung verfolgen läßt, verlieren die Arten ihre Identität: Anfang und Ende ihrer Existenz können wir unmöglich feststellen. Entwicklungslinien zeigen die Abfolge der Vor- und Nachfahren von Populationen in der Fossilgeschichte und können von ihrem Anfang bis zu ihrem Ende unzählige Veränderungen erfahren. Jedes Mitglied dieser Sequenz *muß* einer bestimmten Art angehört haben. Doch Abstammungslinien lassen sich aus dieser Perspektive nur willkürlich aufteilen, wodurch die Paläontologie nicht nur einer klaren theoretischen Struktur beraubt ist, sondern auf praktischer Ebene auch die Gefahr unlösbarer Widersprüche entsteht. Aus letzterem Grund ließ sich nach der Herausbildung der Synthese das bemerkenswerte Schauspiel beobachten, wie Paläontologen sich selbst zu den Defiziten ihres Datenmaterials beglückwünschten. Die vielzitierten Lücken in der fossilen Überlieferung, hieß es, böten günstige Punkte, an denen sich die Stammlinien in Abschnitte unterteilen ließen, die man bequem – genauso, wie man bei lebenden Formen verfährt – mit Artnamen bezeichnen könne.

Somit ist es nicht verwunderlich, wenn der Anspruch der Synthetischen Theorie, eine umfassende Erklärung des Evolutionsprozesses zu liefern, letztlich von den Erforschern der Fossilgeschichte einer kritischen Neubewertung unterzogen wurde. Doch ohne Frage hatten die Architekten der Synthetischen Theorie ein gebieterisches Werk geschaffen, das die ausufernde Palette evolutionärer Mythen hinwegfegte. Verschwunden waren die orthogenetischen und saltationistischen Ideen, die endgültig von Darwins ursprünglichem Evolutionskonzept eines opportunistischen, auf kein Ziel orientierten Prozesses ersetzt wurden. Für kein Fachgebiet war diese Entwicklung so begrüßenswert wie für die Erforschung der Menschwerdung, bei der die Versuchung besonders groß war, orthogenetische oder finalistische Interpretationen zu wählen, und wo der Widerstand gegen deren Aufgabe entprechend spürbar wurde. Und das Triumvirat der Synthetischen Theorie zeigte keinerlei Abneigung, die Früchte seiner Erkenntnis mit den paläoanthropologischen Kollegen zu teilen.

Die Synthetische Theorie war dem aufkommenden „Populationsdenken" (*population thinking*), wie Mayr es nannte, entsprungen. Viele frühe Genetiker sahen in Arten Gruppen mit spezieller, innerer

Qualitätsausstattung, während Systematiker, die sich mit der Beschreibung und Analyse der Lebensvielfalt befaßten, traditionell dazu neigten, Arten als Typen zu betrachten. Zwar war offensichtlich, daß Arten aus sehr vielen Individuen bestehen, das einzelne Individuum stellte man sich jedoch mehr oder weniger einer prinzipiellen Urform entsprechend vor. Das „Populationsdenken" hingegen bedingte die Erkenntnis, daß Arten sich aus Gruppen von einzigartigen Individuen und Populationen zusammensetzen und daß es keinen Ideal-„Typ" gibt, an dem sich jedes Individuum messen läßt. Hiermit war der Weg für eine neue Sichtweise bereitet, in der lokale Populationen eine entscheidende Rolle für das Entstehen neuer Arten und neuer Anpassungen spielen. Die meisten Arten sind „polytypisch", aus mehreren solcher Populationen bestehend, von denen jede einzelne wiederum eine Gesamtheit einmaliger Individuen mit ihrem eigenen geographischen Verbreitungsgebiet darstellt. Darüber hinaus differiert jede Population im Durchschnitt etwas von der nächsten, so daß unterscheidbare Populationen nicht unbedingt die einzelnen Arten repräsentieren, die ein Typologe wahrnimmt. Das entscheidende Kriterium ist nicht die äußere Gestalt, sondern die Kontinuität der Fortpflanzungsfähigkeit. Die Synthetische Theorie erkannte in den geographisch variierenden lokalen Rassen oder Unterarten die Motoren des evolutionären Wandels.

Bereits 1944 hatte Dobzhansky (1900–1975) diese Denkweise auf die Fossilgeschichte des Menschen angewandt und gefolgert, daß »die Peking- und die Javamenschen sich in mindestens dem gleichen Maße wie die lebenden Menschenrassen unterscheiden«. Ferner wies er die Schlußfolgerung von McCown und Keith zurück: Die Ursache für die Variabilität unter den fossilen Mount-Carmel-Menschen sah er in der Bastardierung zwischen Neandertalern und modernen Menschen, zweier Subspezies also, die andernorts entstanden waren, sich aber als Angehörige derselben Art kreuzten, als sie aufeinandertrafen. Einen gewissen Zirkelschluß in seiner Argumentation nicht bemerkend, erklärte Dobzhansky, die Mount-Carmel-Menschen führten vor, »wie vorschnell von manchen Autoren die Behauptung aufgestellt wird, fossile Formen könnten niemals Beweise für die Existenz reproduktiver Isolation erbringen!« Von hier gelangte er zu dem Schluß, daß »bei den Hominidae eine morphologische Distanz von dem Ausmaß, wie sie zwischen Neandertaler und modernem Menschen existiert, eher zwischen Rassen als zwischen Arten auftritt«, obgleich für ihn die Frage, ob die Peking-Java-Menschen und die Neandertaler getrennte Arten oder nur Rassen waren, offen blieb.

Dobzhansky erörterte dann die beiden führenden, damals gängigen Evolutionsmodelle. Einerseits gab es die „klassische" Anschauung, die von »einem Baum mit vielen Zweigen ausging, ... [von dem] die bekannten Fossilien ... nur selten den phylogenetischen Hauptstamm... darstellten«; andererseits gab es Weidenreichs Modell der »Parallelentwicklung der Rassen«, nach dem mehrere unterschiedliche Rassenlinien getrennt voneinander die gleichen Evolutionstadien durchschritten haben, um zur modernen Form zu gelangen. Dobzhansky glaubte, daß »soweit es bekannt ist, niemals mehr als eine hominide Art zur gleichen Zeit existierte«. Dies überrascht nicht, berücksichtigt man das hohe Ausmaß intraspezifischer Variation, die er zu akzeptieren bereit war. Dementsprechend malte sich Dobzhansky für das Pleistozän ein höchst komplexes Gebilde lokaler Entwicklungen und Kreuzungen unter menschlichen Populationen aus. Doch maß er den Unterschieden zwischen den beiden ihm vorliegenden Hypothesen kaum Bedeutung bei, da sich nahezu alle hominiden Evolutionsstufen seit dem Java-Menschen innerhalb der Grenzen einer einzelnen polytypischen Art entwickelt hätten. Zweifellos war sein Angriff gegen die typologische Vorgehensweise bei der Klassifizierung fossiler Menschen gerechtfertigt. Aber durch sein bewußtes Zusammenwerfen komplexer Ereignisse in den „Eine-Art-Topf", begünstigte Dobzhansky den wohl destruktivsten Irrtum auf der langen Liste paläoanthropologischer Fehlentwürfe.

Nicht, daß sein Mitstreiter Ernst Mayr irgendwelche Einwände gehabt hätte. Auf einer weichenstellenden Konferenz 1950, die in Cold Spring Harbor auf Long Island stattfand (auf der Simpson sich noch immer dazu genötigt sah, die Argumente gegen anachronistische Anschauungen wie die der Orthogenese und der zwangsläufigen Größenzunahme im Laufe der Zeit auszuführen), versuchte Mayr die Benennung und Klassifikation der fossilen Menschen so zu korrigieren, daß er sie nun dem in anderen zoologischen Bereichen Gebräuchlichen als äquivalent empfand. Brächte man die sechshundert Arten der Taufliege *Drosophila* auf die Größe eines Menschen, behauptete Mayr, so würden sie sich sehr viel mehr voneinander unterscheiden als Mensch und Gorilla oder sogar als diese beiden von niederen Affen. Der

Umstand, daß viele unterschiedliche Populationen, die vorher als gesonderte Arten klassifiziert worden waren, nun als bloße rassische Varianten behandelt wurden, bedeutete, unser System auf der ganzen Linie zu korrigieren. Waren der Schimpanse und der Gorilla auch eindeutig eigenständige Arten, verdienten sie es nach Mayrs Ansicht gleichermaßen eindeutig nicht, in verschiedene Gattungen gestellt zu werden. Genauso gab es keine Rechtfertigung für die Einordnung der Menschenaffen in eine von der des Menschen (Hominidae) abgesonderte Familie (Pongidae); und was die Australopithecinen anging – nun, die gehörten ebenfalls alle zu einer Gattung. Dieses Genus könnte sogar tatsächlich *Homo* sein, denn die aufrechte Haltung, die die Hände freisetzte und die Entwicklung des Gehirnes anregte, hatten sie bereits erworben. Schließlich plädierte Mayr rückhaltlos dafür, alle bekannten fossilen Menschen in der Gattung *Homo* unterzubringen, innerhalb derer er die drei Arten *H. transvaalensis*, *H. erectus* und *H. sapiens* (einschließlich der Neandertaler) ausmachte.

Wie Dobzhansky konnte auch Mayr keinen Beweis für die Existenz von mehr als einer Menschenart zum gleichen Zeitpunkt finden. Dessen ungeachtet akzeptierte er die Echtheit der Piltdown-Fragmente-Kombination. Diese Fälschung, die Dobzhansky schon als nur zufälliges Nebeneinander von Menschen- und Menschenaffenfossilien abgewiesen hatte, stand damals kurz vor ihrer Enthüllung. Mayr erklärte, die Probleme, die Weidenreich und andere hatten, zum gleichen Ergebnis zu gelangen, arrogant mit ihrem Unvermögen, zu verstehen, daß »ein Typ sich nicht gleichmäßig und harmonisch in einen anderen umwandelt, sondern daß einige Eigenschaften den anderen vorauseilen«. Diese voreilige Behauptung dämpfte den Einfluß von Mayrs Analyse keineswegs. Seine Veröffentlichung läutete unter Paläoanthropologen, wenn auch anfänglich zögernd, eine Ära des *lumping* ein, in der die Anzahl akzeptierter Taxa auf ein Minimum reduziert wurde. Dies war eine gänzlich andere Auffassung als die ältere Tradition des *splitting*, die von der Typologie her kam.

In den fünfziger Jahren des 20. Jahrhunderts sickerten langsam neue Technologien und auch neue Vorstellungen von den Evolutionsmechanismen in die Paläoanthropologie ein. Eine davon war die Fluoranalyse, die schon in der Mitte des 19. Jahrhunderts aufkam, doch erst 100 Jahre später zuverlässig von Kenneth Oakley am British Museum (Natural History) angewandt wurde. Fossilien nehmen aus den sie umgebenden Ablagerungen mit gleichbleibender Geschwindigkeit Fluor auf. Somit läßt sich theoretisch an den Fluormengen eines Fossils erkennen, wie lange es schon an seinem Fundort lag. Für eine zuverlässige Datierungsmethode beeinträchtigen jedoch zuviele Variablen den Fluorgehalt. Dennoch sollten Fossilien, die am selben Platz gleichlang gelegen haben, immer die gleiche Fluorkonzentration aufweisen. Dadurch läßt sich zumindest bestimmen, ob zwei Exemplare, die in derselben Schicht gefunden worden sind, tatsächlich einmal Zeitgenossen waren. Die Anwendung der Fluoranalyse auf die Piltdown-Skelettelemente beschleunigte die Aufklärung des Betrugs: Die Fossilien ausgestorbener Säugetiere, die beim *Eoanthropus* gelegen hatten, enthielten hohe Fluormengen (bis zu drei Prozent), wohingegen die Funde, die der hominiden Form zugerechnet wurden, durchschnittlich unbedeutende 0,02 Prozent aufwiesen. Ein weiteres, vielleicht ebenso wichtiges Resultat der Fluoranalyse und anderer Methoden war der entgültige Nachweis, daß Galley Hill und andere mutmaßlich sehr alte Menschen mit moderner Anatomie in Wirklichkeit in ältere Schichten eingetieft worden waren, in denen man sie bei der Grabung entdeckte.

Demgemäß setzte Mitte des Jahrhunderts ein Bereinigungsprozeß ein, der nicht nur mit der schwergewordenen Last diskreditierter Evolutionstheorien, sondern auch mit einem ganzen Gefolge von Pseudofossilien aufräumte, deren vermutetes hohes Alter vernünftige Bemühungen um das Verständnis der menschlichen Fossilgeschichte sinnlos gemacht hatte. Einer der ersten Paläoanthropologen, der aus diesen neuen Entwicklungen Nutzen zog, war F. Clark Howell, der 1931, damals noch an der University of Chicago, die Neandertaler nachuntersuchte. Unbelastet von solch peinlichen Formen wie Piltdown oder Galley Hill, konnte er sich eine einzelne Entwicklungslinie in Europa vorstellen, die von Mauer über Swanscombe nach Steinheim führte und von da zu „frühem Neandertal"-Material, zu dem Formen wie Ehringsdorf und Saccopastore zählten. Diese Formen schienen aus dem letzten Interglazial, der Riß-Würm-Warmzeit zu stammen und glichen mit ihren kürzeren, höheren und allgemein leichter gebauten Schädeln eher dem modernen Menschen als der spätere „klassische" Neandertaler (Neandertal, La Chapelle-aux-Saints, La Ferrasie, Monte Circeo und andere) des letzten Glazials (Würm-Eiszeit). Howell bemerkte darüber hinaus eine geographische Tendenz, daß nämlich die frühen Neandertaler von Fundstätten Westeuropas mehr als die von weiter im Osten gelegenen, wie Mount Carmel und Krapina, zur „klassischen" Form tendierten. Dieser zeitlichen und räumlichen Verteilung entsprang folgende Idee: Die frühen Neandertaler Osteuropas und der Levante hatten über die Mount-Carmel-Population die modernen Menschen hervorgebracht. Dagegen waren weiter im Westen aus den etwas anders gebauten frühen Neandertalern die „klassischen" Neandertaler entstanden. Howell verwarf die Möglichkeit einer Bastardierung zwischen klassischen Neandertalern und anatomisch modernen Menschen, weil in Westeuropa für die abrupte Verdrängung der ersten durch die letztgenannten klare Beweise vorlagen.

Dieses Szenarium paßte sowohl exzellent zu den Geboten der Synthetischen Theorie als auch zur immer präziser werdenden Dokumentation der pleistozänen Vereisung, die Geologen in Europa und Westasien erstellten. Im milden Klima des Riß-Würm-Interglazials hatte sich eine frühe Neandertalerpopulation über diese Region ausgebreitet, von der die Angehörigen des westlichen stärker als die des östlichen Gebiets die physischen Eigenarten der „klassischen" Form andeuteten. Als das Klima mit der beginnenden Würm-Vereisung abkühlte, die skandinavischen, alpinen und pyrenäischen Eisschilde sich ausdehnten, zusammenliefen und die Bedingungen sich in den dazwischenliegenden Korridoren verschlechterten, wurde die Population im Westen von der im Osten abgeschnitten. Da sie nunmehr einem rauheren Klima als ihre südlichen oder östlichen Verwandten und damit härterer natürlicher Auslese ausgesetzt waren, die vielleicht noch durch Gendrift in kleineren Populationen begünstigt wurde, erwarben die mehr oder weniger isolierten Neandertaler Westeuropas ihre extrem ausgeprägte „klassische" Anatomie.

1952 sah Howell sich die mit den verschiedenen Funden des klassischen Neandertalers assoziierten Faunen noch einmal genauer an und folgerte, soweit sich dies beurteilen ließ, sie seien alle annähernd zeitgleich in den ersten Abschnitt des Würm-Glazials zu datieren. Erst mit Einsetzen eines „Interstadials", einer klimatisch wärmeren Periode innerhalb des Glazials, traten archäologische und später auch fossile Beweisstücke zutage, die von der Besiedelung Westeuropas durch moderne Menschen zeugten. Zu dieser Zeit waren die Neandertaler verschwunden, vielleicht zusammen mit der Umwelt, der sie sich so eng angepaßt hatten, vielleicht aber auch, weil sie von ihren moder-

nen Vettern „ausgelöscht" wurden, als diese von einem östlichen En-
stehungsort her eintrafen. In gewisser Weise fällt es mir schwer, es
genau zu erklären; doch wahrscheinlich hängt es mit der geistigen
Infusion durch die Synthetische Theorie und dem Ausschluß von Piltdown und Konsorten zusammen, daß diese beiden Konzeptpapiere
von Howell nach meinem Ermessen die, wie man sie nennen könnte,
„moderne" Ära der paläoanthropologischen Forschung einleiteten .

Ein anderer Modernitätsanspruch war jedoch nach wie vor nicht
erfüllt, denn noch immer gab es keine praktisch durchführbaren Methoden, das absolute Alter – das Alter in Jahren – von Fossilien zu
bestimmen. Datieren war damals relativ: diese Gesteinsschicht liegt
unter der anderen, folglich ist sie älter; diese ausgestorbenen Tiere
sind in älteren Schichten gefunden, während man jene in jüngeren
fand; die eine Fundstelle ist älter als eine andere, weil sie eine ältere
Fauna aufweist. Obgleich Geologen und Paläontologen über Jahrzehnte hinweg erstaunlich detaillierte, lokale und weltweite Relativ-
chronologien erstellt hatten, konnte man sie noch immer nicht den
Jahren, die vergangen waren, zuordnen. Eine Art Kalibrierung war
anhand der Sedimentationsrate, der Geschwindigkeit, mit der sich
Sedimentgestein ablagert, versucht worden. Aus diesem Grunde gaben viele frühe Stammbäume die Sedimentmächtigkeiten als Kennzeichen der verschiedenen Perioden an, ähnlich wie wir heute Zeitskalen
benutzen. Doch mit den chronometrischen Datierungsmethoden stellte sich dann heraus, wie ungenau und unzuverlässig solche Extrapola-
tionen waren.

Als erste dieser Datierungsmethoden wurde die Radiocarbon-(^{14}C)-
Technik eingeführt, die Willard F. Libby 1950 erfunden hatte. Diese
Methode beruht, wie die meisten späteren auch, auf dem Phänomen
der Radioaktivität, weshalb man auch von „radiometrischer" Datierung spricht. Viele natürlich vorkommende, radioaktive Atome besitzen instabile Kerne, die spontan in stabile Zustände von niedrigerer
Energie zerfallen. Zerfällt ein radioaktives „Mutterelement", verwandelt es sich in einen anderen Atomtyp, der „Tochterelement" genannt
wird. Die Zerfallsgeschwindigkeit ist für jedes einzelne der betroffe-
nen radioaktiven Elemente charakteristisch und von äußeren Einflüs-
sen völlig unabhängig. Theoretisch ist die Zeit, die alle Mutterelemen-
te eines Systems brauchen, bis sie zerfallen sind, von unbegrenzter
Dauer; deshalb wird die Zerfallsgeschwindigkeit durch die „Halb-

wertzeit" ausgedrückt, also die Zeit, die die Hälfte der Atome eines Systems zum Zerfall benötigt. Die Radiocarbon- oder Radiokohlenstoffmethode fußt auf dem Zerfall des Kohlenstoff-14, einer instabilen Form mit kleinem, aber konstantem prozentualem Anteil an dem Kohlenstoff, der in allen lebenden Organismen vorkommt. Wenn ein Organismus stirbt, wird auch die Kohlenstoffaufnahme eingestellt. Das ^{14}C-Isotop nimmt, da instabil, im Verhältnis zum gesamten Karbongehalt aufgrund des Zerfalls immer mehr ab. Die gemessene ^{14}C-Menge in Relation zur Kohlenstoffkonzentration einer organischen Probe gibt somit Aufschluß darüber, wieviel Zeit seit dem Tode des Organismus vergangen ist. Mit 5 730 Jahren ist die Halbwertzeit des Radiokohlenstoffs relativ kurz, so daß eine Probe nur unmeßbar geringe Mengen ^{14}C enthält, wenn sie älter als etwa 40 000 bis 50 000 Jahre ist. Hier stößt die Einsatzmöglichkeit dieser Methode ganz klar an ihre Grenzen. Anfangs wurde dennoch die Hoffnung gehegt, den Datierungszeitraum durch Isotopenanreicherung um einige zehntausend Jahre ausdehnen zu können; und mehrere sehr alte Datierungen wurden veröffentlicht, die man allerdings allgemein skeptisch betrachtete. Eine weitere Grenze bildete, zumindest bis vor kurzem, die Größe der Gewebeprobe, die für eine aussagekräftige Messung nötig war. Neben den beträchtlichen technischen Problemen, die fossile Knochen mit sich brachten, mußte man für die Datierung ein größeres Stück zerstören. Verständlicherweise wollte niemand gerne seine wertvollen Fossilien im Verlauf der Altersbestimmung verlieren. Daher erhielt und erhält man im allgemeinen bis heute die Radiocarbondaten aus organischen Materialien, die in Verbindung mit den fossilen Menschenknochen in den gleichen Ablagerungen gefunden wurden. Hierfür ist besonders Holzkohle bevorzugt.

Unter der Vorraussetzung, daß 40 000 Jahre vor heute das Maximum der Datierung ist, reichte diese Methode eindeutig nur bis in den letzten Teil des Pleistozäns. Erste Ergebnisse überraschten die Paläoanthropologen nicht sonderlich, denn sie waren sich bereits ziemlich sicher gewesen, es in dieser Zeitstufe nur mit zehntausenden von Jahren zu tun zu haben. Die neue Präzision, welche Radiocarbondatierung ermöglichte, war hingegen ausgezeichnet, und besonders hingerissen waren die Archäologen. Einer der ersten, der dieses neue Instrument einsetzte, war Hallam Movius von Harvard. 1954 stellte er für die Gravettienschichten des Abri Pataud ein Alter von etwa 24 000

Jahren fest. Es handelt sich um eine Halbhöhle in Les Eyzies, wo er daraufhin mit Ausgrabungen begann und schon bald eine grobe Zeitskala für den jüngsten Abschnitt des letzten Glazials in Westeuropa vorlegen konnte. Moustérien-Inventar, das in diesem Teil der Welt mehr oder weniger ausschließlich mit neandertaliden Formentypen assoziiert war, begann weit außerhalb der Reichweite der Radiocarbontechnik und dauerte etwa bis 32 000 Jahre vor der Gegenwart an. Die heutzutage als das Châtelperronien bekannte Industrie, die entweder als die Arbeit später Neandertaler oder erster moderner Menschen angesehen wird, begann etwas früher und erstreckte sich bis vor etwa 30 000 Jahren. Die erste unstrittige Industrie des Jungpaläolithikums, das Aurignacien, begann vor ungefähr 32 000 Jahren, während das Ende des Pleistozäns, das weitgehend mit dem Verschwinden der Hochkulturen des Jungpaläolithikums zusammenfiel, bei etwa 10 000 Jahren vor der Gegenwart festgehalten werden konnte. Am Rande ließe sich noch die gegenwärtig zunehmende Tendenz anmerken, das Pleistozän im konventionellen geologischen Sinne nicht wirklich als abgeschlossen und in der Gegenwart das jüngste Stadium des Spätpleistozäns zu sehen.

Wie dem auch sei, bald stand fest, daß nichtmoderne menschliche Fossilien wahrscheinlich nur jenseits der Grenzen der Radiocarbonmethode zu finden sind. Außerdem waren bei Ausgrabungen viel seltener hominide Fossilien als Artefakte zum Vorschein gekommen, deshalb stellten sich tatsächlich datierte fossile Menschenknochen durchweg langsam ein – dennoch lieferte eine kalibrierte archäologische Dokumentation eine weitgehend ausreichende Zeitskala für die letzte Phase der Evolution. Die vielleicht ersten Datierungen fossiler Menschen erzielte Junius Bird vom American Museum of Natural History 1951 für südamerikanische Exemplare, die aber, wenn auch nur knapp, post-pleistozän waren. Erst in den sechziger Jahren stellten sich mit nichtmodernen Menschen assoziierte direkte Datierungen ein. Für die fünfziger Jahre sind die möglicherweise erstaunlichsten die Radiocarbondatierungen aus der Niah-Höhle in Sarawak, wo 1958 ein Stück Holzkohle, das in den Ablagerungen direkt über dem modernen Schädel eines jungen männlichen Individuums gefunden worden war, als fast 40 000 Jahre alt bestimmt wurde. Das war beträchtlich älter als jedes vermutete Vorkommen moderner Menschen in Europa, so daß sich Zweifel an der Glaubwürdigkeit dieser Datierung

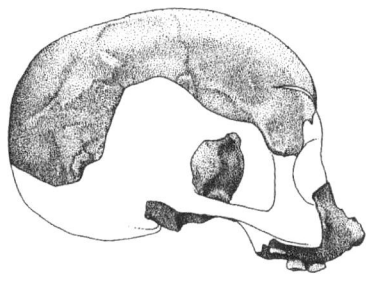 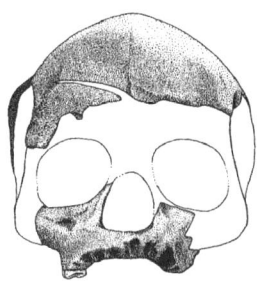

7.1 Lateral- und Frontalansicht des Schädels eines frühen modernen Menschen aus der Niah-Höhle, Sarawak. Maßstab: ein Zentimeter. (D. M.)

erhoben. Sie bestehen noch immer, auch wenn dieses ^{14}C-Alter im Lichte des heutigen Wissenstandes gar nicht so unwahrscheinlich ist, wie es anfangs schien.

Die fünfziger Jahre sahen neben den bereits erwähnten Entdeckungen aus Südafrika, eine Anzahl neuer bedeutender hominider Fossilfunde. Zwischen 1953 und 1957 grub der Archäologe Ralph Solecki in der irakischen Shanidar-Höhle die Überreste von neun erwachsenen und jugendlichen Neandertalern zusammen mit einer Moustérien-

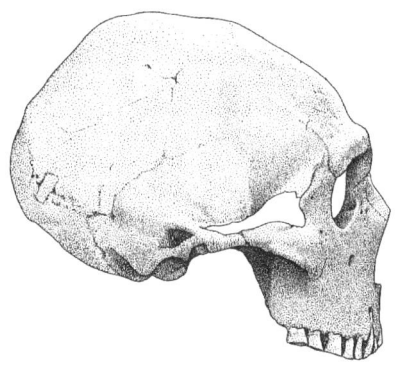 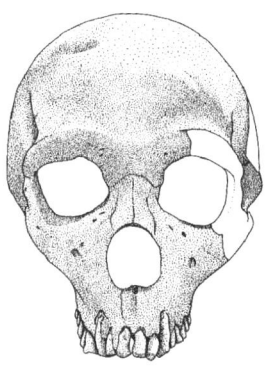

7.2 Lateral- und Frontalansicht des Shanidar-1-Schädels aus Irak. Maßstab: ein Zentimeter. (D. M.)

Technologie aus. Eines der Skelette hatte einem adulten Mann gehört, der möglicherweise seit seiner Geburt an einer Behinderung gelitten hatte, die den Gebrauch seines rechten Armes einschränkte. Ohne die Unterstützung innerhalb seiner sozialen Gruppe hätte er nicht überleben können. Jedoch erreichte er, Schätzungen zufolge, ein Alter von 40 Jahren; damit war er nach Neandertalermaßstab ein alter Mann. Pollenkörner neben einem anderen Skelett wiesen auf ein Begräbis mit Blumen hin. Dies ist allerdings umstritten. Anatomisch und stratigraphisch teilte sich die Shanidar-Population in zwei Gruppen, wobei die Exemplare aus den höheren Lagen mehr „klassische" Merkmale zeigten, während die weiter unten liegenden durch das Fehlen zurücktretender Jochbeine Clark Howells östlicher Neandertalergruppierung ähnelten. Die Daten, die in den späten fünfziger und frühen sechziger Jahren mit dem Radiocarbonverfahren erzielt worden waren, stellten die Shanidar-Neandertaler an oder schon hinter die äußerste Grenze dieser Technik. Heute nimmt man an, daß die älteren 70 000–80 000 Jahre und die jüngeren etwa 50 000 Jahre alt sind.

Doch mindestens genauso wichtig wie die neuen Neandertalerfunde der fünfziger Jahre war die Erkenntnis, daß das von Marcellin Boule stammende krummschultrige, krummbeinige Klischee von diesen Menschen völlig falsch war. Im Laufe der Jahrzehnte waren hierzu in der Literatur bereits Bedenken aufgekommen und 1955 stellten dann, unabhängig voneinander, der Schweizer Primatologe Adolph Schultz und der französische Paläontologe Camille Arambourg ausdrücklich fest, der Neandertaler müsse vollkommen aufrecht gegangen sein. Schultz meinte, der Neandertaler habe seinen Kopf genau über der Wirbelsäule balanciert und machte auf die unvermeidliche Instabilität der dem Neandertaler nachgesagten Haltung aufmerksam. Arambourg untersuchte verschiedene Merkmale an dem von Boule studierten Skelett des „Alten Mannes" von La Chapelle-aux-Saints und fand keinen Beweis für dessen Schlußfolgerung. Dieses zeige, erklärte er, daß der aufrechte Gang vollständig sein müsse, sonst funktioniere er nicht. Es wird erzählt, Arambourgs Verteidigung der Neandertaler sei durch die Entdeckung „neandertalerähnlicher Eigenschaften" auf dem Röntgenbild seines eigenen Halses veranlaßt worden. Wie immer es auch gewesen sein mag, Schultz und er wurden umfassend bestätigt, als 1957 die Anatomen W. L. Straus und A. J. E. Cave eine detaillierte Nachuntersuchung des Skeletts von La Chapelle-aux-Saints veröffent-

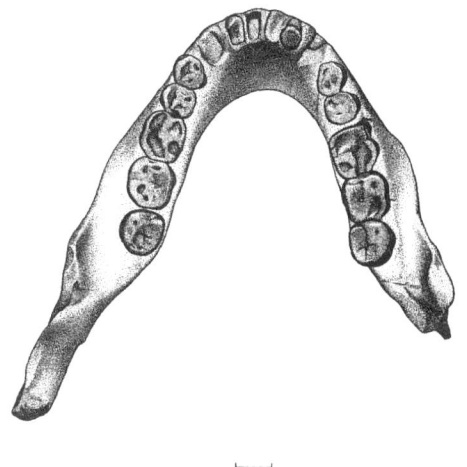

7.3 Einer der „Atlantropus"-Kiefer (Ternifine 1) aus Tighennif, Algerien. Maßstab: ein Zentimeter. (D. M.)

lichten. Dieses Individuum, das zur Bezugsgröße für alle zu beurteilenden Neandertaler geworden war, wies tatsächlich sowohl osteoarthritische Degeneration (die schon Boule erkannt hatte) als auch altersbedingte Veränderungen auf. Ein ebenso wichtiges Ergebnis dieser Nachuntersuchung war, daß viele der von Boule aufgezeigten Unterschiede zu modernen Menschen, tatsächlich gar nicht vorhanden waren, berücksichtigte man die Variationsbreite in heutigen Populationen. In der Tat konnten Straus und Cave, wie schon Arambourg, an dem Skelett überhaupt keine Hinweise auf einen nur unvollkommenen aufrechten Gang seines Besitzers finden. Gewisse Unterschiede zwischen Neandertalern und modernen Menschen gab es am postkranialen Skelett und am Schädel, die jedoch gewiß nicht andeuteten, er sei einer völlig aufrechten Haltung nicht mächtig gewesen.

Arambourg war an weiteren wichtigen Funden der fünfziger Jahre beteiligt: Mitte des Jahrzehnts wurden drei Unterkiefer mit sehr kräfigen Zähnen, einige einzelne Zähne und ein kleines Schädelfragment an der Ausgrabungsstätte Tighennif, dem damaligen Ternifine, in Algerien gefunden. In Verbindung hiermit fand man Faustkeile des Acheuléen und Geröllabschläge sowie eine Fauna, die den Anschein von frühem Mittelpleistozän hatte. Während viele Kollegen Unterschiede zum Mauer-Kiefer bemerkten, regten sie bald zum Vergleich mit den Unterkiefern von Zhoukoudian an, obwohl Arambourg die hominiden Fossilien als der neuen Gattung und Art *Atlanthropus mauritanicus* zugehörig beschrieb (in Frankreich dauerte es furchtbar lange, bis die Synthetische Theorie und das „Populationsdenken" Anklang fanden). Auf dieser Grundlage überlegte man, ob die Menschwerdung in Europa vielleicht einen anderen Verlauf als in Afrika und Asien genommen habe. Bevor sich hierzu allerdings eine Meinung herauskristallisieren konnte, wurde die paläoanthropologische Aufmerksamkeit mit einem Schlag wieder einmal auf das östliche Afrika zurückgelenkt.

8. Die Olduvai-Schlucht

Während die paläoanthropologische Literatur bereits in den frühen fünfziger Jahren ihren modernen Charakter annahm, brauchte die fossile Überlieferung der Menschwerdung hierzu bis zum Ende des Jahrzehnts. Denn erst 1959 begann sich Louis Leakeys langwährendes Interesse an der Olduvai-Schlucht mit der Entdeckung menschlicher Fossilien auszuzahlen. Nach seiner Heirat mit der Archäologin Mary Nicol 1936 widmete sich das Paar paläontologischer und archäologischer Forschung in Ostafrika. Diese Arbeiten wurden jedoch mit Unterbrechungen und nur einem Minimum an Kapital durchgeführt, bis der amerikanische Geschäftsmann Charles Boise 1948 begann, ihre Projekte zu finanzieren. Mit dieser Unterstützung konnten sie die Arbeiten 1951 in Olduvai wieder aufnehmen, wo sie schnell reichlich Skelettmaterial verschiedener großer Säugetiere fanden. Nach Leakeys Ansicht handelte es sich um die Beute früher Menschen, die in denselben Ablagerungen Steinwerkzeuge hinterlassen hatten. Abgesehen von ein paar einzelnen Zähnen mit fraglicher Zuordnung gab es jedoch jahrelang kein Anzeichen für diese Menschen selbst.

Niemand, der es nicht selbst erlebt hat, kann nachvollziehen, welche Hingabe und wieviel psychische und physische Kraft man braucht, um in stechender Sonne Tag für Tag, geschweige denn Jahr für Jahr, unermüdlich nach Fossilien zu suchen, nach Fossilien, deren Vorkommen am jeweiligen Ort niemand garantieren kann. Im allgemeinen „gräbt" man nicht, um Fossilien zu finden, zumindest nicht in erster Linie. Die Suche nach Fossilien bedeutet vielmehr ein endloses Durchstreifen der Landschaft, teilweise auch auf allen Vieren, wobei man die Augen ständig an den Boden heftet und Ausschau nach den unscheinbarsten Hinweisen auf Knochen hält. Sobald Fossilien aus den sie umschließenden Sedimenten herauserodieren, setzen die Elemente ihnen zu und lassen sie zerfallen, wie vollständig sie anfänglich auch immer gewesen sein mögen. Und das waren sie kaum einmal, denn die meisten fossilen Knochen sind die Nahrungsreste irgendwelcher urzeitlicher Fleischfresser oder haben eine andere bewegte postmortale Karriere hinter sich. Die Kunst besteht darin, einen Zahn oder eine Knochenbruchkante, die ein wenig zwischen dem erodierten Schotter der Ablagerungen herausragt, auszumachen. Schatten, Steinschutt, Bodenunebenheiten, Lichttäuschungen, Erschöpfung durch Hitze und vieles andere mehr können die Suche behindern. Der Traum eines Paläontologen ist eine mit fossilen Knochen übersäte Landschaft, die nur darauf warten, aufgesammelt zu werden. Normalerweise ist das nicht der Fall, obwohl es eine solche Situation gelegentlich sogar schon gab. Sucht man ganz bestimmte Fossilien – etwa die Skelettüberreste der Werkzeughersteller von Olduvai und nicht diejenigen von irgendeinem der vielen Großsäuger, die zur selben Zeit dasselbe Gebiet zu Unmengen bevölkerten – rücken die Erfolgschancen in unerreichbare Ferne.

Die Rückkehr der Leakeys nach Olduvai im Jahre 1959 ist daher ein überwältigendes Zeugnis ihrer Ausdauer und ihres Optimismus. An einem Julitag sah sich Mary Leakey ein weiteres Mal den als FLK 1 bekannten Fundort an, der bereits 28 Jahre zuvor lokalisiert worden war und eine Fülle an Steingeräten erbracht hatte. Die Leakeys hielten ihn für eine „Lebensstätte" (*living floor*), wo die Werkzeugmacher gelagert und die Kadaver verschiedener Tiere verzehrt hatten. Er lag im unteren Bereich von Bed I und war somit früh in der Olduvai-Stratigraphie angesiedelt. Trotz der unangenehmen Erfahrungen, die Leakey mit seinen Behauptungen über einen archaischen *Homo* in Olduvai gemacht hatte, war er davon überzeugt, daß die Gerätemacher von FLK ungeachtet ihres hohen geologischen Alters unserer eigenen Gattung angehörten. Dessen war er so gewiß, daß er 1958 einen einzelnen, großen und ziemlich seltsam anmutenden Backenzahn aus einer höheren Lage dieses Abschnitts als den eines wahrhaft riesigen Kindes menschlichen und »nicht australopithecinen Typs« identifizierte. Später wurde der Molar von Brooms Mitarbeiter John Robinson in Zusammenarbeit mit anderen einem adulten Australopithecinen zugeordnet. Infolgedessen war Marys Nachricht über FLK 1 mit einer gewissen Enttäuschung für Louis verbunden; sie war dort auf einen aus den Sedimenten herausgewaschenen Schädel gestoßen, dessen beide erkennbare Zähne die eines robusten *Australopithecus* zu sein schienen.

Die Freilegung des Exemplars bestätigte den ersten Eindruck. Der fast komplette Schädel mit einer vorzüglich erhaltenen Zahnreihe kam

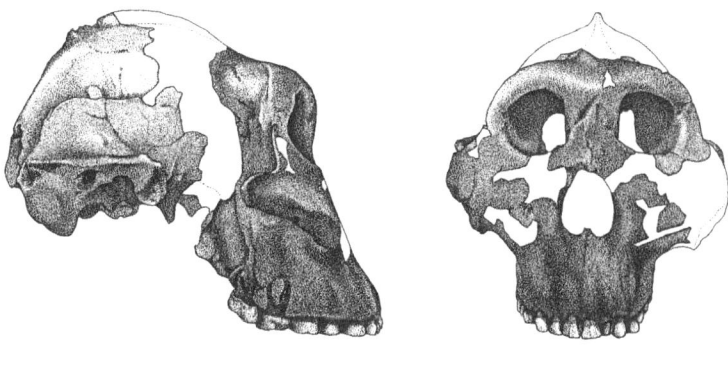

8.1 Lateral- und Frontalansicht des „*Zinjanthropus*"-Schädels (OH 5) aus Bed I der Olduvai-Schlucht, Tansania. Maßstab: ein Zentimeter. (D. M.)

den robusten Exemplaren, die Broom in Swartkrans und Kromdraai ausgegraben hatte, sehr nahe, hatte aber viel massivere Mahlzähne (Molaren und Prämolaren). Im Vergleich waren die Frontzähne, die Schneide- und Eckzähne, winzig. Der Hirnschädel war mit einer Kapazität von etwa 530 Kubikzentimetern klein zu nennen, doch trug er einen stark ausgeprägten Sagittalkamm – einen knöchernen Kamm entlang der Scheitellinie des Schädels, an dem kräftige Kaumuskeln verankert sind. Ähnlich dem südafrikanischen *Australopithecus* (oder *Paranthropus*) *robustus* war das Gesichtsprofil wenig vorspringend, aber das Gesicht insgesamt viel breiter. Gab es außerhalb Südafrikas irgendeinen Australopithecinen, dann diesen. Er stiftete Verwirrung, denn Leakey stand mit seiner Ablehnung der australopithecinen Vorfahrenschaft des modernen Menschen schon ziemlich allein, und Steinwerkzeuge herstellende Australopithecinen konnte sich erst recht kaum jemand vorstellen: Das Herstellen von Steingeräten galt als Kennzeichen echten Menschseins. Doch die Zugehörigkeit des Schädels zu FLK 1 war für Leakey aufgrund der Vollständigkeit des hominiden Exemplars im Gegensatz zum zerstückelten Zustand der anderen Wirbeltierknochen dieser Stelle unanfechtbar. Offensichtlich hatte der Schädel, der Olduvai-Hominide (OH) 5 genannt wurde, einem der Nutznießer des Lagerplatzes und nicht einem der Beuteopfer gehört. Letztendlich fand Leakey zu einem Kompromiß zwischen seinen frü-

heren Überlegungen und der Schlußfolgerung, »es gibt keinen Grund
... zu der Annahme, daß der Schädel das Opfer eines kannibalisti-
schen Gelages von einem mutmaßlich höher entwickelten Menschen-
typ repräsentiert.« Er beschrieb seinen neuen Fund als einen Australopithecinen, ordnete ihn jedoch einer neuen Gattung und Art zu,
Zinjanthropus boisei, und wollte ihn von seinen südafrikanischen Verwandten sehr deutlich abgehoben wissen.

Diese Zuweisung blieb nicht unangefochten. Beispielsweise erklärte John Robinson sehr bald, das neue Exemplar unterscheide sich vom
Paranthropus nicht ausreichend, um in eine eigene Gattung plaziert
zu werden. Nicht unerwähnt sollte bleiben, daß Robinson sich damals
sehr für den Standpunkt einsetzte, die beträchtlichen Lebensraumun-
terschiede zwischen der robusten und der grazilen südafrikanischen
Form verlangten nach einer Gattungsunterscheidung. Er vertrat dies
angesichts einer wachsenden Übereinstimmung, alles unter *Australopithecus* zu subsummieren.

Kaum war die Tinte von Robinsons Einspruch getrocknet, wurde
die Sache immer interessanter. Auf einer Vortragsreise schaffte Leakey es mit seinem neuen Fund, neben derjenigen anderer Gesellschaften, die Unterstützung der National Geographic Society, der damals
wie heute größten Förderin der paläoanthropologischen Forschung, zu
gewinnen. Mit dieser neuen Rückendeckung wurde die Arbeit in Olduvai mit beispielloser Tatkraft wieder aufgenommen. Gegen Ende
des Jahres 1959 begann eine großangelegte Ausgrabung im FLK 1
und an einigen benachbarten Stellen, und nach einem Jahr konnte
Leakey einige neue Hominidenentdeckungen melden. FLK 1 gab ein

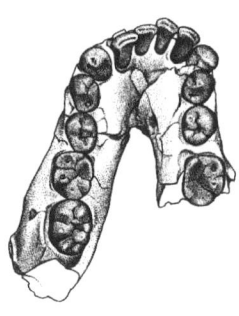

8.2 Unterkiefer des Olduvai-Hominiden 7,
Holotypus des *Homo habilis*. Maßstab: ein
Zentimeter. (D. M.)

paar Unterschenkelknochen frei, während an dem nahegelegenen und etwas älteren Ausgrabungsort FLKNN 1 einige Zähne, Schädelfragmente und Handknochen und der Großteil eines linken Fußes zu Tage kamen. Leakey ließ sich nicht darüber aus, ob diese Fossilien seiner Ansicht nach *Zinjanthropus* angehörten oder nicht; doch binnen weniger Wochen nach Bekanntgabe dieser Funde erschien er mit einem neuen Exemplar von FLKNN 1, das ganz sicher etwas anderes war, wieder auf den Seiten von *Nature*.

Es handelte sich um das Unterkieferfragment eines juvenilen Hominiden mit viel kleineren Mahlzähnen als *Zinjanthropus* und verhältnismäßig großen Vorderzähnen: ein Individuum, das tatsächlich, auch wenn Leakey keinen Wert darauf legte, es zu betonen, stark an den *Australopithecus africanus* erinnerte. Mit dem Kiefer wurden Stücke eines Hirnschädels gefunden, der größer als der des OH 5 zu sein schien. Leakey schloß daraus, daß das gesamte Hominidenmaterial von FLKNN 1, Schädel wie postkraniale Knochen, zu einer Form gehörte, die „weniger spezialisiert" als sein *Zinjanthropus* war. Kiefer, Hirnschädel und Handknochen erhielten später die Bezeichnung OH 7, während der Fuß zu OH 8 wurde.

Die Nummer OH 9 ging an ein Exemplar, das Leakey zur selben Zeit beschrieb, jedoch aus einer viel höheren Lage der Olduvai-Schichtenfolge, nämlich aus dem oberen Teil von Bed II, stammte. Es war ein massiv gebautes, langgestrecktes Schädeldach mit flacher Wölbung, dicken Oberaugenwülsten und einer, wie später geschätzt wurde, Gehirnkapazität von 1 067 Kubikzentimetern, womit es genau mitten im Zhoukoudian-Spektrum lag. Leakey äußerte sich nicht zur

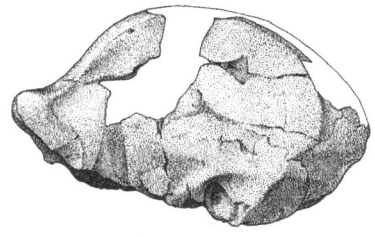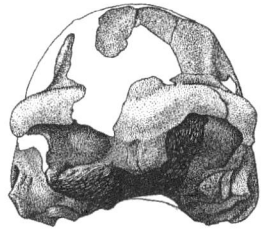

8.3 Lateral- und Frontalansicht des Olduvai-Hominiden 9 aus Bed II der Olduvai-Schlucht, Tansania. Maßstab: ein Zentimeter. (D. M.)

Identität dieses „Chelléen-Menschen". Die Bezeichnung hatte er erhalten, weil er mit einer früher unter diesem Namen bekannten Werkzeugkultur assoziiert war, die wir aber heute als Acheuléen bezeichnen würden. Wie dem auch sei, nachfolgende Autoren sahen in ihm nahezu einstimmig den afrikanischen *Homo erectus.*

Leakeys zurückhaltende Beschreibung des OH-7-Kiefers erschien im Februar 1961. Zur Mitte des Jahres konnte er etwas mehr sagen. Sein Exemplar zeige deutliche Unterschiede zum *Zinjanthropus* und auch zu den südafrikanischen Australopithecinen. Sie betrafen im wesentlichen die Längen- und Breitenmaße der Prämolaren, deren Kauflächen beim OH 7 eine ziemliche rundliche Kontur hatten und weniger eine ovale wie bei den Australopithecinen. Das war eine dürftige Stütze für die Vermutung, sein „Prä-*Zinjanthropus*" sei kein Australopithecine, sondern ein » entfernter und wahrhaftig ursprünglicher Vorfahr von *Homo*«, insbesondere da dies erforderte, die Australopithecinen auf einen Seitenast des menschlichen Stammbaumes zu verbannen. Für Leakey hatte dieser Vorschlag jedoch den Vorteil, die Australopithecinen als Werkzeugmacher erneut ablehnen zu können. Stattdessen war seine neue Form der Hersteller der Steinwerkzeuge von FLKNN 1 und möglicherweise auch der zahlreicheren von der *Zinjanthropus*-Fundstelle FLK 1.

Nebenbei bemerkt, waren diese Geräte nicht gerade beeindruckende Objekte. Sie wurden nach dem Namen, den Leakey der steinverarbeitenden Industrie von Olduvai in den dreißiger Jahren gegeben hat-

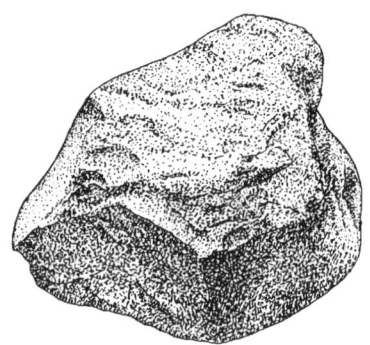

8.4 Ansicht eines „Oldowan"-Kernschabers (AMNH 95.3180) aus der Olduvai-Schlucht, Tansania. Das Material ist Phonolith, ein Vulkangestein. Maßstab: ein Zentimeter. (D. S.)

te, als „Oldowan" bezeichnet und bestanden zum größten Teil aus Lava- oder Quarzitgestein, das durch einige Schläge mit einem Hammerstein, manchmal, wenn das Stück auf einem anderen Stein lag, „Amboß" genannt, grob bearbeitet worden war. Mary Leakey unterschied schließlich mehrere Varianten: sogenannte Chopper, Diskoide, Sphäroide und so weiter und stufte all diese Artefakte als „Werkzeuge" ein. Heutzutage nehmen jedoch viele an, die weit häufigeren Abschläge von diesen „Kernsteinen" seien statt der Kerne selbst als Schneide- oder Schabgeräte verwendet worden. Weiter oben in der Olduvai-Folge macht diese einfache Zusammensetzung dem „entwickelten Oldowan" mit weniger Choppern und zahlreicheren Sphäroiden Platz. „Protofaustkeile", Kernsteine, die an zwei Seiten abgeschlagen wurden, um eine Klingenkante zu erzeugen, tauchen auf. An diesem Punkt treten auch sorgfältiger gearbeitete „Faustkeile" in Erscheinung, die auf die mit OH 9 assoziierte Acheuléen-Technologie hindeuten.

So provokant Leakeys beachtenswerte Aussagen über seinen Prä-*Zinjanthropus* auch waren, blieb ihnen kaum Zeit, die Aufmerksamkeit der Kollegen darauf zu lenken, denn eine Woche später gab es den nächsten Paukenschlag. Der betraf das Alter der Fossilien. Leakey selbst war unschlüssig über die Olduvai-Datierung, jedoch 1959 zu seiner ursprünglichen Einschätzung, die Fauna von Bed I stamme aus dem Frühpleistozän, zurückgekehrt. Damals kannte natürlich niemand die eigentliche Dauer des Pleistozäns, dennoch wagte Leakey in einem populärwissenschaftlichen Artikel die Vermutung, der *Zinjanthropus* sei etwa 600 000 Jahre alt. Die meisten hielten diese Größenordnung für nicht unangemessen. Doch es war lediglich eine Vermutung, die bald von einer neuen, radiometrischen Datierungstechnik überholt wurde: der Kalium-Argon-(K/Ar-)Methode.

Wie der Radiokarbondatierung liegt auch diesem Verfahren der Zerfall eines instabilen Mutterelements in ein stabiles Tochterelement zugrunde. Doch während die Radiokarbonmethode ein vortreffliches Beispiel für die radioaktive „Zerfallsuhr" liefert, die auf dem Verlust von Atomen des Mutterelements beruht, ist K/Ar eine Methode der „Anhäufung", die die Zunahme der Tochterelemente mißt. Das radioaktive Kaliumisotop, Kalium-40 (^{40}K), ist zu einem winzigen Anteil in natürlich vorkommendem Kalium vorhanden. Ein Teil davon zerfällt in stabiles Argon-40 (^{40}Ar). Schmilzt man eine kaliumhaltige Gesteinsprobe unter Vakuum, lassen sich die ^{40}Ar-Isotope zählen. Das Alter der Probe erhält man, indem man diese Argonmenge mit dem bekannten ^{40}K-Isotopenanteil in natürlichem Kalium ins Verhältnis setzt und die aus der Halbwertszeit hergeleitete Zerfallskonstante berücksichtigt. Jedoch können sich Probleme ergeben, da manche Minerale Argongas mechanisch einfangen. Wird solches Argon zusammen mit dem aus dem Zerfall herrührenden, radioaktiven Kalium gemessen, fällt das daraus resultierende Alter eindeutig zu hoch aus. Aus diesem Grund wird vulkanisches Gestein für die K/Ar-Datierung bevorzugt, denn es erhärtet bei Temperaturen unter denen alles bereits gebundene ^{40}Ar (Edelgas) entweicht. Jegliches ^{40}Ar, das in den unkontaminierten Proben solcher vulkanischer Gesteine gemessen wird, muß aus dem radioaktiven Zerfall seit diesem Zeitpunkt stammen und liefert eine verläßliche Beurteilung darüber, wann das Gestein zu erkalten begann.

Eine weiteres Problem für Paläontologen besteht darin, daß sich die Fossilien selbst auf diese Weise offensichtlich nicht datieren lassen, sondern lediglich das Gestein, in dem sie gefunden wurden. Das ist ein weiterer Grund, weshalb vulkanisches Gestein für die paläontologische Datierung besonders gut geeignet ist, denn es ist ein präziser Stratigraphiemarker, weil jede vulkanische Eruption zu einem bestimmten Zeitpunkt stattfand. Fossilien werden selten in vulkanischem Gestein gefunden, und wenn, dann meistens im unteren Übergangsbereich zu vulkanischer Asche. In einer zusammenhängenden Schichtenfolge sind Fossilien, die in den Ablagerungen knapp über oder unter einer bestimmten Tuffschicht gefunden werden, jedoch nur geringfügig jünger beziehungsweise älter als die datierbare Schicht – natürlich immer unter der Voraussetzung, daß sich die vulkanischen Aschen über der Erdoberfläche niederlegten und nicht, wie es manchmal bei Lava der Fall ist, in bereits geschlossene Erdschichten eindrangen. Bei Tuffgestein aus vulkanischen Aschen existiert dieses Problem zwar nicht, doch selbst dieses erodiert hin und wieder und lagert sich dann an anderer Stelle als dem ursprünglichen Niedergangsort der Aschen wieder ab. In der Regel lassen sich jedoch die verschiedenen mineralogischen und geologischen Tücken erkennen.

Mit etwa 1,3 Milliarden Jahren ist die Halbwertszeit von ^{40}K sehr lang. Wegen der relativ geringen ^{40}Ar-Produktion im Laufe der Jahrmillionen lassen sich nur sehr alte Gesteinsproben hinlänglich genau datieren. Es wurden allerdings auch schon weit jüngere Gesteinsproben, die weniger als 100 000 Jahre alt sind, datiert, jedoch mit einer weitaus geringeren Zuverlässigkeit der Ergebnisse. Abgesehen davon, daß nicht alle Fossilien in geologischer Verbindung mit Gesteinen gefunden werden, deren Alter sich mit dieser Methode bestimmen läßt, blieb eine Lücke zwischen den Datierungszeiträumen der K/Ar- und der Radiokarbonmethode, die erst seit kurzem durch neu entwickelte Techniken geschlossen wird.

Die K/Ar-Datierungsmethode wurde in Europa entwickelt und schon 1950 für die Datierung von etwa 20 Millionen Jahre alten Salzlagern genutzt. Auf jüngere Vulkangesteine wendete man sie dann ein Jahrzehnt später an. Einige der ersten datierten Proben stammten aus Olduvai. Olduvai war für solche Untersuchungen besonders geeignet, weil in die dortigen Sedimentschichten eine Reihe Tuffe (erhärtete vulkanische Ascheablagerungen) und Lavaströme eingelagert sind (und an manchen Stellen tatsächlich größtenteils daraus bestehen). Die Alter der fossilienführenden Sedimente lassen sich somit durch die Datierung des darüber- und darunterliegenden Vulkangesteins eingrenzen. Im Juli 1961 veröffentlichte Leakey zusammen mit den Geologen Jack Evernden und Garniss Curtis aus Berkeley die ersten K/Ar-Altersbestimmungen aus Olduvai. Die Ergebnisse waren erstaunlich. Eine Reihe von Proben aus dem Tuff des unteren Teils von Bed I, die in enger Verbindung mit den Fundstellen der Fossilien standen, ergaben ein überraschend hohes Durchschnittsalter von 1,75 Millionen Jahren. Das war erheblich älter als irgendjemand angenommen hatte. Für Leakey verminderten sich hierdurch erfreulicherweise die Schwierigkeiten, die ihn Anfang 1960 geplagt hatten, als er über die vollkommen unmögliche Abstammung des modernen Menschen von einer Form wie dem *Zinjanthropus* nachdachte, dem er ein Alter von nur 400 000 Jahre zuschrieb. Allerdings blieb die Olduvai-Datierung nicht unangefochten; beispielsweise fand sich von Koenigswald in einem Artikel in *Nature* nicht mit einer Dauer des Pleistozäns von 2 Millionen Jahren ab, die sich aus der Datierung ergab. Doch obwohl einer der Mitverfasser von Koenigswalds kein Geringerer als Wolfgang Gentner war, der ein Jahrzehnt zuvor die allererste K/Ar-Datierung bearbeitet hatte, wurden die K/Ar-Ergebnisse von Evernden und Curtis schnell anerkannt und seitdem durch viele andere Altersbestimmungen in Olduvai und anderen Lokalitäten bestätigt.

Die Londoner Anatomen John Napier und Michael Day wiesen nach, daß der Olduvai-Fuß der eines Bipeden war. Die Hand schien jedoch weniger der späterer Menschen zu ähneln, wie sich inzwischen zeigte, enthielt sie auch einige nichtmenschliche Elemente. Hierüber gab es keine Diskussion – zumindest nicht zu jener Zeit. Eigentlich kümmerte sich damals niemand ernsthaft darum, obwohl Leakeys Behauptungen durchaus mit viel Skepsis betrachtet wurden, aber den meisten schien das Material aus FLKNN 1 für eine wissenschaftliche Auseinandersetzung etwas zu dürftig. Mit den Worten Wilfried Le Gros Clarks gesprochen, lag es auf einem „Sperrkonto". Glücklicherweise sammelte sich bald weiteres Material aus Olduvai an. Im unteren Mittelteil von Bed II, MNK genannt, fand man 1963 ein inkomplettes Schädeldach und daneben Ober- und Unterkiefer, die die Nummer OH 13 erhielten. Ungefähr zur gleichen Zeit wurden ein höchst fragmentarisch erhaltener Schädel sowie fast alle Zähne eines als OH 16 bezeichneten Frühadulten an der Stelle FLK 2, nahe des unteren Bereichs von Bed II, freigelegt. Die Leakeys betrachteten beide Individuen, zusammen mit einigen anderen Bruchstückchen und Teilen, derselben menschlichen Art zugehörig wie ihre Prä-*Zinjanthropus*-Exemplare aus FLKNN 1.

Was sie in Olduvai nicht fanden, war ein Unterkiefer, der zum spektakulären *Zinjanthropus*-Kranium paßte. Hierfür mußten sie von Olduvai aus etwa 80 Kilometer in nordöstliche Richtung zum Westufer des Natron-Sees reisen. Im Januar 1964 stießen sie dort in etwas jüngeren, nach heutigem Wissen zirka 1,4 Millionen Jahre alten Ablagerungen auf einen nahezu kompletten Unterkiefer, der eindeutig zu dem Formentypus gehörte, den sie nun *Australopithecus* (*Zinjanthropus*) *boisei* nannten. (Das eingefügte *Zinjanthropus* zeigt ein Subgenus an und kann getrost ignoriert werden, da diese Kategorie in der Paläontologie fast keine Bedeutung hat. Von nun an werden wir die kursive Schreibweise einstellen, obgleich der Name selbst für eine formlose Bezugnahme nützlich bleibt.)

Dieses aussagekräftigere Material ermutigte Leakey, zusammen mit Philip Tobias und John Napier, die Frage nach der Identität der leichter gebauten, menschlichen Exemplare der Olduvai-Schichten I und II nun endlich anzugehen. In der *Nature*-Ausgabe vom 4. April 1964 schlußfolgerten sie, daß alle zu ein und derselben Art gehörten und diese vom *Zinjanthropus* und den anderen Australopithecinen (um deren Unterscheidung während dieser Zeit nur John Robinson ernstlich bemüht zu sein schien) verschieden sei. Da sie ihren neuen Formentypus ungern in eine eigene Gattung plazieren wollten, entschieden sie sich, ihn in der Gattung *Homo* als *Homo habilis* unterzubringen. Dieses Taxon bedeutet soviel wie „geschickter Mensch" und widerspiegelt ihre Meinung, es handele sich um den Werkzeugmacher der unteren Olduvai-Schichten. Der Olduvai-Hominide 7 – der Kiefer, die Schädelfragmente und Handknochen – wurde das Typusexemplar (Holotypus), der Namensträger der Art.

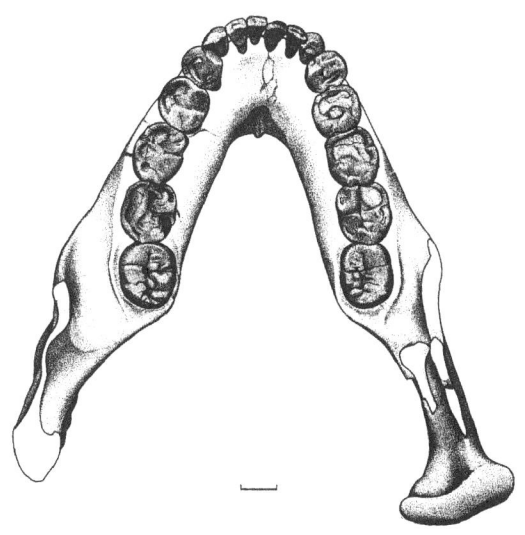

8.5   Robuster Unterkiefer (NMT-W 64-160) aus Peninj, Lake Natron, Tansania. Maßstab: ein Zentimeter. (D. M.)

Ein Jahr zuvor hatte Tobias anhand von sechs *A. africanus*-Krania die Schädelkapazitäten der Australopithecinen geprüft und eine durchschnittliche Größe von etwas mehr als 500 Kubikzentimetern ermittelt, und für das Gehirn OH 7 wurde aufgrund des zur Verfügung stehenden, sehr fragmentarischen Materials ein Volumen von etwa 680 Kubikzentimetern geschätzt. Somit war der hauptsächliche anatomische Unterschied zwischen *Homo habilis* und den Arten des *Au-*

stralopithecus ein größeres Gehirn, das Größenverhältnis der Prämolaren zu den vorderen Zähnen spielte eine untergeordnete Rolle. Dieser Schritt, den Leakey und seine Kollegen gewagt hatten, bedeutete natürlich eine radikale Neudefinition der Gattung *Homo*, besonders weil der *habilis* ziemlich grob gegen Arthur Keiths Konzept vom „zerebralen Rubikon" verstieß. Offen gestanden, war die überarbeitete *Homo*-Bestimmung alles andere als überzeugend. Beispielsweise bezog sie sich auf die Bipedie, die es ja bereits bei den Australopithecinen gab und stützte sich stark auf Eigenschaften, die man von den Australopithecinen entweder nicht kannte oder die sich, faßte man die grazilen und robusten Formen zusammen (*lumping*), innerhalb von deren Variationsbreite bewegten.

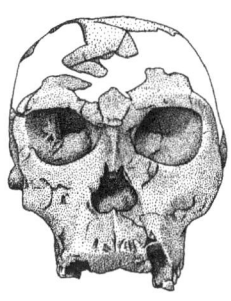

8.6   Lateral- und Frontalansicht des rekonstruierten Schädels OH 24 aus Bed I der Olduvai-Schlucht, Tansania. Maßstab: ein Zentimeter. (D. M.)

Bei der Lektüre ihrer *Homo habilis*-Beschreibung kann man sich kaum des Eindrucks erwehren, daß Leakey und seine Kollegen hauptsächlich von der Hypothese des „Werkzeugmacher-Menschen" (*man the toolmaker*) beherrscht waren, einer alten Sichtweise, die sich seit 1949 mit der ersten Ausgabe des gleichnamigen Büchleins von Kenneth Oakley durchgesetzt hatte. Besonders Leakey war ein Anhänger der Idee, die Herstellung von Werkzeugen sei eine ausschließlich menschliche Adaptation. Offenbar war er bereit, bei der Analyse von für den Menschwerdungsprozeß bedeutsamen Fossilien anatomische Überlegungen den kulturellen unterzuordnen. Wie wir gesehen haben, hatte die Erkenntnis, daß der Mensch eine evolutionäre Geschichte hat, die Bezeichnung „menschlich" natürlich um jegliche Aussicht auf Präzision gebracht. Solange man nicht an Zwischenformen zwischen *Homo sapiens* und seinen nächsten Verwandten, den Menschenaffen, dachte, gab es kein Problem: Menschen waren eben menschlich und Menschenaffen waren es nicht – und der Schlüssel zur menschlichen Natur lag in der Gesamtheit dieser zahllosen, vermeintlichen Unterscheidungsmerkmale, die uns nach unserer Sicht vom Affen trennt. Doch sobald man sich eingestanden hatte, daß moderne Menschen ihre Einzigartigkeit im Verlauf eines langen Prozesses erlangt hatten – über Stadien, in denen manche dieser Unterschiede schon erworben worden waren, andere jedoch noch nicht – erhob sich die Frage, oder schien sich zumindest zu erheben, welche dieser Eigenschaften für die Definition des Menschseins entscheidend war. Keith favorisierte die Gehirngröße, Leakey die Werkzeugherstellung, und heute ist der Rubikon, wie mein Kollege Mike Rose betont, der aufrechte Gang.

Ein unseliges Nebenprodukt dieses Gedankengebäudes war die Idee der „Hominisation", die Vorstellung, daß die Menschwerdung in mancher Hinsicht ein bestimmbarer und gesonderter Vorgang gewesen sei, der als solcher untersucht werden könnte. Die orthogenetischen Züge dieses Gedankens sind deutlich und hielten sich dergestalt, wenn auch in höchst abgeschwächter Form, in den Köpfen der Paläoanthropologen am längsten. Wir werden später noch genau herausarbeiten, wie diese Sichtweise mit den tatsächlichen Evolutionsmechanismen kollidiert. Hier möge die Aussage genügen, daß kulturelle Aspekte die Eingruppierung des *habilis* in *Homo* forcierten. Noch wichtiger wurden sie, als in Olduvai an der Grabungsstelle DK 1, im unteren Bereich von Bed I, ein »lockerer Kreis lose aufeinandergestapelter Steine« entdeckt wurde, den die Leakeys als einen vom *Homo habilis* konstruierten, vermutlichen Windschutz interpretierten. Ungeachtet des tatsächlichen Erscheinungsbildes, schien eine noch höhere kulturelle Komplexität ein noch stärkeres Argument für die Einschätzung des *habilis* als „Mensch" zu liefern.

Eines war zumindest sicher: Im Frühpleistozän hatten sich wenigstens zwei Hominidenarten »Seite an Seite in der Olduvai-Region entwickelt«, und anderswo vielleicht ebenso. Bei der Benennung ihrer neuen Art spielten Leakey und seine Mitverfasser darauf an, daß der von Broom und Robinson entdeckte „Telanthropus" aus Swartkrans, dessen Verbindung mit Steingeräten man inzwischen vermutete, und der von Robinson kürzlich *Homo erectus* zugesprochen wurde, eigentlich zu *Homo habilis* gehörte. Bald fand man auch Hinweise auf die Koexistenz zweier früher Hominiden ebenfalls für Südostasien. Ende 1964 traf Tobias in Cambridge von Koenigswald, um das neue Olduvai- mit dem Java-Material zu vergleichen. Trotz offenkundiger morphologischer Unterschiede waren sich beide einig, im Früh- und Mittel-Pleistozän Afrikas und Asiens vier aufeinanderfolgende „Stufen" ausmachen zu können. Die erste war der *Australopithecus* in Süd- und Ostafrika sowie möglicherweise (in Form höchst fragmentarischer Exemplare aus Java) in Asien. Die zweite Stufe umfaßte den afrikanischen *Homo habilis* und eventuell auch den *Meganthropus palaeojavanicus*, eine Form, die von Koenigswald aufgrund eines ziemlich robusten Unterkieferfragments aus Java beschrieben hatte. Die dritte stellten der OH 13 aus Bed II, der „Telanthropus"-Unterkiefer sowie ein inkompletter Ober- und Unterkiefer aus Sangiran dar. Die vierte Stufe bestand aus OH 9 und der Tighennif-Form aus Afrika und außerdem aus den asiatischen Trinil- und Zhoukoudian-Hominiden. Hieraus ergaben sich für von Koenigswald und Tobias unverkennbare Parallelen in der Evolution des Menschen in Asien und Afrika von einem frühen Zeitpunkt an, obwohl die Datierung, inbesondere der Java-Exemplare, hoffnungslos unzureichend blieb.

Den Kollegen von Leakey und Tobias bot sich hiermit natürlich eine breite Angriffsfläche, besonders als Leakey der Presse meldete, *Homo habilis* stünde in direkter Linie zum modernen Menschen, während *Homo erectus* lediglich einen Seitenzweig repräsentiere. Gerade als der alles verschlingende Moloch des „Populationsdenkens" um sich griff, für den fast keine Variationsbreite zu groß war, um nicht in eine einzige Art integriert werden zu können, empfand man den Vorschlag einer ganz neuen Hominidenart als etwas zu hoch gegriffen; selbst unter Vernachlässigung von Leakeys Aussagen zur Abstammung. In Cambridge, wo ich mich damals gerade in das Fachgebiet einarbeitete, gab es viel Gerede darüber, warum zwischen *Australopithecus africanus* und *Homo erectus* nicht genügend „morphologische Distanz" sei, um eine neue Art dazwischenzuquetschen. So grotesk es im Rückblick auch erscheinen mag – denn zwischen diesen beiden ist tatsächlich genügend Platz für eine ganze Batterie von Arten – stand dies mit dem Zeitgeist völlig im Einklang. Ungefähr zur selben Zeit startete beispielsweise der amerikanische Paläoanthropologe Loring Brace einen breitangelegten Feldzug gegen diejenigen, die den Neandertaler von der Vorfahrenschaft des modernen Menschen ausschließen wollten. In einem Artikel, der große Aufmerksamkeit erregte, brandmarkte Brace nahezu jeden als „antievolutionär", der auch nur den geringsten Zweifel hegte, die Hominidengeschichte hätte keinen eleganten linearen Verlauf von den Australopithecinen über die Pithecanthropinen zu den Neandertalern und dann zum modernen Menschsein genommen. Dieser imposante (und beinahe unvermeidliche) Prozeß basierte nach Braces Auffassung auf zwei in der menschlichen Evolution beständigen und dominierende Trends: zunehmende Gehirngröße (und wer konnte diesen Vorteil schon anzweifeln?) und die Verkleinerung der Zähne und des Gesichts, die nach seiner Ansicht auf die ständige Verbesserung der Schneidewerkzeuge zurückzuführen war. Braces frecher Stil rief einen gewissen Unmut hervor, doch fand seine Sichtweise weitreichende Sympathie und wurde, wie wir später sehen werden, in bestimmten Kreisen zur Glaubensfrage stilisiert.

Folglich kennzeichnete Abneigung die Reaktionen auf Leakeys Vorschläge. Es war eine Abneigung, die sich dagegen sträubte, ein Bild zu verkomplizieren, das sich zuletzt von selbst zu vereinfachen schien. Der Geist des *lumping* triumphierte über die Verwirrung, die viele Namen über Jahre hinweg in der fossilen Dokumentation gestiftet hatten und die sich nun in Synonyme auflösten. Stolz auf ihren neuerrungenen hohen taxonomischen Sophismus, widerstrebte es den Paläoanthropologen natürlich, irgendeine Richtungsumkehr dieser Entwicklung zu dulden. Zusätzlich wurden die Reaktionen von der allgemeinen Auffassung beeinflußt, Leakey verfolge weiter seinen eigenen Weg, den er in der Tat schon seit Jahren beschritten hatte. Doch gab es auch sachlichere Gründe, die Schlußfolgerungen, zu denen Leakey und seine Mitverfasser gelangt waren, anzuzweifeln. Hierauf konzentrierte sich eine offene Diskussion. Der wichtigste Grund war der fragmentarische Zustand des Olduvai-Materials. Vom *Homo habilis* gab es keinen Schädel, noch nicht einmal eine komplette Hirnkapsel oder ein Gesicht. Darüber hinaus variierten die bekannten Fragmente äußerst stark. Beispielsweise hatten manche relativ große Backenzähne, während andere kleinere trugen. Noch wichtiger war aber vielleicht, daß Zweifel laut wurden, ob sich das *Homo habi-*

lis-Holotypusmaterial aus Bed I zu Recht vom grazilen *Australopithe-*
cus absondern ließ. Aus gleichem Grund wurde in Frage gestellt, ob es
korrekt war, die Funde aus Bed I und II derselben Art zuzuordnen.
Hier hörte die Kritik selbstverständlich nicht auf, doch speziell diese
Fragen kann man berechtigterweise noch 30 Jahre später stellen.

Um Verwirrungszustände bei Paläoanthropologen zu lindern, gibt
es eine bekannte Medizin: die Entdeckung weiterer Fossilien. Denn
obwohl die fossile Überlieferung niemals komplett sein wird, ist doch
offensichtlich, daß mit der Anzahl der aufgefundenen Fossilien auch
ihre Vollständigkeit wächst. Ganz so einfach allerdings ist es nun auch
wieder nicht, weshalb sich die Sachlage durch die nächste Entdeckung
in Olduvai wie gewöhnlich nicht verbesserte. Diese erfolgte 1968
durch P. Nzube bei DK Ost, einer Stelle im unteren Teil von Bed I und
nahe dem berühmten Steinkreis, wo er einen stark zerdrückten Schädel (OH 24) fand.

Zusammen mit ihrem Mitarbeiter Ron Clarke, der das Exemplar
sorgfältig restauriert hatte und später für viele derartige Meisterstücke
bekannt wurde, meinten die Leakeys behaupten zu können, es gehöre
zu der, mit *habilis* 1964 erweiterten, Gattung *Homo*. Aber wo John
Robinson gefolgert hatte, die Fossilien aus Bed I und II kämen aus
derselben Entwicklungslinie, stammten aber von verschiedenen
Homo-Arten (*Homo transvaalensis* und *Homo erectus*), sahen die
Leakeys noch immer keinen Grund zur Annahme, es könnten zwei
verschiedene Arten von *Homo* in Olduvai während der Ablagerung
von Bed I und frühem Bed II existiert haben. Des weiteren hatten die
Paläoanthropologen Elwyn Simons und David Pilbeam 1965, beide
damals an der Yale University, das Olduvai-Material überprüft und
waren zu dem Ergebnis gekommen, zwischen Bed I und II hätten sich
in der Linie der grazilen Form die Zähne verkleinert, während die
Gehirngröße ziemlich konstant geblieben sei. Ihre vorläufige Schlußfolgerung war, die Funde aus Bed I unterschieden sich wahrscheinlich
nicht vom *Australopithecus africanus*, während die Bed II-Exemplare
derselben Art wie Robinsons *Telanthropus capensis* angehörten, der
möglicherweise ein Angehöriger der Gattung *Homo* sei. Doch waren
sie auch bereit, mehrere andere Möglichkeiten in Erwägung zu ziehen, was nur zeigt, vor welche Schwierigkeiten objektive Beobachter
gestellt waren, die das in den sechziger Jahren zur Verfügung stehende, ziemlich kärgliche, Fossilmaterial sinnvoll gliedern wollten. Es

war aber geeignet, aufzuzeigen, daß die Dinge vielleicht komplizierter waren, als es die nomenklatorische Grundbereinigung im Gefolge der Synthetischen Theorie nahelegte, nur konnte es keine Klarheit schaffen.

Daher wird es kaum überraschen, daß weitere 15 Jahre und die Entdeckung verschiedener neuer Fossilien vonnöten waren, bis sich die Paläoanthropologen mit der Idee des *Homo habilis* endlich anfreundeten. Noch länger dauerte es, bis verstanden wurde, warum die Anerkennung dieser neuen Art ebensoviele neue Probleme schuf, wie sie zu lösen schien. Trotz allem zeigt sich im nachhinein, daß in erster Linie durch die Leistungen der Leakeys die Fossildokumentation seit Mitte der sechziger Jahre allmählich jene Konturen annahm, die uns heute vertraut sind.

9. Ramas Affe und das mächtige Molekül

Während die meisten Mitglieder des paläoanthropologischen Establishments noch fleißig über die Bedeutung der jüngsten Fossilfunde der Leakeys in Olduvai diskutierten, blickte Elwyn Simons von der Yale University weiter zurück, nämlich auf den Ursprung der hominiden Abstammungslinie. Als er 1960 an das Peabody Museum of Natural History der Yale University kam, wurde er Kustos einer damals etwa 30 Jahre alten Fossilsammlung, die der damalige Yale-Absolvent G. Edward Lewis in den nordindischen Siwalik-Bergen zusammengetragen hatte. Unter diesen Fossilien befanden sich auch zwei Kieferfragmente, die Lewis schon 1934 als »den Hominiden weitaus näher als jede bisher belegte Gattung« beschrieben hatte, obwohl sie aus dem Spätmiozän stammten. Wie wir heute wissen, beträgt ihr Alter etwa sieben bis acht Millionen Jahre; allerdings dachte man in den sechziger Jahren, sie seien etwa zwölf Millionen Jahre alt. Lewis machte eines der Fragmente zum Holotypus einer neuen Gattung und Art und benannte diese nach der Hindugottheit Rama *Ramapithecus brevirostris* („Ramas kurzschnauziger Affe"). Doch erst in seiner Doktorarbeit (vorgelegt im Jahre 1937) ging Lewis so weit zu behaupten, daß sein Oberkieferfragment vom *Ramapithecus* tatsächlich der Menschenfamilie angehörte – und er blieb bei dieser Behauptung, trotz der lauthals geäußerten Verurteilung durch Hrdlička von der Smithsonian Institution. Dieser schrieb, man könne den *Ramapithecus* nicht »als Hominiden, also als eine Form innerhalb der direkten Abstammungslinie des Menschen, etablieren«. In unbeabsichtigter Ironie erklärte Hrdlička allerdings auch, der *Ramapithecus* stände »dem Menschen näher als . . . der *Australopithecus*«.

Lewis' Dissertation blieb unveröffentlicht; das war zumindest einer der Gründe, weshalb seine Behauptung unbeachtet blieb, bis Simons im Jahre 1961 in den Peabody-Sammlungen auf den *Ramapithecus*-Holotypus stieß. Nach einiger Überlegung kam er zu dem Schluß, dieser sei tatsächlich hominid, und er beschrieb ihn in einer Veröffentlichung sogleich als einen »Vorläufer der Hominidae des Pleistozäns«.

Ein Jahr später gab Louis Leakey zwei Oberkieferfragmenten aus 14 Millionen Jahre alten Ablagerungen im kenianischen Fort Ternan den Namen *Kenyapithecus wickeri*. Zunächst verkündete er lediglich, daß seine neue Art »deutlich in Richtung der Hominidae tendiert«, doch schon bald betrachtete er sie ohne Zweifel als Vorfahren des Menschen. Simons schloß sich dem an und erklärte sogar (zu Leakeys Verdruß) 1963, die kenianischen und indischen Exemplare gehörten alle der Art *Ramapithecus brevirostris* an. Anschließend ordnete man noch eine Vielzahl von Zähnen sowie Ober- und Unterkieferfragmente aus Europa und China ebenso wie aus Indien und Kenia dem *Ramapithecus* zu.

Angesichts des zu Beginn der sechziger Jahre nur spärlich zur Verfügung stehenden Materials mußte sich die Behauptung, der *Ramapithecus* sei ein Vorläufer des Menschen, auf die Form der Zähne und des Gaumenbeines (Os palatinum) stützen. Wie beim *Australopithecus* erschienen die Molaren quadratisch, mit geringer Kronenhöhe und eher flachen Kauflächen, während die Eck- und Schneidezähne (damals kannte man nur deren leere Alveolen oder Zahnfächer) offenbar viel kleiner waren als die rezenter Menschenaffen. Außerdem hatten die Backenzähne eine recht dicke Schmelzschicht, wie man sie bei den afrikanischen Menschenaffen nicht findet. Ein vollständiges Gaumenbein war nicht erhalten, aber in einer Rekonstruktion von Simons ähnelten die Zahnreihen des *Ramapithecus* denen moderner Menschen insofern, als sie eine parabelförmige Kurve bildeten. Die Zahnbögen von Menschenaffen sind dagegen U-förmig. Die divergierenden Zahnreihen des *Ramapithecus* ließen dessen Gaumenbein relativ kurz erscheinen, was wiederum (entsprechend Lewis' Vermutung) nahelegt, daß dieser Hominoide eher ein menschenähnliches, flaches Gesicht besaß als die vorspringende Schnauze moderner Menschenaffen.

Solange man nur wenige suggestive Fragmente kannte, war diese Rekonstruktion recht plausibel. Nachdem sich ihm aber sein Doktorand David Pilbeam angeschlossen hatte, ging Simons bald weit über seine frühen, vorsichtigen Aussagen über den Status des *Ramapithecus* als Vorfahren des Menschen hinaus. Die Verkleinerung der Frontzähne, so schrieben Pilbeam und Simons gemeinsam 1965, ließ auf Werkzeuggebrauch schließen, »weil kleinere Vorderzähne den Gebrauch anderer Mittel zum Aufbereiten der Nahrung, ob nun tierischer

oder pflanzlicher Herkunft, erforderlich machen«. Vor allem aber
»stand das im Falle des *Ramapithecus* mit seiner verkleinerten
Schnauze und seinen kleineren vorderen Zähnen (Prämolaren, Eck-
und Schneidezähnen) gezeigte evolutionäre Eindringen in eine deutlich andere adaptive Zone ... möglicherweise im Zusammenhang mit
der beginnenden Entwicklung des aufrechten Ganges«. Mit einem
Wort, »die Hinwendung zu einem hominiden Lebensstil fand im Spätmiozän statt, und unsere frühesten vermutlichen Vorfahren, die wir
kennen .. hatten vielleicht schon einen anderen Lebensstil angenommen als ihre menschenaffenähnlichen Zeitgenossen«.

Aus einer bloßen Handvoll Kieferfragmente waren das schon recht
weitgehende Folgerungen. Doch die Annahme, daß aus der Schar von
Hominoiden schon relativ früh ein zwar mit kleinem Gehirn ausge-
statteter, sich aber aufrecht haltender und Werkzeuge gebrauchender
Vorläufer des Menschen hervorging, erwies sich eben als äußerst ver-
lockend. Pilbeam und Simons hatten nämlich, wenn auch auf der
wackeligen Grundlage einiger Gebißmerkmale, das Porträt eines vermutlichen Vorgängers des Menschen geschaffen, das sich stark an den
damals vorherrschenden Annahmen über den Ursprung der menschlichen Abstammungslinie orientierte. So stritt man, um ein Beispiel zu
nennen, fast die gesamten sechziger Jahre hindurch heftig darüber,
was die Verkleinerung der menschlichen Eckzähne bedeutete. Die
meisten damaligen Paläoanthropologen vertraten Darwins ursprüngliche, in seinem Werk *Die Abstammung des Menschen* veröffentlichte
Idee, die Eckzähne des Menschen seien kleiner geworden, als Waffen
sie bei Kampf und Imponiergehabe ablösten. Viele glaubten auch,
wiederum im Sinne Darwins, daß Waffen und Werkzeuge unmöglich
hergestellt oder benutzt werden konnten, solange die Arme hauptsächlich der Fortbewegung dienten. Wer von dieser Glaubensrichtung abwich, bestätigte im allgemeinen zwar die Bedeutung der Werkzeugherstellung, meinte aber, man müßte dieses Verhalten als Teil eines
größeren kulturellen Zusammenhangs betrachten; denn inzwischen
hatte die Vorstellung vom Menschen als grundsätzlich kulturelles Wesen die Vorherrschaft übernommen. In diesem geistigen Klima über-
raschte es nicht, daß sich unter den Paläoanthropologen bis zum Ende
der sechziger Jahre allgemein die Auffassung durchgesetzt hatte, die
Wurzeln sowohl der menschlichen Abstammung als auch des menschlichen Verhaltens reichten 15 Millionen Jahre zurück – und sogar noch

weiter, schenkte man Louis Leakey Glauben, der 1967 eine 20 Millionen Jahre alte angebliche Art seines *Kenyapithecus* zu einem menschlichen Vorfahren machen wollte.

Als sich allerdings mehr Material vom *Ramapithecus* fand, erwies sich dieses Gebäude als wackelig. Im Jahre 1973 veröffentlichten die Paläoanthropologen Alan Walker und Peter Andrews, damals beide in Nairobi ansässig, Rekonstruktionen der Ober- und Unterkiefer des *Ramapithecus wickeri* von Fort Ternan. Durch neues Material (ein Unterkieferfragment von Fort Ternan, das zuvor als das eines Menschenaffen galt) war es erstmals möglich, die Form des Zahnbogens einigermaßen sicher zu ermitteln – und dieser zeigte nun eher eine abgeflachte V-Form als die parabelförmige Kurve von Simons Rekonstruktion. Das war an sich kein Problem, denn es standen zahlreiche *Australopithecus*-Exemplare zur Verfügung, die zeigten, daß modern geformte parabolische Zahnbögen auch für diese inzwischen zweifelsfrei anerkannten Hominiden nicht charakteristisch waren. Es war allerdings symptomatisch für einen Wechsel im Meinungsklima. Ein Jahr zuvor war bereits in einigen Veröffentlichungen die Vermutung geäußert worden, die riesenhafte Hominoidengattung *Gigantopithecus* (eine weitere Form mit großen, flachen Backenzähnen und verkleinerten Schneide- und Eckzähnen) gäbe vielleicht einen besseren Kandidaten für den Vorfahren des Menschen ab als der *Ramapithecus*. Und etwa gleichzeitig begannen einige Paläoanthropologen, deutlicher an der Auffassung zu zweifeln, der *Ramapithecus* sei ein Hominide. Christian Vogel von der Universität Göttingen beispielsweise sagte 1973 klipp und klar, daß »alle bis jetzt diskutierten Merkmale [von Lewis' Holotypus-Oberkiefer] ... nicht ausreichen, um die Zuordnung des *Ramapithecus* zu den Hominidae zu rechtfertigen«, ein Kanon, in den später auch Milford Wolpoff und einige seiner Doktoranden an der University of Michigan in Ann Arbor einstimmten.

Nach erneuten Untersuchungen und neuen Fossilfunden, die zum Vergleich zur Verfügung standen, schwanden allmählich die angeblich nur als menschenähnlich deutbaren Eigenschaften des *Ramapithecus*, bis schließlich als nahezu einziges Merkmal, das diese Gattung mit *Australopithecus* und *Homo* gemein hatte, die sehr dicke Schmelzschicht auf den Molaren übrig blieb. Dann fand man allerdings heraus, daß der eindeutig als Menschenaffe des Miozäns identifizierte *Sivapithecus*, den Pilbeam und Simons selbst als möglichen Vorfahren des Orang-Utans betrachteten, dieses ungewöhnliche Merkmal ebenfalls aufwies. So auch der Orang-Utan, ebenso der *Gigantopithecus* und einige weitere fossile Menschenaffen. Im Jahre 1980 schließlich versetzten Peter Andrews und sein türkischer Kollege Ibrahim Tekkaya der Hypothese von der engen Beziehung des *Ramapithecus* und den Menschen den paläontologischen Gnadenstoß. Wie sie anhand der neuen Fossilien nachwiesen, waren die Zähne des *Ramapithecus* und des Affen *Sivapithecus* einander so ähnlich, daß es keinen Sinn machte, sie verschiedenen Gattungen zuzuordnen – wozu Leonard Greenfield von der Temple University seit einiger Zeit gedrängt hatte. Gehörte eine dieser Gattungen zu den Menschenaffen, dann auch die andere. Andrews und Tekkaya verfügten zudem über ein neues Fossil, einen Teilgesichtsschädel des *Sivapithecus* aus Sinap in der Türkei, welches zeigte, daß dieses Tier einem Orang-Utan bemerkenswert ähnlich war. Die klare Schlußfolgerung: Der *Ramapithecus* war einfach nur ein weiterer Menschenaffe, Angehöriger einer mit dem Orang-Utan verwandten Gruppe.

Zu diesem Zeitpunkt hatte sich Pilbeam selbst bereits von der These, *Ramapithecus* sei ein Hominide, abgewandt. Bei einer Expedition nach Pakistan 1976 hatte ein Mitglied seines Grabungsteams einen Unterkiefer des *Ramapithecus* entdeckt, dessen dem Menschen ganz und gar unähnliche Zahnbogenform erhalten geblieben war. Das förderte entscheidend ein Umdenken auf Seiten Pilbeams, und dieser Prozeß fand während der Grabungssaison 1979–1980 in Pakistan mit der Entdeckung eines fast vollständig erhaltenen, acht Millionen Jahre alten Gesichtsschädels und Gaumenbeines des *Sivapithecus* seinen Abschluß. Dieses bemerkenswerte Exemplar bestätigte auf geradezu dramatische Weise die unheimliche Ähnlichkeit der Zahn- und Gesichtsmerkmale von *Sivapithecus* (welcher Gattung er nun auch den *Ramapithecus* zurechnete) und Orang-Utan. Pilbeams drastische Kehrtwendung in der Sache *Ramapithecus* als Vorgänger des Menschen stellt wahrscheinlich den berühmtesten und für ihre Reputation förderlichsten derartigen Fall in der Paläoanthropolgie seit Emile Cartailhacs legendärem »Mea culpa d'un sceptique« von 1902 dar, womit der französische Gelehrte öffentlich seine Bedenken hinsichtlich der Authentizität der Höhlenmalereien von Altamira widerrief. Zu Beginn der achtziger Jahre galt *Ramapithecus* jedenfalls nicht mehr länger als Kandidat für den Status eines Vorfahren des Menschen, und die *Au-*

stralopithecus-Gruppe blieb ohne einen aus der Fossildokumentation erkennbaren Vorgänger zurück.

Pilbeams Gesinnungswandel war aber nicht allein aufgrund der zunehmenden Fossilbelege oder etwa wegen der neuen, genaueren Analysemöglichkeiten dieser Fossilien zustandegekommen (mit denen wir uns im nächsten Kapitel befassen werden). Im Verlauf der siebziger Jahre war nämlich ein ganz neuer Ansatz in das traditionellerweise auf Fossilien beruhende Arbeitsfeld der Paläoanthropologie vorgedrungen: die molekulare Systematik. Diese hatte bereits eine beeindruckend lange Vorgeschichte, da sie sich von der Arbeit des Bakteriologen George Nuttall von der University of Cambridge zu Beginn dieses Jahrhunderts herleitet. Nach Nuttals Argumentation müßten sich die Blutbestandteile verschiedener Arten ziemlich proportional zu ihrer genetischen – und darum auch phylogenetischen – Verwandtschaft ähneln. Des weiteren sollte es möglich sein, die Nähe dieser Verwandtschaft anhand der Immunreaktion auf die Bluteiweiße der jeweils anderen Art zu ermitteln.

Nuttall wählte den sogenannten „Präzipitin-Test", um seine These zu überprüfen. Dieser beruht auf der Tatsache, daß das Immunsystem eines Individuums Antikörper produziert, um die Bluteiweiße eines anderen Individuums ebenso wie eindringende Krankheitserreger zu bekämpfen. Entnimmt man einem Angehörigen der Art A eine Blutprobe und injiziert sie einem Angehörigen der eng verwandten Art B, so wird B Antikörper bilden, um die Bluteiweiße von A auszufällen. Injiziert man nun Blutserum von B (in diesem Fall als „Antiserum" bezeichnet, da es zahlreiche Antikörper gegen A enthält) verschiedenen anderen Tieren, kann man beobachten, wie heftig das Blut dieser anderen Arten reagiert. Je stärker die Reaktion, desto trüber (durch „Präzipitin", das heißt durch ausfallende Antigen-Antikörper-Komplexe) wird das Blutgemisch. Und da nahe verwandte Arten auf ihren Blutmolekülen mehr Angriffsstellen für die Antikörper gegen ihren Verwandten gemeinsam haben, wird die resultierende Trübung proportional mit der Ähnlichkeit der getesteten Blutproben steigen. Nuttall testete sehr viele verschiedene Tiere mit dieser Methode; er fand unter anderem heraus, daß zwischen dem Menschen und den großen Menschenaffen eine engere „Blutsverwandtschaft" besteht als zwischen dem Menschen und den übrigen Altweltaffen, und daß die Neuweltaffen wiederum noch entfernter mit uns verwandt sind. Das war nun nicht gerade eine bedeutsame Enthüllung – Nuttall betonte sogar, dies sei schon Darwins Ansicht gewesen –, und so ruhte die Angelegenheit länger als ein halbes Jahrhundert, selbst als man immer mehr über die Vererbung und schließlich auch ihre molekulare Grundlage erfuhr.

In den frühen sechziger Jahren widmete sich Morris Goodman von der Wayne State University erneut der Idee, Moleküle mittels Immunreaktionen zu vergleichen, um so evolutionäre Verwandtschaften zu entschlüsseln. Er wandte weit ausgefeiltere Techniken an, als sie Nuttal zur Verfügung gestanden hatten, und seine Ergebnisse warfen eine bisher gängige Lehre der Paläoanthropologie vollkommen über den Haufen. Während alle herkömmlichen Klassifizierungen der höheren Primaten die Menschen einer Familie – Hominidae – und die Menschenaffen einer anderen – Pongidae – zuordneten, kam Goodman zu dem Schluß, die afrikanischen Menschenaffen stünden den Menschen immunologisch so nahe, daß alle in der einen Familie Hominidae zusammenzufassen seien. Außerdem wiesen die afrikanischen Menschenaffen zwar große Affinitäten zueinander und zum Menschen auf, die asiatischen Menschenaffen, Orang-Utan und Gibbon, aber hoben sich von dieser Gruppe ab. Goodman stütze diese Argumentation des weiteren auf die Untersuchung verschiedener Bluteiweiße mittels der sogenannten Elektrophorese, bei der Moleküle nach Größe und Gewicht getrennt werden. Auch hier fanden sich die afrikanischen Menschenaffen eher mit den Menschen als mit den asiatischen Menschenaffen zusammen. Das untermauerte die These, Schimpansen und Gorillas wie die Menschen den Hominidae zuzurechnen und den Orang-Utan als einziges Mitglied der Familie Pongidae (den Gibbons hatte man schon längst eine eigene Familie zuerkannt) zu belassen. Goodman fand aber auch heraus, daß bei manchen Molekülen zwar die Ähnlichkeit zwischen Mensch und Schimpanse am größten war, daß andere menschliche Bluteiweiße aber wiederum denen des Gorillas am meisten glichen – so entfesselte er einen Streit über die genauen Verwandtschaftsverhältnisse der drei, der noch heute anhält.

Goodmans Problem bestand allerdings in den frühen sechziger Jahren noch darin, überhaupt Gehör zu finden. Seine Erkenntnisse standen in so klarem Widerspruch zu der herkömmlichen Ansicht, daß traditionelle Primaten-Systematiker sie rundweg ablehnten. Als von

Grund auf gewissenhafter Wissenschaftler bemühte sich Goodman redlich zu begreifen, weshalb eigentlich seine Erkenntnisse über die Verwandtschaftsverhältnisse von Mensch und Menschenaffen so eindeutig von denen der Morphologen abwichen (was zum Teil auf inhärenten Schwierigkeiten aufgrund der sehr nahen Verwandtschaft aller beteiligter Arten beruhte, aber vor allem daran lag, daß eine wirklich rationale Vorgehensweise zur Analyse der Morphologie erst noch entstehen mußte – doch dazu später mehr); und er versuchte stets, die morphologischen und die biochemischen Beweisketten in Einklang zu bringen.

Anders verfuhren Goodmans Biochemiker-Kollegen Vincent Sarich und Allan Wilson von der University of California in Berkeley. In den Jahren 1966 und 1967 veröffentlichten die beiden Forscher eine Reihe von Untersuchungen, bei denen sie mit einer neuen und wirkungsvollen immunologischen Technik das wichtige Bluteiweiß Albumin von verschiedenen Primatenarten verglichen. Mit Hilfe dieser als Komplementbindungsreaktion bekannten Methode erhielten sie ein quantitatives Maß für die Ähnlichkeit der Albumine, von dem sie ein Schema der Verwandtschaftsverhältnisse der beteiligten Arten ableiten konnten.

Die so ermittelten Verwandtschaften stimmten mit den von Goodman vorgeschlagenen im großen und ganzen überein. Wirklich aus der Fassung gerieten die Morphologen aber, weil Sarich und Wilson von den in ihren Daten erkennbaren inneren Übereinstimmungen die Behauptung ableiteten, das Albuminmolekül verändere sich konstant. Auf diese Weise könne man, so behaupteten sie weiter, die auf diesem Molekül beruhenden „immunologischen Distanzen" zwischen Arten zum Abschätzen der Zeit benutzen, die vergangen war, seit sie sich von ihrem letzten gemeinsamen Vorfahren getrennt hatten. Das machte alles nur noch schlimmer. Damit bemächtigten sich nicht nur Biochemiker der traditionellen Funktion der Morphologen beim Ermitteln von Verwandtschaften, nein, sie rückten nun auch noch den Paläontologen auf den Leib, den Hütern des Zeitelements in der Evolution!

Es kam noch schlimmer. Zu einer Zeit, da der 14 Millionen Jahre alte *Ramapithecus* endlich wohlbegründet zum Vorfahren des Menschen aufgestiegen war, wichen Sarichs und Wilsons Zeitschätzungen vollkommen von der gängigen Lehrmeinung ab. Die „molekulare

Uhr" muß mit einem durch Fossilfunde gesichertem Referenzdatum kalibriert werden, und zu diesem Zweck wählten Sarich und Wilson ein Datum, das für die meisten damaligen Paläontologen annehmbar war: ein Alter von 30 Millionen Jahren für den letzten gemeinsamen Vorfahren der Menschenaffen und der anderen Altweltaffen. Die damit erhaltene Datierung für den letzten gemeinsamen Vorfahren von Menschen und afrikanischen Menschenaffen war allerdings ganz und gar nicht annehmbar: etwa fünf Millionen Jahre vor der Gegenwart. In späteren Publikationen milderten Sarich und Wilson diese abweichende Datierung ein wenig ab, aber im Prinzip blieben sie dabei. Sarich schrieb sogar im Jahre 1971 in einer atemberaubend provozierenden und sehr undiplomatischen Stellungnahme, daß »man nicht länger das Recht hat, ein Fossil, das älter als etwa acht Millionen Jahre ist, als Hominiden zu betrachten, *ganz gleich, wie es aussieht*«.

Mit der Weiterentwicklung biochemischer Techniken wurde deutlich, daß verschiedene Methoden und verschiedene Moleküle keine unverrückbar einheitlichen Ergebnisse erbrachten; hier gab es keinen Stein der Weisen für Taxonomen. Noch bis heute wird für Primaten eine ganze Reihe molekularer Stammesgeschichten angeboten. Die meisten davon unterscheiden sich vornehmlich im Detail, obwohl in einigen Fällen auch völlig abweichende Auffassungen bestehen; und die molekularen Systematiker sind mindestens so zerstritten wie die Morphologen. Dennoch mag es überraschen, daß im Anfangsstadium der Debatte und angesichts der geballten morphologischen Opposition ausgerechnet Morris Goodman der vielleicht lautstärkste Widersacher von Sarich und Wilson war. Goodman war wie immer auf der Suche nach Gemeinsamkeiten von Molekularbiologen und Morphologen und meinte, eine erweiterte Zeitskala könne durchaus mit den biochemischen Daten vereinbar sein. Die Daten wären dann in Einklang zu bringen, wenn Sarich und Wilson mit ihrer Annahme, der molekulare Wandel verlaufe mit konstanter Geschwindigkeit, unrecht hätten, und wenn dieser Wandel sich bei den Hominoiden im Vergleich zu den übrigen Primaten im allgemeinen verlangsamt hätte. Dies begründete er mit der langen Tragezeit der Hominoiden und mit dem bei ihnen besonders engen Kontakt von mütterlichem und fetalem Blutkreislauf. Jede immunologische Unverträglichkeit zwischen Mutter und Fetus über eine so lange Zeit würde letzteren sehr stark schädigen; daher, meinte Goodman, habe die natürliche Selektion die Verringerung solcher Möglichkeiten bewirkt und so den immunologischen Wandel verlangsamt.

Doch während der Streit unter den Biochemikern noch tobte, entdeckten zu Beginn der achtziger Jahre einige Morphologen, darunter Pilbeam und Andrews, allmählich auch Vorzüge an Sarichs und Wilsons kurzer Phylogenese; und sicher förderten nicht allein neue Fossilien, sondern auch die neue biochemische Perspektive ihre Neubewertung der Bedeutung des *Ramapithecus* in der menschlichen Evolution. Natürlich vermag die Biochemie noch weniger als die vergleichende Anatomie lebender Arten die Geschichte der menschlichen Entwicklung mit Namen oder Aussehen, Umgebungen oder Anpassungen unserer verschiedenen Vorfahren auszufüllen: Das kann allein die Fossildokumentation. Außerdem besteht keinerlei Aussicht darauf, in der näheren Zukunft aus einigermaßen allen Fossilien höherer Primaten brauchbare molekulare Daten gewinnen zu können. Aus heutiger Sicht erscheinen Sarichs und Wilsons abweichende Datierungen jedoch recht genau und was noch wichtiger ist: Die molekulare Systematik kann tatsächlich dabei helfen, die grundlegenden Verwandtschaftsverhältnisse unter den rezenten Arten der Tiergruppe zu klären, der auch wir angehören. Zweifellos veranlaßte uns die Anwendung molekularbiologischer Methoden, in Frage zu stellen, daß die Menschenaffen eine einheitliche, von unserer eigenen gesonderte Gruppe bilden, und gab Anlaß zu einer großen nomenklatorischen Frage, mit der wir uns noch heute herumschlagen. Wir wollen nun einen Moment abschweifen und uns mit dieser Frage befassen.

Bislang war es einfach, uns selbst richtig zu benennen: Zusammen mit dem *Australopithecus* und seinen Verwandten waren wir Hominiden und gehörten der Familie Hominidae an; die Menschenaffen bildeten die separate Familie Pongidae und die Gibbons eine weitere, die Hylobatidae; alle drei faßte man miteinander in der Überfamilie Hominoidea zusammen. Innerhalb der Hominidae gab es zwei Unterfamilien: die Australopithecinae für die älteren Formen und die ziemlich überflüssige Homininae für Angehörige der Gattung *Homo*. Heute kann man von dieser Einfachheit nur noch träumen. Selbst wenn man die afrikanischen Menschenaffen als unsere nächsten lebenden Verwandten akzeptiert (was nicht jeder tut; Jeffrey Schwartz von der University of Pittsburgh ist ein besonders leidenschaftlicher Verfechter der Idee, der Orang-Utan bekleide diese Position), ist noch lange nicht sicher, daß die beiden afrikanischen Menschenaffen innerhalb der Hominidae eine Untergruppe bilden, die sich von unserer eigenen unterscheidet. Weder der molekulare noch der morphologische Ansatz konnte bislang endgültig klären, in welcher Reihenfolge sich Mensch, Schimpanse und Gorilla voneinander trennten; noch scheint jede Kombination nächster Verwandtschaften möglich. Das ist besonders hinderlich, denn so tappen wir weiter im dunkeln, ob wir uns selbst und unsere fossilen Verwandten als eigene Gruppe auf der Ebene des Tribus (Unterfamilie) Hominini oder des Subtribus Hominina einordnen sollen. Ebenso unsicher bleiben wir in der Frage, wie wir die bisherige Unterfamilie Australopithecinae nennen sollen. Im restlichen Teil dieses Buches werden wir diese aus praktischen Gründen weiter als Australopithecinen bezeichnen, auch wenn dies nicht mehr ganz koscher ist. Außerdem werden wir weiterhin den gängigen Terminus „Hominiden" für die Australopithecinen und die Mitglieder der Gattung *Homo* beibehalten.

Natürlich ist es ungerecht, der molekularen Taxonomie für dieses Dilemma die Schuld zu geben, das einfach aus einer genaueren Wahrnehmung des Platzes der Menschheit in der Natur resultiert – oder, genauer gesagt, aus den Schwierigkeiten, die einer exakten Bestimmung dieses Platzes innewohnen. Ich habe keinen Zweifel daran, daß im Zuge der Fortschritte in der morphologischen Analyse, die in den siebziger Jahren allmählich in die Paläoanthropologie einsickerten, dieses Problem auf jeden Fall zutage gekommen wäre. Diese Fortschritte werden wir in einem späteren Kapitel betrachten; für den Augenblick mag der Hinweis genügen, daß der fragmentarische *Ramapithecus* niemals in den Rang eines entfernten Vorfahren des Menschen erhoben worden wäre, wenn wir schon in den sechziger Jahren gewußt hätten, was wir heute über die Gewinnung von Informationen aus Fossilien wissen.

10. Omo und Turkana

Die Macht eines überzeugenden Beispiels sollte man niemals unterschätzen. Im Verlauf der sechziger Jahre führte die Synthetische Theorie zusammen mit der Vorstellung von Kultur als grundlegendem Attribut des Menschen zu einer neuen Sichtweise – oder sogar einem neuen Dogma – über den gesamten menschlichen Evolutionsprozess. Natürlich hatte es schon vorher einige Vorschläge gegeben, um die Zahl benannter Arten früher Menschen zu reduzieren; dies war aber zumeist von Fall zu Fall geschehen. Erst in den sechziger Jahren verbreitete sich die Ansicht, daß zu jedem Zeitpunkt immer nur eine Hominidenart vorhanden gewesen sein *konnte*. Beim Formulieren dieses Konzepts trugen die Verfechter der „Eine-Art-Hypothese" vieles für die theoretische Untermauerung zusammen. Der Ökologie entlehnten sie die Idee, jede Art sei durch ihre ökologische Nische definiert und der „kompetitive Ausschluß" würde dafür sorgen, daß zwei Arten nicht lange dieselbe ökologische Nische besetzen könnten. Aus der Synthetischen Theorie kam der Gedanke, die Evolution vollzöge sich von Generation zu Generation ausschließlich als allmählicher gleichförmiger Wandel. Und von der Anthropologie nahmen sie die Vorstellung, das Menschsein sei durch den Besitz von Kultur und weniger durch irgendein physisches Merkmal definiert.

Loring Brace brachte diesen intellektuellen Stein ins Rollen. Er beschuldigte die Paläoanthropologie insgesamt des „hominiden Katastrophismus", ein Vorwurf , den er bereits gegen jene Wissenschaftler erhoben hatte, die den Status des Neandertalers als Vorfahren des Menschen bestritten. Brace behauptete schon 1965, die Australopithecinen (und nicht Robinsons Telanthropus) hätten die Steinwerkzeuge von Swartkrans angefertigt. Das bedeute, sagte er, daß sie eine Kultur hatten und demnach definitionsgemäß der Gattung *Homo* zuzurechnen seien. Außerdem stelle die Kultur an sich schon eine ökologische Nische dar, und wegen des Prinzips des kompetiven Ausschlusses könnten nicht zwei kulturtragende Hominiden gleichzeitig existieren. Die gesamte menschliche Evolutionsgeschichte reduzierte sich dem-

nach auf eine bloße Abfolge von vier Stadien (seine Australopithecinen, Pithecanthropinen, Neandertaler und moderne Menschen), die
nur willkürlich durch Lücken in der bekannten fossilen Überlieferung
definiert seien. Er behauptete ausdrücklich, daß sie »bloß Punkte in
etwas darstellten, was eigentlich ein Kontinuum war«. Solche
Schlichtheit hat gewiß etwas Schönes, und hier handelte es sich um
eine bestechend einfache Idee, die eine Vielzahl modischer Elemente
zusammenfügte. Dennoch stieß Brace auf taube Ohren, bis sich Milford Wolpoff, die wohl vernehmlichste Stimme in der Branche, für die
Eine-Art-Hypothese einsetzte.

In den Jahren nach 1967 verkündete Wolpoff die Botschaft von der
einen Spezies in einer Veröffentlichung nach der anderen und bei
jeder Tagung; so schuf er rasch eine Generation von gleichgesinntem
intellektuellen Nachwuchs. Wolpoff verwendete alle Argumente, die
Brace vorgebracht hatte, und noch einige mehr. Unter anderem zeigten, wie er zu seiner eigenen Zufriedenheit demonstrierte, die verschiedenen südafrikanischen Funde von Australopithecinen so viele
morphologische Gemeinsamkeiten, daß sie wahrscheinlich alle derselben Art angehörten. Tatsächlich hat diese offensichtliche Überlap-
pung andere Gründe; in den späten sechziger Jahren waren aber viele
Paläoanthropologen bereit, zumindest in Erwägung zu ziehen, daß die
Unterschiede zwischen den robusten und grazilen Australopithecinen
auf einen Sexualdimorphismus zurückzuführen seien: Geschlechtsun-
terschiede in Größe und Gestalt, die bei den Knochen moderner Menschen, aber nicht bei den Menschenaffen relativ gering ausfallen. Und
während andere vor sich hin murmelten, wie erstaunlich es doch sei,
daß alle Frauen gleichzeitig in Sterkfontein starben, während alle
Männer noch rund eine halbe Million Jahre warteten, bevor sie über
das Tal hinwegstürmten, um in Swartkrans auszusterben, war es doch
klar, daß so oder so nur eine erweiterte fossile Überlieferung zwingen-
de Beweise liefern konnte. Zum Glück mußte man darauf nicht lange
warten.

Im Jahre 1966 stattete der Äthiopische Kaiser Haile Selassie Kenia
einen Staatsbesuch ab. Dort traf er Louis Leakey, der ihm einige
seiner Fossilfunde aus Olduvai zeigte. Als der Kaiser sich erkundigte,
weshalb man derartige Dinge nicht aus seinem eigenen Land kenne,
erklärte Leakey, es gäbe sie dort zweifellos, man müßte nur danach
suchen. Schon bald wurde er eingeladen, dies zu tun. Das war nicht

das erste Mal, daß Leakey eine Fossilpirsch in Äthiopien erwogen hatte; schon 1959 hatte er Clark Howell bei einer Erkundung der plio-pleistozänen Ablagerungen im Omo-Becken, knapp nördlich der äthiopisch-kenianischen Grenze, geholfen, und nun bat Leakey seiner-seits Howell darum. Leakey lud außerdem den französischen Paläon-tologen Camille Arambourg zur Teilnahme an der Omo-Expedition ein, der bereits einige Jahrzehnte zuvor das Becken aufgesucht hatte. Aus Alters- und Gesundheitsgründen waren aber weder Leakey noch Arambourg stark an dem Unternehmen beteiligt; stattdessen wurde Leakey durch seinen Sohn Richard vertreten und Arambourg durch einen jungen französischen Paläoanthropologen, Yves Coppens. Dazu muß man sagen, daß Richard Leakey in seiner Jugend eine Überdosis Paläontologie erhalten hatte und gerade an seiner eigenen Karriere als Wildhüter arbeitete. Sein Vater berief ihn vor allem wegen seiner er-wiesenen Fähigkeit, Expeditionen an entlegene Orte zu organisieren.

Während der ersten Grabungssaison erkannte Richard schnell, daß er bei diesem Unternehmen tatsächich nur der Juniorpartner war; das wurde besonders deutlich, als man ihm den uninteressantesten Ab-schnitt der Ablagerungen zur Untersuchung zuwies (obwohl es ihm gelang, in etwa 125 000 Jahre alten Schichten zwei menschliche Schä-delfragmente zu entdecken, die später in der Diskussion über den Ursprung des anatomisch modernen Menschen eine wichtige Rolle spielen sollten). Frustriert lieh er sich einen Hubschrauber aus, den man für die Expedition gemietet hatte, und flog südwärts nach Kenia, über das östliche Ufer des Rudolf-Sees (inzwischen wieder Lake Turkana, Turkana-See genannt) hinweg. Bei der Landung fand er massenhaft Fossilien, die aus dem Sandstein erodierten, und hier, beschloß er, wollte er sich einen eigenen Namen machen. Mit den historischen Resultaten dieses Entschlusses werden wir uns gleich befassen.

Die französisch-amerikanische Expedition setzte ihre Arbeit im Omo-Becken bis 1974 fort; dann erschwerte das politische Klima in Äthiopien weitere Arbeiten. Obwohl diese Forschungen keine beson-ders große Ausbeute an hominiden Fossilien erbrachten, waren sie doch aus verschiedenen Gründen sehr wichtig. Zum einen wandte sich Howell vom ehrwürdigen Image des einsamen Paläontologen nach Art der Leakeys ab und bestand von Anfang an auf einem Team von Spezialisten – Geologen, Geochronologen, Humanpaläontologen, Pa-

läontologen verschiedenster anderer Spezialgebiete, Archäologen und
so fort – für die jeweiligen Arbeiten, die zum Verständnis der komplexen Geologie des Gebiets sowie zur Bergung und Analyse der dort
gefundenen Fossilien notwendig waren. Howells multidisziplinäre
Vorgehensweise diente späteren derartigen Unternehmungen als Vor-
bild.

Zum anderen erwiesen sich die geologischen Formationen des
Omo-Beckens (von denen man ursprünglich dachte, sie repräsentierten eine kurze Zeitspanne, gerade eben älter als Olduvai) als eine Art
Maßstab für die plio-pleistozäne Geschichte. Sie bestehen meist aus
sehr mächtigen Flußsedimentschichten, die die geologische Geschichte des Gebiets über annähernd vier Millionen Jahre dokumentieren.
Da diese Schichten aufgrund von Erdbewegungen auf der Seite liegen
(wie eine auf die Seite gekippte Schichttorte), ist eine Wanderung
über die Omo-Landschaft für moderne Fossiljäger buchstäblich ein
Gang durch die Zeit. Zwischen den fossilreichen Flußsedimenten befinden sich zahlreiche Lava- und Tuffeinlagerungen, die für chronometrische Datierungen bestens geeignet sind. Häufige Verwerfungen
machten die Interpretation der Geologie extrem schwierig, stellten
aber auch sicher, daß Steine der gesamten Sedimentationsfolge aus
der Oberfläche hervorragten und so von Paläontologen gesammelt
werden konnten. Überall in den exponierten Gesteinsschichten von
großer Mächtigkeit fanden sich vielfältige fossile Faunen, die eine
lange Periode wechselnden Tierlebens in dieser Region belegten. Da

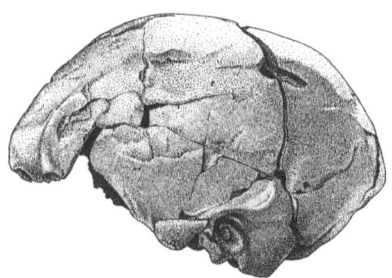 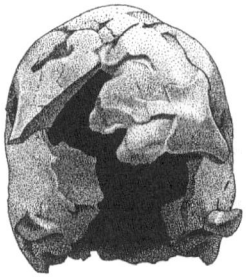

10.1 Lateral- und Frontalansicht des Omo-2-Hirnschädels aus der Kibish-Formation
des Omo-Beckens, Äthiopien. Das „archaischere" der beiden Kibish-Exemplare.
Maßstab: ein Zentimeter. (D. M.)

Howell darauf bestand, den genauen Fundort jedes Fossils innerhalb der Formation zu dokumentieren, und da datierbare Tuffsteinschichten häufig auftraten, war die Kalibrierung dieser Abfolge biologischen Wandels besonders präzise. Von außerordentlichem Nutzen waren dabei die fossilen Schweine, die der Paläontologe Basil Cooke sorgfältig untersuchte. Die verschiedenen Kombinationen ausgestorbener Schweinearten waren so genau datierbar und so regelmäßig durch neue ersetzt worden, daß man sie auch an anderen Orten zur Datierung von Sedimentschichten heranziehen konnte, wenn chronometrische Daten fehlten oder zweifelhaft waren.

In den Omo-Formationen fanden sich außerdem auch etliche menschliche Fossilien; meist allerdings nur isolierte Zähne, da die Sedimente größtenteils von relativ schnell fließenden Gewässern abgelagert wurden, in denen mögliche künftige Fossilien gewöhnlich zerbrochen oder ganz zerstört werden. Im Anschluß an die letzte Grabungskampagne analysierte Howells diese Exemplare und fand, daß sie vier verschiedene Arten von Hominiden repräsentierten. Am häufigsten trat ein massiv gebauter, robuster Hominide auf, der Leakeys *Zinjanthropus* von Olduvai sehr ähnelte, und so ordnete Howell ihn der Art *Australopithecus boisei* zu. Solche Fossilien waren zwischen zwei und einer Million Jahre alt. Die ältesten Zähne hatten ein Alter von etwa drei bis zwei Millionen Jahren und glichen angeblich demjenigen von *Australopithecus africanus* aus Südafrika. Jüngere Zähne (etwa 1,85 Millionen Jahre alt) schrieb man dem *Homo habilis* zu (was dabei half, Howells Zweifel an dieser Art zu zerstreuen) und noch jüngere sogar dem *Homo erectus* (etwa 1,1 Millionen Jahre alt). Neben den menschlichen Fossilien fanden die Archäologen des Teams außerdem verschiedene grobe Steinartefakte in Ablagerungen, die älter als zwei Millionen Jahre waren.

Die hominiden Fossilien von Omo wurden allerdings von Richard Leakeys Funden am Ostufer des Turkana-Sees in den Schatten gestellt. Nach seinem Rückzug aus Äthiopien war Richard im Jahre 1968 mit einem kleinen Spezialistenteam nach East-Turkana zurückgekehrt. Diese Untersuchung bestätigte den Fossilreichtum des Gebiets, obwohl zu diesem Zeitpunkt erst wenige Fossilien gesammelt waren, da man noch keine genaueren Kenntnisse der örtlichen Geologie hatte. Dies sollte sich als gewisse Ironie erweisen, da sich letztlich herausstellte, daß die Fossilfundstellen während der ersten Jahre der

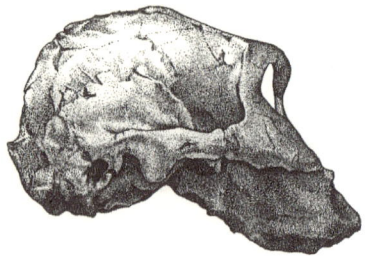 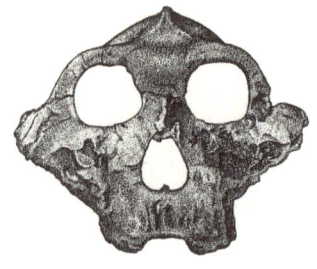

10.2 Lateral- und Frontalansicht des Kalvariums KNM-ER 406 aus dem KBS-Member in Koobi Fora, Kenia. Maßstab: ein Zentimeter. (D. M.)

Grabungen in Turkana ziemlich unzulänglich dokumentiert waren – doch dazu später mehr. Jedenfalls stieß Leakey junior, inzwischen Verwaltungsdirektor des Kenya National Museum, 1969 wirklich auf eine Goldader. In diesem Jahr fand man zwei hominide Schädel, einer stark zerdrückt, der andere mit Ausnahme der Zähne fast vollständig erhalten. Das besser erhaltene Fossil, bekannt als KNM-ER 406 (eine Abkürzung seiner Katalogbezeichnung: Kenya National Museum, East Rudolf, Exemplar Nummer 406), war dem *Zinjanthropus*-Schädel bemerkenswert ähnlich; nur sein Gesichtsschädel war viel niedriger, was den Verdacht vieler bestätigte, daß der OH 5 in diesem

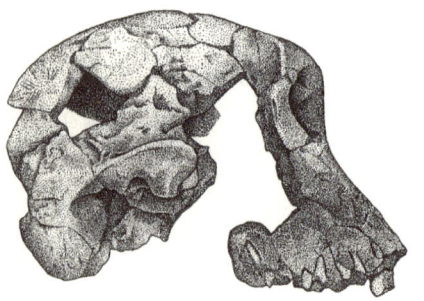 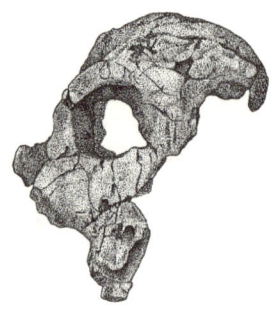

10.3 Lateral- und Frontalansicht des Kalvariums KNM-ER 732 aus dem KBS-Member in Koobi Fora, Kenia. Maßstab: ein Zentimeter. (D. M.)

Merkmal eine Ausnahme bildete. So schrieb man das Exemplar dem *Australopithecus boisei* zu. Der andere Schädel, KNM-ER 407, war leichter gebaut und gehörte Leakey zufolge höchstwahrscheinlich einer Art der Gattung *Homo* an. Einen weiteren Höhepunkt der Grabungssaison 1969 stellte die Entdeckung grobbehauener Steinwerkzeuge in einer datierbaren Tuffschicht (dem sogenannten KBS-Tuff) dar, und Leakey hielt es für wahrscheinlich, daß der KNM-ER 407 sie hergestellt hatte. Das Tuffgestein selbst war mit der Kalium/Argon-Methode auf ein Alter von 2,6 Millionen Jahre datiert worden. Der Osten des Turkana-Sees schien also bereits Belege für separate *Homo*- und *Australopithecus*-Linien zu einem bemerkenswert frühen Zeitpunkt hervorzubringen, eine für Louis Leakey sicherlich herzerwärmende Schlußfolgerung. Allerdings war eine Kontroverse bereits programmiert: Einige Jahre später identifizierte man den KNM-ER 407 als weiblichen *Australopithecus boisei*. Letztendlich zeigte sich, daß beide Schädel jünger waren als ursprünglich angenommen und von Fundstellen stammten, die stratigraphisch gesehen über dem KBS-Tuff lagen und nicht darunter, wie ursprünglich berichtet; die Datierung der Tuffsteinschicht selbst auf ein Alter von 2,6 Millionen Jahren löste einen langanhaltenden Streit aus, der schließlich mit der Neudatierung auf ein Alter von 1,9 Millionen Jahren endete.

1970 hatte Leakey junior ein beeindruckend vielseitiges Team versammelt, um am inzwischen nach dem Ort des Hauptcamps benannten „Koobi Fora-Forschungsprojekt" mitzuarbeiten. Als die Fossilien wie am Fließband anrollten, schien jeder neue Fund Richards ursprüngliche Folgerung zu bestätigen, daß sich die Abstammungslinien von *Homo* und *Australopithecus* schon sehr früh getrennt hatten. Die größte Kostbarkeit der Grabungssaison 1970 war ein Teilschädel (KNM-ER 732), den bald jedermann als den eines weiblichen *A. boisei* ansah; er war weniger massiv als der männliche KNM-ER 406 und zeigte keine knöcherne Kammbildung am Hirnschädel, doch insgesamt sah er ihm recht ähnlich. KNM-ER 406 und KNM-ER 732 unterschieden sich nicht in dem Maße wie etwa *Australopithecus africanus* und *A. robustus* aus Südafrika. Man barg außerdem einige sehr große Unterkiefer sowie einige sehr viel kleinere, die aber kaum derselben Art angehörten wie der KNM-ER 732-Schädel. Hier fand sich endlich der mehr oder weniger unwiderlegbare Beweis, daß die robusten und die grazilen frühen Hominiden nicht einfach weibliche und männliche Angehörige derselben Art waren. Aus zwei Lagern kam allerdings noch Widerstand: von den Verfechtern der Eine-Art-Hypothese und von denen, die sich mit der Idee vom *Homo habilis* nicht anfreunden konnten. Zeitweilig vermengten sich die beiden Richtungen; so warteten entschiedene Gegner des *Homo habilis* gelegentlich mit theoretischen Argumenten der Eine-Art-Hypothese auf, um ihren eigenen Standpunkt zu unterstreichen.

Zu der Fossilausbeute von Koobi Fora gehörten 1971 einige Exemplare, die später noch unerwartete Bedeutung erlangen sollten. Darunter befand sich der als KNM-ER 992 bezeichnete Unterkiefer, der aus jüngeren Ablagerungen stammte als die bisher diskutierten Fossilien. Auch dieser sah dem *Homo erectus* bemerkenswert ähnlich, obwohl Leakey ihn in gewohnter Vorsicht einfach als *Homo sp.* (nicht genauer beschriebene Art der Gattung *Homo*) bezeichnete. So mußte die radikale Neubewertung bis zur Grabungskampagne 1972 in Koobi Fora warten, die den heute berühmten Schädel KNM-ER 1470 hervorbrachte. Diesen fand man in Hunderten von Einzelteilen, aber die sorgfältige Rekonstruktion durch Alan Walker und Richards Ehefrau Meave ergab, daß ein guter Teil des Schädels erhalten geblieben war. Allerdings bestand zwischen dem Hirnschädel und den Resten des Gesichtsschädels nur noch ein minimaler Zusammenhang, und alle Zähne fehlten. Das Erhaltengebliebene war jedoch unverwechselbar. Der Hirnschädel erwies sich als überraschend groß; nach Leakeys Angaben barg er ein Gehirn mit einem Volumen von mindestens 800

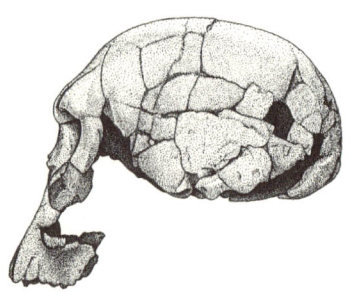 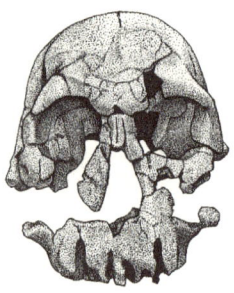

10.4 Lateral- und Frontalansicht des Schädels KNM-ER 1470 aus dem Burgi-Member in Koobi Fora, Kenia. Maßstab: ein Zentimeter. (D. M.)

Kubikzentimetern (später verringert auf etwa 750 Kubikzentimeter). Dem standen die deutlich weniger als 550 Kubikzentimeter auch des größten Australopithecinen sowie die geschätzten 640 Kubikzentimeter von Louis Leakeys ursprünglichem *Homo habilis*-Fund gegenüber. Andererseits war der Gesichtsschädel ziemlich flach, und das Gaumenbein stumpf und breit, was Leakey an den *Australopithecus* erinnerte; die Backenzähne schließlich sind, nach den Resten ihrer Wurzeln zu urteilen, ziemlich groß gewesen. Vor allem war das Erscheinungsbild von dem vollkommen anderen Winkel geprägt, in dem der Gesichtsschädel dieses Exemplars zum Rest des Kraniums stand.

All das ließ reichlich Raum zur Interpretation, und Alan Walker beispielsweise nahm an, man könne dieses Exemplar ebensogut *Australopithecus* wie *Homo* zuschreiben. Letztendlich gab das Gehirn den Ausschlag, und Leakey ordnete das Exemplar einer, allerdings unbestimmten, Art der Gattung *Homo* zu. Leakeys Ansicht nach war diese Art nicht dasselbe wie der *Homo habilis* von Olduvai, und zwar aus zweierlei Gründen, die anzuerkennen er bereit war. Nicht nur war das Gehirn von KNM-ER 1470 beträchtlich größer als das des *Homo habilis* von Olduvai, sondern man hielt das Fossil aus Turkana auch für viel älter. Man schätzte es aufgrund seiner stratigraphischen Lage unterhalb des KBS-Tuffes auf ein Alter von 2,6 bis 2,9 Millionen Jahren. Ein weiterer Grund für die Zurückhaltung des jungen Leakey mag die natürliche Abneigung gewesen sein, in die erbitterte Diskussion über den *Homo habilis* hineinzugeraten, die noch immer anhielt.

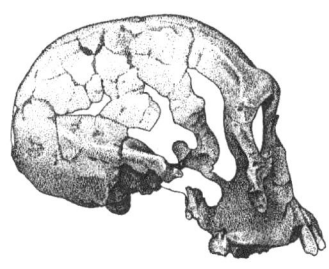 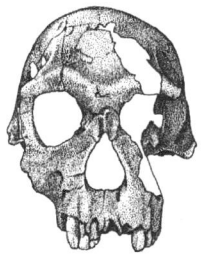

10.5 Lateral- und Frontalansicht des Schädels KNM-ER 1813 aus dem Burgi-Member in Koobi Fora, Kenia. Maßstab: ein Zentimeter. (D. M.)

Trifft dies zu, so ist es von besonderer Ironie, daß gerade KNM-ER 1470 – ob nun zu recht oder nicht – letztlich zu der allgemeinen Anerkennung des *Homo habilis* als eine gültige Art früher Menschen führte. Von Anfang an stand allerdings fest, daß dieser Schädel in keine der allgemein anerkannten Arten von frühen Menschen reibungslos hineinpaßte, man konnte ihn aber auch nicht einfach übergehen. Der schiere Mangel einer Definition des *Homo habilis* machte ihn zu einem passenden Plätzchen, um dies bemerkenswerte Exemplar hineinzuzwängen. Plötzlich hatte die neue Art einen Zweck.

Inzwischen stifteten neue Funde in East-Turkana jedoch noch mehr Verwirrung. Die Grabungssaison 1973 förderte zwei weitere Schädel zutage: KNM-ER 1805 und KNM-ER 1813. Ersterer war sehr fragmentarisch und außerdem von einer harten Matrix umschlossen, deren Entfernung einige Zeit in Anspruch nahm. Seit seiner Entdeckung hat man ihn fast jeder auch nur entfernt in Frage kommenden Art zugeschrieben; die jüngste Analyse legt nahe, daß er dem *Homo habilis* von Olduvai nahesteht. Der KNM-ER 1813 ist ein zwar zerbrochener, aber recht vollständig erhaltener Schädel mit vielen intakten Zähnen. Obwohl von ziemlich leichtem Bau mit einem Gehirnvolumen von nicht mehr als 500 Kubikzentimetern, erinnern seine Zähne doch an manchen *Homo habilis* von Olduvai. Bei seiner Beschreibung im Jahre 1974 zeigte sich Leakey beeindruckt von seiner Ähnlichkeit mit dem südafrikanischen *Australopithecus africanus*, doch inzwischen haben andere Wissenschaftler auf Unterschiede zu letzterem hingewiesen, insbesondere im Gesicht. Im Jahre 1973 taten sich die meisten Paläoanthropologen allerdings schwer mit der Vorstellung, ein Mitglied der Gattung *Homo* könne ein so kleines Gehirn gehabt haben. Schließlich äußerte Clark Howell jedoch die Meinung, der KNM-ER 1813 sei vielleicht ein weiblicher *Homo habilis*, und dahin tendierten dann auch die meisten späteren Ansichten. Diese Zuordnung zeigt mehr als alles andere den Nutzen einer Schublade mit der Aufschrift *Homo habilis*, in welche die Paläoanthropologen allerlei Fossilien stecken konnten, mit denen sie nichts anzufangen wußten. Und je mehr sich die Schublade füllte, desto geringer wurde ihre Bedeutung in biologischer Hinsicht. Richard Leakey selbst war nie wirklich zufrieden damit und führte kürzlich die Ähnlichkeiten zwischen dem KNM-ER 1813 und dem OH 13 aus Bed II in Olduvai als Argument dafür an, daß keines der beiden Fossilien den *Homo habilis* repräsen-

tiere (obwohl er annimmt, daß dies beim KNM-ER 1470 wahrscheinlich der Fall ist). Später werden wir sehen, wohin das führte.

Die anhaltende Debatte über die Bedeutung von KNM-ER 1470
und weiterer Fossilien wurde später von einem anderen Streit über-
tönt, diesmal über die Datierungsproblematik. Die ursprüngliche Datierung des KBS-Tuffes mit Hilfe einer neuen Variante der Kalium/
Argon-Methode hatte ein Alter von etwa 2,6 Millionen Jahren ergeben; doch die Faunenfunde von Koobi Fora schienen dies mehr und
mehr zu widerlegen.Vor allem Basil Cooke vermutete schon 1971
aufgrund einer kurzen Untersuchung, daß Schweinefossilien, die von
unterhalb des KBS-Tuffes stammten, Schweinen aus Omo und Olduvai entsprachen, deren Alter weitaus geringer war als das damals für
den KBS-Tuff angenommene. Später stellte sich heraus, daß dies auch
für verschiedene andere Säugetiere zutraf. Da East-Turkana und Omo
nicht weit voneinander entfernt liegen, sollten ihre gleichaltrigen Faunen zumindest ähnlich gewesen sein. Daß dies ganz offensichtlich
nicht der Fall zu sein schien, ergab keinen Sinn, obwohl es verschie-
dentlich geistreiche Versuche gab, diese ungewöhnliche Situation zu
erklären. Zwischen Leakeys Team in East-Turkana und Clark Howells
noch immer in Omo arbeitender Gruppe entstand allmählich eine
Kluft. Die Mannschaft von Leakey hielt an der Kalium/Argon-Datie-
rung fest, die Omo-Gruppe dagegen an den Fossilfunden, die sie
selbst mit einer Reihe chronometrischer Daten kalibriert hatte. Danach war der KBS-Tuff etwa zwei Millionen Jahre alt. Durch die
zunehmenden Meinungsverschiedenheiten stellte sich auch heraus,
daß der in den ersten Jahren der Grabungen entwickelte geologische
Zeitrahmen höchst unzulänglich gewesen war, ebenso wie die Dokumentation der genauen Fundstelle jedes einzelnen Fossils. Letztendlich wurde sogar erst in den späten achtziger Jahren eine endgültige
Beschreibung der örtlichen Geologie erstellt – und zwar ausgerechnet
von Francis (Frank) Brown, dem Geologen, der so viel für die Aufklärung der geologischen Grundstruktur im Omo-Becken getan hatte.
Die aus der damaligen Situation folgenden Ungenauigkeiten in der
Datierung hominider Fossilien beeinträchtigten natürlich deren Interpretation und bestärkten Richard Leakey darin, zu behaupten, in dieser Region habe ein sehr früher Angehöriger der Gattung *Homo* existiert. Der Streit zog sich über die gesamten siebziger Jahre hin und
wurde schließlich durch eine Kombination neuer chronometrischer

und faunistischer Untersuchungen zugunsten einer Datierung des KBS-Tuffs auf etwa 1,9 Millionen Jahre vor der Gegenwart beigelegt. Das machte den KNM-ER 1470 natürlich fast exakt zu einem Zeitgenossen des *Homo habilis* aus der Olduvai-Schlucht, wodurch es in den Augen der meisten Beobachter wahrscheinlicher wurde, daß beide derselben Art angehörten. Und dies beschleunigte seinerseits natürlich die Anerkennung des *Homo habilis* als reales biologisches Wesen.

Eine Hauptrolle bei der Lösung des Datierungsdisputs spielte Glynn Isaac, ein Archäologe, der mit Louis und Mary Leakey gearbeitet und 1970 als archäologischer Leiter am Koobi-Fora-Forschungsprojekt teilgenommen hatte. Als Isaac in den frühen sechziger Jahren seine Arbeit in Ostafrika aufnahm, war die Archäologie der frühesten Werkzeugmacher vor allem von Mary Leakey dominiert; schließlich waren die primitiven Steinwerkzeuge (Grobgeräte) aus den untersten Schichten von Olduvai damals die weitaus ältesten bekannten Funde der Welt. Mary hatte die verschiedenen Typen von Steinartefakten, die sie in der „Ausrüstung" der Werkzeughersteller des Oldowan erkannt hatte, mit großem Aufwand klassifiziert; sie interessierte sich jedoch auch für die Natur der Fundorte dieser Werkzeuge und dafür, was diese über die Aktivitäten der frühen Werkzeugmacher verraten konnten. An einigen Stellen lagen Tierknochen ebenso dicht gehäuft wie Steinartefakte, und die meisten fanden sich in Sedimenten, die das Ufer eines urzeitlichen Sees markierten. Mary Leakey schloß aus alledem, daß frühe Hominiden tote Tiere bevorzugt an solche Stellen gebracht und sie dort mit den steinernen Werkzeugen zerlegt hatten. Daher betrachtete sie derartige Stellen als „Wohnstätten" (*living sites*), eine Interpretation, die Isaac mit nach East-Turkana brachte.

Wie sich zeigte, befanden sich in Turkana zahlreiche Artefakt-Fundstellen, die denen von Olduvai ähnelten. Bei seiner Interpretation nutzte Isaac Mary Leakeys ursprüngliche Idee, Vergleiche zwischen den Ernährungsgewohnheiten heute lebender Jäger und Sammler und denen von Schimpansen anzustellen. Indem er die Unterschiede zwischen Mensch und Menschenaffen bei der Interpretation dieser Fundstellen berücksichtigte, entwickelte Isaac ein Modell für das Verhalten früher Hominiden, in dem die „Lagerplätze" als Mittelpunkte eines Lebensstiles galten und zu dem die Jagd auf Tiere und die Suche nach Aas (hauptsächlich durch männliche Individuen, die weiblichen waren durch den Nachwuchs belastet und sammelten wohl vor allem pflanzliche Nahrung) und der Transport von Tierkadaverteilen an einen zentralen Ort gehörte. Einen solchen Transport ermöglichte der aufrechte Gang, bei dem die Hände zum Tragen freiblieben. An den Lagerplätzen wurden die Kadaver dann mit Steinwerkzeugen aus Materialien zerlegt, die zu diesem Zweck extra herbeigeschafft worden waren, und die Nahrung wurde zwischen den Mitgliedern des Sozialverbandes aufgeteilt. Das setzte eine komplexe Kommunikation zwischen den Gruppenmitgliedern voraus, die vielleicht einer Sprache gleichkam; und das Teilen der Nahrung ließ auf eine gewisse Wechselseitigkeit sozialer Beziehungen schließen. Aufrechter Gang, Sprache, Werkzeugherstellung, Umherstreifen von einem Basislager aus und ein komplexes Sozialleben mit Arbeitsteilung zwischen den Geschlechtern, all dies verband sich zu einem Modell, das die frühen Hominiden als Menschen an der Schwelle zur Modernität sah. Das Modell wurde von den meisten Kollegen Isaacs wohlwollend aufgenommen, paßte es doch gut zu der Theorie vom „Menschen als Jäger" (*man the hunter*) vom Lebensstil des Menschen, die damals unter Anthropologen verbreitet war.

Später änderte Isaac seine Meinung darüber jedoch in fast allen Punkten. Als sehr sorgfältiger Wissenschaftler interessierte er sich stets dafür, wie die Knochen- und Werkzeugansammlungen entstanden sein mochten. Sicherlich gab es noch andere Erklärungen als nur menschliche Aktivität für die Assoziierung von Werkzeugen und Tierknochen. Außerdem erkannte er mit der Zeit, daß es vielleicht unvorsichtig war, frühe Menschen zu sehr als uns selbst ähnlich zu betrachten. Äußerst vehement vertrat der respektlose amerikanische Archäologe Lewis Binford in den späten siebziger Jahren diese Argumente. Daraufhin begann Isaac schließlich die archäologischen Funde von East-Turkana erneut sehr genau zu untersuchen. Sein vorrangiges Ziel war es herauszufinden, ob die Konzentration von Knochen in Verbindung mit Werkzeugen tatsächlich auf hominide Aktivitäten zurückzuführen sei. War dies der Fall, welcher Art waren dann diese Aktivitäten? Und wenn nicht, welche Vorgänge hatten dann zu der Assoziierung geführt? Bis zu seinem vorzeitigen Tod 1985 war Isaac mit seinen Mitarbeitern bei der Nachuntersuchung dieser Fragen schon recht weit gekommen. Sie hatten – was am wichtigsten war – gezeigt, daß die besten Fundstellen von East-Turkana tatsächlich Kennzeichen früher menschlicher Aktivität aufwiesen. So belegten Schnittspuren an den Knochen mancher Fundstellen, daß hier zweifellos Tiere mit Steinwerkzeugen zerlegt worden waren, und gut die Hälfte der zum Schneiden dienenden Steinabschläge zeigte die Art von Abnutzung, die typischerweise durch das Schneiden von Fleisch entsteht.

Aus solchen Beobachtungen schloß Isaac, daß vor zwei Millionen Jahren werkzeugmachende frühe Hominiden die Kadaver der verschiedensten großen Säugetiere mit Werkzeugen zerlegt hatten. »Man kann nur annehmen«, so fügte er trocken hinzu, »daß sie das Fleisch auch aßen, das sie zerschnitten«. Außerdem waren bestimmte Körperteile der Tiere an mehreren Stellen besonders häufig repräsentiert, und Isaac deutete diese Körperteile als bevorzugte Stücke, die herbeigeschafft wurden, nachdem die Tiere anderswo getötet oder ihre Kadaver gefunden worden waren. So blieb noch eine Andeutung der „Basislager"-Idee, obwohl Isaac nun zugab, daß dies nicht unbedingt einen Beweis für Verhaltensweisen wie das Teilen von Nahrung darstellte. Er schlug sogar vor, das „Nahrungsteilungs-Modell" durch die weniger verbindliche Vorstellung der „Zentralplatz-Nahrungsversorgung" zu ersetzen. Alles in allem war das eingeschränkte Bild von den frühesten Werkzeugbenutzern, das Mitte der achtziger Jahre übrig blieb, deutlich weniger dramatisch als dasjenige, welches zehn Jahre früher vorherrschte – und auch viel weniger menschlich. Aber, wie Isaac selbst anmerkte, dieser Vereinfachungsprozeß war notwendig, um »zu verhindern, ... daß wir unseren Ursprung nach unserem eigenen Bild erschaffen«.

Während die Archäologen ihre Analysemethoden verfeinerten, förderten die Paläoanthropologen in Koobi Fora weiterhin neue Fossilien zutage. In der Grabungssaison 1974/1975 gab es eine weitere Überraschung in Form eines mit KNM-ER 3733 bezeichneten Schädels, der keinem der bisher von East-Turkana bekannten Funde glich. In seiner Saisonbilanz der Grabung in der Zeitschrift *Nature* erwähnte Richard Leakey lediglich die offenkundige Ähnlichkeit dieses Exemplars mit dem *Homo erectus* von Zhoukoudian; aber in einer zusammen mit Alan Walker verfaßten begleitenden Anmerkung bestand er darauf, es dieser Art zuzuordnen. Leakey und Walker berichteten vorläufig über eine Hirnschädelkapazität von 800 bis 900 Kubikzentimetern, die somit gerade am unteren Grenzwert des *Homo erectus* (der endgültige Wert betrug 848 Kubikzentimeter) und weit über dem außergewöhnlichen (wenn auch offiziell viel älteren) KNM-ER 1470 lag. Man bestimmte das Alter des Schädels auf 1,3 bis 1,6 Millionen Jahre. Da so bedeutende Exemplare des *Australopithecus boisei* wie KNM-ER 406 aus ähnlichen stratigraphischen Schichten stammten, nutzten Leakey und Walker die Gelegenheit, die Verfechter der Eine-Art-Hypothese mit der völlig eindeutigen, unwiderlegbaren Koexistenz zweier unterschiedlicher Hominidenarten in East-Turkana zu konfrontieren. Es mag seltsam anmuten, daß man sich zu diesem späten Zeitpunkt noch immer mit der schlichten Unhaltbarkeit der Eine-Art-Hypothese auseinandersetzen mußte, aber diese neuen Beweise waren tatsächlich nötig, um sie endgültig zu begraben. Enttäuschenderweise wiesen Leakey und Walker zwar darauf hin, man brauche ein neues Schema der menschlichen Evolution, lehnten es aber ab, selbst eines vorzulegen.

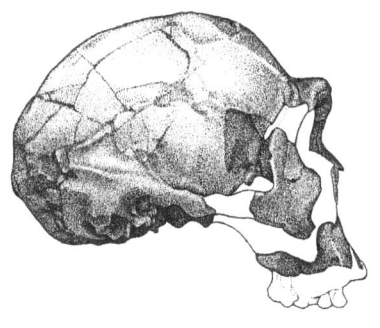 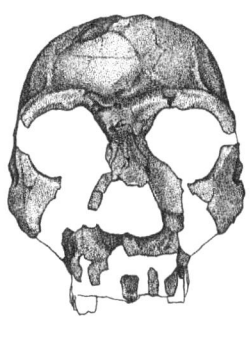

10.6 Lateral- und Frontalansicht des Schädels KNM-ER 3733 aus dem KBS-Member in Koobi Fora, Kenia. Maßstab: ein Zentimeter. (D. M.)

Später fand man noch einige weitere hominide Fossilien in East-Turkana, darunter auch einen etwas jüngeren, aber robusteren Hirnschädel – KNM-ER 3883 –, der offenbar zu derselben Art gehörte wie KNM-ER 3733. Gegen Ende der siebziger Jahre richtete sich die Aufmerksamkeit der Fossilsammler jedoch auf die andere Seite des Sees, die West-Turkana-Region, und die Feldarbeiten in East-Turkana konzentrierten sich immer mehr auf die Geologie. Wie wir sahen, hatte das Debakel um die Datierung des KBS-Tuffes die Mängel der frühen geologischen Untersuchungen ganz besonders deutlich gemacht, nun brachte man frisches Blut, um die Situation zu klären. Unter den Neuankömmlingen war Frank Brown von der University of Utah erwähnenswert, der mit Clark Howell im Omo-Becken gearbeitet hatte, bis man die Forschungen dort einstellen mußte. Gemeinsam mit seinem Doktoranden Craig Freibel löste Brown schließlich das Problem der geologischen Korrelationen zwischen verschiedenen Bereichen East-Turkanas. Hierzu benutzte er eine geniale neue Technik, die es gestattete, jeden der datierbaren Tuffe anhand ihres einzigartigen geochemischen „Fingerabdruckes", wo auch immer er in Erscheinung trat, zu identifizieren; denn jede größere Eruption, sogar von demselben Vulkan, setzt Material in etwas unterschiedlicher Zusammensetzung frei. Brown und Freibel benutzten diese datierbaren Tuffschichten als Marken und konnten so eine einheitliche geologische Abfolge für das gesamte Turkana-Becken ermitteln, in die sie schließlich auch die Fundstellen der meisten entdeckten Fossilien einbinden konnten. Alle größeren Fundstellen fielen in den Zeitraum von etwa 1,9 bis 1,5 Millionen Jahren vor der Gegenwart. Unter den hier erwähnten Schädeln waren KNM-ER 1470 und KNM-ER 1813 mit 1,9 Millionen Jahren die ältesten; dann folgten KNM-ER 407 und 1805 mit etwa 1,85 Millionen Jahren, dann KNM-ER 3733 mit etwa 1,8 Millionen Jahren, dann KNM-ER 406 und KNM-ER 732 mit etwa 1,7 Millionen Jahren und schließlich KNM-ER 3883 mit etwas unter 1,6 Millionen Jahren.

Der Unterkiefer KNM-ER 992 war jünger als alle diese Exemplare, nämlich nur ein wenig älter als 1,5 Millionen Jahre. Dieses Fossil war 1975 berühmt geworden, als der australische Systematiker Colin Groves und sein tschechischer Kollege Vratja Mazák es zum Holotypus der neuen Art *Homo ergaster* („Werkzeugmacher-Mensch") gemacht hatten. Die Mitglieder des Koobi-Fora-Forschungsprojekts waren damals entsetzt über diesen Affront: Wie konnten völlige Außenseiter sich erdreisten, *ihre* Fossilien zu benennen? Aber dieses Risiko geht man eben jedesmal ein, wenn man ganz bestimmte Fossilien beschreibt, ohne ihnen einen Namen zu geben; und wenn die Art tatsächlich unverkennbar eine neue ist, dann hat der erste Name Vorrang, den ein Mitglied dieser Art erhielt. Am Ende gelangten viele Paläoanthropologen – wenn auch nicht Leakey oder Walker – zu der Überzeugung, daß die Artbezeichnung *Homo ergaster* in Ordnung gehe. Etwas

Ähnliches geschah 1976, als der russische Anthropologe V. P. Alekseev KNM-ER 1470 zum Holotypus einer neuen Art machte, die er *Pithecanthropus* [*Homo*] *rudolfensis* nannte. Von all dem später mehr.

11. Hadar, Lucy und Laetoli

Während Richard Leakeys Name durch seine Entdeckungen im ariden Ödland am Ostufer des Turkana-Sees zum Begriff wurde, strebte Don Johanson, ein Doktorand von Clark Howell, in einer ebenso unwirtlichen Gegend einige hundert Kilometer weiter nördlich zu ähnlichem Ruhm. Johanson hatte Howell in den Jahren 1970 und 1971 nach Äthiopien begleitet und begegnete durch Vermittlung einiger Mitglieder des französischen Teams der Omo-Expedition schließlich Maurice Taieb, einem Geologen, dessen Forschungsareal in der Afar-Region im Nordosten Äthiopiens lag. Im Norden dieses Gebiets teilt sich der große ostafrikanische Grabenbruch (*Rift Valley*) in zwei Arme, von denen einer nach Nordosten zum Golf von Aden, der andere nach Nordwesten entlang des Roten Meeres verläuft. Die Afar-Region befindet sich an der Stelle, wo die Grabenbruchsysteme zusammentreffen, und Taieb untersuchte die geologische Entwicklung dieser ungewöhnlichen „Dreierverbindung".

Im Verlauf seiner Untersuchungen im Tal des Awash River bemerkte Taieb Gestein aus dem, wie er annahm, Plio-Pleistozän, aus dem durch Erosion zahlreiche und gut erhaltene Fossilien hervortraten. Als Spezialist für Plattentektonik war er an diesen Fossilien nicht interessiert – aber vielleicht Johanson? Er war es tatsächlich! Anfang 1972 schloß er sich Taieb, Yves Coppens, der Pollenexpertin Raymonde Bonefille und dem amerikanischen Geologen Jon Kalb bei einer kurzen Voruntersuchung der Afar-Region an. Bei Hadar fanden sie ein Paradies für Paläontologen: Wüstenödland, aus dem Fossilien nur so hervorquollen, die, nach einem Vergleich mit denen von Omo, etwa drei Millionen Jahre alt zu sein schienen. Wieder zurück in der äthiopischen Hauptstadt Addis Abeba, entschloß sich die Gruppe zu einer groß angelegten, gemeinsamen Expedition, die das Grabungsgebiet dann im Herbst 1973 erreichte.

Während dieser ersten Grabungskampagne in Hadar gelang unter zahlreichen Säugetierknochen ein bemerkenswerter Fund: das distale (untere) Ende eines Oberschenkelknochens sowie das proximale (obe-

re) Ende eines Schienbeins, die zusammen das Kniegelenk eines kleinen Hominoiden bildeten. Abgesehen vom Becken hätte man kaum
einen aussagekräftigeren Teil des postkranialen Skeletts finden können, denn das Knie verrät sehr viel über die Fortbewegung. Bei einem
Vierbeiner – beispielsweise einem Affen – stehen die Füße ziemlich
weit auseinander, und jedes Hinterbein verläuft unterhalb der Hüftge-
lenkspfanne direkt zum Boden. Ein zweibeiniger Mensch dagegen
führt seine Füße beim Gehen dicht aneinander vorbei, so daß sich der
Körperschwerpunkt in einer geraden Linie vorwärtsbewegen kann.
Wäre dies nicht der Fall, müßte der Schwerpunkt bei jedem Schritt in
weitem Bogen um das Standbein schwingen. Das würde die Fortbewegung extrem schwerfällig und ineffizient machen und viel Energie
verschwenden. Deshalb sind bei Zweibeinern beide Oberschenkelknochen nach innen gewinkelt und laufen am Kniegelenk zusammen;
die Schienbeine verlaufen von dort gerade zum Boden. Diese Anpassung zeigt sich beim menschlichen Kniegelenk in dem Winkel – „Val-
guswinkel" genannt –, den die Achsen von Oberschenkel und Schien-
bein bilden. Das Kniegelenk aus Hadar war eindeutig gewinkelt. Zum
Ende der Grabungssaison gab man auf einer Pressekonferenz in Addis
Abeba bekannt, in Hadar das zwischen drei und vier Millionen Jahre
alte Kniegelenk eines aufrechtgehenden Hominiden sowie ein homini-
des Schläfenbeinfragment gefunden zu haben.

Das war jedoch nur ein Vorgeschmack auf das, was noch kommen
sollte. Im darauffolgenden Jahr entdeckte das Grabungsteam zunächst
einige hominide Ober- und Unterkieferknochen und dann „Lucy".
Lucy ist, wie alle Welt in bemerkenswert kurzer Zeit erfahren sollte,
das zu rund 40 Prozent erhaltene Skelett eines erwachsenen (frühadulten), weiblichen Hominiden. Sie ging aufrecht, wie zahlreiche Details
ihres Knochenbaues bestätigen, war aber nur knapp einen Meter groß.
Ihr Schädel ist äußerst fragmentarisch, barg aber ganz sicher ein Gehirn von der Größe eines Menschenaffengehirns (obwohl es angesichts ihrer kleinen Gestalt im Verhältnis zur Körpergröße wahrscheinlich größer war als das eines Affen). Ihr Unterkiefer ist in etwa
V-förmig, und während ihre Molaren recht menschenähnlich aussehen, sind ihre vorderen Prämolaren nicht zweihöckrig wie unsere. Das
wirklich Atemberaubende an Lucy war jedoch ihr Alter und gleichzeitig ihre Vollständigkeit. Bis 1974 stammten die ältesten bekannten,
einigermaßen vollständigen Skelette von Neandertalern, nahen Ver-

wandten des *Homo sapiens*; diese waren weniger als 100 000 Jahre alt. Frühere Stadien der menschlichen Evolution waren lediglich durch einzelne Knochen dokumentiert. Das einzige hominide Exemplar aus der Zeit vor den Neandertalern, das in seiner Vollständigkeit auch nur entfernt an Lucy heranreichte, war Brooms Becken eines *Australopithecus africanus* aus Sterkfontein mit assoziiertem Teil des Oberschenkels und einigen Wirbeln. Diese Überreste reichten aus, um die Zweibeinigkeit ihres ursprünglichen Besitzers zu belegen, doch viel mehr konnte man ihnen nicht entnehmen. Dagegen war Lucy komplett genug erhalten, um ein recht vollständiges Bild davon zu geben, was für ein Individuum sie gewesen war. Und sie war gut eine halbe Million Jahre älter als das Fossil von Sterkfontein, wenn nicht gar noch früheren Datums.

Ein Jahr nach der ersten Bekanntgabe eines drei Millionen Jahre alten Hominiden aus Hadar lieferte Lucy also den endgültigen Beweis dafür, daß die Vorfahren des Menschen tatsächlich schon zu diesem frühen Zeitpunkt aufrecht gingen. Aber was war Lucy? Zu welcher Art gehörten sie und die anderen Fossilien von Hadar? Kurz vor Lucys Entdeckung hatten Richard Leakey und einige andere Mitglieder der Koobi-Fora-Gruppe Johanson einen Besuch abgestattet. Mit den unauffällig proportionierten knöchernen Anteilen und einem eher *Homo*-ähnlichen Größenverhältnis zwischen Schneidezähnen und Molaren gehörten die bereits gefundenen Kiefer nicht dem *Australopithecus boisei* mit seinen kräftigen Kieferknochen, winzigen Schneide- und massiven Backenzähnen an. Wie zu erwarten, kam Leakey, der selbst gerade den KNM-ER 1470 gefunden hatte, daher schnell zu dem Schluß, sie müßten zu einer frühen Art der Gattung *Homo* gehören. Johanson gestand, daß er selbst schon mit diesem Gedanken spielte. Dagegen machte es eindeutig keinen Sinn, die winzige Lucy mit ihrem kleinen Gehirn als Angehörige unserer eigenen Gattung zu betrachten. In *Nature* folgerten Johanson und Taieb in ihrer vorläufigen Beschreibung der 1973 und 1974 in Hadar gefundenen Hominiden dann auch, daß diese zwei bis drei Arten repräsentierten: eine sehr ursprüngliche Form der Gattung *Homo* in Gestalt der isolierten Ober- und Unterkiefer, und – in Gestalt von Lucy und dem Kniegelenk aus dem Jahre 1973 – etwas anderes. Was genau, mußte man noch herausfinden, obwohl Johanson und Taieb spürten, daß diese Überreste mit dem *Australopithecus africanus* aus Südafrika vergleichbar waren.

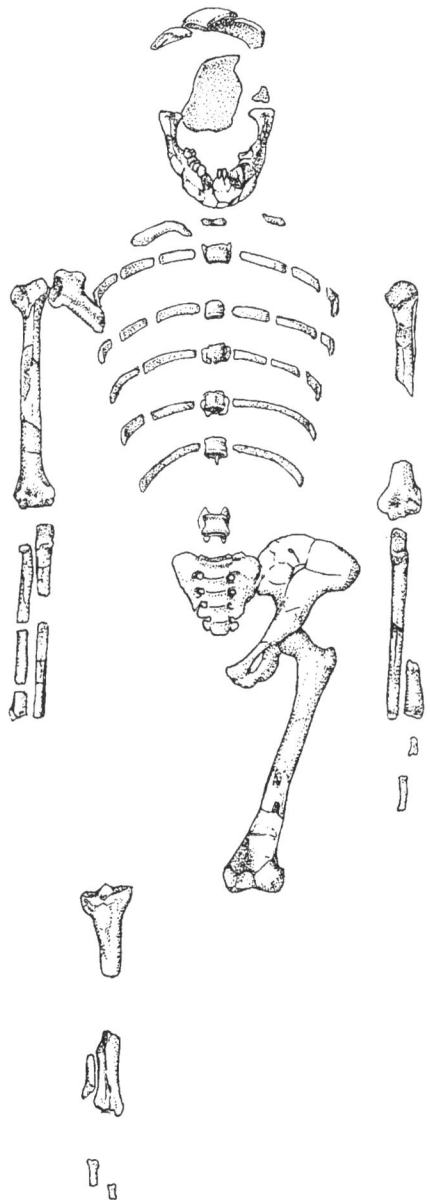

11.1 Das Skelett von „Lucy" (NME-AL 288-1) aus Hadar, Äthiopien. (D. S.)

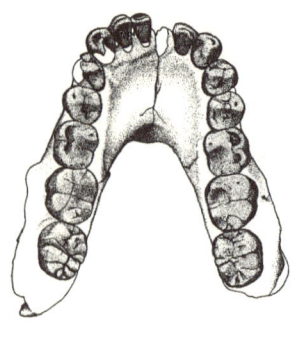

11.2 Unterkiefer mit fast allen zugehörigen
Zähnen (NME-AL 400-1a) aus Hadar,
Äthiopien. Maßstab: ein Zentimeter. (D. M.)

Schließlich bemerkten sie an einem gegen Ende der Grabungskampagne 1973 gefundenen Schläfenbein (Teil der Schädelseitenwand) auch Ähnlichkeiten mit dem robusten *Australopithecus*.

Die unzweifelhafte, wenn auch noch unklare Bedeutung der Hominiden aus Hadar gebot deren sichere Datierung. Johanson, der gerade zum Kustos am Cleveland Museum of Natural History berufen worden war, nahm zur Unterstützung bei dieser Aufgabe die Dienste von James Aronson von der Case Western Reserve University in Cleveland in Anspruch, einem Spezialisten für die Kalium/Argon-Datierung. Taieb hatte in Hadar bereits einen datierbaren erkalteten Lavastrom und einige dünne Tuffschichten ausgemacht, und 1974 kam Aronson nach Hadar, um datierbare Proben zu nehmen. Er konnte die Position des Lavastroms in der Stratigraphie von Hadar noch genauer bestimmen, und nach seiner Rückkehr nach Cleveland datierte er diesen auf ein Alter von mehr als drei Millionen Jahren, womit er vorläufige Altersbestimmungen anhand einer früheren Probe bestätigte. Dennoch war es wegen der vermutlichen Verwitterung der Lavaproben (die zu einem Rückgang des Argongehalts und somit einer Unterschätzung des tatsächlichen Alters geführt hätte) immer noch möglich, daß die Lava in Wirklichkeit ein wenig älter war. Man bestimmte für den Beginn der Erkaltung eines Tuffes (im oberen Teil des Abschnitts) einen Zeitpunkt von 2,6 Millionen Jahren vor der Gegenwart; daraus ergab sich für Lucy ein geschätztes Alter von etwa 2,9 Millionen Jahren, während die isolierten Kiefer und das Kniegelenk älter waren. Aus unterschiedlichen Gründen hielten sich bis in die frühen neunziger Jahre Zweifel an der genauen Datierung von Hadar. Dann fand man heraus, daß die vielen bis dahin bekannten hominiden Fossilien allesamt aus der relativ kurzen Zeitspanne vor 3,2 bis 3,4 Millionen Jahren stammten und Lucy das jüngste von ihnen war. Das machte Lucy älter und die ältesten Exemplare etwas jünger als bis dahin allgemein angenommen.

Während der Grabungssaison 1975 herrschten in Äthiopien politische Unruhen. Haile Selassie war 1974 gestürzt worden, und eine marxistische Militärdiktatur, deren Organsiation einige Zeit für ihre Entfaltung benötigte, hatte die Macht übernommen. Trotzdem gelang es Johanson und seinen Kollegen, in die Afar-Region zurückzukehren, und wieder landeten sie einen Volltreffer. Diesmal war es die *first family*, ein unglaublicher Fund von etwa 200 frühen menschlichen Fossilien, die sich alle durcheinander dicht an dicht in den Sedimenten befanden. Wie bei Lucy hatte man auch vor dieser Entdeckung nichts Vergleichbares gefunden. Fundstelle 333, wie man den Fundort dieser Fossilien nannte, brachte die fragmentarischen Überreste von insgesamt 13 Individuen hervor, männliche und weibliche, adulte und juvenile. Man kam nie ganz dahinter, wodurch die Überreste all dieser Hominiden zusammen in den Sedimenten begraben wurden; eine Mutmaßung ist jedoch, daß sie alle miteinander von einer flutartigen Überschwemmung erfaßt wurden. Ist das der Fall, so gehörten sie wahrscheinlich alle derselben sozialen Gruppe an. Und obwohl eine einzelne Gruppe nicht gerade einer statistischen Stichprobe gleich-

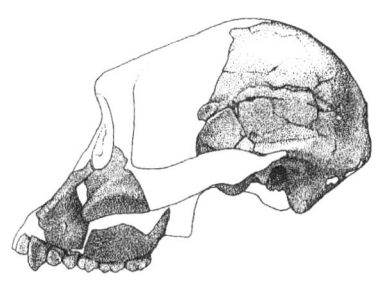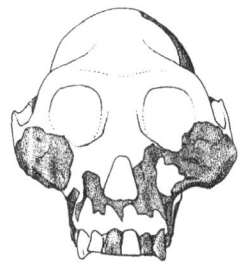

11.3   Lateral- und Frontalansicht der Schädelrekonstruktion des *Australopithecus afarensis*, basierend auf mehreren nicht zusammenhängenden Fragmenten aus Hadar, Äthiopien. Maßstab: ein Zentimeter. (D. M.)

kommt, verrät sie doch, wenn alle ihre Mitglieder in den Fossilien vertreten sind, einiges über die Größe sozialer Gruppen – und 13 Individuen aller Altersgruppen entsprechen durchaus den Erwartungen. Wichtiger ist jedoch, daß alle, wenn sie aus derselben sozialen Gruppe stammten, auch derselben Art angehörten. Paläontologen müssen sich fast immer auf Schlußfolgerungen verlassen, wollen sie bestimmen, ob unterschiedliche fossile Individuen tatsächlich zur selben Art gehörten. Aber dieser Fall zeigt das möglicherweise auf ganz andere Weise. Leider besteht jedoch kein Einvernehmen darüber, wie die Fossilien in den Boden gelangten. Manche Wissenschaftler behaupten, die Fossilien hätten sich nach und nach angesammelt, und ein Ende der Debatte ist nicht abzusehen. Das ist besonders schade, denn ob die Hadar-Hominiden nun eine einzelne Art repräsentieren oder nicht, ist in der Paläoanthropologie weiterhin ungewöhnlich hart umstritten.

Trotz der immer noch instabilen Lage in Äthiopien kehrte das Hadar-Team gegen Ende 1976 zu weiteren Ausgrabungen zurück. Abgesehen von vielen weiteren hominiden Fossilien, vor allem von der Fundstelle der *first family*, führten diese Forschungen zur Entdeckung einfacher, auf etwa 2,5 Millionen Jahre vor der Gegenwart datierter Werkzeuge aus Basalt durch die Archäologin Hélène Roche. Wer diese bemerkenswert alten Werkzeuge hergestellt hatte, blieb fraglich: Man kannte keine hominiden Fossilien aus dieser Zeit, und in jedem Fall ist es in der Paläoanthropologie stets eine knifflige Sache, frühe Steingeräte mit ihren jeweiligen Herstellern in Verbindung zu bringen. Leider war es auch nicht möglich, sich mit diesem Fund näher zu befassen, denn infolge eines weiteren Militärputsches bedeutete das Ende der Grabungssaison 1976/77 praktisch auch das Ende der Arbeit in Hadar. Diese Arbeit wurde erst nach mehr als einem Jahrzehnt in größerem Maßstab wieder aufgenommen.

Hier ist darauf hinzuweisen, daß die Arbeiten in Hadar Mitte der siebziger Jahre nicht die einzigen paläontologischen Aktivitäten in Äthiopien waren. 1976 fand eine von dem früheren Johanson-Mitarbeiter Jon Kalb geleitete Gruppe in der Middle-Awash-Region der Afar-Senke den Gesichtsschädel eines adulten Hominiden von massivem Bau. Dieses Exemplar lag auf Sedimentschichten, die zu den oberen Bodo-Beds gehörten. Diese enthalten zahlreiche Wirbeltierfossilien und Werkzeuge des Acheuléen und wurden von Kalb und seinen

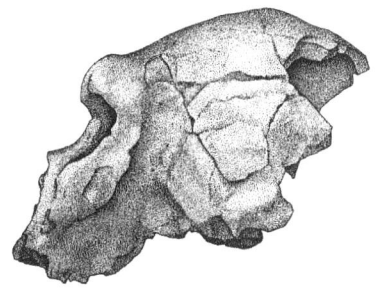
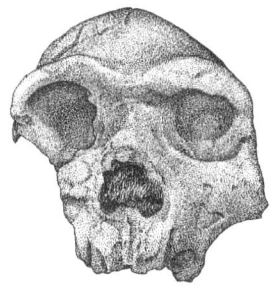

11.4 Lateral- und Frontalansicht des Teilschädels von Bodo, Äthiopien. Maßstab: ein Zentimeter. (D. M.)

Mitarbeitern dem Mittelpleistozän zugerechnet und auf ein Alter von etwa 400 000 Jahren geschätzt (allerdings mit einem enormen Fehlerspielraum). Dennoch läßt sich nicht mit Gewißheit sagen, ob das Fossil wirklich diesen Sedimenten entstammte – das ist sehr bedauerlich, denn das Fossil gehört zu einer bestimmten Gruppe, die ihrerseits außergewöhnlich schlecht datiert ist. In Afrika ist es am ehesten mit dem vielzitierten „*Rhodesian Man*"-Kalvarium (Schädel ohne Unterkiefer) von Kabwe in Sambia zu vergleichen. Das Kalb-Team befand den Bodo-Gesichtsschädel klugerweise weniger archaisch als den asiatischen *Homo erectus* oder den Olduvai-Hominiden 9, jedoch archaischer als die Kibish-Schädel aus Omo, die Richard Leakeys Team wenige Jahre zuvor entdeckt hatte. Wir werden später noch darauf zurückkommen, was das bedeutet; inzwischen soll der Hinweis genügen, daß eine von dem erfahrenen afrikanischen Archäologen J. Desmond Clark geleitete Gruppe bei einer kurzen Untersuchung derselben Region 1981 ein paar hominide Fossilfragmente aus sehr viel älteren Sedimenten freilegte, die man auf ein Alter von etwa vier Millionen Jahren datierte. Diese Fossilfunde bestanden aus dem Teil eines Stirnbeines und dem eines proximalen Oberschenkelknochens, das einem gewohnheitsmäßig aufrecht gehenden Bipeden gehörte. Das Stirnbeinfragment ähnelte Clark und seinen Kollegen zufolge einem juvenilen Exemplar von der tansanischen Fundstelle Laetoli, der unsere Aufmerksamkeit von jetzt an gilt.

Laetoli, das Louis und Mary Leakey 1935 erstmals aufsuchten, befindet sich, wie wir gesehen haben, etwa 40 Kilometer südwestlich der Olduvai-Schlucht. Damals entdeckten sie einen isolierten unteren Eckzahn, den Leakey zunächst für den eines Affen hielt, bis es sich schließlich herausstellte, daß er aus dem Kiefer eines frühen Hominiden stammte. In Laetoli liegen auf einer Fläche von mehreren Quadratkilometern Sedimente aus dem Pliozän frei; die Vegetation ist dort jedoch viel dichter als in der Olduvai-Schlucht. Deshalb ist die Arbeit dort aus Sicht des Fossiliensammlers weit weniger befriedigend, und so wandte sich Leakey senior rasch Olduvai zu, wo er selbst auch dann noch blieb, nachdem der deutsche Forscher Ludwig Kohl-Larsen

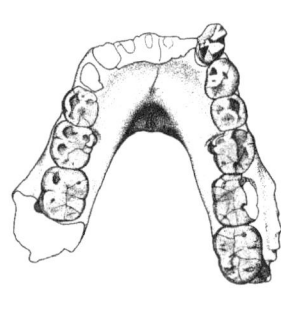

11.5   Der LH-4-Unterkiefer aus den Laetoli-Beds, Laetoli, Tansania. Holotypus des *Australopithecus afarensis*. Maßstab: ein Zentimeter. (D. M.)

in Laetoli (oder Garusi, wie er es nach dem dortigen Flußtal nannte) etwa vier Jahre später das Fragment eines menschlichen Oberkiefers entdeckte. Im Jahre 1950 erklärte Kohl-Larsens Landsmann Hans Weinert, wie erwähnt, dieses Fragment zum Holotypus der neuen Art *Meganthropus africanus*; seiner Ansicht nach war es mit einem problematischen Kieferfragment von Java verwandt, das Franz Weidenreich 1945 benannt hatte. Es sollten fast fünf Jahrzehnte nach ihrem ersten Besuch verstreichen, bis Mary Leakey nach Laetoli zurückkehrte und dort wieder nennenswerte Grabungen unternahm. Diese dauerten von 1974 bis 1981 an und förderten etwa 30 Fossilien früher Hominiden zutage, von isolierten Zähnen und Kieferfragmenten bis hin zu zwei recht gut erhaltenen Unterkiefern, einem adulten (Laetoli-

Hominide 4) und einem juvenilen (LH 2). Man entdeckte auch Teile eines juvenilen Skeletts. Ein weiterer Fund war der viel jüngere und relativ vollständig erhaltene Schädel eines Menschen (LH 18, bekannt unter der Bezeichnung Ngaloba-Schädel, nach den Ablagerungen, in denen man ihn fand). Dieser erscheint ein wenig archaisch und hat eine geschätzte Hirnschädelkapazität von 1 200 Kubikzentimetern. Die Kalium/Argon-Datierung der entsprechenden Tuffschichten ergab für die beiden Kieferknochen ein Alter zwischen 3,6 und 3,8 Millionen Jahren; das Ngaloba-Exemplar ist wahrscheinlich etwa 150 000 Jahre alt.

Die eigentliche Kostbarkeit von Laetoli waren aber einige Fußspuren, die der Paläoanthropologe Andrew Hill als Erster entdeckte, als er sich vor einem Klumpen Elefantendung duckte, den ein Kollege nach ihm warf. Diese Fußspuren hatten sich in sehr feiner vulkanischer Asche erhalten, die der naheliegende Vulkan Sadiman vor etwa 3,7 Millionen Jahren ausgestoßen hatte. Nachdem dieser Staub in einer dünnen Schicht die Landschaft überzogen hatte, war leichter Regen gefallen und hatte ihn in eine Art feuchten Zement verwandelt. Bevor er trocknete und aushärtete, liefen verschiedene Vögel und Säugetiere darüber hinweg und hinterließen ihre Spuren. Unter den Säugetieren waren auch einige frühe Hominiden, und unglaublicherweise waren an einer Stelle (Fundstelle G, freigelegt in den Jahren 1978 und 1979) die erhaltenen Fußspuren zweier solcher Wesen, die nebeneinander gegangen waren, über eine Länge von insgesamt etwa 24 Metern erhalten geblieben. Nachdem die Fußspuren entstanden waren, hatte ein erneuter Vulkanausbruch weitere Asche ausgestoßen, welche die Spuren bedeckt und geschützt hatte, bis sie durch Erosion freigelegt wurden, um vom Leakey-Team entdeckt zu werden. Das war natürlich ein ziemlich bemerkenswerter, beispielloser Fund. Die meisten Fossilien liefern lediglich direkte Belege für die Anatomie der Knochen oder Zähne. Alle Schlußfolgerungen darüber, wie ihre Besitzer sich verhalten haben – beispielsweise, wie sie sich fortbewegten – bleiben genau das, nämlich Schlußfolgerungen. Hier in Laetoli aber war menschliches Verhalten selbst versteinert! Natürlich waren dies nicht die einzigen Fußspuren vorzeitlicher Menschen, die jemals entdeckt wurden: Andere kennen wir beispielsweise aus verschiedenen eiszeitlichen Höhlen in Europa. Doch alle weiteren bekannten Versteinerungen menschlicher Fußspuren stammen von Angehörigen unserer eige-

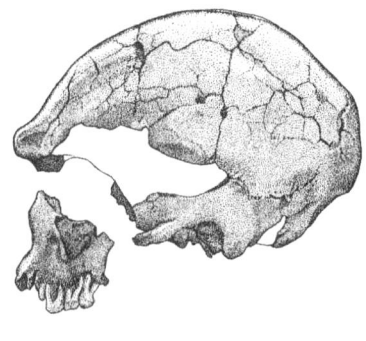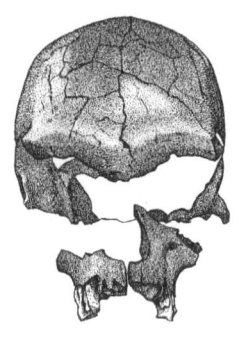

11.6 Lateral- und Frontalansicht des Teilschädels LH 18 aus den Ngaloba-Beds, Laetoli, Tansania. Maßstab: ein Zentimeter. (D. M.)

nen Art, *Homo sapiens*, und sind meist nur wenige Zehntausend Jahre alt. Die Abdrücke von Laetoli zeigen dagegen den Beginn der menschlichen Abstammungslinie. Sie sind als einzige Abdrücke so alt, daß die Geschöpfe, von denen sie herrühren, durchaus noch keine vollkommenen Zweibeiner gewesen sein müssen – vielleicht sind sie nicht genauso gegangen, wie wir es tun.

Da die Welt nun einmal nicht vollkommen ist, dauerte es natürlich lange bis zur vollen Einigkeit über die Bedeutung der Fußabdrücke, die tatsächlich auch heute noch nicht erreicht ist, obwohl niemand mehr abstreitet, daß die Spuren von aufrecht gehenden Bipeden stammen. Ähnliche Uneinigkeit herrscht bei der Interpretation der hominiden Fossilien von Laetoli, obwohl sie zunächst wenig beachtet wurden. Man übergab die Kieferknochen und Zähne aus Laetoli Tim White zur Beschreibung. Er war ein Schüler von Milford Wolpoff, der kurz in Ost-Turkana gearbeitet hatte, bevor er sich mit Richard Leakey überwarf, und der später die Grabungssaison 1978 (während der die meisten Abdrücke freigelegt wurden) in Laetoli verbrachte, bevor er sich auch mit Mary Leakey zerstritt. White fertigte 1977 eine sorgfältige und detaillierte Beschreibung der 1974 und 1975 in Laetoli gefundenen Hominiden an, die keinerlei Kommentar zu deren Verwandtschaftsverhältnissen enthielt. Im Jahre 1980 folgte die Beschreibung der späteren Funde. Ich kann mich an Kollegen erinnern, die damals klagten, wie unlesbar langweilig diese Beschreibungen seien, doch lag dies – wie White bald unter Beweis stellen sollte – keineswegs an seiner mangelnden Vorstellungskraft; er hielt sich einfach nur an die Auflagen, die die Leakeys damals all ihren Mitarbeitern machten.

Was war also dieser frühe Zweibeiner von Laetoli, wirklich der früheste bekannte Hominide? Der erste Versuch einer Antwort darauf mußte bis zur Zusammenarbeit von Johanson und White warten. Diese beiden Forscher waren für die Beschreibung praktisch aller hominiden Fossilien verantwortlich, die damals aus der Zeit vor vier bis drei Millionen Jahren bekannt waren, und irgendwie war es nur natürlich, daß die beiden diese Fossilien schließlich gemeinsam analysierten, obwohl sie von ganz unterschiedlichem Temperament waren. Jedenfalls bat Johanson im Sommer des Jahres 1977 White, Abgüsse der Fossilien von Laetoli nach Cleveland zu bringen, um sie mit denen von Hadar zu vergleichen. Die Fragestellung lag auf der Hand: Gehörten die Hominiden der beiden Fundorte zur selben Art?

In dieser Frage wäre Uneinigkeit zwischen Johanson und White zu erwarten gewesen; schließlich hatte Johanson bereits die Behauptung veröffentlicht, die Fossilien von Hadar könnten mehrere Arten repräsentieren, während White seine Ausbildung bei Milford Wolpoff erhalten hatte, dem Guru der „Eine-Art-Philosophie", die den Gedanken ablehnte, daß zu irgendeinem Zeitpunkt mehr als eine Hominidenart existiert haben könnte. Johanson zufolge herrschte auch tatsächlich Uneinigkeit, zumindest am Anfang. Eine Schwierigkeit war der beträchtliche Größenunterschied zwischen den größten und den kleinsten Individuen der Hadar-Fossilien. Außerdem gab es auch bestimmte Unterschiede in der Morphologie; während die winzige Lucy beispielsweise sehr kleine Frontzähne besaß (daher der ziemlich V-förmige Kiefer), hatten größere Kiefer von Hadar verhältnismäßig große Vorderzähne. Diese Größenunterschiede mögen einfach von einem ausgeprägten Sexualdimorphismus innerhalb einer einzigen Art hergerührt haben, wobei die größeren Fossilien von männlichen, die kleineren von weiblichen Individuen stammten. In diesem Fall stellten die Unterschiede in der Form höchstwahrscheinlich nur die passive Folge von Größendiskrepanzen dar. Der Einfluß der Größe auf die Form war bei lebenden Organismen aller Art schließlich schon lange dokumentiert. Andererseits ließen sich die Verschiedenheiten in Größe und Form aber auch als Folge des Vorhandenseins von mehr als einer Art in diesen Fossilienkollektionen verstehen. White favorisierte trotz des großen Unterschieds zwischen den größten und den kleinsten Individuen die „Eine-Art-These". Johanson bevorzugte jedoch, zumindest anfänglich, die bereits von ihm vertretene „Zwei-Arten-Interpretation", nach der die größeren Exemplare eine ursprüngliche Art der Gattung *Homo* repräsentierten und Lucy und ihresgleichen etwas anderes.

Die erste Schlußfolgerung, auf die sich beide Forscher einigten, war, daß alle Hominiden von Hadar sich sowohl von Menschenaffen als auch von anderen bekannten Hominiden unterschieden. Dann erkannten sie innerhalb der Fundstücke eine praktisch komplette Größenabstufung von groß nach klein, und deshalb erhielt die Frage der Gestaltunterschiede größte Bedeutung. Letztendlich überzeugten sie sich davon, daß Allometrie und die bei verschiedenen Individuen derselben Art stets auftretenden Unterschiede eine angemessene Erklärung für die Formdifferenzen lieferten. In den etwa 3,7 bis drei Millionen Jahre alten Funden von Hadar und Laetoli sahen sie daher Belege für eine einzige Art, die keiner anderen glich. Diese Art war vollkommen biped, und die männlichen Indivuen waren viel größer als die weiblichen (in etwa so wie bei den heutigen Gorillas), obwohl selbst die männlichen kaum größer waren als 1,40 Meter. Die ausgeprägten Muskelmarken an den Knochen lassen auf einen kräftigen Körperbau beider Geschlechter schließen. Ihre Arme waren im Verhältnis zu den Beinen länger als unsere, und ihre Hände glichen denen moderner Menschen in fast allen Details, obwohl sie ein wenig länger und gekrümmter waren. Ihr Körper wurde nach oben hin schmaler. Ihr Gehirn war etwa so klein wie das von Schimpansen, und auch ihr Gesicht war, wie das der Menschenaffen, groß und vorspringend. Ihre Zahnreihen liefen nach vorne hin ein wenig zusammen und formten einen Zahnbogen, der weder parabolisch war wie beim modernen Menschen noch seitenparallel wie bei rezenten Affen. Die Schneidezähne waren groß, wenn auch nicht übermäßig; und die Eckzähne glichen in ihrer konischen Form denen von Menschenaffen, ähnelten in ihrer geringen Größe jedoch menschlichen Zähnen. Die Molaren waren groß und relativ flach. Diese besonderen Hominiden gingen den frühesten bekannten Steinwerkzeugen von Hadar voraus, und es ist fast sicher, daß sie keine Werkzeuge herstellten.

Hier hatten Johanson und White nun Belege für eine neue Hominidenart, eine, die älter als alle bekannten Arten war. Zu welcher Gattung aber gehörte sie? Zur Auswahl standen nur zwei: *Australopithe-cus* und *Homo*, und niemand, der von den Kollegen nicht ausgepfiffen werden wollte, hätte auch nur im Traum daran gedacht, eine neue Gattung zu etablieren. Die beiden gingen vor allem anderen vom Alter ihres neuen Geschöpfs aus und entschieden, daß sie eine hominide Stammart vor sich hatten, von der alle folgenden menschlichen Arten abstammten. Und wenn dieser Urahn sowohl die Gattung *Australopi-thecus* als auch *Homo* hervorgebracht hatte, so folgerten sie, konnte er nicht selbst zu *Homo* gehören. Die Logik dieser besonderen These ist nicht ganz offensichtlich (denn wenn man einer Gattung am Verzwei-gungspunkt einer Gabel den Namen einer der beiden Gattungen am Ende der Zinken geben kann, kann man ihr ebenso gut den von der am anderen geben); zweifellos war dies aber die angenehmere Wahl. Die-ses Geschöpf *Homo* zuzurechnen, wäre nämlich im Grunde eine Gleichsetzung unserer eigenen Gattung mit der ganzen Familie Homi-nidae.

So fiel die Wahl auf die Gattung *Australopithecus*. Wie sollte die neue Art heißen? Angesichts der Tatsache, daß die Fossilien aus zwei weit voneinander entfernten Fundstellen stammten, wollten Johanson und White sie symbolisch verbinden. Das taten sie, indem sie den Unterkiefer LH 4 von Laetoli zum Holotypus ihrer neuen Art machten und die neue Art *Australopithecus afarensis* nannten; denn die mei-sten der ihr zugeschriebenen Exemplare stammten aus der Afar-Regi-on in Äthiopien. Dieses Vorgehen war zwar zulässig, aber nicht sehr geschickt, denn es besteht immer noch die Möglichkeit, daß jemand daherkommt und die Zugehörigkeit des Fundmaterials von Hadar und Laetoli zu zwei verschiedenen Arten nachweist – wie zumindest eine Wissenschaftlerin glaubt, es bereits getan zu haben. Sollte dies schlüs-sig bewiesen werden, so muß der Artname *afarensis* beim tansani-schen Typusexemplar verbleiben. Die Wahl des Namens machte aber deutlich, wie überzeugt Johanson und White davon waren, daß in beiden Fundregionen nur eine einzige Art existierte. Die Kritik an dieser Vorstellung konzentrierte sich dann auch weniger auf die Un-terschiede zwischen den beiden Lokalitäten, sondern vielmehr darauf, ob nicht unter den zahlreichen bekannten Fossilien von Hadar mehr als eine Art zu erkennen sei.

Die Eine-Art-Hypothese widersprach natürlich der Meinung, die Richard Leakey auf der Basis seiner Fossilien von Koobi Fora vertrat

– besonders angesichts des sehr hohen Alters, das er dem KBS-Tuff noch immer zuschrieb. Obwohl Leakey seine Ansichten zum Verlaufsmuster der frühen Evolution des Menschen nie sehr bestimmt geäußert hatte, machten seine Publikationen doch deutlich, daß er an eine sehr frühe Aufspaltung der Stammlinien von *Homo* und *Australopithecus* glaubte. Ein gemeinsamer Verlauf dieser beiden, wie ihn Johanson und White forderten, schmeckte ihm – milde ausgedrückt – nicht. Die ersten Gewitterwolken zogen 1978 auf, als Mary Leakey das Treffen in Stockholm besuchte, wo Johanson erstmals den *Australopithecus afarensis* öffentlich vorstellte. Mary wollte die Hominiden von Laetoli diskutieren und war laut Johanson beleidigt, weil er über „ihre" Exemplare sprach, obwohl sie ihre Beschreibungen schon publiziert hatte und diese somit bereits öffentliches Gut waren. Außerdem paßten ihr die Folgerungen, die er in seinen Äußerungen über die Fossilien zog, nicht gerade. Johanson zufolge hatte sie sich vorher einverstanden erklärt, als Koautorin mit ihm, White und Yves Coppens an der Veröffentlichung der Beschreibung der neuen Art mitzuwirken (unter der Bedingung, daß diese nicht nahelege, irgendein *Australopithecus* sei Vorfahr der Gattung *Homo*; dies erreichte man, indem man jegliche Diskussion zur Verwandtschaft der neuen Art strich). Jetzt aber verlangte Mary Leakey, ihren Namen aus dem Artikel zu entfernen, was zu diesem Zeitpunkt nur möglich war, indem man die gesamte Auflage vernichtete und eine neue Version veröffentlichte. Das persönliche Verhältnis zwischen den Leakeys und der Johanson-White-Achse kühlte deutlich ab.

Inzwischen bereiteten Johanson und White eine Abhandlung zur Interpretation des *Australopithecus afarensis* vor, die ihre Ansichten über die Stellung dieser Art in der menschlichen Evolution darlegte. Der Artikel, Anfang 1979 im einflußreichen Wissenschaftsmagazin *Science* veröffentlicht, machte Schlagzeilen in der Medienwelt und ließ auch in Fachkreisen die Wogen hochgehen. In diesem Artikel diskutierten die beiden mehrere alternative Möglichkeiten, die von ihnen anerkannten Hominidenarten anzuordnen. Sie entschieden sich für ein einfaches Gabelmodell, demzufolge die Stammart *A. afarensis* irgendwann vor knapp drei Millionen Jahren zwei Entwicklungslinien hervorbrachte. Eine davon führte über *Homo habilis* und *H. erectus* zum *H. sapiens*; die andere über *A. africanus* zum *A. robustus*, der vor etwa einer Million Jahren ausstarb. Johanson und White erkannten den *A. boisei* der Leakeys nicht als vom südafrikanischen *A. robustus* unabhängige Art an, und sie behaupteten, schon beim *A. africanus* seien im Vergleich zum ursprünglicheren *A. afarensis* Tendenzen zur Robustheit erkennbar.

Diese und offen gestanden auch jede andere Interpretation mußte geradezu zwangsläufig einen Aufschrei hervorrufen, und zwar nicht nur von den Leakeys. Man hätte sehr wohl eine noch heftigere Reaktion erwarten können, als tatsächlich folgte; dennoch war sie nicht gerade gedämpft. Einige Kritiker beharrten steif und fest darauf, daß Johanson und White eigentlich nur ostafrikanische Vertreter der Art *A. africanus* vorzuweisen hatten, die man von zahlreichen südafrikanischen Funden her kannte, deren Vorkommen in Ostafrika aber nur unsicher durch ein paar isolierte Zähne aus Omo belegt war. Ironischerweise führte – da seine eigene neue Art, *Homo habilis*, dieselbe Kritik erfahren hatte – Phillip Tobias aus Südafrika die Schar der Kritiker an. Tatsächlich verkündete er während der Konferenz in Stockholm, wo der *A. afarensis* sein Debüt gab, bei den Fossilien von Laetoli und Sterkfontein handele es sich lediglich um Subspezies (geographische Varianten) des *A. africanus*. Er wiederholte seine Behauptung in einer 1980 veröffentlichten, umfangreichen Abhandlung, worin er die Ansicht vertrat, daß alle späteren Hominiden – sowohl die robusten Australopithecinen auf der einen als auch *Homo* auf der anderen Seite – von der weit verbreiteten Art *A. africanus* abstammten.

Etwa zur gleichen Zeit griff Todd Olson vom New Yorker City College dieselbe Frage auf und kam zu dem Schluß, der Großteil der Exemplare von Hadar und diejenigen von Laetoli gehörten tatsächlich zu den robusten Australopithecinen – die er Brooms Gattung *Paranthropus* zurechnete. Insbesondere fand er *Paranthropus*-Merkmale an Schädelbasisfragmenten von Hadar. Da er die Priorität des Artnamens anerkannte, den Kohl-Larsen den Unterkiefern und Zähnen aus Laetoli (und folglich darüber hinaus den größeren Exemplaren aus Hadar) gegeben hatte, schrieb er diese ostafrikanischen Fossilien der Art *Paranthropus africanus* zu. Andererseits behauptete er, die kleinsten Exemplare von Hadar – vor allem Lucy – seien anders. Er ordnete sie einer ursprünglichen Art der Gattung *Homo* zu und dehnte diese Gattung, wie John Robinson, auf das grazile Fundmaterial aus Südafrika aus. Olsons Auffassung nach gehörten also die kleinen äthiopischen

Fossilien ebenso wie die traditionell dem *Australopithecus africanus* zugerechneten Funde Arten der Gattung *Homo* an.

Noch ein weiterer Paläoanthropologe erkannte nun mindestens zwei Arten unter den Fossilien von Hadar: Yves Coppens, dessen Studentinnen Brigitte Senut und Christine Tardieu die postkranialen Skelettreste untersucht hatten. Ebenso wie Olson schlußfolgerten diese Forscherinnen und Coppens, in Hadar seien zwei (oder vielleicht mehr) Hominidenarten vertreten. Für Coppens gehörte Lucy jedoch, wie der größte Teil des Materials, zum *Australopithecus afarensis*; verschiedene andere Arm- und Beinknochen rechnete er einer ursprünglichen Art der Gattung *Homo* zu. Richard Leakey fand in diesem Fundmaterial natürlich weiterhin Belege sowohl für *Australopithecus* als auch für *Homo*, obgleich er dies nicht näher begründete.

Die Diskussion hält noch an, doch die Interpretation von Johanson und White, nach der es in Hadar und Laetoli nur eine einzige Hominidenart gab, machte bei den meisten Paläoanthropologen recht bald das Rennen, zumindest als Arbeitshypothese. Tatsächlich gelangte der *Australopithecus afarensis* um einiges schneller in das anerkannte Pantheon der urzeitlichen Vorgänger des Menschen als jede zuvor benannte fossile Menschenart. Aber Fossilien sind natürlich keine rein statischen Objekte, die bloß als Staubfänger in den Schubladen der Museen herumliegen, wenn wir an ihnen nicht gerade herauszubekommen versuchen, mit welchen anderen Fossilien sie am nächsten verwandt sind. In der abschließenden Analyse sind sie unsere einzigen Zeugen einer langen, dynamischen und ereignisreichen Geschichte: eine Geschichte von Geschöpfen, die sich bemühen zu überleben und sich in einer Umgebung zu behaupten, die – überall auf Erden – gefährlich und unvorhersehbaren Veränderungen unterworfen ist. Und die Art und Weise, wie unsere Vorfahren mit solchen Launen der Natur zurechtkamen, ist wichtiger Bestandteil unserer eigenen Evolutionsgeschichte.

Zur Zeit der Beschreibung des *Australopithecus afarensis* führte man im allgemeinen den Erwerb des aufrechten Ganges darauf zurück, daß freie Hände gebraucht wurden, um Werkzeuge herzustellen und diese sowie andere Gegenstände herumzutragen. Als man aber entdeckte, daß dieser aufrecht gehende Bipede schon gut eine Million Jahre vor dem Auftauchen der ersten Steingeräte in der archäologischen Dokumentation auf seinen Hinterbeinen stand, war die Zeit für ein Umdenken ganz offensichtlich gekommen. Besonders sorgfältig ging dabei Owen Lovejoy von der Kent State University vor, dem Johanson die Beschreibung eines Großteils des postkranialen Hominidenmaterials von Hadar anvertraut hatte. Lovejoys Analyse des Lucy-Skeletts und anderer Fossilien überzeugte ihn davon, daß es sich nicht bloß um einen aufrecht gehenden Zweibeiner handelte, sondern um ein Lebewesen, das sogar äußerst effektiv an einen aufrechten, schreitenden Gang angepaßt war. So fand er beispielsweise heraus, daß Lucys rekonstruiertes Becken nicht nur sämtliche Kennzeichen unseres eigenen aufwies, sondern darüber hinaus die Darmbeinschaufeln viel weiter ausgestellt waren. Zusammen mit einem längeren Oberschenkelhals verbesserte dies die Mechanik der Muskeln, die bei aufrechter Haltung die Hüfte stabilisieren. Und das war einfach deswegen möglich, folgerte er, weil der *A. afarensis* mit seinem kleinen Gehirn nicht die Kompromisse eingehen mußte, die beim modernen Menschen nötig sind, damit ein Neugeborenes mit relativ großem Gehirn den Geburtskanal passieren kann. Lovejoy leitete hieraus für den *A. afarensis* einen aufrechten Gang ab, der sogar effizienter war als der unsrige.

Diese Schlußfolgerung blieb nicht unangefochten. Senut und Tardieu vermuteten aufgrund ihrer Untersuchungen der Knochen von oberen und unteren Gliedmaßen eine größere Beweglichkeit der Gelenke des *A. afarensis* als beim modernen Menschen und somit ein besseres Klettervermögen. Bill Jungers von der State University of New York in Stony Brook wies darauf hin, daß Lucys Arme im Verhältnis zwar nicht wesentlich länger waren als beim modernen Menschen, ihre Beine jedoch kürzer, was das Klettern begünstigen würde. Russ Tuttle von der University of Chicago fand heraus, daß Länge und Krümmung der Hand- und Fußknochen auf die Fähigkeit zu kräftigem Zugreifen und somit auch zum Klettern schließen ließen. Henry McHenry von der University of California in Davis stellte eine große Beweglichkeit im Handgelenk fest, was ähnliches vermuten läßt. Zusammenfassend folgerten Jungers und seine Kollegen Randy Susman und Jack Stern von Stony Brook, der *A. afarensis* habe sich zwar am Boden zweifellos biped fortbewegt, aber wohl auch längere Zeit in Bäumen zugebracht. Sie nahmen an, daß diese frühen Hominiden nachts auf Bäumen vor Raubtieren Schutz und wahrscheinlich auch tagsüber dort nach Nahrung suchten.

Die jeweilige Betrachtungsweise hängt natürlich davon ab, welchen Eigenschaften man bei der Bestimmung alltäglicher Verhaltensweisen die größte Bedeutung beimißt. Niemand bestreitet, daß der *A. afarensis* irgendwann aus einem größtenteils baumbewohnenden Vorfahren hervorging, obwohl wir bedenken müssen, daß auch die modernen Menschenaffen alle mehr oder weniger Zeit am Boden zubringen. Offensichtlich enwickelte sich der terrestrische aufrechte Gang nicht über Nacht zu seiner ganzen anatomischen Pracht; wir haben also am Knochenbau noch nicht lange bipeder Hominiden mit einigen Anzeichen ihrer arborealen Herkunft zu rechnen. Erwarten wir demgemäß, bei den ersten gewohnheitsmäßigen Zweibeinern ein Mosaik der Merkmale von Boden- und Baumbewohnern zu finden, welches davon sollen wir als besonders informativ für das Verhalten ansehen? Es ist nahezu sicher, daß die neu erworbenen (in diesem Falle, terrestrischen) Merkmale des *A. afarensis* das Verhalten widerspiegeln – warum sollten sie sich sonst etabliert haben? Die große Frage bleibt daher, inwieweit die ererbte Fähigkeit des Baumkletterns genutzt wurde.

Die Umgebung des *Australopithecus afarensis* bestand in Hadar aus sich abwechselnden, flußnahen Galeriewäldern und offeneren Savannengebieten, und wahrscheinlich bewegte er sich durch beide Landschaften (das aride Grasland, in welchem die Hominiden von Laetoli ihre Fußabdrücke hinterließen, war wahrscheinlich kein typisches Gebiet für ihre Nahrungsversorgung). Außerdem war *A. afarensis* zwar robust, aber auch von kleiner Gestalt und auf zwei Beinen nicht besonders schnell. Daher ist zu vermuten, daß dieser Hominide durch Raubtiere in der offenen Landschaft recht gefährdet war, und als einigermaßen fähiger Kletterer hat er sicher – besonders nachts – in Bäumen Schutz gesucht. Zudem befanden sich zwar Baumfrüchte in seiner Reichweite, doch soweit wir wissen, benutzte er keine Werkzeuge. Das begrenzte seinen Zugang zu vielen der möglichen Nahrungsquellen – Wurzeln, Zwieben, Knollen und dergleichen – in der Savanne. Im tödlichen Ernst des Spiels um das Überleben ist es höchst unwahrscheinlich, daß der *A. afarensis* nicht jede verfügbare Nahrungsquelle nutzte. Ein Verhaltensmuster, welches seine Kletterkünste mit der neuerworbenen bipeden Fähigkeit kombinierte, erscheint deshalb alles in allem naheliegend. Und da die Anatomie von Lucys Typ offenbar mindestens einige Jahrmillionen Bestand hatte, war dies eindeutig eine erfolgreiche Verhaltensstrategie.

Die genaue Interpretation der funktionellen Anatomie von Lucy und ihrer Verwandtschaft ist noch immer strittig. So wird beispielsweise behauptet, der *A. afarensis* habe sein Knie nicht so wie wir vollständig strecken können, und daß der im Vergleich zu unserem viel kleinere Oberschenkelkopf (das tragende Element des Oberschenkels) Rückschlüsse auf eine weniger gute Anpassung an die aufrechte Haltung zuließe. Dennoch findet man bei dieser Art zweifellos die wesentlichen Voraussetzungen für die bipede Fortbewegung, und kaum jemand bezweifelt noch, daß es sich beim aufrechten Gang um die ursprünglichste hominide Adaptation handelt. Das führt zu der naheliegenden Frage: Warum? Owen Lovejoy meinte die Antwort gefunden zu haben. In einer 1981 veröffentlichten Abhandlung vertrat er die These, der in Anatomie und Verhalten komplexe Übergang von der Quadrupedie nach Art der Menschenaffen zur aufrechten Haltung könne nicht schlagartig stattgefunden haben, diese Veränderung müsse einen ausgleichenden Vorteil mit sich gebracht haben, der die erfolgreiche Fortpflanzung dieser frühen „Weder-Fisch-noch-Fleisch-Hominiden" begünstigte. Die Frauen konnten ihre Reproduktionsrate allein kaum steigern, da sie schon wegen der jahrelangen Abhängigkeit ihres Nachwuchses gehandicapt waren. Sie konnten dieses Ziel jedoch erreichen, indem sie die Männer an der Ernährung der Familie beteiligten. Die unbelasteten Männer waren in der Lage, durch die Landschaft zu streifen, und bei bipeder Fortbewegung hatten sie die Hände frei, um Nahrung nach Hause zu tragen. Von diesen Umständen konnten sie in reproduktiver Hinsicht allerdings nur profitieren, wenn es sich bei dem Nachwuchs, dessen Überlebenschancen sie so erhöhten, um ihren eigenen handelte. Das wiederum paßte zu dem offensichtlichen Interesse der Frauen an einem dauerhaften, zuverlässigen Partner. So verwob Lovejoy sehr geschickt den aufrechten Gang, das Tragen von Nahrung und das Umherstreifen rund um das Basislager zu einem interessanten Szenarium, das auch die Entwicklung von partnerschaftlicher Bindung und Treue unter frühen Hominiden mit einbezog. Umgekehrt stellte diese sehr enge Bindung, die ständig durch mehr oder weniger auffallende sexuelle Signale bekräftigt wurde, eine Begründung für die zwar deutlichen, aber nur schwer erklärbaren sekundären Geschlechtsmerkmale (beispielsweise vorstehende Brüste und Gesichtsbehaarung) dar, wie sie sowohl bei Frauen als auch bei Männern auftreten.

Wie zu erwarten, ernteten Lovejoys Ideen aus verschiedenen Gründen viel Kritik. Sie waren nützlich, weil sie zur erneuten, intensiven Prüfung der Frage nach den Ursprüngen menschlicher Zweifüßigkeit führten. So diskutierte man heftig die Energetik des aufrechten Ganges sowohl von Menschen als auch von modernen Menschenaffen, die alle zumindest unter gewissen Umständen dazu neigen, ihren Rumpf aufrecht zu halten. Peter Rodman und Henry McHenry von der University of California in Davis zeigten beispielsweise recht elegant, daß die Bipedie des Menschen zwar verglichen mit der Quadrupedie eines spezialisierten bodenbewohnenden Säugetieres wie etwa eines Pferdes wirklich ineffizient ist, aber im Vergleich zu der quadrupeden Fortbewegung von Affen am Boden (die notwendigerweise einen Kompromiß mit der Fortbewegung in Bäumen darstellt) relativ effizient. Muß ein Affe am Boden längere Strecken zurücklegen (wie es der Fall gewesen sein könnte, als die Wälder, in denen er lebte, durch sich ausbreitendes Grasland zerteilt wurden), so mag der aufrechte Gang für ihn tatsächlich die wirkungsvollste Fortbewegungsweise sein. Rodman und McHenry zufolge war es nicht nötig, extra einen Verhaltensvorteil zur Erklärung des Überganges von der hominoidartigen Quadrupedie zur Zweifüßigkeit zu erfinden, da dieser schon für sich genommen energetisch einen Sinn machte: Es gab keine unüberbrückbare energetische Kluft zwischen der Vierbeinigkeit der Hominoiden und der Zweibeinigkeit der Hominiden.

Diese Argumentationsweise paßte gut zu der aufkeimenden Bereitschaft, die Rolle eines Umweltwandels beim Erwerb des aufrechten Ganges der Hominiden näher in Betracht zu ziehen – besonders als man herausfand, daß der Ursprung der menschlichen Familie wahrscheinlich nahezu zeitgleich mit einer Trockenperiode in Afrika zusammenfiel. Während dieses Vorganges schrumpften die Wälder auf dem Kontinent beträchtlich und wurden in weiten Gebieten durch Grasland ersetzt. Die interessantesten Spekulationen der jüngsten Zeit konzentrierten sich auf die veränderten physiologischen Ansprüche, denen sich die in die neue Umgebung vordringenden Protohominiden gegenübersahen, während ihre Affenverwandtschaft auf die ständig zurückgehenden Wälder beschränkt blieb. Beispielsweise erläuterte der englische Physiologe Pete Wheeler unlängst, welche Schwierigkeiten die Regulierung der Körpertemperatur diesen Vorläufern des Menschen bei einem Mangel an Trinkwasser zweifellos bereitet hat –

und wie hilfreich die Bipedie dabei gewesen sein muß, dieser Herausforderung zu begegnen.

Die vielleicht größte physiologische Schwierigkeit für jedes savannenbewohnende Säugetier besteht in der Kühlung des Gehirns, ein Organ, das gegen Überhitzung sehr empfindlich ist. Die meisten Säugetiere der Savanne haben entsprechende Mechanismen entwickelt, die meisten Primaten als Waldbewohner jedoch nicht. Die einzige Möglichkeit der ersten Hominiden, ihr Gehirn zu kühlen, war daher, den gesamten Körper kühl zu halten – das gelang unter anderem, indem die Wärmebelastung durch die tropische Sonne weitgehend vermieden wurde. Genau dazu führt eine aufrechte Haltung, da sie die den Sonnenstrahlen direkt ausgesetzte Körperfläche minimiert. Außerdem erhält der Körper durch die Zweibeinigkeit einen weiten Abstand zum Boden und kann vom Wind gekühlt werden. So wird Wärme sowohl durch Konvektion als auch das Verdunsten von Schweiß abgegeben – besonders, wenn die Haut nicht durch dichte Behaarung isoliert wird, deren Verlust bei aufrechter Haltung von Vorteil ist. Außerdem ist es praktisch sicher, daß die frühen savannenbewohnenden Hominiden auf der Suche nach Nahrung recht weit umherstreifen mußten, und Wheeler hat berechnet, daß bei geringer Geschwindigkeit die zweibeinige Fortbewegungsweise der Menschen weniger Energie benötigt als die quadrupede der Affen. Somit wird auch weniger Körperwärme als Nebenprodukt der Energiegewinnung erzeugt. Wenn weniger Wärme im Körper produziert und weniger aus der Umgebung aufgenommen wird, und wenn ein größerer Teil der Körperoberfläche vor direkter Sonneneinstrahlung geschützt ist und somit durch Wärmestrahlung gekühlt werden kann, dann bedeutet die Regulierung der Körpertemperatur in tropischer Umgebung kein großes Problem mehr. Wheeler merkt auch an, daß die arborealen Vorfahren der ersten menschlichen Zweibeiner höchstwahrscheinlich keine ausschließlichen Vierbeiner waren; sie waren vielmehr semiarboreale Generalisten, die bereits zu aufrechter Haltung des Rumpfes neigten. Während die Wälder, in denen sie lebten, nach und nach zerteilt und durch sonnenverbranntes Grasland ersetzt wurden, standen ihnen mehrere Optionen offen, als sie begannen, die neue Umgebung zu nutzen. Die physiologischen Vorteile der aufrechten Haltung mögen genügt haben, um den Ausschlag zugunsten der bipeden Fortbewegung zu geben.

Die späteren Menschen entwickelten spezielle Mechanismen zur Kühlung des Gehirns, darunter auch einen „Kühler" aus winzigen Blutgefäßen in Kopfhaut und Gesicht. Dean Falk von der State University of New York in Albany weist darauf hin, daß sich dieser Mechanismus (dessen Wirksamkeit noch fraglich ist) bei heutigen Affen nicht finden läßt. Nach den Merkmalen an der Schädelinnenseite zu urteilen, die mit einer solchen Kühlung einhergehen, fehlte er auch bei den Hominiden von Hadar und den robusten Australopithecinen. Falk behauptet jedoch, das Durchblutungssystem des Schädels bei dem einen zu diesem Problem aussagefähigen (juvenilen) Exemplar von Laetoli sei anders. Ihrer Ansicht nach ordnet das die Fossilien von Laetoli und Hadar nicht nur unterschiedlichen Arten, sondern sogar unterschiedlichen Abstammungslinien zu, wobei die erste auf dem Weg zum grazilen *Australopithecus* und zu *Homo* läge und aus der zweiten die robusten Australopithecinen hervorgingen. Diese Interpretation fand kaum Zustimmung, aber solche Befunde werfen Fragen zu der Art und Weise auf, wie wir die uns zur Verfügung stehenden fossilen Daten auslegen sollen. Und seit der Glanzzeit der Entdeckung fossiler Hominiden in Kenia und Äthiopien in den frühen und mittleren siebziger Jahren wurde die Art, wie Paläoanthropologen – und Paläontologen allgemein – den Evolutionsvorgang und die fossilen Zeugnisse der Evolutionsgeschichte betrachten, zweimal revolutioniert. Diesen Revolutionen werden wir uns im nächsten Kapitel zuwenden.

12. Die Theorie mischt sich ein

Ganz abgesehen von der außergewöhnlich hohen Anzahl neuer fossiler Hominidenfunde, die in den siebziger Jahren unseres Jahrhunderts gemacht wurden, war es ein Jahrzehnt großer Aufregung und Unruhe in der Evolutionsbiologie. Jahrelang hatten sich Paläontologen abgemüht, die ihnen von ihren Fossilien gegebenen Anhaltspunkte dem Schema des allmählichen Wandels anzupassen, das die Synthetische Theorie ihnen vorgab. Etwa um das Jahr 1970 empfanden einige von ihnen dieses Modell als immer unpassender. Die Synthetische Theorie erklärt, wie Sie sich erinnern werden, auf elegante Weise sämtliche evolutionären Phänomene als fortschreitende, stets von der natürlichen Selektion gelenkte Ansammlung genetischer Veränderungen in sich entwickelnden Abstammungslinien. Demnach müßten die Arten, obzwar räumlich diskrete Einheiten, in zeitlicher Dimension unbestimmbar sein. Arten galten lediglich als willkürlich definierte Abschnitte von Entwicklungslinien, die sich unweigerlich zu etwas anderem umbilden, wenn nicht aussterben, ohne Nachkommen zu hinterlassen. Zeit und anatomische Veränderung galten somit als mehr oder weniger gleichbedeutend. Demzufolge hätten die Fossilfunde eigentlich allmähliche Übergänge von einer Art zur nächsten aufweisen müssen; leider taten sie dies nur allzu selten. Arten, so stellte sich heraus, erscheinen in der Fossilgeschichte oft recht unvermittelt, verweilen für unterschiedliche, oft aber sehr lange Zeitspannen und verschwinden dann ebenso plötzlich, wie sie erschienen sind, um von anderen, möglicherweise nahe verwandten Arten ersetzt zu werden. Lange – eigentlich schon seit Darwins Zeiten – erklärte man sich die mangelnde Übereinstimmung zwischen den Fossilien und dem Erwarteten mit der vielzitierten Unvollständigkeit der fossilen Überlieferung. Mit den Jahren fand man jedoch immer mehr Fossilien, und die aus der Synthetischen Theorie abgeleiteten Vorhersagen stimmten immer weniger mit der Wirklichkeit überein. Offensichtlich war es an der Zeit, die Erwartungen der Paläontologen an die Theorie – und somit die Theorie selbst – neu zu bewerten.

Natürlich hatte nicht jeder die Lehren der Synthetischen Theorie akzeptiert. Ein gemeinsamer Vorstoß gegen ihre Annahmen erfolgte jedoch erst in den siebziger Jahren. Erste Signale wirklicher Opposition kamen 1971 von meinem Kollegen Niles Eldredge vom American Museum of Natural History. Er hatte die Entwicklung einer Gruppe von Trilobiten (urzeitliche, am Meeresgrund lebende wirbellose Tiere) studiert, die im Gestein im Norden des US-Bundesstaats New York und im Mittelwesten der USA reichlich zu finden sind. Eldredge stellte fest, daß sich bei den Trilobiten, die ihn interessierten, offensichtlich nichts veränderte. Im Mittelwesten fand sich in einer Zeitspanne von acht Millionen Jahren (inzwischen auf sechs Millionen verringert) nur ein einziger anatomischer Wandel, den man als Vorboten einer neuen Art interpretieren könnte. Hierbei handelte es sich um den Rückgang der Anzahl der Linsenreihen in den – Insektenaugen ähnlichen – Komplexaugen von 18 auf 17. An älteren Fundstellen trat die 18reihige, an jüngeren die 17reihige Form auf. Ähnliches fand man in New York, hier waren jedoch an einer Stelle, die einen bestimmten Moment in der Zeit repräsentiert, fossile Trilobiten beider Formen vorhanden. Diese Fundstelle war weitaus älter als der Übergang von einer Form zur anderen im mittleren Westen. Eldredge vermutete deshalb, daß im Gebiet des heutigen New York eine kurzfristige Speziation (das Enstehen einer neuen Art) stattgefunden hatte, im Mittelwesten die Dinge jedoch über Jahrmillionen gleich geblieben waren, bis eine Veränderung in der Umwelt der neuen Art deren Einwandern und das Verdrängen ihrer Vorfahren ermöglicht hatte. Die Botschaft war eindeutig: Die Trilobitenfunde in diesem Teil der USA spiegelten zum allergrößten Teil eher Stillstand statt ständige Veränderung wider. Diese Interpretation akzeptierte die fossilen Zeugnisse unvoreingenommen und deutete sie nicht als inadäquates Abbild der Vergangenheit. Sie stimmte natürlich ganz und gar nicht mit der Erwartung eines allmählichen Wandels überein. Eldredge versuchte nicht, in seiner Entdeckung die legendäre Unvollkommenheit der fossilen Überlieferung zu sehen, sondern beharrte auf seiner Vorstellung von langfristigem Stillstand und berief sich auf die allopatrische Artbildung, um das von ihm erkannte Schema zu erklären.

Die allopatrische Artbildung ist ein alter, vor allem von Ernst Mayr geprägter Begriff für einen bestimmten Modus des Entstehens von Arten. Mayr stellte fest, daß die Mitglieder nahe verwandter Arten sich durch ihre Unfähigkeit, miteinander lebensfähige und fruchtbare Nachkommen zu produzieren, grundlegend voneinander unterscheiden (eine Unfähigkeit, die Paläontologen selbstverständlich nicht anhand von Fossilien beobachten können). Daher vertrat er die These, daß neue Arten entständen, wenn eine geographische Barriere (etwa ein Fluß, eine Bergkette oder eine Wüste) das Territorium einer weitverbreiteten Art zerteilt. Die nun getrennten Populationen, deren Individuen sich zuvor ungehindert miteinander gekreuzt hatten, können dann ihre Gene nicht mehr untereinander austauschen. Da Mutationen und andere genetische Abweichungen weiterhin in beiden Populationen auftreten, werden sich beide allmählich voneinander unterscheiden. Dieser Prozeß wird letztlich eine effektive Fortpflanzung zwischen Mitgliedern beider Populationen verhindern, selbst wenn sie wieder zusammentreffen. So entstehen zwei Arten, wo es zuvor nur eine gab. Da die Genpools kleiner Populationen weniger träge sind, hielt Mayr es für sehr wahrscheinlich, daß Artbildung und Wandel eher in kleinen peripheren Isolaten auftreten als in den großen Massen der elterlichen Population. Sollten Sie sich übrigens fragen, wie Mayr dieses Modell mit den großen Ideen der Synthetischen Theorie in Einklang brachte, für deren Etablierung er sich so eingesetzt hatte, so lautet die Antwort, daß er dies nie wirklich tat.

Wir werden uns den Arten und ihrem Entstehen sowie den Möglichkeiten für die Zoologen und Paläontologen, sie zu erkennen, später wieder zuwenden; für den Augenblick genügt es wohl festzustellen, daß allopatrische Artbildung, erdgeschichtlich gesehen, nur einen Augenblick in Anspruch nimmt. Außerdem ist sie unabhängig von langfristiger anatomischer Veränderung. Eldredge interpretierte seine gemischten Trilobiten von jener Stelle in New York als Population, die mitten im Prozeß der allopatrischen Speziation konserviert wurde; denn diese fand eindeutig nicht im gesamten Verbreitungsgebiet der Trilobiten statt. Darwin und seine Nachfolger hatten jedoch behauptet, die Arten hätten ihren Ursprung in der Adaptation, einem langsamen, sich über weite Zeitspannen erstreckenden Prozeß. Obwohl die Urheber der Synthetischen Theorie sich bemühten zu berücksichtigen, daß das Tempo evolutionären Wandels sehr wechselhaft sein kann, schrieb man solche Variationen doch einfach Unterschieden in der vorherrschenden Intensität natürlicher Selektion zu. Indem Eldredge die Speziation als Grundlage der Veränderung und weniger als deren Folge betrachtete und darauf hinwies, daß Arten über lange Zeitspannen im wesentlichen unverändert bleiben, wich er nicht nur vollkommen von der gängigen Auffassung ab, sondern hatte sie sogar auf den Kopf gestellt. Seine Behauptung in einer speziellen Abhandlung zu publizieren, war eine Sache, sie jedoch allgemein bekannt zu machen, eine andere. Eldredge erreichte dies 1972 durch einen gemeinsam mit Stephen Jay Gould von der Harvard University verfaßten Artikel. Gould hatte ein ähnliches Muster bei den von ihm untersuchten eiszeitlichen Landschneckenarten der Bermudas bemerkt. Der Artikel von Eldredge und Gould war allgemeiner und mit mehr Nachdruck geschrieben als Eldredges ursprünglicher Versuch und verursachte sofort Aufruhr. Vielleicht hing seine bemerkenswerte Wirkung mit dem knappen und provokanten Titel zusammen: *Punctuated Equilibria: An Alternative to Phyletic Gradualism*. Beginnend mit der These, daß vorgefaßte Schemata die Art der Betrachtung von fossilen Daten beeinflussen, stellten Eldredge und Gould der Synthetischen Theorie ihre konkurrierende Theorie des „Punktualismus" gegenüber, die evolutionären Wandel als episodisch betrachtet. Neue Arten entstehen durch Aufspaltung von Entwicklungslinien, in einem schnellen, doch sporadisch auftretenden Prozeß; dabei bringt eine elterliche Art zwei Tochterarten hervor. Die Geschichte jeder Tochterart ist durch das Fehlen ständigen Wandels gekennzeichnet (obwohl jede bei ihrer Ausbreitung wahrscheinlich einen Prozeß der geographischen Differenzierung – bedingt durch die Anpassung an unterschiedliche örtliche Lebensräume – durchmacht, der bei späteren Speziationen die Grundlage der Artdifferenzierung bilden kann). Demzufolge sollten wir nicht erwarten, an überhaupt irgendeiner Fundstätte den stetigen Wandel in der Zeit vorzufinden (denn Wandel wird nach dem Modell der allopatrischen Speziation fast immer an anderer Stelle stattgefunden haben, in einem kleinen, peripheren Isolat der elterlichen Art). Des weiteren sollten wir die Möglichkeit zumindest in Betracht ziehen, daß „Lücken" in der Fossilgeschichte, bei denen eine Art plötzlich verschwindet, um von einer anderen ersetzt zu werden, wirklich Lücken sind und nicht nur Hinweise auf fehlende Belege für Übergangsformen. Eldredge und Gould gaben zu, ihr Standpunkt beeinflusse möglicherweise ebenso wie der traditionelle des „phyletischen Gradualismus" die Interpretation der Fossilfunde; sie konnten jedoch zeigen, daß ein punktualistisches Schema die von ihnen unter den fossilen Zeugnissen vorgefundenen Muster befriedigender erklärt als das traditionelle Modell.

Schließlich formulierten Eldredge und Gould ein anscheinendes, von ihrem Schema aufgeworfenes Paradoxon. Verläuft die Evolution von Arten ungerichtet, wie es der Vorstellung vom phyletischen Gradualismus entspräche, weshalb gehören Arten dann größeren Gruppen an, innerhalb derer evolutionäre Trends durchaus erkennbar sind – etwa die Tendenz zu einem größeren Gehirn in der Evolution der Hominiden? Die Antwort liegt in der Natur der Arten selbst. Nach der Vorstellung vom Punktualismus sind Arten nicht einfach Abschnitte von Entwicklungslinien, die nur Realität erlangen, wenn wir sie zu einem einzigen Zeitpunkt betrachten. Statt dessen ähneln sie vielmehr Individuen mit Geburt (Artbildung) und Tod (oder Aussterben – dies kann Arten aus verschiedenen Gründen widerfahren, etwa wenn sie im Wettbewerb von anderen Arten verdrängt werden, die durchaus ihre eigenen Nachkommen sein können). Arten spielen also auf der größeren ökologischen Bühne gleichsam die Rolle der Individuen in der reinen Darwinschen Lehre: Individuen variieren in ihrer Fähigkeit zu überleben und Nachkommen aufzuziehen, ebenso Arten, die miteinander um den ökologischen Raum konkurrieren. Das unterschiedliche Überleben und die unterschiedliche Fortpflanzung von Arten bedingen somit evolutionäre Trends in genau der gleichen Weise wie unterschiedliches Überleben und unterschiedliche Fortpflanzung von Individuen in herkömmlicheren Vorstellungen. Noch immer diskutiert man heftig, warum und wie genau dieses „von der Spreu reinigen" der Arten geschieht. Kaum jemand würde allerdings noch in Frage stellen, daß Arten in der Evolution eine eigene, bedeutende Rolle spielen.

Die Idee vom Punktualismus rief unweigerlich die Opposition einiger Paläontologen hervor, von denen manche Eldredge und Gould mißverstanden. So hieß es damals oft, ihr Evolutionsmechanismus sei auf Saltation angewiesen – jene Quantensprünge, welche die Synthetische Theorie von der evolutionären Bühne verabschiedet hatte. Das war natürlich falsch; beim Punktualismus wirkt Speziation, nicht Saltation, und die Vorstellung von der Speziation hatten Mayr und andere bereits in das Schema der Synthetischen Theorie gezwängt. Es hieß auch, Eldredge und Gould seien gegen den Gedanken der Anpassung. Das war ebenfalls ungerechtfertigt. Zweifellos gibt es recht wenige

Beweise für Adaptation (einer davon ist Parallelentwicklung – die unabhängige Aneignung gleichartig spezialisierter anatomischer Merkmale bei zwei oder mehr Arten); und möglicherweise ist es zu einfach, so meint Eldredge, von der Feinabstimmung eines Organismus an die Umwelt auszugehen, wenn wir diesen in seinem Lebensraum beobachten. Dennoch ist Adaptation eine unwiderlegbare Tatsache evolutionären Lebens, und der Punktualismus ist eine adaptationistische Idee.

Offensichtlich kann eine Anpassung an neue Bedingungen nur dann stattfinden, wenn innerhalb einer Population physische Varianten entstehen, die von diesen Bedingungen begünstigt werden. Da der Nutzen der Anpassung vollkommen relativ ist, werden sie ebenso erscheinen wie weniger vorteilhafte. Neue genetische und physische Varianten, die zumeist kaum wahrnehmbar sind, entstehen recht zufällig in Populationen. Bei weitverbreiteten Arten wird sich aber die erfolgreichste Variation bei einer Ausbreitung der Art fast immer geographisch organisieren, da die peripheren Lebensräume meist nicht denen im Kern des Verbreitungsgebiets entsprechen und die natürliche Selektion Neuerungen bevorzugen wird, die unter den örtlich vorherrschenden Bedingungen von Nutzen sind. Dies ist nicht nur Theorie, sondern empirisch zu belegen: Ich habe festgestellt, daß nahezu jede Art mit einem großen Verbreitungsgebiet deutliche regionale Varianten aufweist, deren besondere Merkmale gewöhnlich in einem gewissen Grade adaptiv sind. Auch hier spielt natürlich der Zufall eine Rolle, einfach weil aus statistischen Gründen kein Isolat typisch für seine gesamte Art sein kann. Dennoch ist es unbestritten, daß auf dieser lokalen Ebene natürliche Selektion im Darwinschen Sinne stattfindet.

Die Auswirkungen auf die Artveränderung bestehen darin, daß bei Abtrennung eines Isolats von der größeren Elternpopulation durch einen klimatischen oder geographischen Zufall diese mögliche neue Art normalerweise bereits von der elterlichen abweichen wird. Die schon zu diesem Zeitpunkt vorhandenen Unterschiede werden dazu beitragen, die adaptive Natur der neuen Art zu determinieren. Das Ereignis der Speziation – ein Phänomen, welches bei Säugetieren noch kaum verstanden ist – drückt dieser Divergenz einfach seinen Stempel auf, indem es reproduktive Isolation schafft (die jede Art zu einem diskreten, historischen Wesen macht). Dabei muß das Ereignis mit der eigentlichen Anpassung nicht im Zusammenhang stehen. Dieser Vorgang der geographischen und anschließend der reproduktiven Isolation bewirkt jedoch ein dramatisches Schrumpfen des Genpools der neuen Art, und die Genetik lehrt, daß kleine Genpools von Natur aus instabiler sind als größere. Die neue Art wird daher für Veränderungen empfänglicher sein als die elterliche – und jede dieser Veränderungen kann wiederum adaptiv sein. Wahrscheinlich wurde Eldredge mit seinem Trilobitenfund im Norden des Bundesstaates New York Zeuge einer solchen, mit einer Speziation zusammenhängenden Episode. Ist die neue Art erfolgreich – und Eldredges neue Trilobitenart war es offensichtlich – wird die Population sich ausbreiten, der nun vergrößerte Gennpool gegenüber Veränderungen widerstandsfähiger sein und anatomischer Stabilität den Weg bereiten. Die neue Art wird sich aber oft selbst dann kaum von ihrer elterlichen unterscheiden, und das erschwert es uns natürlich, Arten in den Fossilbelegen zu erkennen.

Darauf werden wir später zurückkommen, an dieser Stelle mag der wiederholte Hinweis genügen, daß der Punktualismus tatsächlich die Vorstellung von Adaptation einschließt. Während die Kritik an dieser Betrachtung der Evolution vor der Behauptung des Anti-Adaptationismus nicht haltmachte, sahen doch viele Paläontologen den Punktualismus bereitwillig als Überwindung von Schwierigkeiten an, die ihnen die Interpretation ihrer eigenen Fossilien bereitete. Letztendlich entfesselten Eldredge und Gould in der Evolutionsbiologie eine Kontroverse, die noch heute nachhallt. Doch innerhalb von 20 Jahren hat sich die Auffassung durchgesetzt, daß man das kurzfristige Erscheinen und Verschwinden ganzer Arten bei einer umfassenden Darstellung der Geschichte des Lebens auf der Erde nicht ignorieren darf.

Die Idee des Punktualismus paßte auffallend gut zu der aufkommenden Erkenntnis, wie wandelbar Umwelten im Verlauf der langen biologischen Geschichte der Erde waren. Klimate und Habitate, so stellte sich heraus, veränderten sich nämlich mit solcher Geschwindigkeit, daß die Vorstellung vom stetigen, gerichteten Wandel über lange Zeiträume hinweg wenig plausibel erscheint. Schließlich wird eine Art, deren Lebensraum sich rasch verändert, mit weit größerer Wahrscheinlichkeit abwandern oder aussterben als sich am alten Ort zu wandeln. Die langfristigen evolutionären Trends, die eine gerichtete Evolution so sauber zu bestätigen schienen, währten einfach zu lange, um mit schrittweiser Anpassung an sich ständig verändernde oder mit besserer Anpassung an bestehende Umgebungen erklärt zu werden.

Das Aufkommen des Punktualismus bot jedenfalls eine vollkommen neue Perspektive für die Betrachtung der Fossilgeschichte, auch die der Hominiden, und 1975 veröffentlichten Eldredge und ich einen Artikel, in dem wir einige Auswirkungen dieser neuen Perspektive auf die Paläoanthropologie untersuchten. Wir wiesen insbesondere darauf hin, daß man angenommen hatte, da die Fossilgeschichte ihrer Natur nach eine Angelegenheit des Entdeckens war, verhalte es sich bei der Evolutionsgeschichte ebenso. Im Grunde glaubte man, nur um genügend Felsnasen kriechen und genügend Fossilien entdecken zu müssen, damit sich die menschliche Abstammungsgeschichte schließlich offenbart. Dies paßte natürlich hervorragend zu den Vorgaben der Synthetischen Theorie. Schritt nämlich der Wandel von Entwicklungslinien langsam voran, dann entsprach das, was wir dort draußen fanden, den Gliedern einer Kette, und wir mußten nur genügend davon finden, um zu zeigen, wie und wohin die Kette verlief. Das Entziffern der menschlichen Evolutionsgeschichte kam somit der Aufreihung verloschener Menschenarten – für uns zweckmäßigerweise durch die „Lücken" in der Fossilgeschichte definiert – in einem Zeitdiagramm gleich. Doch, so fuhren wir fort, wenn unsere Evolution eine Geschichte von Artbildungen mit mehr oder minder langlebigen, einander verdrängenden Arten war, so zeigt uns die Fossilgeschichte ein Verwandschaftsmuster: ein Muster, das sich nicht unmittelbar erkennen läßt, das vielmehr der Analyse bedarf. Und unsere damaligen Analysemethoden, wozu sie auch immer taugen mochten, waren offensichtlich fehlerhaft; denn in der Geschichte der Paläoanthropologie waren neue Funde stets weit davon entfernt, das Gesamtbild zu erhellen; vielmehr ließen sie es meist nur noch verschleierter und kontroverser erscheinen.

Falls es traditionell solche klar formulierten Methoden zur Rekonstruktion der Phylogenese überhaupt gab. Als Doktorand hatte ich einen Schreibtisch in einem Lagerraum im Keller des Peabody Museum of Natural History, einem der großen Magazine fossiler Wirbeltiere in den USA. Als angehender Paläontologe war ich begierig darauf, hinter die Geheimnisse der Paläontologie zu kommen. Verwundert beobachtete ich, wie gelehrte Besucher sich konzentriert über Exemplare beugten, die sie aus den Sammlungsschubladen hervorgeholt hatten. Die Messungen, die sie an Schädeln und Knochen vornahmen, erschienen mir noch recht einleuchtend (allerdings bin ich inzwischen zu dem Schluß gekommen, daß sie von geringerem Nutzen sind als allgemein angenommen). Komplizierte anatomische Beschreibungen konnte ich ebenfalls nachvollziehen, denn die Anatomie bildet den Kern einer letztlich vergleichenden Wissenschaft. Doch was war mit den anderen Notizen, die sich diese Fachleute so geschäftig machten, während sie die Fossilien Stunde um Stunde genau studierten? Was taten sie, das ihnen gestattete, diese Dokumente vom Leben in der Vorzeit über die einfache Beschreibung hinaus zu verstehen? Das gewöhnliche Studium der Evolution der Wirbeltiere befaßte sich damals kaum mit solchen Grundlagen. Man durchlief einfach eine Art Lehre, indem man geschichtliche Fakten dieser oder jener Tiergruppe erlernte, oder zumindest die Ansicht darüber, die dem Professor am meisten zusagte. Schließlich faßte ich den Mut, einem hohen Gelehrten die entscheidende Frage zu stellen: Wie *studiert* man Fossilien? Wie *versteht* man, was sie uns über die Geschichte des Lebens erzählen? Und die Antwort? »Betrachten Sie sie lange genug, und sie werden zu Ihnen sprechen.«

Heute erkenne ich, daß diese Antwort weitaus wertvoller ist, als es auf Anhieb erscheinen mag. Allein die intime, in langen Stunden intensiven Betrachtens geduldig erworbene Bekanntschaft mit Fossilien, führt tatsächlich zu Einsichten, die über bloßes Beschreiben und Vergleichen hinausgehen. Damals jedoch war ich begierig auf ein Rezept für die Ausübung der Wissenschaft, der ich meine Karriere zu widmen hoffte, und so war ich ehrlich gesagt von dieser nebulösen Antwort enttäuscht. Sie unterstellte nämlich, daß es keinerlei verfahrenstechnischen „Stein des Weisen" gibt, der das Geheimnis der komplizierten Webmuster der Entwicklung des Lebens in all seinen Dimensionen entschlüsseln würde. Ich konnte keine Kniffe erlernen, die mir Zutritt zum Allerheiligsten paläontologischer Professionalität gewähren würden. Alles, so schien es, hing von der Intuition ab, und wie erlernt man Intuition? Wie kann sie einem gelehrt werden?

Heutzutage wäre ich trotz meiner damaligen Enttäuschung der Letzte, der die Bedeutung von Intuition in der Forschung bestreiten würde, denn zweifellos ist sie die eigentliche Grundlage wissenschaftlicher Kreativität. Und die traditionellen Methoden, welche auch im-

mer, haben zugegebenermaßen die Paläontologie und Zoologie sehr
weit gebracht. Doch sie hatten ihre Grenzen, und als die Zahl der
Fossilfunde sprunghaft anstieg, wurden ihre Unzulänglichkeiten sichtbar. Es war also ein glücklicher Zufall, der mich 1971 an das American Museum of Natural History brachte, wo in der Systematik (dem
Studium der Vielfalt der Organismen und ihrer Beziehungen untereinander) eine gar nicht so stille Revolution einsetzte.

Der deutsche Entomologe Willi Hennig veröffentlichte 1950 ein
Buch, in dem er einen Ansatz zur biologischen Klassifizierung und
zum Auffinden evolutionärer Verwandtschaftsbeziehungen formulierte, den er „phylogenetische Systematik" nannte. Ernst Mayr taufte
diese Methode später „Kladistik" (abgeleitet von dem griechischen
Wort *klados* für „Zweig") , denn die so ermittelten Beziehungen stellte man in sich verzweigenden Diagrammen dar. Hennigs Werk erregte

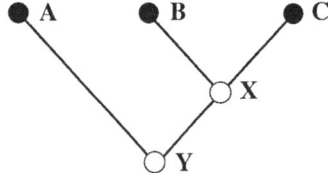

12.1   Einfachste Form eines Kladogramms.

außerhalb Deutschlands kaum Aufmerksamkeit, bis es im Jahre 1966
ins Englische übersetzt wurde. Danach kam der Wagen der Kladistik
ins Rollen, als eine Gruppe von Systematikern, insbesondere die Ich-
thyologen Donn Rosen und Gareth Nelson vom American Museum of
Natural History, Hennigs Ideen aufnahmen und sie ausarbeiteten. Bis
dahin ermittelten die meisten Wissenschaftler Verwandtschaften zwischen Organismen im wesentlichen auf der Basis allgemeiner Ähnlichkeit zwischen ihnen. So hatte Wilfrid Le Gros Clark für die Paläoanthropologie betont, man solle bei der Feststellung evolutionärer
Beziehungen mehr auf »morpholgische Gesamtstrukturen« als auf
einzelne Merkmale achten. Allerdings konnten sich die verschiedenen
Forscher kaum einig werden, was morphologische Gesamtstrukturen
eigentlich seien; und alles lief schließlich auf eine gefühlsmäßige
Beurteilung hinaus, die ein Abwägen konkurrierender Verwandt-
schaftstheorien gegeneinander erschwerte. Hennigs großes Verdienst

bestand darin, einen Rahmen geschaffen zu haben, innerhalb dessen man alternative Verwandtschaftshypothesen – zumindest theoretisch – rigoros vergleichen konnte.

Hennig gab die traditionelle Darstellung evolutionärer Verwandtschaften in Form von sich über einer Zeitachse schlängelnder Linien auf. Er führte das „Kladogramm" ein, ein sich verzweigendes Diagramm, in dem Arten (oder Taxa) in nestartigen Gruppen angeordnet sind, die ihre Abstammung von einem gemeinsamen Vorfahren zeigen. Im einfachsten Falle sieht ein Kladogramm aus wie das in Abbildung 12.1; dieses zeigt lediglich, daß A, B und C alle von einem gemeinsamen Vorfahren abstammen, B und C aber einen jüngeren gemeinsamen Vorfahren haben als jeder der beiden mit A hat. Woher wissen wir dies? Der einzige Weg, das herauszufinden, besteht darin, bei B und C ein oder mehrere gemeinsame „abgeleitete" Merkmale (evolutionäre Neuheiten) zu finden, die A nicht besitzt. Diese Merkmale werden sie wahrscheinlich von ihrem hypothetischen gemeinsamen Vorfahren X geerbt haben. Andere, A, B und C gemeinsame Eigenschaften, werden sie von Y, dem ihnen allen gemeinsamen Vorfahren, erhalten haben; sie zeigen lediglich, daß alle zur selben Gruppe gehören. Solche Merkmale werden für Y, verglichen mit seinem eigenen Vorfahren, abgeleitet sein; für A, B und C sind sie jedoch „ursprünglich" (plesiomorph) – gemeinsames Erbe von ihrem gemeinsamen Vorfahren, das uns über ihr Verwandtschaftsverhältnis untereinander aber keine Auskunft gibt. Um dieses Kladogramm zu erstellen, müssen uns die Vorfahren X und Y nicht unbedingt als Fossilien bekannt sein; wir schließen einfach von der Verteilung der Merkmale (oder, passender ausgedrückt, der Merkmals*ausprägungen* oder alternativen Formen desselben Merkmals) bei A, B und C auf ihre Existenz. Weder die Zeit noch die geographische Verteilung spielen bei diesem Vorgehen eine Rolle; uns interessiert hier ausschließlich die Morphologie. Evolutionäre Beziehungen bestimmt man also aufgrund gemeinsamer abgeleiteter Merkmalsausprägungen, und genau dieses von mir beschriebene Vorgehen erfolgt in komplizierten Fällen unter Berücksichtigung mehrerer Taxa.

Wie ermitteln wir, welche Merkmalsausprägungen innerhalb einer Gruppe von Taxa ursprünglich sind und welche abgeleitet? Ursprüngliche Merkmalsausprägungen sind gewöhnlich in allen formenreichen Gruppen weit verbreitet, während abgeleitete nur begrenzt auftreten.

Wenn man überdies eine Merkmalsausprägung in dem am nächsten verwandten Taxon außerhalb der Gruppe vorfindet, kann man sie ebenfalls als ursprünglich und somit vollkommen nutzlos für das Ermitteln von Verwandtschaften innerhalb der Gruppe ansehen. Manchmal ist auch die individuelle Entwicklung aussagekräftig: Beispielsweise bestätigt das Auftreten von Kiemenspalten in der frühen Embryonalentwicklung von Menschen und anderen Landbewohnern, daß Kiemen bei Wirbeltieren ein ursprüngliches Merkmal darstellen. Umstrittener ist ein viel diskutierter Ansatz, der aber möglicherweise bei sonst unlösbaren Problemen weiterhilft: die Annahme, daß Merkmalsausprägungen, die unter den uns bekannten Fossilien früh zum erstenmal auftreten, eher ursprünglich sind als diejenigen, welche erstmals später erscheinen. Ein gravierendes Problem bei all dem ist die Parallelentwicklung – die unabhängige Entstehung gleichartiger Merkmalsausprägungen. Solche Fälle verraten nichts über die Abstammung, sondern verwirren nur das Gesamtbild. Das wohl verblüffendste Resultat nach Einführung kladistischer Analysemethoden war der Nachweis, daß Parallelentwicklung weit häufiger auftritt, als sich nur irgendwer hätte träumen lassen. Arbeitet man allerdings mit einer ausreichenden Anzahl von Merkmalen, erweist sich die Parallelentwicklung für gewöhnlich als überwindbares Hindernis; so entwickelte man Computeralgorithmen, die den Umgang damit erleichtern. Doch kann man, besonders bei einer eng zusammenhängenden Gruppe wie den Hominiden, Parallelentwicklung niemals unbeachtet lassen; denn je mehr sich Arten genetisch ähnlich sind, um so wahrscheinlicher ist es, daß bei ihnen gleiche detaillierte Morphologien parallel entstehen.

Trotz aller Schwierigkeiten ermöglicht die Kladistik bei der Entwicklung und Prüfung phylogenetischer Hypothesen ein logisches Vorgehen, und wer für das Erkennen phylogenetischer Verwandtschaftsbeziehungen nach einem befriedigenderen Hilfsmittel als der Intuition suchte, empfand sie als frischen Windstoß. In unseren Artikel von 1975 lieferten Eldredge und ich die erste kladistische Analyse stammesgeschichtlicher Beziehungen zwischen Hominiden. Ein recht naiver Versuch, was vielleicht angesichts der Tatsache nicht überrascht, daß er das Werk eines Trilobitenspezialisten und von jemand war, der sich bis dahin vorrangig für niedere Primaten interessiert hatte. Diese Analyse förderte jedoch einige überraschende Ergebnisse zutage. Insbesondere fiel es uns schwer, den asiatischen *Homo erectus* als Übergangsstadium zwischen den *Australopithecus* und den *Homo sapiens* zu zwängen, für das man ihn hielt. Beispielsweise ist sein langgestreckter, niedriger am Hinterkopf und im Stirnbereich etwas abgeflachter Schädel für Hominidae unbedingt abgeleitet, doch teilt er dieses Merkmal nicht mit dem *Homo sapiens*. Das verdeutlichte, daß man den *Homo erectus* nicht aus zwingenden morphologischen Gründen zum Vorfahren des *Homo sapiens* gemacht hatte, sondern einfach weil er dafür zur richtigen *Zeit* auftrat. Dies war typisch für die Entdeckungen, die die frühen Kladistiker damals bei allen fossilen Wirbeltierfunden machten.

Vielleicht war es nicht überraschend, daß unser Artikel selbst wenig Furore machte; doch führte er die Kladistik in die Paläoanthropologie ein, und seitdem hat sich dieser Ansatz ständig weiter in unserer Wissenschaft durchgesetzt. Natürlich lehnen manche Paläoanthropologen die Kladistik immer noch ab, und gelegentlich kann man sich kaum des Eindruckes erwehren, daß viele der Paläoanthropologen, die sich die Kladistik zu eigen machten, mehr deren Dialekt übernommen haben als ihre Philosophie. Dennoch hat die Einführung der Kladistik, wie wir noch sehen werden, die Paläoanthropologie ebenso tiefgreifend beeinflußt wie die anderen Zweige der Wirbeltierpaläontologie.

Doch das Überdenken der Arbeitsweise in der Paläoanthropologie endete nicht mit der Einführung von Kladogrammen, hatte aber auf eine allgemeine Schwäche bei der Formulierung von Hypothesen in der Paläontologie hingewiesen. Eldredge und ich deuteten im Jahre 1977 an, die Paläoanthropologie sei deshalb ein so strittiges Geschäft gewesen, weil man Theorien zur menschlichen Evolution in allzu komplexer Form vorbrachte. Soll eine Hypothese wissenschaftlich sein, muß man sie so formulieren, daß sie möglicherweise auch widerlegbar ist: Sie muß objektiv überprüfbar sein. Und das Kladogramm, das lediglich verdeutlicht, welche Taxa mit welchen anderen am nächsten verwandt sind, erweist sich als die einzige objektiv überprüfbare paläontologische Hypothese. Es macht keine Aussagen über die Natur der betreffenden Verwandtschaften. Diese können von zweierlei Art sein: solche zwischen einem Vorfahren und seinem direkten Nachkommen und solche zwischen zwei „Schwester"-Taxa, die von demselben Vorfahren abstammen. Bezieht man Vorfahren und Abstammung in sein Kladogramm mit ein, entsteht ein sogenannter „Stammbaum". Die Hypothese von Johanson und White über den *Australopi-*

thecus afarensis war eine solche Formulierung. Da man aber Abstammung nicht wirklich *beweisen* (oder, in manchen Fällen, widerlegen) kann, machen solche Stammbäume nicht nur komplexere Aussagen als die zugrundeliegenden Kladogramme, sondern sie sind auch nicht überprüfbar. Und da man aus einem einzelnen Kladogramm mehrere unterschiedliche Stammbäume ableiten kann, öffnet dies ganz offensichtlich endlosen Diskussionen Tür und Tor.

Noch komplexer als der Stammbaum ist das „Szenarium". Dieses gewinnt man, wenn man die bereits im Stammbaum enthaltene Information durch die wirklich interessanten Tatsachen ergänzt. Diese zusätzliche Information enthält alles, was man über Anpassung, Ökologie, Verhalten und dergleichen weiß, und sicherlich wird gerade dadurch die Vergangenheit lebendig. Somit ist aber schon ein durchschnittliches Szenarium ein höchst komplexes Gemisch, in dem Überlegungen zu Verwandtschaftsbeziehungen, Abstammung, Zeit, Ökologie, Anpassung und einer Menge anderer Dinge in unüberschaubarer Weise miteinander verknüpft sind und sich vielfach gegenseitig beeinflussen. Will man derartig komplizierte Schilderungen verkaufen, ist die normale wissenschaftliche Überprüfbarkeit nicht gerade ein Hindernis. Wie viele Kollegen oder sonstige Personen die Geschichte akzeptieren, hängt vor allem davon ab, wie eindringlich und überzeugend man als Geschichtenerzähler ist – und davon, wie gewillt die Zuhörer sind, das zu glauben, was erzählt wird (was uns wieder zur Bedeutung der menschlichen Erwartungen zurückbringt). Selbstverständlich ist das kein Grund dafür, sämtliche Szenarien aufzugeben und die Paläoanthropologie auf die an sich beschränkteren und weniger interessanten Aussagen der Kladogramme und Stammbäume zu begrenzen. Eldredge und ich bemühten uns jedoch, abgesehen von der sauberen Unterscheidung dieser unterschiedlichen Analyseebenen, zu betonen, daß die Analyse vom Einfachen zum Komplexen fortschreiten sollte, wann immer man eine umfassende Interpretation eines Abschnitts der menschlichen Evolution anbietet: Man sollte mit einem Kladogramm beginnen, zu einem klar begründeten Stammbaum übergehen und erst dann zu einem Szenarium gelangen. Auf diese Weise ist nicht nur das zugrundeliegende und überprüfbare Element für jedermann stets klar erkennbar, sondern auch die Entwicklung der komplexeren Hypothese. Dadurch wird es zumindest eine Basis für die Diskussion und den Vergleich komplexerer Hypothesen geben. Unserer Ansicht nach lag das Problem der Anthropologie darin, daß man gleich „aufs Ganze" ging und mit Szenarien begann.

Nun, alte Gewohnheiten legt man nur langsam ab, doch es gab auch Fortschritte. Obwohl nicht alle Paläoanthropologen den kladistischen Ansatz bei der phylogenetischen Rekonstruktion übernommen haben, sind Kladogramme doch fester Bestandteil der Paläoanthropologie geworden; wer ein Szenarium präsentieren will, kommt an ihnen kaum vorbei. Obwohl die gradualistische Betrachtung der menschlichen Evolution vielerorts noch vorherrscht, ist man sich gleichzeitig immer mehr der Notwendigkeit bewußt, die Arten genau zu definieren und zu erkennen, welche in unserer evolutionären Vergangenheit existierten. Die genaue Durchführung ist ein noch immer strittiger Punkt, auf den wir später noch zu sprechen kommen; unterdessen wollen wir uns wieder den eigentlichen Fossilfunden zuwenden.

13. Diverses aus Eurasien und Afrika

Wie wir gesehen haben, galt die Aufmerksamkeit der Paläoanthropologen in den sechziger und siebziger Jahren unseres Jahrhunderts vor allem Afrika und den früheren Abschnitten der menschlichen Geschichte. Aber das war nicht alles, was sich damals tat. In Europa und Asien kamen ebenfalls neue Fossilien zutage, und neue Datierungen revidierten alte. Der bemerkenswerteste asiatische Fund dieser Zeit war der fast vollständig erhaltene Schädel eines *Homo erectus* (bekannt als Sangiran 17), den der indonesische Paläontologe Sastrohamidjojo Sartono 1969 fand. Dieses Exemplar ist größer (sein Gehirnvolumen liegt etwas über 1000 Kubikzentimetern) und um einiges robuster als die in der Vorkriegszeit gefundenen Kalotten. Seine kräftigeren Oberaugenwülste, der stärker ausgeprägte Hinterhauptswulst und sein allgemein schwererer Bau lassen darauf schließen, daß – vorausgesetzt, alle diese Exemplare gehören derselben Art an – es ein männlicher Schädel ist, während die älteren Java-Kalotten von Frauen stammen. Sangiran 17 ist besonders deshalb interessant, weil bei ihm viel von der Struktur des Gesichts blieb. Massiv gebaut, mit kräftig hohen, seitlich ausgestellten Wangenknochen, wirkt es im Profil ein wenig vorspringend.

Sartono und der Paläoanthropologe Teuku Jacob fanden im Landesinneren von Java noch weitere, ziemlich fragmentarische menschliche Fossilien. Philip Rightmire von der State University of New York in Binghamton überprüfte vor kurzem die gesamte bekannte Sammlung erneut. Rightmire fällt es nicht schwer, alle auf Java gefundenen Fossilien der durch Dubois' Kalotte von Trinil definierten Art (*Pithecanthropus erectus*, Dubois 1894; *H. erectus*, Rightmire 1990) zuzuordnen; doch ist hierüber, wie über praktisch alle paläoanthropologischen Objekte, noch nicht das letzte Wort gesprochen. Die anhaltenden Bemühungen, den *Homo erectus* von Java zu datieren, brachten grundlegende Probleme hinsichtlich der Geologie und Biostratigraphie dieses Gebiets zum Vorschein. Die beste Schätzung liegt derzeit für die meisten *Homo erectus*-Fossilien von der Insel zwischen etwa einer

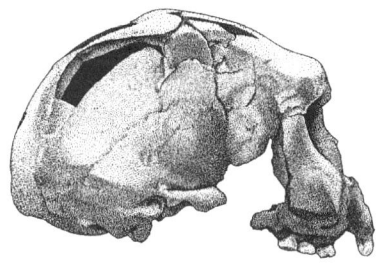
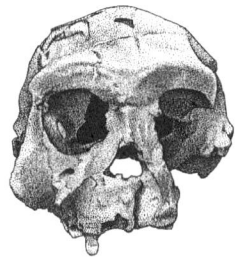

13.1 Lateral- und Frontalansicht des Sangiran-17-Schädels aus den Kabuh Beds in Sangiran, Java. Maßstab: ein Zentimeter. (D. M.)

Million und 700 000 Jahren. Die Exemplare aus Ngandong gelten allgemein als erheblich jünger, doch ist ihre Herkunft so dürftig dokumentiert, daß ein Alter von 500 000 nicht ganz unwahrscheinlich ist.

Auch in China tauchten fortlaufend bedeutende menschliche Fossilien auf. In Zhoukoudian fand man 1966 eine weitere Kalotte; sie stand offenbar im Zusammenhang mit dem Abguß eines der Schläfenbeine, das im Jahre 1941 wie die übrigen Fossilien dieser Fundstelle verlorenging, und paßt gut zu den in der Vorkriegszeit gefundenen Schädelkalotten. Mit Hilfe kombinierter Datierungstechniken konnten chinesische Forscher die *Sinanthropus*-Schichten von Zhoukoudian auf das relativ geringe Alter von etwa 400 000 bis 225 000 Jahren schätzen. Aus dem Bezirk Lantian in der Provinz Shaanxi kamen in

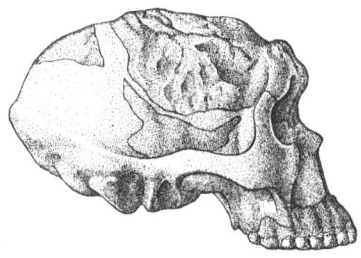
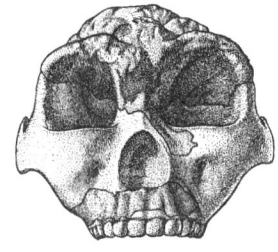

13.2 Lateral- und Frontalansicht des rekonstruierten Schädels von Lantian, China. Maßstab: ein Zentimeter. (D. S.)

den Jahren 1963 und 1964 ein Unterkiefer und eine Kalotte hinzu, die etwa 700 000 beziehungsweise eine Million Jahre alt sind. Sie stammen also aus der Zeit der Überreste von Java und sehen jenen trotz ihres nicht so guten Erhaltungszustandes recht ähnlich. Eine weitere Kalotte von gleicher Grundform und einige einzelne Zähne fand man 1980 im Bezirk Hexian in der Provinz Anhui. Auch diese Fundstelle ist unzureichend datiert, aber wohl zwischen 200 000 und 400 000 Jahre alt. In jüngerer Zeit kamen in Jinniushan in der Provinz Liaoning ungewöhnlich vollständige vorzeitliche menschliche Überreste zum Vorschein, bestehend aus einem Kranium, dessen Hirnschädelkapazität mit nahezu 1 400 Kubikzentimetern angegeben wird, und einer Vielzahl postkranialer Skelettknochen. Diese Fossilien sind offenbar zwischen 200 000 und 300 000 Jahre alt, und obwohl man sie meist dem *Homo erectus* zuordnet, könnten sie tatsächlich auch etwas moderner sein. Leider harren sie, wie so viele chinesische Funde aus der Nachkriegszeit, noch der ausreichend genauen Beschreibung.

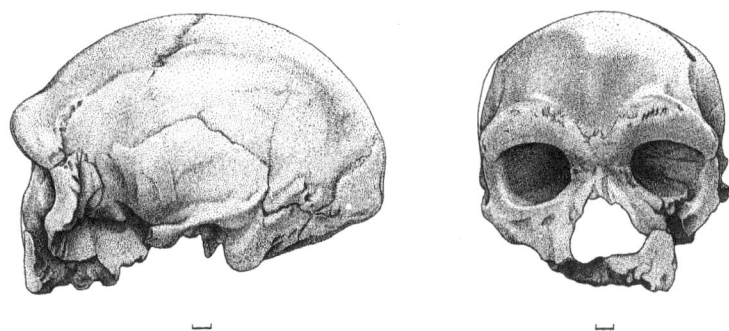

13.3   Lateral- und Frontalansicht des beschädigten und zerdrückten Schädels von Dali, China. Maßstab: ein Zentimeter. (D. M.)

Im Jahre 1978 fand man im Bezirk Dali in der chinesischen Provinz Shaanxi ein menschliches Kranium, das sicherlich moderner ist als der *Homo erectus*. Dieses Exemplar hat eine Hirnschädelkapazität von etwa 1 200 Kubikzentimetern und zeigt kräftige Oberaugenwülste. Das – unglücklicherweise etwas zerdrückte – Gesicht ist ziemlich leicht gebaut und springt kaum vor. Obwohl eine adäquate Beschreibung des Dali-Schädels noch auf sich warten läßt, scheint dieses Exemplar doch in die durch den Kabwe-Schädel aus Sambia repräsentierte „intermediäre Gruppe" zu passen, die zumindest zeitlich zwischen den meisten *Homo erectus*- und *Homo sapiens*-Funden liegt. Dies spiegelt sich in der Art der Klassifizierung durch die chinesischen Forscher wider: Y. Wang und seine Mitarbeiter beschrieben den Schädel ursprünglich als *Homo erectus*, während Wu Xinzhi vom Institut für Wirbeltierpaläontologie und Paläoanthropologie in Peking ihn später in eine gesonderte Subspezies unserer eigenen Art einordnete, nämlich als *Homo sapiens daliensis*. Die Datierung ist auch hier problematisch; das Exemplar ist wahrscheinlich etwa 150 000 Jahre alt, möglicherweise auch etwas älter. Somit wäre es etwa gleich alt wie eine im Jahre 1958 in Maba in der Provinz Guangdong gefundene Kalotte. Diese ist leicht gebaut, zeigt jedoch einen ausgeprägten Oberaugenwulst und gilt in China allgemein als früher *Homo sapiens*-Schädel mit Affinitäten zu den modernen Asiaten, der gleichzeitig einige Eigenschaften des *Homo erectus* beibehielt. Gleiches wird von zwei angeblich etwa 350 000 Jahre alten Schädeln behauptet, die man 1989 und 1990 bei einer Ausgrabung in der Provinz Hubei fand.

Derartige Zuordnungen spiegeln die lange vorherrschende Meinung wider, jeder fossile Mensch aus dem Mittelpleistozän müsse entweder dem *Homo sapiens* oder dem *Homo erectus* angehören. Dieser Denkart folgen europäische Paläoanthropologen ebenso wie ihre chinesischen Kollegen. Im Jahre 1960 fand man beispielsweise ein Kranium in einer Höhle in Petralona im Nordwesten Griechenlands. Dieses hervorragend erhaltene Exemplar wurde erst vor kurzem vollständig von der Kalzitschicht befreit, die es bedeckt und geschützt hatte. Unglücklicherweise bewahrte man den entfernten Kalzit nicht auf, man hätte es nämlich mit Hilfe einer neuen Technik, die ich später noch erläutern werde, zur Datierung heranziehen können. Das Alter des Schädels kann irgenwo zwischen 250 000 und etwa 600 000 Jahren liegen, wobei man sich auf rund 400 000 Jahre geeinigt hat. Das in Petralona gefundene Fossil ist eindeutig weder ein *Homo erectus* noch ein *Homo sapiens*: Mit einem Volumen von etwa 1 200 Kubikzentimetern hatte es ein recht großes Gehirn. Der Schädel ist zwar stärker gewölbt als der eines *Homo erectus*, aber von länglicher Form mit einer deutlich fliehenden Stirn hinter kräftigen Oberaugenwülsten und mit markant abgeknicktem Hinterhaupt. Das Gesicht ist groß und

springt besonders in der Medianen deutlich vor. Frühe Berichte beschrieben dieses Exemplar als entweder dem *Homo erectus* oder dem
Homo sapiens zugehörig, doch schon sehr bald gingen die meisten
Ansichten in Richtung einer „archaischen" Form des letzteren, die
sich sowohl vom modernen Menschen als auch vom Neandertaler
deutlich abhebt. Neuere Untersuchungen fanden allerdings einige ne-
andertaler-ähnliche Merkmale in seinem Gesicht.

Sehr ähnlich sind einige menschliche Fossilien, die Henry de Lumley und seine Kollegen in der Arago-Höhle (bei Tautavel) in den
Ausläufern der französischen Pyrenäen nahe Perpignan und der spanischen Grenze ausgruben. Die 1964 begonnenen Arbeiten an dieser
bemerkenswerten Stätte förderten eine Schichtenfolge mit Besied-
lungsspuren und einer Vielzahl von Tierknochen sowie einfachen,
groben Steinwerkzeugen (Geröllhauen, vor allem verschiedenartige
Abschläge und einige wenige Faustkeile) zutage. Die Altersbestimmung der Ablagerungen erwies sich als schwierig, doch die meisten
Schätzungen zum Alter der menschlichen Fossilien ergaben etwa
400 000 Jahre. Vielleicht waren es auch rund 100 000 Jahre mehr oder
weniger. Unter den ersten Fundstücken befanden sich Fragmente
zweier kräftiger Unterkiefer, denen die Kinnregion fehlt und die sich
in der Größe deutlich unterscheiden. Diesen Unterschied schreibt man
allgemein dem Geschlechtsdimorphismus zu. Das interessanteste
Fundstück stammt aus dem Jahre 1971 und besteht aus einem gut

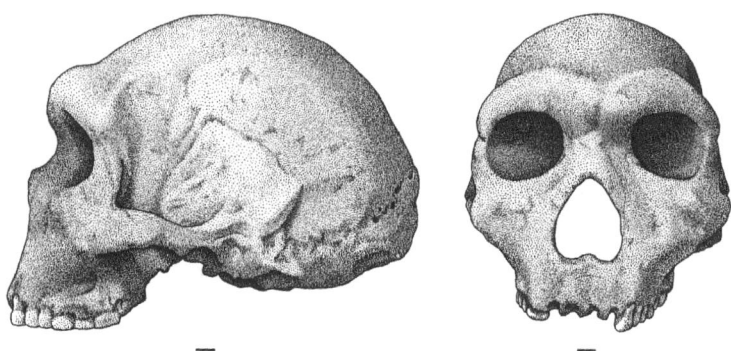

13.4 Lateral- und Frontalansicht des Petralona-Schädels, nördliches Griechenland.
Maßstab: ein Zentimeter. (D. M.)

erhaltenen, wenn auch ein wenig verzogenen Gesichtsschädel und einem offensichtlich dazugehörigen Scheitelbein. Mit Hilfe dieser beiden Elemente rekonstruierte man das Kranium, dessen Volumen schätzungsweise 1 100 bis 1 200 Kubikzentimeter betrug. Der rekonstruierte Schädel erinnert mit seinem mäßig hohen Schädeldach, das hinter einem markanten Oberaugenwulst zurückweicht, insgesamt recht stark an den Petralona-Fund. Das Gesicht springt nur wenig vor und ist von ziemlich leichtem Bau; deshalb nehmen manche Fachleute an, es handele sich um den Schädel einer Frau, obwohl seine Erstbeschreiber ihn eher für den eines Mannes hielten. Früher beschrieb man den Arago-Hominiden oft einfach als „Vor-Neandertaler", allerdings mehr aus Gründen der Datierung als der Morphologie; jüngere Untersuchungen fanden vor allem im Unterkiefer einige neandertaloide Eigenschaften. Der Vergleich mit dem Petralona-Fund in Griechenland und den robusteren Exemplaren von Kabwe und Bodo in Afrika liegt aber eindeutig am nächsten.

Die de Lumley-Gruppe schrieb die Hominiden von Arago einer fortgeschrittenen Form des *Homo erectus* zu, und dem schlossen sich auch die meisten kontinentaleuropäischen Paläoanthropologen an (da diese und ähnliche Fossilien eindeutig nicht dem *Homo sapiens* angehören). Englischsprachige Wissenschaftler zogen es dagegen meist vor, sie als „archaischen *Homo sapiens*" zu betrachten (da sie, ebenso eindeutig, nicht zum *Homo erectus* gehören). Dies ist ein sehr gutes Beispiel dafür, wie die Erwartung die Interpretation fossiler Zeugnisse beeinflußt. Bei der traditionellen Auffassung, *Homo erectus* habe sich allmählich zum *Homo sapiens* entwickelt (und weil diese Auffassung keinen Platz für namentliche Zwischenstadien läßt), müssen wir Formentypen erwarten, die man beiden Arten zuordnen kann. Und da der Hominide von Arago und seinesgleichen zeitlich und – mindestes ebenso wichtig – vom Gehirnvolumen her (eine Eigenschaft von großer Suggestivkraft, weil sie sowohl einfach zu quantifizieren ist als auch irgendwie die Essenz der Menschlichkeit darstellt) zumindest ungefähr zwischen beiden liegen, halten wir nicht nur ihre Einordnung für unmöglich, sondern geben uns auch nicht mit einer genauen Untersuchung ihrer Morphologie ab. Täten wir dies, könnten wir allerdings zu einem ganz anderen Schluß über ihre Verwandtschaftsverhältnisse gelangen. Darauf werden wir später noch zurückkommen.

Insgesamt gab es also zahlreiche lautstarke und letztendlich frucht-
lose Diskussionen über diese unterschiedlichen neuen Funde aus
Asien und Europa. Sie regten, abgesehen von den entfachten Meinungsverschiedenheiten über ihre Benennung, zunächst kaum dazu
an, den Kurs der menschlichen Evolution neu zu überdenken. Auch
dies läßt sich durchaus der gradualistischen Auffassung zuschreiben,
die damals vorherrschte: Die neuen Fossilien mußten einfach – in
irgendeiner Weise – in ein bestehendes Schema eingeordnet werden;
danach konnte man ihr tatsächliches Aussehen getrost ignorieren. Es
verwundert kaum, daß archäologische Untersuchugen an den Ausgra-
bungstellen interessantere Dinge enthüllten als paläoanthropologische
Laborarbeit.

Beispielsweise unternahm Henry de Lumley, bevor er sich Arago
zuwandte, an einer unter dem Namen Terra Amata bekannten Stätte
bei der südfranzösischen Stadt Nizza eine Ausgrabung. Diese Ausgra-
bungsstelle, die sich mit größerer Sicherheit als Arago auf die Zeit vor
etwa 400 000 Jahren datieren läßt, ist in mehrerer Hinsicht interessant.
So birgt sie in Gestalt von Feuerstellen den vielleicht frühesten Hinweis auf die Aneignung des Feuers in Europa (allerdings könnten
auch die mindestens ebenso alten Stätten von Torralba und Ambrona
in Spanien diese Lorbeeren einheimsen). Wichtiger ist jedoch, daß
Terra Amata offenbar ein saisonales Jagdlager war, dessen Bewohner
sich Schutzhütten aus jungen Baumschößlingen errichteten, die sie in
einem Oval in die Erde steckten und an deren Spitzen zusammenfügten. Sollte diese Interpretation richtig sein, dann böte Terra Amata die
frühesten Belege einer derartigen Aktivität überhaupt.

Im Laufe der Nachkriegszeit wurde die Faunenabfolge in Europa
immer genauer erfaßt und kalibriert, dementsprechend datierte man
die frühesten Belege menschlicher Besiedlung in Europa zurück.
Schoetensacks Unterkiefer von Mauer erhielt nun anhand der zusammen mit ihm gefundenen Fauna ein Alter von mehr als einer halben
Million Jahren. Er bleibt der früheste fossile Beleg für die Anwesenheit urzeitlicher Menschen in Westeuropa, obwohl archäologische
Hinweise weiter zurückzureichen scheinen. Abgesehen von angeblich
zwei Millionen Jahre alten primitiven Steinwerkzeugen aus einer
Fundstelle in Zentralfrankreich erbringen mehrere gegenwärtige Gra-
bungen in Westeuropa Belege für menschliche Betätigung seit der
Zeit vor etwa einer Million Jahren. Besonders bedeutend sind die

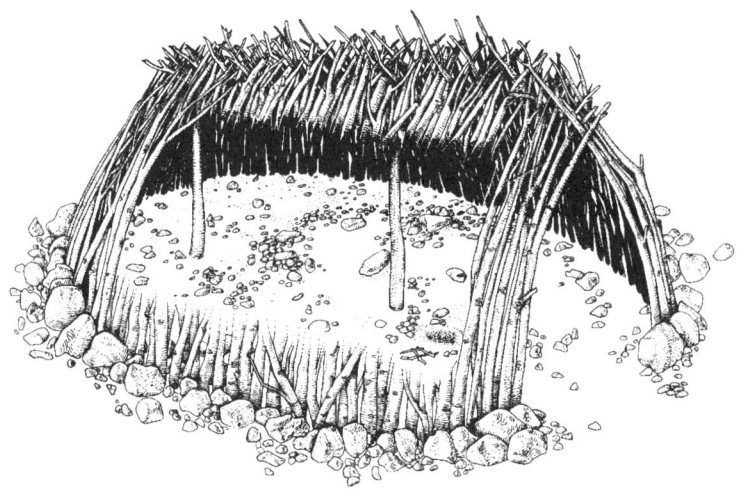

13.5 Zeichnerische Rekonstruktion einer Hütte aus Terra Amata, Frankreich. Der Ausschnitt an einer Seite gibt den Blick auf eine Feuerstelle und Abfälle im Inneren frei. Zeichnung von Diana Salles (D. S.) nach Henry de Lumley.

Fundplätze Soleihac und Le Vallonet in Frankreich sowie Isernia La Pineta in Italien, die allesamt einfache Abschlagwerkzeuge enthalten und offenbar mehr als 700 000 Jahre alt sind. Ein erst vor kurzem gemachter Fund eines hominiden Unterkiefers in Dmanisi in der ehemaligen Sowjetrepublik Georgien verlegt den Einzug des Menschen nach Eurasien allerdings viel weiter zurück als sämtliche Belege Westeuropas; dieses Exemplar könnte 1,6 Millionen Jahre alt sein. Sein Mindestalter beträgt 900 000 Jahre.

Weiter südlich förderten Ausgrabungen in den frühen sechziger Jahren unseres Jahrhunderts im israelischen Ubeidyia Acheuléen-Artefakte zutage, die recht sicher auf die Zeit vor einer Million Jahren oder sogar früher datiert sind. Dies ist ein sicherer Beweis dafür, daß schon damals Faustkeilhersteller Afrika verlassen hatten, wo diese zweiseitig behauenen Werkzeuge vor etwa 1,5 Millionen Jahren erstmals hergestellt wurden. Daher mag es ein wenig erstaunen, daß die frühesten europäischen Fundstätten keine Faustkeile enthalten; doch offenbar ist es ein allgemeines Phänomen, daß diese Werkzeuge immer seltener werden, je weiter man sich von Afrika entfernt. Bereits in den vierziger Jahren bemerkte Hallam Movius, daß paläolithische Werkzeugansammlungen von Indien nach Osten bis zum Rande des Pazifiks fast gar keine Faustkeile enthalten, sondern vielmehr nahezu ausschließlich Chopper und Abschlagwerkzeuge aufweisen. Über die Bedeutung der „Movius-Linie" zwischen den Faustkeile herstellenden Kulturen im Westen und den faustkeillosen Kulturen im Osten wurde lange diskutiert. Die neueste Vermutung geht dahin, daß die Linie mehr oder weniger der westlichen Verbreitungsgrenze von Bambus entspricht, einem vielseitigen Material, das ganz ausgezeichnet als Ersatz für Stein gedient haben mag. Nun ja, das könnte sein.

In Europa stellte man zu der durch Arago repräsentierten Zeit gelegentlich Faustkeile her. Vor den wenig jüngeren Fundstellen im französischen Somme-Tal, wo Boucher de Perthes seine Erstuntersuchungen gemacht hat, berichteten damals dort Tätige über große Mengen dieser Werkzeuge. Heute vermutet man allerdings, daß diese scheinbar große Dichte von Faustkeilen (die an ein aus ganz Afrika bekanntes Phänomen erinnert) nur das Ergebnis selektiven Sammelns der Ausgräber des 19. Jahrhunderts ist. Jüngere, kontrollierte Ausgrabungen an europäischen Stätten des Acheuléen zeigten meistens nicht nur eine ziemlich beschränkte Bandbreite von Werkzeugen, darunter waren auch nur recht wenige Faustkeile – manchmal fehlten sie sogar ganz. Noch immer ist ungeklärt, ob die Stätten ohne zweiflächig bearbeite Faustkeile eine von den Fundstellen derartiger Werkzeuge gesonderte kulturelle Tradition repräsentieren, oder ob sie einfach das Ergebnis lokaler Bedingungen oder sogar fehlerhafter Stichprobennahme sind.

Nicht weniger rätselhaft sind Natur und Zeitpunkt des „Überganges" vom Altpaläolithikum (für Afrika als Early Stone Age bezeichnet), dem das Acheuléen angehört, zum Mitelpaläolithikum (Middle Stone Age), das darauf folgte. Irgendwann vor etwa 200 000 bis 250 000 Jahren wurden in Afrika wie auch in Europa Acheuléen-Kulturen, die darauf beruhten, einen Steinkern in eine bestimmte Form zu hauen, allmählich von Steinwerkzeugtechnologien verdrängt, die auf der sogenannten „Levallois-Technik" basierten. Dazu gehörte das Bearbeiten eines Steinkernes in der Weise, daß ein Abschlag bestimmter Größe und Form mit einem einzigen Schlag davon gelöst werden konnte. Diesen Abschlag verarbeitete man dann mit verhältnismäßig geringem Aufwand zu einem fertigen Werkzeug. Derartige

Werkzeuge waren zumeist Schaber der einen oder anderen Art, doch oft hatten sie auch die Gestalt von Faustkeilen. Die Levallois-Technik hatte gegenüber früheren Formen der Steinbearbeitung einige Vorteile: zum einen die bessere Ausnutzung des Materials (denn aus einem einzigen Steinkern konnten oft mehrere Abschläge gewonnen werden), zum anderen ließ sich die Form des Abschlages kontrollieren. Der größte Vorteil war aber wohl, daß ein Werkzeug mit einer langen, gleichmäßigen Klingenkante entstand.

Die Datierung mittelpaläolithischer Fundstätten ist im allgemeinen ziemlich unzureichend, insbesondere wenn sich ihr Alter nicht mehr mit der Radiocarbonmethode bestimmen läßt. Allein schon aus diesem Grunde kann man nur schwer feststellen, was wirklich geschah, als die Faustkeile seltener und mit der Levallois-Technik hergestellte Werkzeuge üblicher wurden. Sicher war dies aber kein allmählicher Veränderungsprozeß. Zudem gibt es kaum direkte Zeugnisse von den Hominiden, die vor den Neandertalern an dieser technischen Umstellung beteiligt waren. Erst mit den Neandertalern beginnt in Europa eine nennenswerte fossile Überlieferung, und zu ihrer Zeit herrschte bereits das Mittelpaläolithikum. Die „Moustérien"-Kultur der Neandertaler bildete sogar den Höhepunkt mittelpaläolithischer Werkzeugtechnologie.

Bis vor kurzem warf das Ende des mittleren Paläolithikums ebenso viele Fragen auf wie sein Beginn. Dem Moustérien schloß sich das Aurignacien an, das zweifellos auf frühe moderne Menschen zurückgeht. An manchen Stätten überschneidet sich das frühe Aurignacien jedoch mit einer als Châtelperronien-Kultur bekannten Industrie; diese hat nicht nur mit dem Moustérien, sondern auch mit dem Aurignacien und späteren „jungpaläolithischen" Kulturen Gemeinsamkeiten. Bemerkenswerterweise handelte es sich, obwohl Abschlagwerkzeuge nach wie vor ihre Bedeutung hatten, beim Châtelperronien-Inventar etwa zur Hälfte um „Blattspitzen": flache Splitter, die mehr als doppelt so lang wie breit waren und als Grundform für einige unterschiedliche Werkzeuge dienten. Derartige Steinspitzen kennzeichneten die jungpaläolithische Werkzeugindustrie in Europa, obwohl sie sich hier interessanterweise nie ganz so durchsetzen konnten wie in Afrika, wo man sie bereits vor etwa 100 000 Jahren herstellte.

Wer schuf die Châtelperronien-Kultur, Neandertaler oder moderne Menschen? Bildete das Châtelperronien die letzte Phase des Mittelpaläolithikums, oder kündigte es das Jungpaläolithikum an? Solange es keinen eindeutigen archäologischen Nachweis für die Verbindung dieser Steinspitzen-Industrie zu menschlichen Fossilien gab, konnte man sich darüber nicht sicher sein. Im Jahre 1979 fand man aber in dem westfranzösischen Ort St. Césaire ein Neandertalergrab. Die fundführende Schicht war jüngeren Datums; obwohl man ihr ursprünglich geschätztes Alter von 32 000 Jahren später auf 36 000 Jahre zurückdatierte, ist dies immer noch der jüngste fossile Beleg eines Neandertalers, der sowohl bedeutend als auch sicher datiert ist. Er fällt außerdem genau in die Mitte einer Zeitspanne, aus der es zuvor in Westeuropa keinerlei menschliche Fossilien gab. Wichtiger ist jedoch, daß das assoziierte Inventar dem Châtelperronien entstammte. Für die meisten damit beschäftigten Archäologen löste der Fund von St. Césaire das Rätsel der Châtelperronien-Kultur: Ja, diese war der letzte Atemzug der Neandertaler im westlichen Europa (oder war zumindest ein Teil davon). Doch weshalb wies diese Kultur so ausgeprägt jungpaläolithische Züge auf, gerade in der Region, wo das späte Auftreten von Neandertalern zweifellos erkennen ließ, daß diese sich nicht zu modernen Menschen gewandelt hatten? Eine interessante Vermutung ist, die Neandertaler hätten durch Beobachtung gelernt, Steinspitzen-Werkzeuge im Stile des Jungpaläolithikums herzustellen, als anatomisch moderne Menschen vor etwa 40 000 Jahren nach und nach in ihr Territorium eindrangen und diese neue Technik mit sich brachten.

Selbst wenn diese Interpretation zutrifft, geben andere Hinweise doch ein Bild vom Verschwinden der Neandertaler, das ebenso verworren ist wie das vom Einzug des Mittelpaläolithikums. Beispielsweise entdeckte man unlängst in der Höhle von Figueira Brava in Portugal fragmentarische Überreste von Neandertalern in Schichten, die man auf die Zeit vor etwa 31 000 Jahren datierte. Diese Fossilien, die 5 000 Jahre jünger sind als die von St. Césaire, wurden zusammen mit „weiterentwickeltem Moustérien"-Inventar gefunden. Sie können wohl als Beweis für das lange, technologisch jedoch rückständige Überleben von Neandertalern auf der iberischen Halbinsel gelten. Ironischerweise bringt gerade diese Region in jüngster Zeit Belege für die sehr frühe Ankunft moderner Menschen im atlantischen Europa hervor: Die iberische Halbinsel als letztes Rückzugsgebiet der Neandertaler vor den eindringenden Horden moderner Menschen aus dem

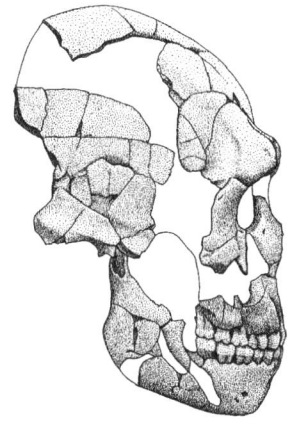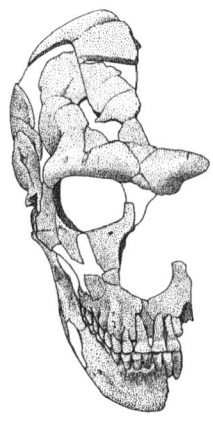

13.6 Lateral- und Frontalansicht des fragmentarischen Neandertalerschädels von St. Césaire, Westfrankreich. Maßstab: ein Zentimeter. (D. M.)

Osten zu betrachten, erweist sich nun eindeutig als zu stark vereinfacht. Und wie gewöhnlich wird es jetzt erst richtig spannend.

Auch das Auftreten der Neandertaler in Westeuropa wird durch neue Funde und Datierungen nach hinten verschoben. In den späten siebziger Jahren fand man in Biache-St. Vaast im Nordosten Frankreichs ein Hirnschädelfragment. Das dazugehörige Inventar beschrieb man als Moustérien, und das Alter der Fundstelle scheint mehr als 150 000 Jahre zu betragen. Der okzipitale Abschnitt des Hirnschädels zeigt eine knotenartige Vorwölbung („bunning") und andere neandertaloide Merkmale. Auch wenn nur unvollständig erhalten, repräsentiert das Fragment höchstwahrscheinlich einen voll ausgewachsenen Neandertaler. Außerdem zeigten jüngste Untersuchungen des von Franz Weidenreich zuerst beschriebenen sehr fragmentarischen Fundmaterials von Weimar-Ehringsdorf, daß auch dies einige typische Eigenschaften des Neandertalers aufweist. Eine Datierung mittels neuer Methoden von 1982, legt zudem nahe, daß diese Fossilien möglicherweise etwa 200 000 Jahre alt sind, obwohl bei realistischer Einschätzung wohl eine breitere Zeitspanne von etwa 110 000 bis 200 000 Jahren anzunehmen ist. Anfang der achtziger Jahre unseres Jahrhunderts konnte man daher mit Sicherheit sagen, daß die Neandertaler vor

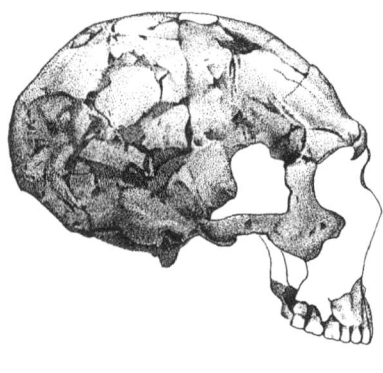 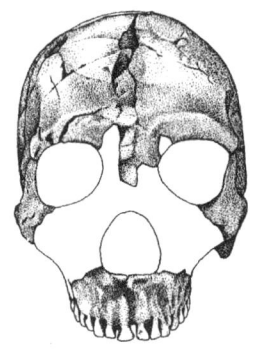

—   —

13.7 Lateral- und Frontalansicht des Kraniums aus der Amud-Höhle, Israel.
Maßstab: ein Zentimeter. (D. M.)

mindestens 150 000 Jahren in Westeuropa als deutlich erkennbare
Gruppe lebten, wahrscheinlich schon weitaus früher. Die Frage, um
wieviel früher, wurde 1993 aufgeworfen, als Juan-Luis Arsuaga und
seine Kollegen von der Universidad Complutense in Madrid den Fund
dreier recht vollständig erhaltener Schädel an der 300 000 Jahre alten
Fundstelle von Sima de los Huesos im spanischen Atapuerca-Gebirge
bekanntgaben. Diese Exemplare ähneln sehr stark denen der Petralo-
na-Arago-Gruppe, weisen aber auch einige neandertaloide Merkmale
auf. Während ich dies schreibe, muß die Gemeinschaft der Paläoanthropologen diese bedeutenden Funde noch verdauen.

Wie steht es weiter östlich mit den Neandertalern? Die Ausgrabungen eines japanischen Teams in der Amud-Höhle in Israel enthüllten
im Jahre 1961 in einer Moustérien-Schicht das nahezu vollständige
Skelett eines jungen, ausgewachsenen Neandertalermannes mit dem
extrem hohen Gehirnvolumen von 1 740 Kubikzentimetern (was damit zusammenhängen mag, daß dies auch der größte Neandertaler ist,
den man bislang gefunden hat; seine Körpergröße betrug etwa 178
Zentimeter). Datierungen dieses Skeletts und eines unlängst entdeckten Kinderskeletts nähern sich einem Alter von etwa 60 000 Jahren.
Beide sind eindeutig Neandertaler, und der adulte ähnelt recht stark
den Shanidar-Exemplaren. Er bestätigt, daß sogar recht späten Neandertalern des Nahen Ostens jene stark ausgeprägten Artmerkmale

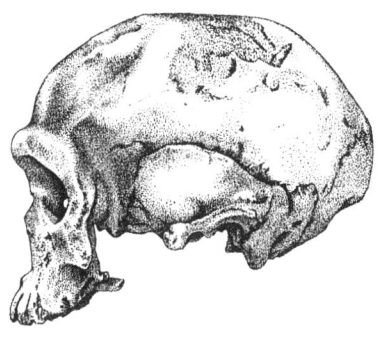 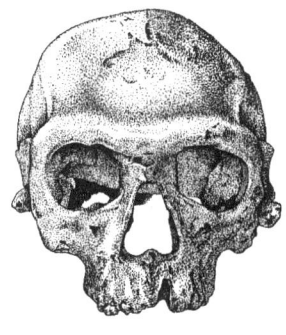

13.8 Lateral- und Frontalansicht des Jebel-Irhoud-1-Kraniums, Marokko. Maßstab: ein Zentimeter. (D. M.)

fehlten, die ihre „klassischen" Zeitgenossen im westlichen Europa aufwiesen. Wenn das Individuum von Amud ungewöhnlich groß war, so besaß ein anderer Neandertaler aus der nicht allzu weit entfernten und annähernd zeitgleich datierten Fundstelle in der Höhle von Kebara in Israel einen ungewöhnlich kräftigen Körperbau. Sein Unterkiefer ist der größte, der bisher von einem Neandertaler bekannt ist. Beim Kebara-Fossil handelt es sich um das fast vollständige Skelett eines männlichen Individuums, das offenbar bewußt begraben worden war. Obwohl der Unterkiefer vorhanden ist, fehlt der übrige Schädel. Erstaunlicherweise ist das Hyoideum (Zungenbein) erhalten, worauf wir später noch zurückkommen werden. Das Kebara-Exemplar ist der jüngste Neandertaler, den wir aus dem Nahen Osten kennen. Er stammt aus der Zeit vor etwa 50 000 Jahren und wurde im archäologischen Zusammenhang mit Artefakten der Moustérien-Kultur gefunden. Dennoch gibt es an dieser Stätte deutliche Belege für Feuerstellen, was für Neandertalerfundstellen in Europa zumindest ungewöhnlich ist.

In den sechziger Jahren gab es im Mittelmerraum auch andernorts wichtige neue Funde. Die Fundstelle von Jebel Irhoud in Marokko lieferte in diesem Jahrzehnt zwei Schädel, außerdem einen juvenilen Unterkiefer und einige Skelettfragmente. Damals wurden die Daten dieser Exemplare nur äußerst dürftig dokumentiert, doch deren Anatomie ist außerordentlich interessant. Das vollständiger erhaltene Exemplar hat einen eher niedrigen Hirnschädel und ein ziemlich großes Gesicht mit bemerkenswertem Oberaugenwulst, erscheint aber ansonsten recht modern. Der weniger komplette Schädel hat ein modern aussehendes Gesicht, doch das Hinterhauptsbein wird eher als ursprünglich beurteilt. Früher stufte man diese Exemplare als Überreste von Neandertalern ein, doch heute gelten sie vage als archaische moderne Menschen. In Afrika fanden sich bislang keine Fossilien, die man begründeterweise als Neandertaler bezeichnen könnte. Die mit den Fossilien von Jebel Irhoud vermeintlich assoziierten Steinwerkzeuge sind jedoch meist vom Moustérien-Typ, ebenso wie die von anderen frühen modernen oder doch modern wirkenden Menschen im Mittelmeergebiet hergestellten, etwa die von Skhul und Jebel Qafzeh.

Zu der Zeit, als man in Jebel Irhoud die letzten Entdeckungen machte, brachten besser dokumentierte Ausgrabungen in den Höhlen von Klasies River Mouth sehr bezeichnende Zeugnisse der Besiedlung durch frühe moderne Menschen nahe der Südspitze Afrikas zum Vorschein. Die einzigen an dieser Stelle gefundenen menschlichen Fossilien waren sehr bruchstückhaft. Ihre Morphologie ist dennoch als modern zu bewerten, obwohl einige robuster sind als andere. Sie stehen jedoch in eindeutigem archäologischem Zusammenhang mit dem Middle Stone Age. Bei Klasies wie an anderen Stätten in Südafrika findet sich ein seltsamer, als Howieson's-Poort-Industrie bezeichneter Einschub in das Middle Stone Age. Werkzeuge des Middle Stone Age bestehen zumeist aus Abschlägen vorbereiteter Steinkerne. Die Howieson's-Poort-Industrie brachte jedoch zahlreiche Blattspitzen und sehr kleine Werkzeuge hervor, die wahrscheinlich mit Griffen versehen waren und oft als „Mikrolithe" bezeichnet werden. Dies nimmt in Afrika typische Entwicklungen des Later Stone Age vorweg (die in Europa erst in den späteren Phasen des Jungpaläolithikums aufkamen); doch die Schichten der Howieson's-Poort-Industrie, die vor etwa 70 000 Jahren nur über eine kurze Zeitperiode hinweg auftrat, sind in Klasies von eher dem Middle Stone Age angehörenden Schichten überlagert. Die meisten menschlichen Fossilien von Klasies stammen aus Ablagerungen, die älter als die Howieson's-Poort-Industrie sind, und jüngste Datierungen mit unterschiedlichen Methoden legen nahe, daß die ältesten von ihnen etwa 120 000 Jahre alt sein könnten. Hilary Deacon von der Universität Stellenbosch äußerte die sehr interessante Vermutung, die dem Middle Stone Age entstammenden menschlichen Fragmente von Klasies stellten Überreste von Kannibalengelagen dar. Er findet an dieser Stelle auch Hinweise auf eine Lebensraumgestaltung, die gewöhnlich nur mit dem Verhalten moderner Menschen in Verbindung gebracht wird.

In den Jahren von 1940 bis 1974 kamen in Border Cave zwischen Swasiland und Südafrika einige Hominidenexemplare zum Vorschein. Zweifellos sind sie allesamt anatomisch modern. Schwierigkeiten macht ihre Datierung, da die zuerst ausgegrabenen Funde nicht gut dokumentiert wurden. Das gilt unglücklicherweise ausgerechnet für das beste Exemplar, ein erstaunlich modern erscheinender adulter Teilschädel, der möglicherweise volle 90 000 Jahre alt sein könnte; vielleicht ist er aber auch aus einem Grab einer späteren Periode. So bleibt seine Bedeutung fraglich, obwohl er sehr wohl Zeugnis einer sehr frühen Besiedlung des südlichen Afrika durch den modernen Menschen sein könnte. Doch selbst wenn die Datierungen von Klasies und Border Cave zuverlässig sein sollten, bliebe das Bild von der menschlichen Evolution in Südafrika im Spätpleistozän immer noch verschwommen. So fand man 1932 in Florisbad bei Bloemfontein einen Teilschädel, der zwar etwa gleichalt mit den Fossilien von Klasies ist, aber eine eindeutig archaische Form aufweist. Er ähnelt in mancher Hinsicht dem Ngaloba-Schädel, den Mary Leakeys Arbeitsgruppe in den jüngeren Ablagerungen von Laetoli fand; dessen Alter man auf 130 000 bis 150 000 Jahre schätzt.

Einige weitere afrikanische Funde sollten hier noch erwähnt werden. Amini Mturi vom tansanischen Ministerium für Altertümer fand 1973 einen sehr fragmentarischen Schädel an den Ufern des Ndutu-Sees am Westende der Olduvai-Schlucht. Das Alter dieses Exemplars beträgt höchstens etwa 300 000 bis 400 000 Jahre. So sorgfältig, wie es von Ron Clarke rekonstruiert wurde, erscheint das Ndutu-Kranium moderner oder zumindest graziler als die Schädel von Kabwe und Bodo, die beide etwa das gleiche Alter haben. So ist ein deutlicher, wenn auch ziemlich dünner Oberaugenwulst vorhanden, und die Schädeldachknochen sind recht dick; der Schädel ist jedoch von der Stirn bis zum Hinterkopf verhältnismäßig kurz und war möglicherweise relativ hoch. Clarke selbst machte auf Ähnlichkeiten mit dem kaum jüngeren Schädel von Steinheim an der Murr aufmerksam. Möglicherweise gehörte dies Fossil auch zu derselben Gruppe, die das etwa zeitgenössische, mit einem recht kleinen Gehirnvolumen von etwa 950 Kubikzentimetern von Salé in Marokko repräsentiert. Die Interpretation der Kalvaria ist aber durch pathologische Veränderungen der Hinterhauptsregion erschwert.

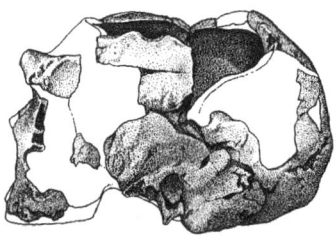 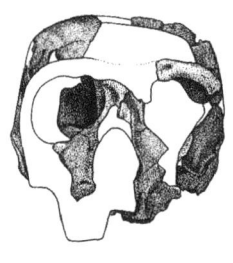

13.9   Lateral- und Frontalansicht des rekonstruierten Teilschädels von Lake Ndutu, Tansania. Maßstab: ein Zentimeter. (D. M)

Wie diese alles andere als erschöpfende Liste einzelner Fossilfunde zeigt, wurden im Verlaufe der sechziger und siebziger Jahre unseres Jahrhunderts auch abseits der Entdeckungen von Leakey und Johanson, die in der Öffentlichkeit die meiste Aufmerksamkeit auf sich zogen, ständig menschliche Fossilien gefunden. Und jedes der in diesem Kapitel erwähnten Fossilien hat seine eigene Bedeutung für die Rekonstruktion der komplexen menschlichen Vergangenheit. Doch hat, um es nochmals zu betonen, keines davon als einzelnes eine wesentliche Neubewertung des allgemein gültigen Modells von der menschlichen Evolution herbeigeführt. Das lag zumindest teilweise daran, daß die Paläoanthropologen immer noch an ihrer traditionellen Arbeitsweise festhielten. Ihre Aufgabe galt allgemein, wie ich schon angedeutet habe, immer noch als eine Art Dienstleistungsbranche: das Einordnen neuer Fossilien an einer passenden Stelle in ein etabliertes Schema. Und für gewöhnlich war weit mehr als ein einziges Fossil erforderlich, um sie an eine grundlegende Neuordnung des Gesamtbildes denken zu lassen.

Ein anderer Grund war aber, daß während dieser beiden Jahrzehnte die neuen Entdeckungen so massenhaft und in rascher Folge gemacht wurden. Die Paläoanthropologen hatten einfach nicht die Zeit oder den Überblick, sie angemessen zu verdauen. Die achtziger Jahre waren wohl insgesamt eine beschaulichere Zeit für die Wissenschaft von der menschlichen Evolution, weil sich die Geschwindigkeit, mit der man neue Entdeckungen machte, etwas verlangsamte. Jedoch obwohl weniger neue menschliche Fossilien auftauchten, hatten sie dennoch eine außerordentliche Wirkung. Mit diesen neuen Funden werden wir uns im nächsten Kapitel befassen.

14. Noch einmal Turkana und Olduvai

Zu Beginn der achtziger Jahre bezweifelte kaum jemand, daß die menschliche Abstammungslinie in Afrika begann. Vielleicht noch einmütiger stellte man den *Homo erectus* genau in die Mitte des Weges vom *Australopithecus* zum *Homo sapiens*. Dennoch galt der *Homo erectus*, trotz der jüngeren Entdeckungen der Koobi-Fora-Gruppe, als eine asiatische Form – zumindest solange, bis sich die Exkursionen von Richard Leakeys Team in das heiße, rauhe Ödland westlich des Turkana-Sees auszuzahlen begannen. Im August 1984 fand ein Mitglied von Richard Leakeys Arbeitsgruppe, der alterfahrene Fossilienentdecker Kamoya Kimeu, nahe einem ausgetrockneten Bachbett des großspurig als Fluß bezeichneten Nariokotome das erste winzige Fragment eines hominiden Schädels. Etwa innerhalb eines Monats hatte die Mannschaft fast das gesamte Skelett eines jungen Mannes gefunden, dessen Zähne etwa so weit durchgebrochen waren, wie es bei einem modernen Elf- oder Zwölfjährigen der Fall wäre. Dieses etwa 1,6 Millionen Jahre alte Skelett, das seine Entdecker sogleich dem *Homo erectus* zuordneten, war noch vollständiger erhalten als jenes von Lucy, ja unvergleichlich viel vollständiger als jedes bekannte Skelett aus der Zeit vor den Neandertalern. Es war ein einzigartiger und erstaunlicher Fund.

Dieser junge Mann widersprach nämlich vollkommen dem gedrungenen, schwer gebauten und stark bemuskelten Stereotyp des *Homo erectus* – einem Stereotyp, das in Ermangelung bedeutender Fossilfunde des postkranialen Skeletts seit den Zeiten von Dubois Bestand hatte. Im Gegensatz dazu war der „Junge von Turkana" (registriert unter der Bezeichnung KNM-WT 15000) sowohl groß (etwa 165 Zentimeter zum Zeitpunkt seines Todes, doch hätte er das Erwachsenenalter erreicht, wäre er wohl etwa 183 Zentimeter groß geworden) als auch schlank. Laut Alan Walker, Leiter der Gruppe, die dieses Skelett untersuchte, war er sogar eher so gebaut wie die Menschen, die heute am Turkana-See leben, deren lange, dünne Gliedmaßen und Körper gut geeignet sind, der Hitzebelastung zu widerstehen, die ihnen die

Sonne in dieser ariden, tropischen Region gnadenlos aufbürdet. Größte Bedeutung erhält der Junge von Turkana dadurch, daß er die frühesten Menschen repräsentiert, deren allgemeine Körperproportionen mit denen heutiger Menschen übereinstimmen. Nicht etwa, daß er in jeder Hinsicht modern gewesen wäre. Der obere Abschnitt seines Rückenmarkkanals ist eng und läßt vielleicht darauf schließen, daß der Thorax nur in begrenztem Umfang Nervensignale erhielt. Es wurde vermutet, dies könne sogar auf eine weniger präzise Steuerung der willkürlichen Atmung hinweisen, was wiederum eine nur begrenzte Fähigkeit zur Kommunikation mittels komplexer und genau kontrollierter Laute widerspiegeln könnte. Der Junge von Turkana hatte keinen breiten Brustkorb wie wir, sondern einen sich nach oben ein wenig zuspitzenden Thorax (allerdings nicht so stark wie bei Lucy oder einem Affen). Seine Schultergelenke lagen somit näher an der Körpermittellinie als unsere; interessanterweise ist ein solcher Bau günstig für ein im Geäst hangelndes Wesen, nicht aber für einen ausschreitenden Zweibeiner, der die Arme schwingt, um das Gleichgewicht zu halten. Die Femurköpfe sind groß wie die unsrigen, doch die Oberschenkelhälse, die sie mit dem Oberschenkelschaft verbinden, sind lang wie die eines Australopithecinen. Dieses Merkmal mag mit einem recht engen Beckenkanal zusammenhängen. Beide Faktoren haben wohl gemeinsam die Stabilität der Hüfte verbessert. Falls man von diesem jungen Mann auf die Frauen schließen kann, dann begrenzten sie auch die maximale Kopfgröße der Neugeborenen.

Aber wahrscheinlich war das kein Problem. Der Schädel des Turkana-Jungen zeigt, daß sein Gehirn nicht groß war; selbst im adulten Stadium wird es kaum voluminöser gewesen sein als das des etwas älteren KNM-ER 3733. Sein Gesicht aber war massiver gebaut und sprang weiter vor als das von KNM-ER 3733; da dieses als weibliches Exemplar gilt, beruht die Differenz möglicherweise auf einem ausgeprägten Sexualdimorphismus dieser Art. Holly Smith von der University of Michigan wies interessanterweise nach, daß die Zahnentwicklung des Jungen im Vergleich zu modernen Menschen sehr schnell verlief, wenn auch langsamer als bei Affen und Australopithecinen. Daher wäre es gut möglich, daß der Junge schon nach etwa neun Lebensjahren starb und nicht nach elf oder zwölf, die ein moderner Mensch für einen vergleichbaren Zahndurchbruch benötigt. Vom Hals abwärts haben wir mit dem KNM-WT-15000-Skelett aber zweifellos

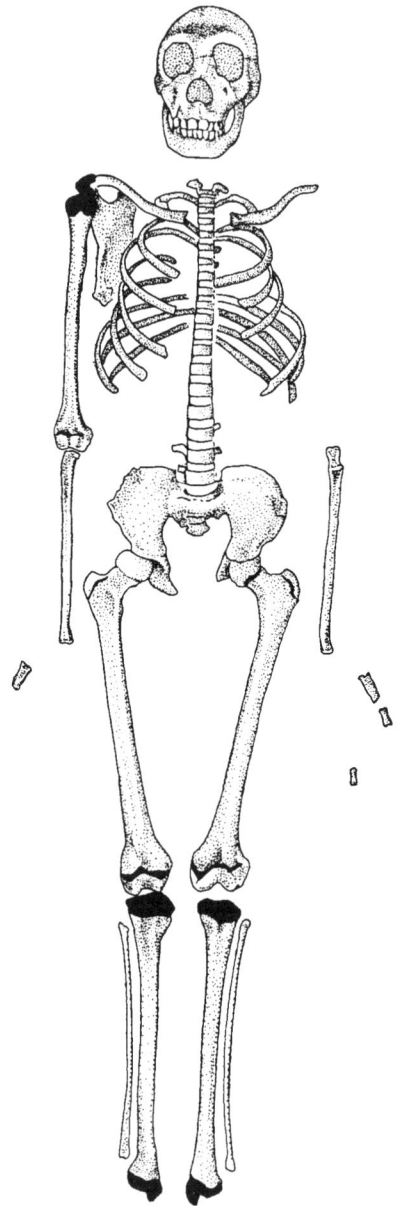

14.1 Das Skelett des „Jungen von Turkana" (KNM-WT 15000) aus Nariokotome an der Westseite des Turkana-Sees, Kenia. (D. S.)

das früheste Zeugnis einer im wesentlichen modernen menschlichen Anatomie. Niemand bestreitet, daß der Junge von Turkana aufrecht gehen konnte. Wieder einmal führte also eine Innovation des Bewegungsapparats zu evolutionären Veränderungen, die letztendlich die Konstitution des modernen Menschen auslösten. Auf jeden Fall ging sie größeren technischen Fortschritten voraus, denn die Verwandten des Turkana-Jungen lebten volle 100 000 Jahre, bevor die Bewohner des Turkanagebiets mit der Herstellung von Faustkeilen begannen. Seine Zeitgenossen stellten steinerne Werkzeuge her, die sich kaum von denen ihrer eine Million Jahre älteren Vorfahren unterschieden.

Leakey und seine Mitarbeiter schrieben ihr neues Skelett und vergleichbare Fossilien vom Turkana-See recht kategorisch der schon lange bekannten Art *Homo erectus* zu. Insbesondere erschienen in ihrer Materialdiskussion häufig Anspielungen auf die Hominiden von Zhoukoudian. Doch gleich nach ihrer großartigen Entdeckung kamen Zweifel auf, ob die Zuordnung zum *Homo erectus* wirklich angebracht sei. Auf einem Symposium 1984 in Deutschland, das zum Gedenken an Ralph von Koenigswald (der im Jahre 1982 verstorben war) stattfand, stellten einige der Teilnehmer die Frage, ob der „frühe afrikanische" und der „späte asiatische" *Homo erectus* wirklich identisch wären. Peter Andrews, der die Veranstaltung zusammenfaßte, formulierte das Problem recht treffend. Die Schwierigkeit bei der Definition des *Homo erectus*, so sagte er, läge darin, daß man diesen »gegenwärtig als menschliche Entwicklungsstufe zwischen den mit kleinen Gehirnen ausgestatteten Hominiden des frühen Pleistozäns und dem *Homo sapiens*, der ein großes Gehirn besaß, betrachtet«, kurz gesagt: Die Gehirngröße war entscheidend, und andere Eigenschaften wurden ignoriert. Die Größe des Gehirns kann für sich allein aber nicht als Beweis für die Zugehörigkeit zu einer bestimmten Art gelten. Andrews betonte außerdem den Hinweis seines Londoner Kollegen Chris Stringer, viele der Fossilien, die man dem *Homo erectus* zugeordnet hatte, seien lediglich durch ursprüngliche, von einem entfernten Vorfahren vererbte und nicht durch abgeleitete Merkmale verbunden, die auf eine besondere Verwandtschaft hinweisen könnten. Er machte darauf aufmerksam, daß für die asiatischen Fossilien eine Reihe abgeleiteter Merkmale typisch sei, die man bei den afrikanischen Formen nicht antreffe, und deutete an, daß die beiden Populationen tatsächlich unterschiedlichen Arten angehörten. Die Untersuchung der hierdurch nahegelegten Schlußfolgerungen brachte Andrews zu dem Ergebnis, daß das einfachste Szenarium der Entwicklung des *Homo sapiens* »den *erectus* in Asien umging«. Somit wiederholte er die Schlußfolgerung, zu der Niles Eldredge und ich bereits im Jahre 1975 gelangt waren. Die Kladistik begann zu greifen.

Dabei halfen auch andere Fossilien. Don Johanson und seine Mitarbeiter erhielten im Jahre 1985 von den tansanischen Behörden die Erlaubnis, die Grabungsarbeiten in der Olduvai-Schlucht wieder aufzunehmen, aus der Mary Leakey sich einige Jahre zuvor zurückgezogen hatte. Im Juli 1986 entdeckten sie die fragmentarischen Überreste eines Hominidenskeletts, das sie OH 62 nannten. Dieses Skelett war wirklich fragmentarisch. Es war über sehr lange Zeit – wahrscheinlich über Jahrhunderte hinweg – aus den Ablagerungen in der Schlucht herausgewittert und in Hunderte kleiner Bruchstücke zerlegt worden, von denen man viele nur durch mühsames Durchsieben des Sediments bergen konnte. Doch trotz der etwa 300 Einzelteile war nicht viel von dem Skelett erhalten geblieben, lediglich der Oberkiefer (mit einigen Zähnen) und einige weitere Teile des Schädels, fast der gesamte rechte Arm und Teile beider Beine. Dies war zwar nicht das, was sich die Gruppe in der ersten Aufregung vom Fund erhofft hatte, doch es genügte für einige recht überraschende Schlußfolgerungen über den *Homo habilis*. Dieser Art hatte man den Fund aufgrund von Ähnlichkeiten der Zähne und des Gaumens zugeordnet, was mit seinem Alter und seiner Herkunft gut in Einklang stand: Der Fundort befand sich nahe dem Boden der Schlucht unweit der berühmten Fundstelle des *Zinjanthropus* und lag zwischen zwei Tuffsteinschichten, die man auf ein Alter von 1,85 und 1,75 Millionen Jahre datiert hatte. Somit war das Skelett fast genau so alt wie das *Homo habilis*-Typusexemplar – und gerade einmal knappe 200 000 Jahre älter als der Turkana-Junge.

Die recht genaue zeitliche Übereinstimmung zwischen diesen beiden fossilen, der Gattung *Homo* zugeschriebenen Individuen ließ den neuen Fund von Olduvai besonders bemerkenswert erscheinen. Während der Junge von Turkana nämlich groß und in seiner Anatomie vom Hals abwärts verblüffend modern war, war OH 62 gerade das Gegenteil. OH 62 erreichte zu seinen Lebzeiten wahrscheinlich eine noch geringere Körpergröße als Lucy; und es (das Geschlecht dieses Fossils kennen wir nicht) ging wahrscheinlich in ganz ähnlicher Weise, denn seine Gliedmaßenproportionen scheinen sogar noch archaischer als die Lucys gewesen zu sein. Insbesondere hatte OH 62 lange, kräftige Arme, und vor kurzem wiesen Sigrid Hartwig-Scherer und Bob Martin von der Universität Zürich durch eine Vielzahl von Messungen nach, daß seine Gliedmaßenknochen denen von Menschenaffen mehr ähnelten als diejenigen Lucys. Für eine vom Gradualismus dominierte Fachrichtung bedeutete dies, milde ausgedrückt, eine Überraschung. Man hatte erwartet, daß das postkraniale Skelett des *Homo habilis* zumindest morphologisch zwischen dem *Australopithecus* und dem *Homo erectus* liegen würde; diese Erwartung war so übermächtig, daß man beispielsweise einige zwei Millionen Jahre alte, isolierte Gliedmaßenknochen vom Ostufer des Turkana-Sees allein wegen ihres relativ modernen Aussehens mehrfach dem *Homo habilis* zugeschrieben hatte.

Natürlich liegt die Schwierigkeit zum Teil in der ungeklärten Natur des *Homo habilis*. Johanson, Tim White und ihre Kollegen führten bei der Beschreibung ihres neuen Fossils den Einwand an, die Unterscheidung des originalen *Homo habilis*-Fundes von Olduvai Bed I vom *Australopithecus africanus* sei nicht gerechtfertigt. Sie behaupteten aber, neue Funde (darunter KNM-ER 1470) und KNM-ER 1813 sowie ein neuer, mit Stw 53 bezeichneter Schädel, den Alun Hughes 1976 in Member 5 von Sterkfontein (als Member bezeichnet man eine lithographische Einheit) entdeckt hatte und der gut zu OH 62 paßte), hätten derartige Einwände aus dem Wege geschafft. Doch schon im nächsten Satz stellten sie fest, daß die neuen Fossilien Bestrebungen angeregt hätten, diese größere Fundkollektion in mehr als eine Art aufzuteilen. Denn obwohl der Fund so gut in ihr Konzept zu passen schien, kam Mitte der achtziger Jahre das Gerücht auf, bei dem jüngst bereicherten *Homo habilis* könne es sich um einen schlecht zusammengestellten Fossilien-Mischmasch aus mehr als einer frühen Hominidenart handeln. Bei dem „Ancestors"-Meeting, das 1984 im American Museum of Natural History zur Eröffnung der ersten großen öffentlichen Ausstellung mit Originalfossilien von Hominiden stattfand, hatte Bernard Wood recht kategorisch festgestellt, daß es im frühen Pleistozän in Ostafrika mindestens drei „nicht-australopithecine Taxa" gab. Chris Stringer veröffentlichte im Jahre 1986 seinerseits eine Abhandlung mit dem Titel *The Credibility of the Homo habilis* („Die Glaubwürdigkeit des *Homo habilis*"), derzufolge er Beweise für

»mindestens drei Arten des ‚frühen *Homo*‘ aus dem Plio-Pleistozän«
in Ostafrika (also Turkana und Olduvai) fand.

Stringer stellte außerdem fest, daß Fossilien wie der KNM-ER 1470
und OH 24 dem *Australopithecus* mehr ähnelten als allgemein anerkannt, wenn man die Schädelkapazität ignorierte, und damit kommen
wir zum zweiten Teil des *Homo habilis*-Problems. Denn selbst wenn
man die grazilen Hominidenfossilien von Olduvai und dem Turkana-
See vom *Australopithecus* wirklich trennen könnte (was ich zumindest einigermaßen berechtigt finde), kann man sie dann korrekterwei-
se der Gattung *Homo* zuordnen (was meiner Meinung nach viel fraglicher ist)? Wieder haben wir es hier mit dem unglücklichen Erbe der
Synthetischen Theorie zu tun. Wir haben gesehen, daß viele Anhänger
Ernst Mayrs das Zusammenfassen (*lumping*) mehrerer Arten zu einer
einzigen für anti-typologisch und daher definitionsgemäß für eine
gute Sache halten – was es in einem gewissen Sinn auch ist. Doch wie
überall entgeht auch in der Paläoanthropologie keine gute Idee dem
Schicksal, bis zum lächerlichsten Extrem weitergedacht zu werden.
Daher galt fast zwangsläufig das Gegenteil von *lumping*, also die
Schaffung neuer Arten, unter Paläoanthropologen als grundsätzlich
schlecht. Und deswegen hatte der *Homo habilis* es natürlich anfangs
schwer. Mit den Arten werden wir uns später nochmals befassen,
zunächst einmal ist festzustellen: Wenn neue Arten unerwünscht sind,
dann sind neue Gattungen undenkbar!

Doch vielleicht sollten wir gerade über das Undenkbare nachdenken. Der gängigen Ansicht nach besteht unsere Familie (oder Unterfa-

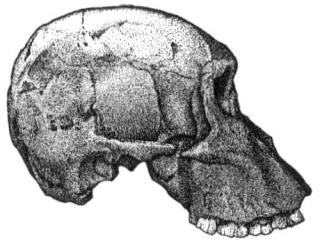 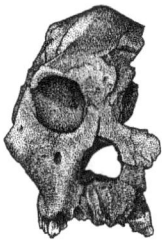

14.2   Lateral- und Frontalansicht des Sts-71-Kalvariums aus Member 4 in Sterkfontein, Südafrika. Eines der „robusteren“ Exemplare dieser Fundstelle. Maßstab: ein
Zentimeter. (D. M.)

milie oder was auch immer) aus nur zwei Gattungen: *Australopithecus* und *Homo*. Interessanterweise scheinen die Gattungen auf der Ebene der Körperteile, die fossilisieren können, die *Gestalt*kategorie in der Säugetierklassifikation zu sein: Nach Tattersalls Gesetz hat man zwei Gattungen vor sich, wenn man zwei Schädel aus 50 Schritt Entfernung auseinanderhalten kann; muß man sie zur Unterscheidung aber von nahem untersuchen, handelt es sich lediglich um zwei Arten. Dies ist natürlich eine grobe – sogar groteske – Vereinfachung, doch drückt sie eine offenbar grundlegende Konsequenz aus: Bei den Säugetieren ist im allgemeinen die Gattung die Ebene, auf der sich die „Familienähnlichkeit" zwischen verwandten Arten zeigt (oder von uns wahrgenommen wird). Natürlich sind Gattungen schlicht Ansammlungen von Arten, die alle von ein und demselben Vorfahren abstammen (daher bezeichnet man sie als „monophyletisch"); doch offensichtlich ist die Aufnahmefähigkeit einer Gattung begrenzt, denn andernfalls würde jede existierende Art derselben Gattung angehören. Und wenn also eine Gattung nicht mehr ist als eine monophyletische Gruppe von Arten, weshalb sollte man Bedenken haben, eine genügende Anzahl von Gattungen anzuerkennen, um die morphologische Vielfalt auszudrücken, die sich in einer Gruppe angesammelt hat? Es gibt absolut keinen prinzipiellen Grund, davor zurückzuschrecken, doch existiert in der Paläoanthropologie ein sehr gewichtiger praktischer Grund: Wir verfügen über kein anerkanntes Kladogramm, in dem die Artgruppen erkennbar wären, die in sinnvoller Weise und ohne Verletzung des Kriteriums der Monophylie als Gattungen abgetrennt werden könnten. Mit etwas Glück werden wir dazu eines Tages in der Lage sein; gegenwärtig jedoch machen Unsicherheit und Trägheit der Tradition die Vervielfachung der Hominidengattungen zu einem Tabuthema. Schade – man sollte aber zumindest anmerken, daß es wenig zu unserem Verständnis der Komplexität der menschlichen Evolution beiträgt, wenn man den *habilis* (und seine Verwandten) in eine von nur zwei Gattungen zwängen muß. So wird es auch praktisch unmöglich, zu einer morphologischen Definition der Gattung *Homo* zu gelangen, die irgendwelche Substanz hat.

Die bislang gründlichste Analyse zum Stand der Erkenntnis über den *Homo habilis* stammt aus der Feder von Bernard Wood. Ihm hatte man die detaillierte Beschreibung aller hominiden Schädel, Zähne und Unterkiefer anvertraut, die vom Ostufer des Turkana-Sees stammten.

Wood, langjähriges Mitglied im Team von Koobi Fora, hielt sich in der so entstandenen Monographie an anerkannte Verfahren. Er sah ganz klar, daß die Hominidenfossilien mehr Arten angehörten, als die „Parteilinie" vorgab, doch benannte er sie nicht in seinem dicken Wälzer. Später hatte er weniger Hemmungen. Bei der Beurteilung der grazilen Fossilien von Olduvai folgerte er, daß sie sämtlich gut in die Art *Homo habilis* – so wie sie durch die Fossilien aus dem unteren Abschnitt von Bed I definiert wurde – passen würden. Und wenn alle grazilen Fossilien von Olduvai zum *Homo habilis* gehörten, dann OH 62 fast zwangsläufig ebenfalls – trotz seiner äußerst archaischen Erscheinung. Als er sich aber Koobi Fora zuwandte, fand Wood ein komplexeres Bild vor. Er kam zu dem Schluß, einige der Hominidenexemplare von Koobi Fora gehörten eindeutig derselben Art an, darunter die Schädel KNM-ER 1805 und 1813. Andere jedoch, wie der berühmte Schädel KNM-ER 1470, ließen sich offensichtlich nicht dazu stellen und bedurften innerhalb der Gattung *Homo* einer neuen Artbezeichnung. Zum Verdruß vieler gab es bereits eine solche Bezeichnung: *Homo rudolfensis*, die der russische Anthropologe V. P. Alekseev, ausgehend von einer neuen Art des *Pithecanthropus*, für den KNM-ER 1470-Schädel geprägt hatte. Die Schädel mit den wenigen vom Ostufer des Turkana-Sees bekannten postkranialen Skelettelementen in Einklang zu bringen ist schwierig, doch einige Oberschenkelknochen sind beispielsweise größer und erscheinen moderner als die von OH 62. Diese dem *Homo rudolfensis* zuzuordnen, scheint berechtigt, während ein teilweise erhaltenes, KNM-ER 3735 genanntes Skelett von Koobi Fora, das mit seinen langen Armen an OH 62 erinnert, archaischer ist. Die wenigen bekannten Skelettknochen des Postkraniums scheinen also gemeinsam mit den Schädel- und Zahnfunden durchaus zu bestätigen, daß es vor etwa 1,9 Millionen Jahren in Koobi Fora zwei grazile Hominidenarten gab.

Obwohl diese Darstellung der Fossilien vom „frühen *Homo*" in Koobi Fora und Olduvai von einem loyalen und fachkundigen Teammitglied stammte, wich sie doch stark von Richard Leakeys eigener bevorzugter Interpretation ab. Leakeys populäre Darstellung von OH 62 betonte dessen Unvollständigkeit (während die Johansons natürlich den Gedankenreichtum und die Mühe hervorhob, womit man den maximalen Informationsgewinn aus fragmentarischem Material hervorgeholt hatte). Dennoch stürzte er sich auf dieses Exemplar, um zu beweisen, daß es vor etwa zwei Millionen Jahren in Olduvai zwei verschiedene, nicht-robuste Frühmenschen gab: den mit einem großen Gehirn ausgestatteten *Homo habilis*, den das Typusmaterial repräsentierte, und eine kleinere, archaischere Form, die durch OH 62 vertreten wurde. Denselben Hominiden entsprachen in Koobi Fora der mit einem großen Gehirn ausgestattete KNM-ER 1470, zu dem die moderneren Skelettknochen gehörten, beziehungsweise die über ein kleineres Gehirn verfügende (KNM-ER 1813) und ursprünglicher proportionierte (KNM-ER 3735) Form. Leakey konnte auf diese Weise drei verschiedene Hominiden ausmachen (darunter auch den robusten *Australopithecus*), die in der seinem „frühen *erectus*" vorausgehenden Zeitperiode im östlichen Afrika überall verbreitet waren. Einer davon war selbstverständlich eine altertümliche Form der Gattung *Homo*, die nicht mehr die ungünstigen ursprünglichen Körperproportionen von OH 62 hatte.

Noch kann man nicht wissen, welche Art von Schema man letztendlich aus den vielen Fossilien ableiten wird, die zu diesem oder jenem Zeitpunkt dem *Homo habilis* zugeschrieben wurden. Was aber den afrikanisch/asiatischen *Homo erectus* betrifft, so kann man, wie ich meine, die Tendenz deutlich erkennen. Woods Studie stellt recht überzeugend fest, daß der „frühe *Homo erectus*" von Turkana eine andere Art repräsentiert als die asiatische. Sie bedarf aber einer eigenen Bezeichnung; und der den Regeln der Nomenklatur zufolge erste verfügbare Name dafür ist *Homo ergaster*; diesen hatten Colin Groves und Vratja Mazák 1975 dem Unterkiefer KNM-ER 992 von Koobi Fora verliehen. Soweit man derzeit weiß, spricht nichts dagegen, daß der *Homo ergaster* zumindest ein weitläufiger Vorfahre aller späteren Arten der Gattung *Homo*, darunter auch *Homo erectus* und *Homo sapiens*, ist. Hingegen scheint es recht sicher, daß der *Homo erectus* von Java und China nicht unser Urahn war. Doch dieser Ansicht hat sich noch nicht jeder angeschlossen; der Kontroverse um den Ursprung des *Homo sapiens* werden wir uns im nächsten Kapitel zuwenden.

Inzwischen hielt die Westseite des Turkana-Sees noch eine weitere Überraschung bereit. Die Ausgrabung an der Fundstelle von KNM-WT 15000 war noch nicht abgeschlossen, als Alan Walker im August 1985 in der Nähe eines anderen trockenen Bachbettes mit dem Namen Lomekwi-Fluß das Kalvarium eines robusten Australopithecinen

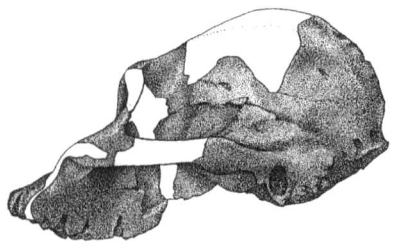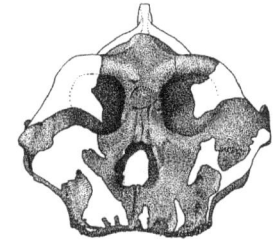

14.3   Lateral- und Frontalansicht des Schwarzen Schädels (*black skull*; KNM-WT 17000) von Lomekwi an der Westseite des Turkana-Sees, Kenia. Maßstab: ein Zentimeter. (D. M.)

fand. Bei diesem Fossil handelte es sich jedoch nicht einfach um einen weiteren robusten Australopithecinen, denn es war 2,5 Millionen Jahre alt, somit gut eine halbe Million Jahre älter als jede andere bekannte robuste Form aus Kenia und bis zu einer Million Jahre älter als der *Australopithecus robustus* aus Südafrika. Und was ebenso bedeutsam war: Sobald Walker aus den zahlreichen Fragmenten einen mehr oder weniger vollständigen (wenn auch zahnlosen) Schädel zusammengesetzt hatte, zeigte sich, daß das Exemplar (wegen seiner dunklen Patina etwas liebevoll *black skull*, „Schwarzer Schädel", genannt, obwohl es formeller als KNM-WT 17000 bezeichnet wird) keinem anderen bekannten robusten australopithecinen Schädel ähnelte. Eine der Eigenschaften, die alle zu jener Zeit geborgenen robusten australopithecinen Schädel auszeichnete, war ihr flaches Gesicht und ihre Kurzschädeligkeit. Der „Schwarze Schädel" jedoch wartete mit einem herrlich vorspringenden, ziemlich konkav gewölbten Gesicht mit einer etwas eingesunkenen Nasenpartie auf. Wegen des besseren Muskelansatzes begleitete das verlängerte Gesicht ein ebenso langer Hirnschädel mit einem längsverlaufenden, auf den Hinterkopf konzentrierten Kamm. Zahlreiche anatomische Details, etwa Backenzahnwurzeln von sehr großzügiger Proportion, wiesen darauf hin, daß es sich wirklich um einen Verwandten der jüngeren, „robusten" australopithecinen Art handelte; die Gestalt von KNM-WT 17000 war jedoch kaum typisch für die Gruppe.

Als Walker und Leakey diesen Fund veröffentlichten, ordneten sie ihn vorläufig als ursprünglichen Vertreter der Art *Australopithecus boisei* ein. Dabei wurden sie zweifellos stark von der unter Paläoanthropologen vorherrschenden Abneigung gegen die Benennung neuer Arten beeinflußt. Ebenso zweifellos war ihnen diese Tatsache bewußt, denn sie schützten sich mit der Anmerkung, daß zukünftige Funde die Einordnung von KNM-WT 17000 in eine neue Art erforderlich machen könnten. Eine 1987 von Fred Grine aus Stony Brook organisierte Konferenz über „robuste" Australopithecinen war ein gutes Forum für die Diskussion dieses Themas. Man einigte sich bei der Tagung darauf, daß KNM-WT 17000 tatsächlich als von *Australopithecus boisei* unabhängige Art zu betrachten sei. Ebenfalls war man sich einig, daß ein Name für diese Art bereits existierte – ein Name, den Walker und Leakey in ihrer ursprünglichen Abhandlung sogar schon erwähnt hatten. Im Verlaufe der internationalen Expeditionen nach Omo in den späten sechziger Jahren hatte das französische Team in etwa 2,6 Millionen Jahre alten Sedimenten einen zahnlosen Unterkiefer entdeckt. Dieser hatte ein wesentlich höheres Alter als alle bis dahin bekannten Hominiden, und obwohl er völlig zerstückelt war, kamen Camille Arambourg und Yves Coppens doch zu dem Schluß, er könne keiner der damals bereits beschriebenen Arten (oder Gattungen – die Franzosen waren in solchen Angelegenheiten stets weniger zurückhaltend als englischsprachige Forscher) angehören. So nannten sie ihn *Paraustralopithecus aethiopicus*. Angesichts des schlechten Zustandes dieses Fundes ignorierte man den Namen damals allgemein; doch jetzt, nach der Bergung eines vollständiger erhaltenen Exemplars etwa desselben Alters, erweckte der äthiopische Unterkiefer neues Interesse. Er stammte von einem viel kleineren Individuum als der „Schwarze Schädel" und war auch sonst nicht direkt vergleichbar. Doch nachdem man noch einige äthiopische Exemplare sowie einen weiteren, später am Westufer des Turkana-Sees entdeckten Unterkiefer herangezogen hatte, waren die meisten Besucher der Konferenz bereit, eine eigenständige, dritte Art von robusten Australopithecinen zu akzeptieren, die – veranschaulicht durch den „Schwarzen Schädel" – offenbar durch Fossilien im Alter zwischen 2,8 und 2,2 Millionen Jahren repräsentiert wurde. Man einigte sich für diese Form auf den Artnamen *aethiopicus*.

Ein weiteres Ergebnis der Stony-Brook-Konferenz war, daß man sich klarer vergegenwärtigte, wie verschieden die „robusten" Australopithecinen von den „grazilen" sind (ich benutze hier die Anführungszeichen, weil wir, wie Grine gerne betont, in bezug auf den Rumpf und die Extremitäten über nicht genügend Skelettknochenbelege der „robusten" Formen verfügen, um zu wissen, wie kräftig sie im Ganzen gebaut waren. Alles, was wir wissen, ist, daß sie sehr große Backenzähne und einen entsprechenden Knochenbau hatten).

Dennoch zeichnete sich, obwohl nicht jeder Konferenzteilnehmer zustimmte, ein Konsens darüber ab, daß Robert Broom 1938 recht gehabt hatte, als er seine robusten Exemplare von Kromdraai einer anderen Gattung als *Australopithecus*, nämlich *Paranthropus*, zuordnete. Akzeptierte man diese Unterscheidung, so gab es nunmehr drei allgemein anerkannte Arten innerhalb der Gattung *Paranthropus*: *P. robustus* aus Südafrika, *P. aethiopicus* und *P. boisei* aus Ostafrika. Dennoch blieben die Verwandtschaftsverhältnisse zwischen den *Paranthropus*-Arten und zwischen dieser Gattung und *Australopithecus* unklar. Zu dem Zeitpunkt hatten die meisten Paläoanthropologen akzeptiert, daß *Australopithecus afarensis* die Stammart war, aus der oder aus deren Nähe die späteren Hominidenarten entstanden waren; doch bei allem weiteren gingen die Meinungen auseinander.

Da man nun eine robuste Art kannte, die ebenso alt war wie *Australopithecus africanus*, war es wenig plausibel (wenn auch weiterhin nicht unmöglich; die gesamte zeitliche Präsenz einer verloschenen Art ist niemals mit Sicherheit bekannt), letztere an die Basis einer monophyletischen Gruppe der robusten Formen zu stellen, wie Johanson und White es getan hatten. Auch war es ein wenig zweifelhaft, den *africanus* zum Vorläufer aller späteren Hominiden zu machen, wie ebenfalls vorgeschlagen wurde. Doch konnte man allein aufgrund des Zeitfaktors beispielsweise noch erwägen, daß *A. afarensis* einerseits die robusten Formen Ostafrikas und andererseits, über den *A. africanus*, die divergierenden südafrikanischen robusten Australopithecinen und *Homo*-Abstammungslinien hervorgebracht hat. Auch ließ sich unterstellen, daß aus dem *afarensis* einfach zwei unterschiedliche Abstammungslinien, *africanus*/*Homo* und *Paranthropus*, hervorgegangen seien. Die wichtigste Frage in der Phylogenese früher Hominiden lief daher darauf hinaus, ob die Gruppe der robusten Formen monophyletisch war oder nicht: ob die darin zusammengefaßten Arten alle bekannten Nachfahren eines einzigen gemeinsamen Vorfahren umfassen. Dieses Problem ist (trotz des zunehmenden Gebrauchs der Bezeichnung *Paranthropus*, die Monophylie suggeriert) noch nicht zu aller Zufriedenheit gelöst; und natürlich wird es durch die Tatsache erschwert, daß die grundlegenden Einheiten unserer Analyse höchstwahrscheinlich falsch sind. Zweier Dinge können wir uns aber sicher sein: Zum ersten, daß es mehr frühe Hominidenarten gibt, als wir – aus welchem Grund auch immer – bisher erkennen konnten, und zum zweiten, daß wir von keiner der von uns präzise beschriebenen Arten die gesamte Zeitspanne ihrer irdischen Existenz kennen.

Eine der Abhandlungen auf der Stony Brook-Konferenz hatte die Paläontologin Elisabeth Vrba von der Yale University (zuvor Transvaal Museum) verfaßt. Sie hatte die Evolution von Säugetierfaunen, insbesondere Antilopen Afrikas im Verlauf der letzten Jahrmillionen eingehend untersucht und festgestellt, daß in mehreren Teilen Afrikas vor etwa 2,5 Millionen Jahren ein bemerkenswerter Wandel der Fauna stattgefunden hatte: Waldantilopen wurden seltener und durch Arten ersetzt, die auf trockenen, offenen Savannen grasen. Offensichtlich war irgendeine Klimaveränderung vor sich gegangen, die zumindest weite Teile des afrikanischen Waldes in Savanne verwandelt hatte. Wie sich herausstellte, paßte dies gut zu geologischen Befunden, denen zufolge eben zu dieser Zeit eine polare Vergletscherung stattgefunden hatte. Diese ließ die globalen Durchschnittstemperaturen um etwa acht Grad Celsius oder mehr sinken. Doch es fielen nicht nur die Temperaturen, sondern die Kontinente wurden auch arider; dies erklärt den Wandel in der Vegetation, die ihrerseits wieder eine Faunaveränderung zur Folge hatte. Vrba wies darauf hin, daß etwa zu dieser Zeit, vor 2,5 Millionen Jahren, der *Paranthropus* auf der Bildfläche erschien, daß erstmals steinerne Werkzeuge in der geologischen Überlieferung auftauchten und die ersten fossilen Anzeichen der Gattung *Homo* (in Gestalt eines Schädelfragments, das ihr Kollege Andrew Hill von der Yale University in der Nähe des Baringo-Sees in Kenia fand) sichtbar wurden. Standen diese Ereignisse in Beziehung zueinander? Vrba vermutete es. Sie nahm auch an, sie seien einfach Teil eines größeren Ereignismusters gewesen, das sich im Verlauf der Geschichte der Hominiden wiederholt vollzog. Beispielsweise begannen vor etwa fünf Millionen Jahren die heute bekannten Antilopenarten, sich in der afrikanischen Landschaft zu vermehren. Dieses Ereignis ging ebenfalls mit einer dramatischen Phase klimatischer Abkühlung und Austrocknung sowie mit einem weltweiten Rückgang der Wälder und einer Ausbreitung der Savannen einher. Und sehr wahrscheinlich traten gleichzeitig die ersten hominoiden Zweibeiner aus dem Wald in die Savanne hinaus. Vrba zufolge haben also klimatische Veränderungen die Evolution der Menschenfamilie dramatisch beeinflußt, wenn auch nur als Teil größeren Geschehens: Vrba betrachtet periodische Veränderungen dieser Art als Ursache allgemeiner „Pulse" von Artentstehung und -auslöschung, denen unsere eigenen Vorfahren, ebenso wie die einer ungeheuren Vielfalt anderer Organismen, unentrinnbar unterworfen waren („*turnover-pulse*-Hypothese").

Diese attraktive Idee wird überleben oder nicht, wenn wir einst mehr über das zeitliche Zusammenspiel dieser verschiedenen und vermutlich miteinander verbundenen Ereignisse wissen werden. Sie ist auch fest in der Evolutionstheorie begründet, denn obwohl sie traditionelle Auffassungen des allmählichen Wandels in Frage stellt, paßt diese Vorstellung gut zu dem, was wir bislang über das Entstehen von Arten wissen. Die Aufspaltung zuvor zusammenhängender Populationen durch Ausbreitung oder Rückgang von Savannen (oder anderer Lebensräume) schafft ideale Bedingungen für die Artbildung. Und die ist, gemeinsam mit Innovationen auf lokaler Ebene, der Motor evolutionären Wandels. Schon diese bloße Annahme ist Traditionalisten ein Greuel, da sie sich „rückwirkend" auf zahlreiche ausgestorbene Hominidenarten beruft. Dennoch ist es sehr wahrscheinlich, daß eine durch häufige klimatische Veränderungen während der Eiszeiten (in den letzten etwa zwei Millionen Jahren) erhöhte Artbildungsrate bei Hominiden zumindest teilweise für den beschleunigten Wandel im Menschengeschlecht in der letzten Hälfte seiner Existenz verantwortlich war.

15. Der Höhlenmensch verschwindet

Die bemerkenswerten Funde im östlichen Afrika seit 1959 lenkten die Aufmerksamkeit von Südafrika ab, wo der ganze Aufruhr in Sachen „frühester Vorfahre" ursprünglich begonnen hatte. Den südafrikanischen Australopithecinen scheint etwas von der Romantik zu fehlen, die ihre nördlichen Brüder umgibt; das liegt vielleicht zum Teil an ihrer bescheidenen Herkunft als durcheinandergewürfelte Höhlenfüllsel und an den Schwierigkeiten, die die Datierung bei dieser Herkunft bereitete. Wochen und Monate mühseligen Zerkleinerns von Steinen an einer einzigen Stätte wie Sterkfontein lassen nun einmal den Reiz vermissen, den der Aufbruch in eine wilde und entlegene Landschaft wie Hadar hat, wo in jeder Schlucht eine weitere, sicher datierbare Lucy lauern könnte. Doch die südafrikanischen Höhlen erbrachten ohne großes Getöse seit den sechziger Jahren nicht nur eine bemerkenswerte Ausbeute an Fossilien, sondern auch eine Geschichte von deren Ursprung, die von früheren Interpretationen dramatisch abwich.

C. K. Brain vom Transvaal Museum spielte bei dieser Renaissance der Erforschung von Australopithecinen in Südafrika eine führende Rolle. Brain interessierte sich besonders dafür, wie diese Höhlenfundstätten entstanden waren und wie sich die Knochen als Bestandteil der Brekzienfüllung angesammelt hatten. Im Jahre 1965 nahm er die Ausgrabungsarbeiten in Swartkrans wieder auf, der Fundstelle, über deren robuste Australopithecinen man am meisten wußte; und 1970 konnte er mit einer neuen gut begründeten Hypothese darüber aufwarten, wie die Höhle entstanden war und sich anschließend mit Geröll füllte. Der ursprünglich unterirdische Hohlraum, geformt durch die Wirkung des Grundwassers im löslichen Dolomitgestein, erhielt durch einen senkrechten Einbruchstrichter (Doline), der möglicherweise neben einem überhängenden Felsvorsprung hinunterführte, Verbindung zur Oberfläche. Periodisch auftretende, schwere Regenfälle spülten alle möglichen Gesteins- und Mineralbruchstücke, darunter Staub, Schotter, Kiesel und die Knochen toter Lebewesen, diesen Schacht hinunter. Während Raymond Dart angenommen hatte, die in Makapansgat auf-

gefundenen zerbrochenen Knochen seien die Folge von Aktivitäten
blutrünstiger Australopithecinen, erschienen Brain die Knochen von
Swartkrans eher als Überreste der Mahlzeiten von Karnivoren. Doch
wenn dies der Fall war, wie hatten so viele davon ihren Weg in eine
unterirdische Höhle gefunden, aus der sie erst vor kurzem durch Erosion wieder auftauchten?

Das kalkhaltige Dolomitgestein im allgemein trockenen Transvaal
verwittert noch heute, und Situationen wie die im vorzeitlichen Swartkrans sind immer noch gang und gäbe. Eingänge zu senkrechten Ris-
sen im Gestein bilden auch heute noch Vertiefungen, in welchen sich
Wasser sammelt, so daß man in den sonst kahlen Landschaften an
derartigen Stellen oft Bäume vorfindet. Leoparden tragen ihre Beute
in Gegenden, wo die Kadaver durch plündernde Hyänen gefährdet
sind, oft auf Bäume. Brain äußerte 1970 die Vermutung, für die Knochenansammlungen in Swartkrans seien vor allem Leoparden verantwortlich gewesen. Die Australopithecinen waren nicht etwa Jäger, wie
Dart angenommen hatte, vielmehr gehörten sie nun plötzlich zu den
Gejagten. Das im Vergleich zu Antilopenknochen oder hominiden
Schädelfragmenten seltene Auftreten von postkranialen Skelettknochen der Australopithecinen in Swartkrans schrieb Brain der Tatsache
zu, daß abgesehen vom Schädel alle Skelettelemente der Primaten
recht schmackhaft sind. Ein Leopard verspeist einen Pavian bis auf
den Schädel stets ganz, während er von einer Antilopenmahlzeit mehr
übrigläßt. Weil er seine Theorie stützte, war Brain besonders über den
Fund eines Teilhirnschädels von einem juvenilen *Paranthropus* aus
Swartkrans erfreut, der zwei identische Löcher mit nur geringem Abstand zueinander aufwies – Löcher, in die die Eckzähne eines fossilen
Leoparden perfekt hineinpaßten! Leoparden fassen beim Fortschlep-
pen ihrer Beute oft den Kopf mit ihren Kiefern und der *Paranthropus*-
Hirnschädel erzählte beredt von solch einem traurigen Schicksal.

Wie wir gesehen haben, hatte John Robinson erkannt, daß einige
der Hominidenüberreste in Swartkrans weitaus graziler waren als die
robusten, derentwegen die Stätte berühmt war. Hierzu zählte der Unterkiefer, für den Robinson ursprünglich den Namen *Telanthropus*
geprägt hatte, den er aber später dem *Homo erectus* zuschrieb. Nun
bestätigte Brain, daß sich an diesem Fundort auch Steinwerkzeuge
fanden. Mary Leakey beschrieb diese Werkzeuge als denen des „entwickelten Oldowan" aus Bed II in Olduvai äußerst ähnlich, obwohl

sie zumeist größer waren. Unter ihnen befanden sich verschiedenartige Chopper und einige zweiseitig behauene Werkzeuge. Im Gegensatz zu Olduvai war Swartkrans aber eindeutig keine Werkstätte der Werkzeugmacher; Brain lieferte stichhaltige Gründe für die Annahme, die Werkzeuge seien einfach mit anderem Gesteinsschutt von der Erdoberfläche in die Höhle gespült worden. Derartiger Schutt hatte unterhalb der Doline, die von der Oberfläche in die Höhle hinabführte, eine konische Ablagerung gebildet. Steine und Knochen, die auf diesen Kegel fielen, gelangten durch ihren eigenen Schwung in Bereiche der Höhle, die recht weit von der Öffnung entfernt sein konnten. Auf diese Weise entstand im Höhleninnern eine sehr komplexe Stratigraphie, deren Entschlüsselung viele weitere Jahre in Anspruch nahm, insbesondere nachdem deutlich wurde, daß in der Höhle mehrere Phasen der Ablagerung und Erosion einander abwechselten.

15.1   Zeichnerische Rekonstruktion eines Leoparden, der gerade einen jungen *Paranthropus* von Swartkrans fortschleppt, nachdem er dessen Hirnschädel mit seinen Eckzähnen durchbohrt hat. Zeichnung von Diana Salles nach einem Konzept von Douglas Goode.

Im Jahre 1976 konnte Brain eine vom Chicagoer Geologen Karl Butzer erarbeitete Interpretation der Geologie von Swartkrans präsentieren, die die Höhlenbrekzie in zwei Member unterteilte: Member 1 (mit zahlreichen Überresten von Hominiden) und Member 2 (mit weitaus weniger Hominiden, aber den meisten, wenn nicht allen, Steinwerkzeugen). Spätere Ausgrabungen enthüllten jedoch eine kompliziertere Situation, und Brain unterteilte schließlich Member 2

nochmals in vier. Hominide Fossilien waren lediglich aus dem unteren
Bereich (Member 2 und 3) dieser Sequenz bekannt. Die Datierung
dieser unterschiedlichen geologischen Einheiten (und derer aus anderen Fundstellen in südafrikanischen Höhlen) machte in den siebziger
und achtziger Jahren auch durch einen Vergleich der darin enthaltenen
Faunen mit den seit kurzem verfügbaren, datierten Faunenabfolgen
Ostafrikas große Fortschritte: Basil Cooke leistete dabei Pionierarbeit,
und die Untersuchungen über Antilopen von Elisabeth Vrba und über
Affen von Eric Delson von der City University of New York und dem
American Museum of Natural History erwiesen sich als besonders
hilfreich. Solche Faunenvergleiche legen nahe, daß Member 1 und 2
aus Swartkrans etwa zwischen 1,9 und 1,6 Millionen Jahre alt sind
und Member 3 mit 1,5 bis 1,0 Millionen Jahren ein wenig jünger ist.
Aus Member 1 und 2 kennen wir sowohl Fossilien von *Paranthropus*
als auch von *Homo*, während Member 3 nur (wenn auch wenige)
Fossilien von *Paranthropus* enthält. Bemerkenswert ist jedoch, daß in
Swartkrans zwar die fossilen Überreste Dutzender *Paranthropus*-In-
dividuen zutage kamen, man aber lediglich sechs *Homo*-Fossilien von
dort kennt. Steinerne Werkzeuge tauchen überall auf, ebenso Teile von
Antilopenknochen (zumeist Langknochen und Hornteile), die so abgeschliffen sind, wie es typisch für Knochenartefakte ist, die man
zum Graben nach Wurzeln, Knollen und dergleichen benutzte. Der
Abnutzungsgrad vieler dieser Werkzeuge weist auf langen Gebrauch

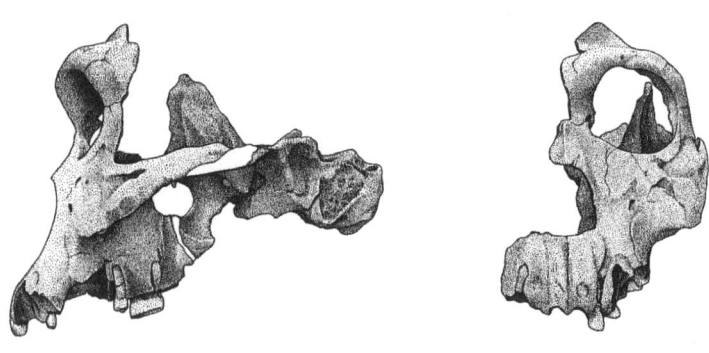

15.2   Lateral- und Frontalansicht des rekonstruierten Teilschädels SK 847 aus
Member 2 in Swartkrans, Südafrika. Maßstab: ein Zentimeter. (D. M.)

hin, was vermuten läßt, daß sie jeweils tagelang herumgetragen wurden.

Wer schuf oder benutzte diese Stein- und Knochenartefakte? Beide Hominiden könnten es gewesen sein; die meisten Paläoanthropologen haben aber den Eindruck, daß zwar durchaus *Paranthropus* die Knochen zum Graben benutzt haben könnte, daß aber *Homo* derjenige war, der die Steinwerkzeuge anfertigte. Randy Susman, der bei Brains Ausgrabungen gefundene Handknochen aus Swartkrans untersuchte, fand nicht nur heraus, daß diese nicht allein auf die Fähigkeit präzisen (wenn nicht präziseren) Greifens hinweisen, wie sie der *Homo habilis* in Olduvai zeigt, sondern auch, daß diese Handknochen *Paranthropus* zuzuordnen seien. Sollte dies zutreffen, so könnte *Paranthropus*, der in Swartkrans bei weitem am häufigsten vertreten ist, sehr wohl der Hersteller der Steinwerkzeuge gewesen sein. Susmans Interpretation rief beträchtliche Kontroversen hervor, und bis heute wissen wir noch nicht, wer die Steingeräte von Swartkrans anfertigte. Interessanterweise sind gerade aus Member 3, obwohl man darin ausschließlich Australopithecinen fand, Feuerspuren bekannt. Diese bestehen aus geschwärzten Steinen und Knochen, die auf für Lagerfeuer typische Temperaturen erhitzt worden waren. Vermutlich konnten Hominiden während der Frühgeschichte der Höhle nur zur Zeit von Member 3 deren Eingang besiedeln. Vielleicht erscheinen deshalb ausgebrannte Gegenstände allein in dieser Brekzieneinheit. Dennoch bevorzugt Brain die Annahme, der Beginn des Feuergebrauchs liege zwischen den Zeiten von Member 2 und 3. Was den Benutzer des Feuers (Brain widerstrebt es sowohl anzunehmen, es habe sich um einen Feuer*macher* gehandelt, als auch zu behaupten, das Feuer sei zum Kochen benutzt worden) betrifft, so gibt es trotz des Mangels fossiler Belege kaum Zweifel daran, daß es sich dabei um den grazilen Hominiden handelte, den man *Homo* zuschrieb – doch welcher Art der Gattung *Homo*?

Im Jahre 1970 hatte Ron Clarke erkannt, daß ein *Telanthropus* zugeordnetes Gaumenbein aus Member 1 mit einem Gesichtsschädelfragment und dem Teil eines Schläfenbeines (die beide *Paranthropus* zugeschrieben worden waren) zusammenpaßte und einen Teil der linken Schädelhälfte von einem einzelnen *Homo*-Individuum bildete, dem man den Namen SK 847 gab. Die Artzuordnung blieb aber fraglich, bis Alan Walker 1977 Südafrika besuchte und einen Abguß des kurz zuvor entdeckten KNM-ER 3733 mitbrachte. Die große Ähnlichkeit der Funde fiel beiden Wissenschaftlern sofort auf, und sie stimmten darin überein, ein Exemplar des *Homo erectus* vor sich zu haben. Das brachte sie natürlich auf die Linie von John Robinson, der sich schon Jahre zuvor für eine ähnliche Zuordnung seines *Telanthropus* entschieden hatte. Dies wurde allerdings wieder fraglich, als Zweifel aufkamen, ob man den „frühen *erectus*" Afrikas tatsächlich dieser Art zuordnen sollte. Eine kürzlich von Fred Grine mit Hilfe einer raffinierten Computersimulationstechnik durchgeführte Rekonstruktion des SK 847 hob einige signifikante Abweichungen gegenüber dem *Homo ergaster* Ostafrikas hervor. Die Artidentifizierung des *Homo* von Swartkrans muß also derzeit noch zweifelhaft bleiben. Da er jedoch keinem der *Homo habilis* zugeordneten Exemplare besonders ähnelt, wird man ihn wohl schließlich einer neuen, dem *Homo ergaster* nahe verwandten Art zurechnen.

Parallel zu den Arbeiten in Swartkrans intensivierte sich auch die Aktivität in Sterkfontein. Während der Feierlichkeiten zu Robert Brooms 100. Geburtstag im Jahre 1966 stellten Philip Tobias und Alun Hughes detaillierte Pläne für die Wiederaufnahme der Grabungsarbeiten an dieser klassischen *Australopithecus africanus*-Fundstelle vor. Diese noch heute andauernde Arbeit erbrachte bis zu Hughes Tod im Jahre 1991 eine Sammlung von Hunderten weiterer (meist leider fragmentarischer) hominider Fossilien. Hiervon sind die meisten bislang noch nicht beschrieben, denn Tobias widmete das Vierteljahrhundert nach der Entdeckung des *Zinjanthropus* der ungeheuren Arbeit des Monographierens der Fossilien von Olduvai und stellte die ähnlich monumentale Aufgabe, die Sammlung von Sterkfontein zu dokumentieren, bis auf weiteres zurück. Zu den bemerkenswerten Ausnahmen zählten unter anderem das 1976 entdeckte und dem *Homo habilis* zugeschriebene Stw-53-Kranium sowie einige weitere Fossilien, die Ron Clarke in den achtziger Jahren beschrieb. Dazu gehörte auch ein mühsam rekonstruierter Schädel (Stw 253), der nach Clarkes Interpretation einige für den *africanus* untypische Merkmale aufweist. Anders als Stw 53, den man im jüngeren Member 5 (dessen Alter seiner Fauna zufolge etwa 1,6 Millionen Jahre beträgt und in dem sich auch Steinwerkzeuge fanden) entdeckte, stammt dieser neue Schädel aus dem älteren Member 4 (etwa 2,5 Millionen Jahre alt), also den Ablagerungen, denen die klassischen *africanus*-Fossilien entstammten. Eine erneute Untersuchung anderer Exemplare aus Member 4 überzeugte Clarke davon, daß tatsächlich zweierlei Hominiden in diesen älteren Sedimenten vertreten waren: eine Form mit kleineren Zähnen, einer gerundeten Oberaugen- und vorstehenden Nasenregion (der klassische *africanus*), und eine Form mit größeren Zähnen (darunter auch Stw 253), deren Oberaugen- und mittlere Gesichtspartie flacher war. Clarke lehnte aus gutem Grund die Annahme ab, bei diesen beiden Formen handele es sich lediglich um männliche und weibliche Exemplare derselben Art, sondern schloß auf das Vorkommen zweier Entwicklungslinien in Sterkfontein. Trotz der vergrößerten Frontzähne erkannte Clarke in der Form mit den größeren Molaren einen Vorgänger des *A. robustus*. Je mehr man von diesem Material betrachtet, desto plausibler wird Clarkes Annahme, in Sterkfontein Member 4 gebe es mehr als eine Art. Doch mit der Beschreibung und Analyse weiterer Fossilien wird das Gesamtbild wahrscheinlich noch komplizierter werden, als selbst er es bislang dargelegt hat.

Trotz der relativ geringen Zahl hominider Fossilien aus Makapansgat läßt sich dort offenbar ein ähnliches Muster erkennen, in dem Individuen mit kleineren und größeren Backenzähnen vertreten sind. Auch hier legt die neuerliche Analyse der fossilen Knochenkollektionen nahe, daß sie eher das Werk von Fleisch- und Aasfressern sind als das von Australopithecinen, die ihre osteodontokeratischen Geräte schwangen. Mit einer einzigen Ausnahme stammen alle fossilen Überreste von Hominiden in Makapansgat aus der „grauen Brekzie", den unter der Bezeichnung Member 3 bekannten Ablagerungen. Die assoziierte Fauna läßt ein Alter von etwa 3,0 Millionen Jahren vermuten und macht Makapansgat damit zur ältesten Fundstelle von Australopithecinen in Südafrika. Das Alter des zuerst entdeckten Taung-Schädels bleibt rätselhaft. Etwa zur gleichen Zeit gefundene Fossilien niederer Affen legen ein Alter von etwa 2,2 Millionen Jahren nahe, doch ist es keineswegs sicher, daß sie alle denselben Ablagerungen entstammen. Sollte die Datierung aber zutreffen, so wäre das Taung-Kind sowohl geologisch als auch von seiner Individualentwicklung her das jüngste südafrikanische Fossil, das dem *A. africanus* zugesprochen wird.

Die südafrikanischen Fundstellen von Australopithecinen scheinen also eine Zeitspanne von etwa 1,5 bis zu 2,0 Millionen Jahren zu umfassen, und zwar in dieser Reihenfolge (von der ältesten zur jüng-

sten): Makapansgat 3, Sterkfontein 4, (? Kromdraai, ? Taung), Swartkrans 1, Swartkrans 2, Sterkfontein 5, Swartkrans 3. Die *A. africanus*
zugeordneten Exemplare erscheinen als erste in dieser Reihenfolge,
dann *Paranthropus*, etwa gleichzeitig mit *Homo*. Im Verlauf der langen, von diesen Stätten repräsentierten Zeitperiode scheint Südafrika
eine allgemeine Phase der Austrocknung durchlaufen zu haben. Zu
Zeiten von Makapansgat und Sterkfontein 3 war die Vegetation der
Hochsteppe wahrscheinlich von Büschen durchsetzt, während Wälder
die Flußufer säumten. Zu Zeiten von Swartkrans herrschte wohl die
offene Savanne vor. Könnte dieser klimatische Wechsel die unterschiedliche Anpassung des Zahnapparats der robusten und grazilen
Formentypen erklären? John Robinson meinte schon vor längerer
Zeit, die Unterschiede zwischen den Zähnen von *Australopithecus*
und *Paranthropus* seien durch ihre jeweilige Ernährung zu verstehen:
Das Gebiß der grazilen Form war einer omnivoren Ernährung angepaßt, während die robuste das Gebiß eines hochspezialisierten Pflan-
zenfressers hatte. Die neueren rasterelektronenmikroskopischen Untersuchungen der Abnutzungspuren auf den Kauflächen der Molaren
beider Typen von Fred Grine und Rich Kay von der Duke University
führten allerdings zu etwas anderen Schlußfolgerungen. Kay und
Grine fanden heraus, daß der Zahnschmelz beim *Australopithecus
africanus* von Sterkfontein abgeschliffen und leicht zerkratzt war,
während der des *Paranthropus* von Swartkrans tiefe Gruben und Ril-
len aufwies. Gewiß ernährten sich beide Typen unterschiedlich, wobei
letzterer auf härtere, grobkörnigere Substanzen spezialisiert war: genau jene eßbaren Pflanzenteile wie Wurzeln und Knollen, die man in
den offenen Savannen findet – und bei deren Gewinnung Grabgeräte
besonders hilfreich sind. Allerdings erwies sich der *A. africanus* ebenfalls als Vegetarier, der sich einfach von anderen Pflanzenprodukten,
vielleicht vornehmlich fleischigen Früchten, ernährte.

Ob diese Korrelation zwischen Klima, Vegetation und Morphologie
Ursache oder Ergebnis ist, bedarf noch der Klärung. C. K. Brain geht
inzwischen davon aus, daß die zeitliche Lücke zwischen Member 4
und Member 5 in Sterkfontein (ungefähr die Spanne von 2,5 bis 1,5
Millionen Jahren vor unserer Zeit) eine entscheidende Phase in der
menschlichen Evolution bedeutet, in der aus Gejagten tatsächlich Jagende wurden. Seine Untersuchungen ließen ihn vermuten, daß, als
sich Member 4 abzulagern begann, der Höhleneingang ein Lagerplatz

für Fleischfresser war, in den sie ihre australopithecine Beute schlepp-
ten. Doch zu Zeiten von Member 5 »hatten die Menschen ihre Räuber
nicht nur verdrängt, sondern sich genau in dem Raum niedergelassen,
wo ihre Vorfahren gefressen wurden.« Dennoch, so fügte Brain hinzu,
»waren sie kaum mehr als Amateure in der Jagd ... die Beschaffenheit
ihrer Antilopenüberreste ... läßt vermuten, daß sie stark von der Beute
professioneller Fleischfresser abhängig waren, *bevor* sie nach und
nach ihr eigenes Können als Jäger entwickelten.« Wegen des komplexen Charakters der Fundstellen in den südafrikanischen Höhlen können wir derzeit kaum mehr zu den Fähigkeiten des frühesten *Homo*
sagen. In Ostafrika jedoch sind die Bedingungen für eine Untersuchung dieses Problems weitaus günstiger – obwohl die Archäologen
auch hier von einer Einigung noch weit entfernt sind.

Mit fortschreitender Arbeit an solchen ostafrikanischen Stätten wie
Olduvai und Koobi Fora stellten die Archäologen immer neue Fragen
an das ihnen zur Verfügung stehende Material. So wandte sich die
Aufmerksamkeit unter anderem von der Form der gefundenen Artefakte mehr zur Technik ihrer Herstellung. Durch experimentelles Produzieren von Steinwerkzeugen lernten die Archäologen nämlich, daß
die Form eines steinernen Werkzeuges wenigstens genauso aus der
Form und Beschaffenheit des anfangs gewählten Steines als aus den
Absichten des Werkzeugherstellers resultiert. Will man also etwas
darüber erfahren, was im Kopf des Werkzeugmachers vorging (und
archäologische Zeugnisse seines Verhaltens sagen darüber weit mehr
aus als die Größe und äußere Form seines Gehirns), so ist der Herstel-
lungsvorgang um vieles interessanter als das Endprodukt. Mary Leakey ordnete beispielsweise mit großem Aufwand Werkzeuge des Oldowan in zahlreiche verschiedene Kategorien ein und identifizierte so
eine ganze „Ausrüstung" an Werkzeugen: rundliche (Sphäroide), viel-
flächige (Polyeder) und scheibenförmige (Diskoide) Werkzeuge,
Chopper und dergleichen. Die meisten davon bestanden aus einem auf
die eine oder andere Weise modifizierten „Kern": Kernsteine, von
denen man Splitter abgeschlagen hatte. Man nahm an, die Kernsteine
– die Steinstücke, die modifiziert worden waren – seien die Geräte
gewesen, welche die Werkzeughersteller hatten produzieren wollen.
Experimente zeigten jedoch, daß ebensogut die dabei abgeschlagenen,
scharfen Splitter die eigentlichen, zum Schneiden benutzten Werkzeuge gewesen sein konnten. Die Annahme, die unterschiedlichen Kern-

typen hätten „geistigen Schablonen" im Kopf der Werkzeugmacher entsprochen, schien sich nicht zu bestätigen: Sie waren einfach Nebenprodukte der Herstellung unterschiedlicher Mengen von Abschlägen, bei der Steinkerne verschiedener Formen, Größen und Materialien verwendet wurden.

Bedeutete dies aber, daß die Oldowan-Hominiden, Hersteller der frühesten Steinwerkzeuge, opportunistisch Splitter von jedem verfügbaren Geröllstein abschlugen, wenn sie gerade Werkzeuge brauchten? Die Antwort auf diese Frage scheint Nein zu sein. Mary Leakey hatte schon früh festgestellt, daß die Menschen der Oldowan-Kultur passende Steine über beträchtliche Strecken bis zu den Stellen mit sich getragen hatten, an denen sie die daraus gefertigten Geräte fand. Wie sich herausstellte, waren diese frühen Werkzeugmacher nicht sehr wählerisch; obwohl sie für die Herstellung von Werkzeugen geeignete Steine sammelten, bemühten sie sich nicht sehr, überall das beste Material zusammenzutragen. An mehreren Stellen um Koobi Fora aber zeigte sich, daß das nächste natürliche Lavagestein, aus dem an den archäologischen Fundstellen Werkzeuge hergestellt worden waren, mehrere Kilometer entfernt vorkam. Die Hominiden müssen das Rohmaterial über diese beträchtlichen Entfernungen herbeigeschafft haben; denn durch die Tatsache, daß sich oft dicht beieinander gefundene Splitter wieder zu einem vollständigen Kern zusammenfügen lassen, ist das Abschlagen der Splitter vor Ort bewiesen. Überdies sind Archäologen daran gewöhnt, mehr als eine Sorte „fremden" Gesteins an einer einzigen Fundstelle vorzufinden, woraus hervorgeht, daß Objekte von verschiedenen entfernten Stellen der Umgebung herbeigeschafft wurden. Solche Handlungen seitens der frühen Hominiden setzen eine gewisse Planung voraus, zu der heutige Menschenaffen nicht fähig sind. Diese greifen bei den seltenen Gelegenheiten, wo sie Werkzeuge anfertigen – am bekanntesten sind die entblätterten Zweige, mit denen sie nach Termiten „angeln" – auf die Rohmaterialien des Orts zurück, wo sie gebraucht werden.

Experimente von Nick Toth von der Indiana University legen aus einem anderen Blickwinkel dieselben Schlußfolgerungen nahe. Weltweit findet man an steinzeitlichen Stätten recht häufig, manchmal in großen Mengen, in eine annähernd kugelige Form gehauene Steinstücke. Über viele Jahre blieb rätselhaft, zu welchem Zweck diese offenbar absichtlich so geformten Objekte hergestellt wurden, obwohl man sie früher als „Bolasteine" betrachtete, die mit Lederriemen zusammengebunden und geworfen die Beine von Beutetieren umwikkeln sollten. Toth konnte im Experiment nachweisen, daß fast jeder der ausgewählten Steinbrocken diese kugelige Form annahm, nachdem er stundenlang gegen andere Steine geschlagen wurde. Die charakteristische Form entstand also durch die Verwendung als Hammer und ging nicht auf die Absicht des Werkzeugmachers zurück, eine Kugel zu schaffen. Wieder einmal erwies sich die Vorstellung von der „geistigen Schablone" als falsch. Andererseits bedeutete diese Entdeckung keineswegs, der Werkzeugmacher habe nicht planvoll gehandelt. Eine Kugel bildete sich nämlich erst nach mehreren Arbeitsgängen zur Werkzeugherstellung. Das läßt vermuten, die Werkzeugmacher hätten ihre bevorzugten Hammersteine ständig von Ort zu Ort mit sich herumgetragen, da sie voraussahen, diese zu benötigen.

Toth, seine Kollegin Kathy Schick von der Indiana University und eine Gruppe von Psychologen am Yerkes Primate Research Center führten ein interessantes Experiment durch, das die Befähigung eines heute lebenden Menschenaffen zum Herstellen und Benutzen von Werkzeugen betraf. Toth, Schick und ihre Kollegen hatten bemerkt, wie es Mode wurde, in frühen Zweibeinern – grob gesagt, in allem vor dem *Homo ergaster* – „bipede Menschenaffen" zu sehen, und so versuchten sie zu ermitteln, wie weit man einem Bonobo, ‚Zwergschimpansen' beibringen könne, einfache Abschlaggeräte herzustellen. Ihr Versuchsobjekt Kanzi, ein Star verschiedener Experimente zur Kommunikation, zeigte sofort Interesse an der Verfügbarkeit scharfer Splitter, um damit Schnüre zu durchschneiden, die eine Kiste mit Früchten verschlossen hielten. Kanzi kam auf die Idee, Splitter von einem Steinkern abzuschlagen, doch selbst nach mehrmonatigem Training hatte er längst nicht die Geschicklichkeit der Werkzeugmacher der Oldowan-Industrie erlangt. Letztere hatten offensichtlich die wesentlichen Eigenschaften der von ihnen bearbeiteten Steine erfaßt und suchten sich die effektivsten Punkte aus, um auf einen zwangsläufig unregelmäßigen Steinkern zu schlagen. Nicht so Kanzi, der niemals auf die Idee kam, einen Stein im optimalen Winkel zu behauen. Seine besten Werke gleichen eher den „Eolithen", die frühe Archäologen so verwirrt hatten: Steine, die zufällig gegeneinander stießen und splitterten, während sie Flußbetten hinabrollten. Toth und seine Kollegen schlossen daraus auf ein viel besseres kognitives Verständnis der frühhominiden Werkzeugmacher für die Werkzeugherstellung, als jeder moderne Affe es erwerben könnte. Davon ausgehend wagten sie die Vermutung, es müsse in der Vorgeschichte der Hominiden ein Stadium der Steinbearbeitung gegeben haben, das dem Oldowan vorausging, aber seiner Natur nach für Archäologen schwer oder gar nicht zu identifizieren und von Auswirkungen natürlicher Kräfte nicht zu unterscheiden sei. Dennoch geben diese Experimente einen Hinweis darauf, wonach man Ausschau halten müßte.

Ein weiterer Aspekt experimenteller Archäologie befaßt sich mit der Frage, wie archäologische Fundstellen entstanden und wie sie später vielleicht gestört werden, so daß sich ihre Geschichte verzerrt. Eine archäologische Fundstelle ist schlicht ein Ort, an dem sich Belege frühmenschlicher Aktivität finden, und die Art der Stelle hängt davon ab, welche Aktivitäten dort stattfanden. Aus dem Frühpaläolithikum sind nur wenige menschliche Betätigungen nachgewiesen; sie beschränken sich im Grunde auf die Herstellung von Grabgeräten, das Zerlegen von Tierkadavern oder beides. Jede dieser Tätigkeiten könnte bis zu einem gewissen Grade durch natürliche Kräfte vorgetäuscht werden, insbesondere durch die Wirkung von Wasser, die oft Gegenstände zusammenbringt, die einfach am Boden herumliegen. Nachgeahmte „archäologische" Fundstätten durch Steinbearbeitung und Kadaverzerlegung an verschiedenen Stellen in der Landschaft können uns helfen zu erkennen, ob Stein- und Knochenansammlungen von natürlichen Einwirkungen unberührt geblieben oder verändert worden sind. Dennoch herrscht beträchtliche Uneinigkeit darüber, was uns die meisten Oldowan-Fundstellen über das Leben der frühesten Werkzeugmacher berichten.

Die meisten Oldowan-Fundstellen bergen die Knochen verschiedener Körperteile mehrerer Säugetierarten. Einige weisen Schnittmarken von Steinwerkzeugen auf oder Brüche, die gut dadurch entstanden sein können, daß sie mit einem Stein aufgeschlagen wurden, um an das Mark zu gelangen. Früher galt dies als Zeichen bemerkenswerter jägerischer Geschicklichkeit, als Fähigkeit, Tiere von manchmal beträchtlicher Größe zu töten. Rick Potts und Pat Shipman bemerkten jedoch 1981, daß an Knochen aus Mary Leakeys Grabungsstellen der unteren Schichten von Olduvai die Schnittmarken oft über bereits bestehende Kerben hinweg gingen, welche die Zähne von Fleischfressern zuvor darauf zurückgelassen hatten. Das zeigte, daß die Raubtiere zuerst zu den Kadavern gelangt waren. Etwa zur gleichen Zeit erkannte Lewis Binford darüber hinaus, daß diese Stätten vor allem Knochen fleischarmer Körperteile enthielten. Binford zog aus diesen und weiteren Zeugnissen den Schluß, der mutmaßliche Jäger *Homo habilis* sei in Wirklichkeit ein Aasfresser gewesen, der sich über die Tierkadaver hermachte, nachdem Raubtiere diese getötet, ihre bevorzugten Teile gefressen und sie schließlich zurückgelassen hatten. Die Analyse der Schnittmarken auf einigen der Knochen ließ andererseits die Archäologen Henry Bunn und Ellen Kroll vermuten, Steinwerkzeuge seien tatsächlich zum Zerlegen der fleischreicheren Körperteile der Tiere benutzt worden. Trifft dies zu, so müssen die Hominiden, die diese Arbeit verrichteten, die von ihnen zerlegten Tiere frisch getötet oder die erfolgreichen Raubtiere wirksam vertrieben haben. Bunns und Krolls Lesart der Fossilbelege war aus verschiedenen Gründen jedoch strittig. Die meisten Archäologen würden sich gegenwärtig wohl für eine relativ bescheidene Rolle der ersten Gerätemacher als Aasfresser aussprechen oder zumindest ihre Unwissenheit in dieser Angelegenheit bekennen. Letztendlich sollte man jedoch berücksichtigen, daß Fleisch selbst in jüngerer Zeit meist nur einen geringen Teil der Nahrung von Jägern und Sammlern ausmacht.

Wie steht es nun mit den Örtlichkeiten selbst? Die Häufung von Knochen und Artefakten an einigen gut erhaltenen Stätten des Early Stone Age legt sicherlich nahe, daß urzeitliche Hominiden regelmäßig dorthin zurückkehrten, obwohl ihre Gründe dafür noch im Dunkeln liegen. Wie wir gesehen haben, hat man Glynn Isaacs frühe Annahme, es handele sich um Plätze, zu denen Nahrung zu Verteilungszwecken gebracht wurde, weitgehend aufgegeben. Doch noch immer besteht der Eindruck, die frühen Hominiden hätten diese Orte „bevorzugt"; darauf verwies auch Kathy Schick. Vielleicht befanden sich solche Stellen einfach im Zentrum von Gruppenterritorien; vielleicht boten sie auch Schatten, Schlafbäume oder einen guten Ausblick auf die umgebende Landschaft und mögliche Raubtiere; vielleicht erfüllten sie aber auch eine besondere soziale Funktion. Man schlug vor, daß einige der Stätten als Depot von zur Abschlaggeräteherstellung geeigneten Steinen dienten; damit wäre das Herumtragen der nötigen Gegenstände minimiert worden. Im einfachsten Falle hat man vielleicht an einigen Stellen Tiere schlicht dort zerlegt, wo sie gerade lagen. Sicher scheint zu sein, daß es nirgendwo brauchbare Hinweise auf

irgendwelche Bauten gibt. Der Steinkreis der Fundstätte DK in Olduvai kann sehr wohl durch Baumwurzeln entstanden sein, welche die
darunterliegende Lava aufbrachen; seine Bedeutung ist in jeder Hinsicht unklar. Obwohl man von anderswo über ähnliche Phänomene
berichtete, gibt es tatsächlich, von sehr viel jüngeren archäologischen
Belegen abgesehen, keine überzeugenden Kandidaten für von Hominiden errichtete „Bauten". Mit Feuer verhält es sich möglicherweise
etwas anders. Mehrere Fundstellen in Kenia, eine in Koobi Fora und
eine weitere in Chesowanja, weisen Bereiche von gebranntem Lehm
auf, wie sie sich typischerweise unter Lagerfeuern bilden; beide Stätten sind etwa 1,5 Millionen Jahre alt – so alt wie oder älter als die
verbrannten Knochen und runden Steine von Swartkrans. Dennoch
bleibt die Möglichkeit, daß die kenianischen Funde schlicht aufgrund
natürlicher Feuer entstanden sind, und gewiß gibt es in der Überlieferung aus dieser frühen Zeit keinerlei Hinweise auf angelegte Koch-
stellen.

Wie ich bereits anmerkte, erschienen vor etwa 1,5 Millionen Jahren
– einige Zeit nach dem Auftauchen des *Homo ergaster* – Faustkeile
und Spaltkeile („Cleaver") unter den archäologischen Zeugnissen und
leiteten die Acheuléen-Industrie ein. Hier nun findet sich ein Werk-
zeugtyp, der fraglos nach einer „geistigen Schablone" im Kopf des
Herstellers gefertigt wurde. Faustkeile waren nämlich kein Zufalls-
produkt der Abschlagklingenherstellung. An manchen Stellen fanden
sich diese zweiflächig behauenen und sorgfältig geformten Werkzeuge (*bifaces*) in großen Mengen und in bemerkenswert einheitli-
cher Größe und Form. Obwohl große Faustkeile ziemlich unhand-
lich und manchmal sehr schwer sind, verkörpern sie doch eine erstaunlich erfolgreiche Technologie. Sie verbreiteten sich über alle besiedelten Regionen der Alten Welt – außer Ostasien – und wurden
mehr als eine Million Jahre lang hergestellt. Welche spezifische Art
kognitiven Fortschritts die Fertigung derartiger Werkzeuge widerspiegelt, ist unklar. Tatsächlich ist es nicht einmal sicher, ob kognitive
Fortschritte (also Verbesserungen der Fähigkeit begrifflichen Erfas-
sens) mit technischen Fortschritten einhergehen. Schließlich müssen
diese letztlich aus Innovationen durch ein Individuum resultieren, das
sich in der kognitiven Kapazität wohl kaum wesentlich von seinen –
oder ihren – Eltern unterscheidet. Mit anderen Worten, jeder technische Fortschritt muß innerhalb der kognitiven Fähigkeiten von Indivi-

duen der betreffenden Art stattfinden, er kann diese Fähigkeiten nicht erweitern.

Die experimentelle Arbeit von Peter Jones sowie von Toth und seinen Kollegen läßt vermuten, daß die Form des Faustkeiles am besten zum Zerlegen großer Tiere geeignet war (obwohl sich gezeigt hat, daß einfache Oldowan-Abschlaggeräte durchaus die zentimeterdicke Haut eines Elefanten durchschneiden können, und die mikroskopische Analyse der abgenutzten Oberfläche solcher Werkzeuge ergab, daß man sie zum Schneiden von Fleisch und weichen Pflanzen ebenso wie zur Holzbearbeitung gebrauchte). Spitzkeile (Faustkeile mit schlanken Spitzen) scheinen zum Graben besonders geeignet. Doch, obwohl Faustkeile beim Zerlegen nützlich waren, wirft die Lebensweise der Faustkeilhersteller noch Fragen auf. Faustkeilfundstellen wie Torralba und Ambrona in Spanien galten traditionell als Orte, an denen große Tiere geschlachtet wurden; jüngere Studien betonten aber immer öfter die Rolle von Fleischfressern und anderen natürlichen Kräften als Verursacher solcher Ansammlungen. Ebenso kann man ostafrikanische Faustkeilfundstellen mit Überresten großer Säugetiere oft anders erklären als mit dem Beutemachen von Hominiden. Neue Ausgrabungen und neue Analysen älterer Belege führten plötzlich unter den Archäologen zu großer Unschlüssigkeit über die jägerischen Fähigkeiten der Hominiden des Acheuléen. Besonders interessant ist in diesem Zusammenhang Binfords Analyse der Knochenansammlungen von Zhoukoudian, die Franz Weidenreich, wie Sie sich erinnern werden, als Ergebnis hominiden Fleischverzehrs und Kannibalismus interpretiert hatte. Binford zufolge entstanden die Knochenansammlungen an diesem Fundort vor allem durch die Aktivität von Hyänen; die sogar, zusammen mit geologischen Faktoren, für den aufgebrochenen Zustand der menschlichen Überreste verantwortlich gewesen sein können.

Binfords Interesse galt auch späteren Phasen der menschlichen Evolution. Während er das „Moustérienproblem" untersuchte, kam zu der Überzeugung, moderne Jäger und Sammler seien keine passenden Modelle für den Versuch, die Lebensweise der Neandertaler zu verstehen; denn diese unterschied sich seiner Annahme nach grundlegend von jeder Lebensform moderner Menschen. Bei der Analyse von Knochen und Werkzeugen der westfranzösischen Fundstelle Combe Grenal aus der Zeit von annähernd 125 000 bis 70 000 Jahren vor der

Gegenwart fand Binford heraus, daß in jeder Schicht zweierlei Ansammlungen von Artefakten und Knochen auftraten. In „Schlupfwinkel"-Bereichen fand sich reichlich mit Asche bedecktes Material, ein Hinweis, daß dort Feuer gebrannt hatten (obwohl es hier keine Feuerstellen gab), außerdem zahlreiche einfache aus Steinen der Umgebung gefertigte Abschlagwerkzeuge sowie zerbrochene Markknochen. Anderswo befanden sich vereinzelt kleinere Knochenansammlungen mit ausgefeilteren Steinwerkzeugen wie retuschierten Schabern aus Materialien, die von weither herbeigeschafft worden waren. Die bei den Schabern gefundenen Tierknochen stammten darüber hinaus meist von Arten, die dort lebten, woher auch die Steine stammten. Daher folgerte man, die Nahrungsreste seien ebenfalls aus beträchtlicher Entfernung herbeigeschafft worden. Binford wagt die Vermutung, daß die Schlupfwinkel Wohnstätten der Frauen gewesen, die Fundorte der Schaber dagegen durch Männer entstanden seien. Um es kurz zu sagen: Sollte dies zutreffen, so müßten Männer und Frauen weitgehend getrennt voneinander gelebt haben, wobei die Männer weit umherzogen und nur gelegentlich die seßhafteren Frauen aufsuchten. Nach Binford gibt es in Combe Grenal keine Beweise dafür, daß Neandertaler in Familien lebten, also in Fortpflanzungsgemeinschaften, innerhalb derer zwischen allen Mitgliedern Nahrung aufgeteilt wurde.

Binford schließt auch aus der Verteilung von Neandertalerfundstellen auf Unterschiede zu modernen Menschen. Jene Stätten finden sich nicht etwa in ausgedehntem Grasland, worin wandernde Herden große Strecken mit allerdings vorhersehbarem Verlauf zurücklegten, und wo sie von den frühen modernen Menschen ausgiebig bejagt wurden. Vielmehr konzentrierten sich Neandertalerstätten auf Gebiete wechselnder Vegetation, deren Ressourcen zwar begrenzter, aber auch konstanter waren, so daß ihre Nutzung geringerer Voraussicht bedurfte. Binford nimmt an, die systematische Jagd auf große Säugetiere sei dem in seinem Verhalten modernen *Homo sapiens* vorbehalten. Ob andere Archäologen nun Binfords Analyse in den übrigen Punkten akzeptieren oder nicht, diese Schlußfolgerung teilen sie doch immer mehr mit ihm.

Die archäologische Überlieferung zeigt deutlich, daß die Neandertaler weniger einfallsreich und weniger innovativ waren als die modernen Menschen, von denen sie verdrängt wurden. Unbestritten verfügten sie jedoch über große Gehirne, die so groß waren wie unsere. Deutet dies, selbst wenn sie ziemlich phantasielos waren, auf den Besitz anderer menschlicher Eigenschaften wie etwa der Sprache hin? Weder die Größe noch die äußere Erscheinung des Gehirns helfen, diese Frage zu beantworten: Es gibt einfach keine angemessen präzise Methode, aus den Windungen und Furchen des Gehirns (und noch weniger aus Gehirnabgüssen) ihre Funktion herauszulesen. Aus dieser Richtung kommt also keine Hilfe. Das Sprechen ist überdies noch eine (etwas) andere Sache als die Sprache selbst. Um nämlich Geräusche zu erzeugen, wie sie zu einer modernen, artikulierten Sprache gehören, benötigt man außer dem Gehirn eine spezielle anatomische Ausrüstung. Vor allem muß man über einen Larynx (Kehlkopf) verfügen, der tief unten im Hals sitzt und durch einen langen röhrenförmigen Abschnitt, den Pharynx (Rachen) mit der darüberliegenden Mundhöhle verbunden ist. Die Halsmuskeln bewegen den langen Pharynx, um die im Larynx erzeugten Vibrationen zu modulieren und so die grundlegenden Geräusche zu erzeugen, auf die artikulierte Sprache angewiesen ist. Im ursprünglichen Zustand ist die Schädelbasis von Hominoiden (wie die aller Säugetiere) flach. Das spiegelt das Vorhandensein eines hochsitzenden Larynx und eines kurzen Pharynx wider; die Bandbreite der erzeugbaren Geräusche ist begrenzt. Dagegen entstand bei modernen Menschen durch ein Abknicken der Schädelbasis nach unten Raum für einen hohen, gebogenen Pharynx, und es bildete sich eine charakteristische Neigung der Schädelbasis.

Der Anatom Ed Crelin und der Linguistiker Philip Lieberman hatten in den frühen siebziger Jahren die Idee, den Stimmapparat fossiler Hominiden zu rekonstruieren, wobei sie sich an der Form der Schädelbasis orientierten. Crelin benutzte das Original des von Marcellin Boule rekonstruierten Neandertalerschädels von La Chapelle als erstes Beispiel und schuf ein Atemwegsmodell; Lieberman benutzte es dann für eine Computersimulation der Geräusche, die sich damit erzeugen ließen. Das Modell konnte drei für eine artikulierte Sprache grundlegende Geräusche nicht hervorbringen. Diese Arbeit wurde später vor allem durch Jeffrey Laitman von der New Yorker Mount Sinai School of Medicine, ein ehemaliger Student Crelins, ausgeweitet und verfeinert. Laitman hatte bei den Hominiden einen Trend bemerkt: Die Schädelbasis der Australopithecinen ist ebenso flach wie die der Menschenaffen und aller anderer Säugetiere. Beim *Homo er-*

gaster aber findet sich eine geringfügige, doch meßbare Neigung; und der gut 150 000 Jahre alte Kabwe-Schädel (wenn nicht sogar der von Petralona) erscheint in dieser Hinsicht nahezu modern. Die Neandertaler aber folgen nicht diesem Trend. Eine jüngere Rekonstruktion des Schädels von La Chapelle zeigt eine stärkere Neigung als die ursprüngliche von Boule, sie bleibt aber eindeutig viel geringer als das, was wir in Kabwe sehen. Bei dem ebenfalls etwa 50 000 Jahre alten Schädel von La Ferrassie verhält es sich ähnlich, obwohl einige frühere Neandertaler wie der aus Saccopastore in Italien (etwa 100 000 Jahre alt) anscheinend ein wenig gebogenere Schädelbasen besitzen.

Der Abstieg des Kehlkopfes für die verfeinerte Geräuschmodulation bedeutet keinen ungetrübten Segen: Der hohe Sitz des Kehlkopfes gestattet gleichzeitiges Atmen und Schlucken und eliminiert somit die Möglichkeit des Erstickens durch Verschlucken, eine Unannehmlichkeit, der moderne Menschen bedauerlicherweise anheimfallen können. Veränderungen der Atemwege in die moderne Richtung gehen also mit einem gewissen Verlust einher. Sicherlich ist uns hier noch vieles unklar und wir benötigen weitere Informationen. Zum einen könnten die scheinbar ursprünglichen hochsitzenden Kehlköpfe der vermutlich kälteadaptierten Neandertaler tatsächlich Spezialisierungen sein: eine Möglichkeit, mit durchweg kalter, trockener Atemluft fertigzuwerden. Nun, vielleicht. Dazu muß gesagt werden, daß man bis vor kurzem hoffte, die Entdeckung fossiler menschlicher Zungenbeine (Hyoide) würde direktere Hinweise auf die Halsstruktur liefern und damit über das Problem früher Sprache Aufschluß geben. Ein wundervoll erhaltenes Neandertalerzungenbein, das zum Skelett von Kebara gehört, konnte aber lediglich eine entsprechend lautstarke Debatte über seine Bedeutung entfesseln. Was von diesem Knochen vorhanden ist, sieht recht modern aus; die Schwierigkeit besteht jedoch darin, daß nur ein kleiner Teil des gesamten Zungenbeines tatsächlich verknöchert. Wie der längst verschwundene knorpelige Anteil dieses Exemplars aussah, bleibt jedermanns Vorstellung überlassen. Wie auch immer die Diskussion über das Zungenbein ausgeht – nimmt man das, was die Schädelbasen aussagen, zusammen mit dem, was archäologische Belege über die Fähigkeiten der Neandertaler und ihrer Vorfahren vermuten lassen, so folgt daraus fast zwangsläufig, daß artikulierte Sprache, wie wir sie heute kennen, einzig den vollkommen modernen Menschen vorbehalten ist.

16. Kandelaber und Kontinuität

Fast die gesamte zweite Hälfte des 20. Jahrhunderts hindurch stand in der Paläoanthropologie nahezu ausschließlich die Suche nach unseren frühesten hominiden Vorfahren im Rampenlicht. Offenbar beflügelte der Ursprung unserer eigenen Art, *Homo sapiens*, die Geister nicht in gleicher Weise, obwohl er an sich von ebenso großem oder sogar noch größerem Interesse ist. Vielleicht lag dies vor allem daran, daß die damaligen Paläoanthropologen sich nicht einig werden konnten, was *Homo sapiens* ist (oder war), obwohl die meisten von ihnen bereit waren, dieser Art ein buntes Gemisch von Fossilien zuzuordnen, das bis ins mittlere Pleistozän vor einer halben Million Jahren und weiter zurückreicht. Ein zusätzlicher Grund bestand darin, so vermute ich, daß die Anhänger der Synthetischen Theorie einfach nicht damit rechneten, den Ursprung des *Homo sapiens* in einem einmaligen Ereignis zu finden. Sie erwarteten vielmehr einen allmählichen Übergang, in dessen langem Verlauf man unmöglich einen bestimmten Punkt identifizieren könne, an dem sich die Menschheit voll entwickelt hatte. Rückblickend betrachtet, erscheint es fast zwangsläufig, daß sich die Verfechter der „Eine-Art-Hypothese" darauf zurückzogen, diese Vorstellung auszufeilen, nachdem die frühere Koexistenz zweier oder mehrerer Hominidenarten in Afrika nicht mehr abzustreiten war. So machten sie sich darum verdient, wieder Aufmerksamkeit auf die Frage nach dem Ursprung der modernen Menschen zu lenken.

Sie werden sich erinnern, daß Franz Weidenreich vor dem Zweiten Weltkrieg die Theorie entwickelt hatte, die verschiedenen größeren modernen Menschheitsgruppen (er unterschied ausdrücklich vier: die australische, die mongolische, die afrikanische und die eurasische) hätten unterschiedliche Wurzeln, die bis in die Zeit des *Pithecanthropus* und weiter zurückreichten. Jede dieser Linien habe sich unabhängig und mit ihrer eigenen Geschwindigkeit entwickelt. Wenn dies aber zutrifft, wie konnten sie alle Angehörige derselben Art bleiben? Weidenreich hatte die Antwort. »Die Tendenz, die primitiven Typen in solche des rezenten Menschen umzuwandeln«, schrieb er 1939, »ist als der Form selbst innewohnend zu betrachten«. Weidenreich berief sich also auf einen orthogenetischen Mechanismus – einen angeborenen Drang, sich auf ein bestimmtes Ziel hin zu entwickeln –, um zu erklären, wie mehrere unterschiedliche menschliche Entwicklungslinien sich unabhängig wandeln und dennoch an etwa demselben Punkt anlangen konnten. Selbst im China der Vorkriegszeit muß diese Deutung ziemlich altmodisch angemutet haben; doch Weidenreich suchte einfach nach einer Erklärung für etwas, was er in den Fossilien zu erkennen glaubte. Was nun diese Fossilien betrifft, so entsprang Weidenreichs „australische Gruppe" einer letztlich aus dem *Gigantopithecus* hervorgegangenen Entwicklungslinie, die über den *Meganthropus* und *Pithecanthropus* schließlich mit Dubois' Wadjak-Kalvarium schon frühe Modernität erlangte. Der *Gigantopithecus* brachte außerdem eine Linie hervor, die sich über den *Sinanthropus* und einige unbekannte Zwischenstadien zu den Schädeln aus dem oberen Abschnitt der Zhoukoudian-Höhle und letztlich zu modernen Chinesen und anderen Ostasiaten entwickelte. Die modernen Südafrikaner stammten von verschiedenen Vorgängern ab, die beispielsweise durch das Kabwe-Kalvarium („Broken Hill-Schädel") und später durch Brooms Boskop-Schädel repräsentiert werden. Die Entwicklung in Europa und im westlichen Asien verlief schließlich von unbekannten Vorfahren über die Neandertaler aus Tabun, die frühen modernen Menschen von Skhul und die Überreste aus Cro-Magnon, bis sie bei den modernen Eurasiern endete.

Aus irgendeinem Grund beschloß Weidenreich, all dies in einem praktisch unleserlichen, dicht vernetzten und symmetrischen Diagramm darzustellen. Dies schien anzudeuten, daß neben den ursprünglich vier von ihm genannten tatsächlich noch mehr Entwicklungslinien existiert hatten, zwischen denen in regelmäßigen Intervallen Querverbindungen bestanden. Das Diagramm ist geometrisch elegant und biologisch ungeheuer kompliziert; und wie jede Darstellung, bei der jede mögliche Kombination von Punkten mit einer Kombination von Linien einhergeht, ist es in vielerlei Hinsicht anfällig für fundamentalistische Erklärungen aus unterschiedlichsten Richtungen. Bei einer kürzlich in Jerusalem stattfindenden Konferenz war ich erstaunter Teilnehmer einer Sitzung, die nicht etwa der heftigen Diskussion darüber gewidmet war, ob Weidenreich recht hatte oder nicht, sondern sich mit der Frage befaßte, wie sehr Bill Howells von der

Harvard University Weidenreich in seinem Buch *Mankind in the Making* mißdeutet habe. Darin hatte Howells Weidenreichs Ansicht, ausgehend von einer vereinfachten Version von dessen Diagramm, das ein wenig einem vierarmigen Kerzenhalter gleicht, als das „Kandelaber"-Modell der menschlichen Evolution bezeichnet. Er setzte es in Kontrast zum alternativen „Arche-Noah"-Modell, bei dem aus einem einzigen zentralen Stamm einige Seitenäste hervorsprossen. Im Kandelaber verliefen die Kerzen, oder parallelen Stammlinien genau nach Weidenreichs Angaben. Howells' Vergehen bestand darin, das Diagramm durch Entfernung der Diagonalen aus Weidenreichs Original lesbar gemacht zu haben. Viele der Anwesenden bei der Konferenz schienen darüber vollkommen außer sich zu sein, denn obwohl Weidenreich selbst sich nicht allzusehr mit Genen befaßt hatte, taten dies doch seine späteren Eleven. Und wie wir gleich sehen werden, wurden die Diagonalen (die im Original, soweit ich das sagen kann, bedeutungslos sind) nun zum Schlüssel ihrer Interpretation der Verkündungen des Meisters. Jerusalem war wohl ein angemessener Schauplatz für dieses wissenschaftliche Durcheinander; der Ton der Diskussion war eindeutig theologisch und zeigte mir eindringlich, wie sehr sich die vorherrschende wissenschaftliche Lehrmeinung verfestigen kann, und auch wie wichtig es ist, für seine Ideen einen respektablen Stammbaum zu finden.

Nun, Howells war ein früher Gegner der Vorstellungen Weidenreichs und kann als geistiger Vater der modernen Auffassung vom „einen Ursprung" des *Homo sapiens* gelten; die Heftigkeit der jüngeren Angriffe auf sein „Kandelaber-Diagramm" dürfte aber – so denke ich – vor allem dadurch motiviert gewesen sein, daß es zeitlich mit jener Version von Weidenreichs Ansichten zusammenfiel, die der aus dem Fernsehen bekannte Anthropologe Carleton Coon von der University of Pennsylvania darlegte (und mit der er diese unabsichtlich diskreditierte). Dazu ist anzumerken, daß Weidenreichs Vorstellungen in ihrer ursprünglichen Form kaum Aufmerksamkeit erregt hatten. Wie Coon selbst 1962 in der Einleitung zu seinem Buch *The Origin of Races* (der Ursprung der Rassen) sagte, »schoß Weidenreichs Idee wie andere verfrühte Kometen der Wissenschaft über den Himmel und verschwand, verborgen durch die Wolken der Ungläubigkeit, die von seinen wissenschaftlichen Kollegen aufstiegen«. Diese ungläubigen Kollegen gingen davon aus, so Coon weiter, daß sich »die heutigen menschlichen Rassen nur nach Erreichen des *Homo sapiens*-Stadiums differenziert haben könnten«. Coon nahm im übrigen an, daß man fünf verschiedene menschliche „Rasselinien" (man füge die Buschmänner Südafrikas Weidenreichs vieren hinzu) bis zu den Ursprüngen der Gattung *Homo* selbst zurückverfolgen könne. Dieser lag – nach Coons Verständnis vor über 30 Jahren – beim *Homo erectus*. Im Rahmen dieser Beweisführung untersuchte er praktisch jedes damals bekannte menschliche Fossil sehr genau. Doch obwohl Coon zu seiner eigenen Zufriedenheit (und – nach seiner Darstellung – auch zu der zweier Giganten der Synthetischen Theorie, Ernst Mayrs und George Simpsons) demonstrierte, daß menschliche Unterarten älter sein können als die menschliche Art selbst, pflichteten ihm in diesem Punkt doch nur wenige weitere Paläoanthropologen bei. Der arme Coon – der doch wirklich ein Werk zusammengestellt hatte, welches sich trotz all seiner Mängel noch heute eindrucksvoll liest – wurde allgemein und zu Unrecht verunglimpft, eine rassistische Lehre zu propagieren. Die Schärfe dieser Reaktion ist durchaus verständlich, denn sie entstand in den liberalen sechziger Jahren aus einer emotionalen Ablehnung der Annahme, der *Homo sapiens* sei einfach nur eine sehr enge Verknüpfung von Arten. Auf weniger emotionaler Ebene gründete sich diese Reaktion aber auch auf der Auffassung, daß verschiedene Stammlinien sich kaum unabhängig voneinander zu derselben neuen Art entwickeln könnten.

Die Gegner hatten eigentlich aus beiden Gründen recht. Ironischerweise belebten aber später, nachdem sich der Aufruhr über Coons Buch gelegt hatte, ausgerechnet die Erben der wohlwollenden, liberalen Tradition, die Hüter der Synthetischen Theorie, denen Anachronismen wie die Orthogenese abwegig erschienen waren, Weidenreichs Ideen neu. Sie konnten sich vom schlechten Ruf Coons und seines Kandelaber-Modells befreien, indem sie zur ursprünglichen Reinheit des zugrundeliegenden Dokuments zurückkehrten und darin die Diagonalen von Weidenreichs Originaldiagramm wiederherstellten. Diese, so behaupteten sie, repräsentierten den Genfluß zwischen angrenzenden Populationen, obwohl lokale Linien ihre eigenen evolutionären Wege gingen. Zwischen benachbarten Abstammungslinien wurden Gene, so sagte man, in genügender Menge ausgetauscht, um sicherzustellen, daß alle ein Teil derselben großen, erfolgreichen Art blieben.

So entstand die Abteilung „multiregionale Kontinuität", die seit dem Ableben der Eine-Art-Hypothese so viele Paläoanthropologen beschäftigt hat und die als dauerhaftes Vermächtnis der überwältigenden Kraft des Neodarwinismus in der Synthetischen Theorie überlebt. Die überzeugendste frühe Aussage zur Idee der multiregionalen Kontinuität machten Alan Thorne von der Australian National University und die „Eine-Art-Berühmtheit" Milford Wolpoff, in einem Artikel aus dem Jahre 1981. Darin behaupteten die beiden, man könne in Australasien eine bestimmte Population über annähernd eine Million Jahre verfolgen, nämlich von der Zeit des Sangiran 17-Fundes auf Java bis hin zu den frühen modernen Australiern der Fundstelle in Kow Swamp (etwa 10 000 bis 14 000 Jahre alt). Die Autoren weiteten in späteren Publikationen, zusammen mit ihren Studenten und Mitarbeitern, die ursprüngliche Vorstellung von Kontinuität im indonesischen Raum und in Australien auf andere Regionen aus, insbesondere auf China, aber praktisch auf die ganze Alte Welt. Dem Ganzen liegt die Annahme zugrunde, die ersten vor etwa einer Million Jahren aus Afrika auswandernden Hominiden hätten sich über ganz Eurasien verbreitet. Stießen diese Emigranten (nach Thornes und Wolpoffs damaliger Auffassung Angehörige von *Homo erectus*) in ihrer neuen Heimat auf ungewohnte Umgebungen, entwickelten sie rasch regionalspezifische Anpassungen, um damit besser zurechtzukommen. So etablierten sich schnell physische Unterschiede. Diese blieben dann über lange Zeit bestehen, obwohl dank des Austauschs von Genen zwischen angrenzenden Populationen alle Hominiden in einer einzigen Art vereint blieben. Selbst die ziemlich entmutigende Aufgabe zu erklären, wie sich verschiedene Gruppen unabhängig zu derselben neuen Art entwickeln konnten, bedeutete für Thorne und Wolpoff keine Schwierigkeit: Als sie schließlich erkannten, welches echte Problem die Artgrenze darstellte, lösten sie dies einfach, indem sie Mayrs Ratschlag befolgten und den *Homo erectus* schlicht zu einer ursprünglichen Form des *Homo sapiens* machten.

Sollte der Ton dieser Darstellung etwas weniger gemäßigt erscheinen als der Großteil des Vorangegangenen, so verzeihen Sie mir bitte. Ich hoffe, es ist mir gelungen, die Vorstellung von der multiregionalen Kontinuität nicht schlimmer zuzurichten, als es eine stark reduzierende Zusammenfassung zwangsläufig mit sich bringt. Mehr noch hoffe ich, nicht den Eindruck erweckt zu haben, ihre Vertreter seien etwas anderes als höchst kompetente und kenntnisreiche Wissenschaftler. Dieser Standpunkt scheint mir jedoch besser als jedes andere gegenwärtige Beispiel die extreme Engstirnigkeit zu illustrieren, mit der die Paläoanthropologie geschlagen ist. Offenbar haben wir Paläoanthropologen es als Gruppe bislang noch nicht fertiggebracht, unsere größte historische Last abzustreifen: die Geburt unserer Wissenschaft mehr aus dem Studium der menschlichen Anatomie und weniger aus der vergleichenden Anatomie oder Geologie, die andere Gebiete der Wirbeltierpaläontologie entstehen ließen. Unter der Last dieses Erbes, das unsere Art ins Zentrum des akademischen Universums rückt, scheint es für uns unmöglich, *Homo sapiens* schlicht als eine Art unter vielen zu betrachten. Beständig suchen wir nach besonderen Erklärungen für uns selbst. Und am schlimmsten ist vielleicht, daß wir der Tradition verhaftet sind, in den Fossilsammlungen nach Variabilität zu suchen und nicht nach Vielfalt. Das mag nach einer bloßen Spitzfindigkeit klingen, doch unser „Suchbild" ist für die Interpretation der fossilen Zeugnisse unserer Vergangenheit entscheidend. Die Variabilität innerhalb von Arten und die Artenvielfalt sind nicht einfach zwei Seiten derselben Medaille. Als Humananatomen sind wir uns sehr bewußt, daß beim *Homo sapiens* praktisch jedes körperliche Merkmal sowohl innerhalb einer Population als auch zwischen verschiedenen Populationen äußerst variabel ist. Und diesen Maßstab dehnen wir in unserem Eifer bis zu einer systematischen Einordnung unserer Fossilien aus. Fügt man die herkömmliche gradualistische Betrachtung der menschlichen Evolution einer ausgeprägten Sensibilität für anatomische Variation hinzu, so überrascht es kaum, daß Thorne und Wolpoff *Homo erectus* und *Homo sapiens* problemlos in dieselbe Art zwängen konnten; letztendlich fiel dies auch dem verehrten Ernst Mayr nicht schwer, und in der traditionellen Auffassung ist die Grenze zwischen Stammarten und ihren Nachfolgern sowieso rein willkürlich.

Die Paläontologen anderer Unterdisziplinen haben jedoch, da sie sich ohnehin mit vielerlei Arten befassen, einen anderen Blickwinkel. Niemand, ausgenommen vielleicht ein Kammerjäger, kann mit der Erforschung einer einzigen Nagetierart, -gattung oder -familie Karriere machen. Ganz offensichtlich müssen sich Paläontologen, die nichtmenschliche Lebewesen untersuchen, mit Vielfalt auseinandersetzen: mit der außerordentlichen Anzahl von Arten, welche die Evolution für gewöhnlich innerhalb jeder erfolgreichen größeren Gruppe hervorbringt. Vielfalt ist in der Natur eine unübersehbare Tatsache – es sei denn, man ist von einer einzigen Art besessen. Doch haben wir das Recht, nur weil heute in der Welt lediglich eine Hominidenart existiert, daraus zu schließen, es habe immer nur die eine gegeben? Die fossilen Zeugnisse aus Koobi Fora sagen uns etwas anderes, und später werde ich darlegen, daß erst mit unserem eigenen Auftreten – des vom Verhalten her modernen *Homo sapiens* – ein wirklich ungewöhnliches Wesen auf Erden erschien. Für den Augenblick genügt der Hinweis, daß es keinen Grund dafür gibt, unsere fossilen Vorfahren anders zu betrachten als jede beliebige Säugetierart. Unter dem Eindruck dieser Erkenntnis begann ich Mitte der achtziger Jahre, mich wieder den menschlichen Fossilien zuzuwenden.

Damals beschäftigte mich unter anderem das Problem der Arterkennung innerhalb dieser Fossildokumentation. Arten bilden die Basiseinheit der evolutionären Analyse, was die Zuordnung von Fossilien in Arten zum wichtigsten Vorgang in der Paläontologie macht. Sind unsere Vorstellung davon, welche Arten tatsächlich existieren, falsch, werden alle unsere anschließenden Analysen ungültig sein. Dabei gibt es aber ein grundlegendes Dilemma. Das Ereignis der Speziation – die Entwicklung definitiver genetischer Isolation unter verwandten Populationen – hängt nämlich nicht zwangsläufig mit morphologischer Veränderung zusammen, zumindest nicht soweit wir sie in der fossilen Überlieferung wahrnehmen können. So wenig wir auch über die tatsächlichen Mechanismen der Artbildung wissen, ganz sicher beteiligen sich daran genetische Ereignisse, die auf dieser oder jener Ebene mit reproduktiver Verträglichkeit zusammenhängen, nicht jedoch mit Adaptation an sich. Mit anderen Worten: Welche Mechanismen ihr auch immer zugrundeliegen mögen, Speziation ist nicht einfach das passive Ergebnis morphologischen Wandels unter der leitenden Hand der natürlichen Selektion. Deshalb kann eine Art einerseits viele adaptive oder zufällige morphologische Varianten ansammeln und sich dennoch ihren reproduktiven Zusammenhang bewahren. Andererseits kann dieser aber sehr leicht ohne deutliche morphologische Veränderung verloren gehen. Bedauern Sie den armen Paläontologen; denn wenn Artentstehung nicht notwendigerweise mit der Gestalt von Knochen oder Zähnen zusammenhängt, die im Grunde alles ist, was die Fossilien zur Arterkennung beitragen, was soll er oder sie dann tun?

Der einzig vernünftige Maßstab ist der, weniger die Varianten zu betrachten, die sich *innerhalb* von Arten ansammeln (denn alle Arten werden variabel sein, und bei nahe verwandten Arten können sich die Variationsbreiten wohl fast aller Merkmale sehr weit, wenn nicht gar vollständig, überlappen), sondern vielmehr die Art der Variationen, die man gewöhnlich *zwischen* nahe verwandten Arten vorfindet. Wie wir gesehen haben, war es unter Paläoanthropologen nicht gerade üblich, sich mit letzteren näher zu befassen. Lenkten sie ihre Aufmerksamkeit einmal über den *Homo sapiens* hinaus, so wandten sie sich traditionellerweise unseren nächsten Verwandten zu, den Menschenaffen. Schließlich können uns diese Tiere als unsere nächste Verwandtschaft sicherlich am meisten über uns selbst erzählen. Dennoch bleiben bei diesem Vorgehen zwei Schwierigkeiten. Zum einen sind die Menschenaffen zwar unbestritten unsere nächsten *lebenden* Verwandten, doch stehen sie uns wiederum nicht allzu nahe, denn während die meisten anderen lebenden Primatenarten Verwandte innerhalb ihrer eigenen Gattung haben, liegen die Menschenaffen doch deutlich außerhalb der unsrigen. Zum anderen ist noch wichtiger, daß die heutigen Menschenaffen einer Gruppe angehören, die sich seit dem späten Miozän ständig verkleinert hat, und deshalb nicht besonders vielfältig ist: Es gibt jeweils nur eine Orang-Utan- und Gorilla-Art (bei den Gorillas nach heutiger Kenntnis gegebenenfalls auch zwei) und lediglich zwei Schimpansenarten. In diesem Fall hat sich die Natur und nicht die Geschichte verschworen, Vielfalt als Faktor des paläoanthropologischen Bewußtseins zu reduzieren; das Ergebnis ist allerdings dasselbe.

Tritt man aber ein wenig zurück und betrachtet die Muster morphologischer Unterschiede bei den Primatengruppen mit etwas größerer Artenvielfalt, so wird eines deutlich: Hinsichtlich der Knochen und Zähne unterscheiden sich nah verwandte Arten (die derselben Gattung angehören – vielleicht *Homo*?) ganz gewiß nur geringfügig. Ich habe festgestellt, daß man erst auf Ebene der Gattung klar erkennbare Unterschiede wahrnimmt. Man muß die Knochen und Zähne zumeist sehr genau untersuchen, um klar zwischen Mitgliedern zweier Arten derselben Gattung unterscheiden zu können – und selbst dann ist man oft nicht sicher. Das wiederum bedeutet, daß die Suche nach Taxa unterhalb der Artebene – nämlich den von den Paläoanthropologen so geliebten Unterarten – ein vollkommen sinnloses Unterfangen ist.

Dagegen kann man sich aber beim Vergleich von Fossilien, die zwei erkennbar unterschiedlichen „Morphen" angehören, recht sicher sein, daß man in seiner Stichprobe (mindestens) zwei Arten vor sich hat.

Diese Erkenntnis, die aus jahrelangen Untersuchungen der Lemurenvielfalt (der „niederen" Primaten Madagaskars) resultierte, ließ mir herkömmliche Interpretationen der Artenvielfalt menschlicher fossiler Zeugnisse ein wenig seltsam erscheinen. Am seltsamsten war Mitte der achtziger Jahre die Art und Weise, wie die meisten Paläoanthropologen die fossilen Repräsentanten der letzten halben Million Jahre menschlicher Evolution einteilten. Alles aus dieser Zeit (ausgenommen einige späte Nachzügler des *Homo erectus* wie diejenigen aus Zhoukoudian) ordnete man dem *Homo sapiens* zu. Doch innerhalb dieser Fossilien gab es eine große morphologische Vielfalt, und diese Vielfalt ließ sich immerhin so aufteilen, daß drei inoffizielle Namen für verschiedene Gruppen von ihnen gebräuchlich wurden: der Neandertaler (auch bekannt als *Homo sapiens neanderthalensis*), der „archaische *Homo sapiens*" (fast alles, was nicht so aussieht wie wir) und der „anatomisch moderne *Homo sapiens*". Nun, wenn verschiedene Gruppen von Fossilien unterschiedlich genug sind, um namentlich identifiziert zu werden, kann man mit einiger Sicherheit davon ausgehen, mindestens so viele Arten wie Namen vor sich zu haben. Ich deutete dies im Jahre 1986 in einer Veröffentlichung an; und obwohl ich kaum den Anspruch erheben kann, daß mein Beitrag die Paläoanthropologie revolutionierte, so ist er doch zumindest symptomatisch für eine Tendenz, die neuerdings an Bedeutung gewinnt. Besonders drängte ich darauf, dem Neandertaler als *Homo neanderthalensis* wieder den Status einer separaten Art zu verleihen. Gleichzeitig sollte man die Fossilien von Arago, Petralona, Bodo und Kabwe zusammen mit ähnlichen Funden einer eigenen Art zuordnen. Sollte der Mauer-Unterkiefer in diese Gruppe gehören, was durchaus anzunehmen ist – wenn auch nicht sicher, da Unterkiefer nur wenige diagnostische Merkmale besitzen – können wir sie als *Homo heidelbergensis* bezeichnen. Am stärksten betonte ich, daß unsere eigene lebende Art, *Homo sapiens*, ein einzigartiges Wesen auf Erden ist und als solches gewürdigt werden sollte, statt es durch jedes zufällig daherkommende Fossil mit einigermaßen großem Gehirn zu verfälschen.

Ich wies auch darauf hin, daß sich der jüngere Abschnitt des Pleistozäns durch extreme Klimaschwankungen auszeichnete. Vegetationszonen bewegten sich nach Norden und Süden, bergauf und bergab. Ausgedehnte Waldgebiete wurden durch vordringende Steppen und Savannen zerteilt und erhielten mit der Wiederkehr der Wälder neuen Zusammenhang. Gletscher und rauhes Periglazialklima machten große Bereiche im Norden Eurasiens vorübergehend für Hominiden unbewohnbar; so leisteten sie wahrscheinlich größeren Migrationen und regionalem Verlöschen von Arten Vorschub. Der Meeresspiegel hob und senkte sich und schuf so wechselnd Inseln und Landbrücken. Vielleicht war keine erdgeschichtliche Periode so förderlich für die Entstehung neuer Arten und die Konkurrenz zwischen neu in Kontakt tretenden, verwandten Arten – kurz: für evolutionären Wandel. Die Vielfalt der hominiden Fossilien des jüngeren Pleistozäns entsprach tatsächlich genau dem, was unter diesen Umständen zu erwarten war.

Ein Ursprung des *Homo sapiens* durch normale Vorgänge der allopatrischen Speziation heißt auch, daß dieser Ursprung mit einem ganz bestimmten Gebiet der Erde verbunden und kein weltweites Phänomen war. Selbst als das Modell der multiregionalen Kontinuität an Bedeutung gewann, begann man, ein neues Szenarium vorzustellen, das schließlich als „Out-of-Africa"-Hypothese über den Ursprung des modernen Menschen bekannt wurde. Die grundlegende Annahme war, daß der *Homo sapiens* zu einem relativ späten Zeitpunkt irgendwo in Afrika entstand. Anschließend verbreiteten sich unsere modernen Vorfahren ebenso wie der *Homo erectus* über diesen Kontinent hinaus, um alle bewohnbaren Teile der Alten Welt zu besiedeln – und letztendlich natürlich auch die Neue Welt. Der entscheidende Unterschied zum *Homo erectus*, der sich von Afrika aus in völliges Neuland begeben hatte, bestand darin, daß *Homo sapiens* in bereits von verwandten Hominiden besiedelte Gebiete vordrang und jene dabei notwendigerweise verdrängte. Günter Bräuer von der Universität Hamburg vertrat schon früh eine Version dieser Auffassung; er wies Mitte der achtziger Jahre in mehreren Veröffentlichungen darauf hin, daß unter den – wenn auch spärlichen – relevanten Fossilien die frühesten Belege moderner menschlicher Anatomie aus Ost- und Südafrika stammten. Bräuer nahm an, die wandernden Afrikaner hätten die Neandertaler in Europa verdrängt, doch über die Vorgänge in Ostasien war er sich nicht sicher. Und obwohl schon andere wie Chris Stringer, (damals) in der naturgeschichtlichen Abteilung des British Museum tätig, bei der Ausdehnung des Out-of-Africa-Szenariums auf die gesamte Alte Welt weniger zurückhaltend waren, rückten doch erst eine Reihe genetischer Untersuchungen des Labors von Allan Wilson an der University of California in Berkeley das Modell wirklich ins Rampenlicht.

Wilson und seine Kollegen relativierten nämlich einen Mitte der siebziger Jahre von den Genetikern Masatoshi Nei und Arun Roychoudhury initiierten Ansatz, der damals nur wenig Aufmerksamkeit gefunden hatte. Nei und Roychoudhury hatten Blutproteine von Angehörigen menschlicher Populationen aus Europa, Afrika und Asien untersucht. Sie fanden heraus, daß die Unterschiede zwischen Populationen verglichen mit denen innerhalb von Populationen ziemlich gering waren; die Unterschiede zwischen Afrikanern und den anderen beiden Gruppen waren jedoch signifikant größer als die zwischen Europäern und Asiaten. Daraus folgerten sie, Europäer und Asiaten hätten eine jüngere gemeinsame Abstammung, als jeweils beide mit den Afrikanern. Nei und Roychoudhury nahmen an, daß die Aufspaltung in Afrikaner und Eurasier vor etwa 115 000 bis 120 000 Jahren stattgefunden hatte, während sich Europäer und Asiaten erst vor etwa 55 000 Jahren trennten. Wilson und seine Kollegen verfolgten diesen Ansatz weiter, besonders indem sie die mitochondrale Desoxyribonucleinsäure (mtDNA) untersuchten.

Bei der DNA handelt es sich bekanntlich um das langkettige Molekül, das die genetischen Instruktionen für den Bau jedes neuen Individuums in sich birgt. Der Großteil der DNA befindet sich im Zellkern, und bei sich sexuell fortpflanzenden Arten erbt jedes Individuum seine Kern-DNA in mehr oder weniger gleichem Verhältnis von den Eltern. Ein kleiner Teil der DNA befindet sich jedoch in ganz bestimmten Strukturen innerhalb der Zelle, den Mitochondrien; diese sogenannte mtDNA ist deshalb so interessant, weil sie ausschließlich von der Mutter vererbt wird (deren Eizellen ja komplette Zellen sind, wohingegen das väterliche Spermium nur Kern-DNA enthält). Während die Kern-DNA also in jeder neuen Generation durcheinandergebracht wird, geht die mtDNA seit Evas Zeiten recht unverändert – von einigen vielleicht auftretenden Mutationen abgesehen – in ununterbrochener Folge von der Mutter auf das Kind über. In der mtDNA sammeln sich Mutationen offensichtlich um ein Vielfaches rascher an als bei der Kern-DNA, vielleicht, weil sie dort der natürlichen Selektion nicht in dem Maße unterliegen, wie es bei vielen Veränderungen der Kern-DNA der Fall ist.

Die Untersuchungen menschlicher mtDNA zeigten von Anfang an eine bemerkenswerte Einheitlichkeit innerhalb der Arten. Und da man annimmt, ihre Vielfalt nehme im Laufe der Zeit zu, läßt diese Einheitlichkeit auf einen relativ jungen Ursprung des *Homo sapiens* schließen. Eine durchschnittliche Wandlungsrate von drei Prozent in einer Million Jahren vorausgesetzt, kamen Wilson und seine Kollegen zunächst auf einen molekularen Ursprung des *Homo sapiens* vor etwa 400 000 Jahren. Das hätte die Urahnin der modernen Menschheit in die Zeit des späten *Homo erectus* versetzt. Dies war allerdings für die zahlreichen Verfechter der multiregionalen Kontinuität, deren Blick sich mehr als doppelt so weit zurückrichtete, kaum akzeptabel. Allerdings war dieser Zeitpunkt auch unvereinbar mit dem, was die Fossilien uns über das früheste Auftreten moderner menschlicher Anatomie verraten. Eine heftige Diskussion folgte. Innerhalb kurzer Zeit verringerten Wilson und seine Mitarbeiter das Alter von „Eva" auf etwa 200 000 Jahre, und nach Wilsons vorzeitigem Tod im Jahre 1990 korrigierte sein Schüler Mark Stoneking es auf rund 140 000 bis 130 000 Jahre – was sich mit den Daten von Klasies River Mouth und anderswo gut vereinbaren läßt.

Über molekulare Daten, die auf vielerlei Annahmen beruhen, wird man stets diskutieren. Wichtiger ist jedoch, daß die afrikanische mtDNA, ebenso wie die Proteine von Nei und Roychoudhury, eine erheblich größere Vielfalt – also eine größere Ansammlung von Mutationen – aufwies als die mtDNA von Europäern, Asiaten und Australasiaten. Da die Vielfalt der mtDNA in gewisser Weise eine Funktion der Zeit ist, müssen wir annehmen, daß die afrikanische Population seit ihrem Minimum genetischer Variabilität zur Zeit ihrer Entstehung die längste Entwicklung durchgemacht hat; die Populationen mit geringerer Variabilität spalteten sich später ab. Demnach war „Eva" also Afrikanerin. Vergleichende Analysen der mtDNA-*Struktur* bei diesen Populationen ließen ursprünglich dasselbe vermuten, obwohl sich später herausstellte, daß gerade diese Analysen fehlerhaft waren. Dennoch sind die Daten über die Vielfalt offenbar signifikant, die recht homogene Natur menschlicher mtDNA (und somit ein relativ kurz zurückliegender Ursprung des *Homo sapiens*) erscheint ziemlich gesichert, und – was am wichtigsten ist – die mtDNA-Daten stimmen mit dem überein, was uns auch die zugegebenermaßen nicht gerade perfekten Fossilbelege verraten.

Der Disput zwischen den Aposteln des multiregionalen und des Out-of-Africa-Modells begann gerade, jene Aufmerksamkeit der Medien auf sich zu ziehen, die zuvor dem Leakey-Johanson-Getöse zuteil wurde, als neue Datierungsmethoden das fossile Bild vom Ursprung des *Homo sapiens* noch suggestiver machten. Durch die zeitliche Lücke zwischen den möglichen Datierungsbereichen der Radiocarbon-, der Kalium/Argonmethode sowie anderer Verfahren war für eine sehr wichtige Periode der menschlichen Entwicklung keine chronometrische Messung möglich gewesen. In den achtziger Jahren wurden einige neue Datierungstechniken eingeführt oder verfeinert, die halfen, diese Lücke zu schließen. Zumindest drei davon verdienen hier besondere Erwähnung: Die Elektronen-Spin-Resonanz- (ESR), die Thermolumineszenz- (TL) und die Uranserien- (U-Serien) Datierung.

Die Elektronen-Spin-Resonanz-Datierung resultiert aus der Beobachtung, daß der Beschuß kristallinen Materials mit natürlicher Strahlung zum Einschluß freier Elektronen in Defekten des Kristallgitters führt. Die Einschlußrate hängt dabei von der Intensität der Hintergrundstrahlung ab. Man kann die Energie der eingeschlossenen Elektronen messen und aus dem Verhältnis dieses Werts zu der Einschlußrate, die man ihrerseits aus Messungen der Hintergrundstrahlung (der „externen Dosis") und der Strahlung vom Fossil selbst absorbierter instabiler Isotope (der „internen Dosis") erhält, ein Datum ableiten. Die Rate der Hintergrundstrahlung kann von Ort zu Ort, ja selbst innerhalb einer Fundstelle variieren. Obwohl man also die Elektronen-Spin-Resonanz-Methode direkt bei Substanzen wie dem Zahnschmelz (gegenwärtig das Material der Wahl) von Fossilien oder bei gleichzeitig entstandenen Stoffen wie Kalzit anwenden kann, muß doch von den ursprünglichen archäologischen oder geologischen Ablagerungen noch genügend vorhanden sein, um genaue Messungen der Hintergrundstrahlung durchführen zu können. Dies trifft bei älteren Fundstellen nicht immer zu. In solchen Fällen erhält man keine genauen Daten. Die interne Dosis ist von der Aufnahmerate radioaktiver Isotope durch das Fossil abhängig; diese kann man zwar nicht direkt messen, sich ihr aber doch durch bestimmte begrenzende Annahmen nähern. Noch einige weitere Komplikationen verringern den Breich der datierbaren Materialien und Ablagerungen. Doch die Zuverlässigkeit durch Elektronen-Spin-Resonanz-Datierung erhaltener

Daten steigt rapide; und die Methode birgt große Hoffnungen für die Zukunft und für die Gegenwart einige Überraschungen.

Die Thermolumineszenz-Datierung beruht auf denselben Prinzipien wie die ESR, doch werden die eingeschlossenen Elektronen anders gemessen. Auch hier liegt der Gedanke zugrunde, die im Kristallgitter eines Minerals eingeschlossenen Elektronen zu registrieren. Als das Mineral entstand, waren alle Einschlußräume leer, doch seitdem füllten sie sich regelmäßig in einem wiederum von Hintergrundstrahlung und anderen benennbaren Faktoren bestimmten Maße. Archäologen interessieren sich jedoch nicht dafür, wann ein Mineral entstanden ist; sie wollen wissen, wann Menschen es benutzt haben. Erhitzen und bestimmte andere Vorgänge leeren die „Elektronenfallen" und drehen so die Uhr auf Null zurück. Aus diesem Grund wurden in Lagerfeuern erhitzte Feuersteine zu beliebten Datierungsobjekten, ebenso wie – für jüngere Perioden – Tonscherben. Selbst einwirkendes Sonnenlicht kann manches kleine Objekt wieder „auf Null stellen"; unter bestimmten Umständen lassen sich so verschiedene Sedimente, die Artefakte und Fossilien einschließen, datieren. Bei der eigentlichen Datierung erhitzt man das Exemplar ein weiteres Mal und mißt die durch die Freisetzung eingeschlossener Elektronen auftretende Lichtintensität. Ist die Hintergrundstrahlung, die zur Füllung der Kristallgitterfallen führte, und die dem Material eigene Strahlung (die sich experimentell bestimmen läßt) bekannt, so kann man auf den Zeitpunkt schließen, zu dem der betreffende Feuerstein erhitzt wurde oder die Sandkörner um das Artefakt herum an der Oberfläche lagen.

Die Uranserien-Datierung beruht auf einem anderen Prinzip. Instabile Uranatome zerfallen in charakteristischen Raten in verschiedene Tochterelemente. Von diesen ist Thorium 230 (^{230}Th) bei Archäologen am beliebtesten. Bevorzugte Materialien für eine Datierung ist von Süßwasser abgelagertes Kalkgestein wie Stalaktiten und Travertin. Im Normalfall entspricht die Radioaktivität des ^{230}Th in ungestörtem Material der des elterlichen Urans in der Probe. In neu entstandenen Kalksteinen wird dieses Gleichgewicht jedoch nicht bestehen. Da Uran im Gegensatz zu Thorium im Wasser löslich ist, das diese Kalksteine abgelagert hat, wird der neu entstehende Stalaktit Uran enthalten, jedoch kein Thorium. Zu diesem Zeitpunkt wird das Verhältnis von Thorium zu Uran im Stalaktit Null betragen. Mit der Zeit aber zerfällt Uran zu Thorium, und das Verhältnis von Thorium zu Uran nimmt zu. Anhand der Größe des Verhältnisses kann man das Alter des Stalaktiten schätzen. Die Techniken zur Messung der Isotope von Uran und Thorium werden ständig verbessert, und mit ihnen die Genauigkeit dieser Datierungsmethode. Viele archäologische Stätten befinden sich in Höhlen in Kalksteinregionen, das macht die Uranserien-Datierung besonders attraktiv. Datierbares Travertin, Kalktuff, Stalaktiten und dergleichen finden sich natürlich häufig an solchen Orten. Außerdem besteht zumindest die Möglichkeit, daß andere kalkhaltige Strukturen wie Knochen, Zähne und Weichtierschalen mit Hilfe dieser Technik ebenfalls datierbar sind.

Diese und andere neue Datierungsmethoden haben unser Verständnis vom Ursprung des *Homo sapiens* und von der Periode, während derer *Homo sapiens* und *Homo neanderthalensis* nebeneinander existierten, stark beeinflußt. So bestätigten Uranserien- und ESR-Datierungen gemeinsam das hohe Alter (mehr als 90 000 Jahre) der modernen Menschen des Middle Stone Age von Klasies River Mouth in Südafrika; sie legen auch nahe, daß die modernen Menschen von Border Cave mehr als 75 000 Jahre alt sind. Die wirklichen Überraschungen kamen jedoch von den Fundstellen im Mittelmeerraum. Die Elektronen-Spin-Resonanz-Datierungen von Säugetierzähnen aus denselben Schichten wie die Gräber in Skhul und Tabun ergaben ein Alter von etwa 100 000 beziehungsweise 120 000 Jahren. Sie werden

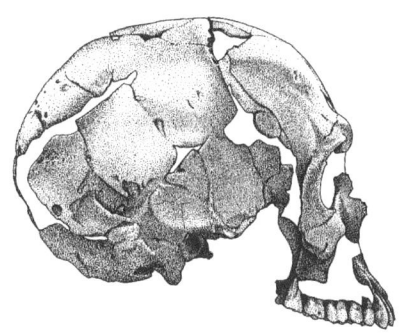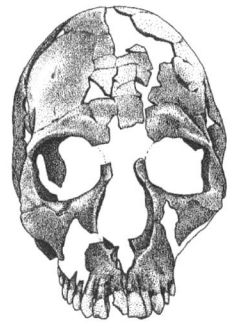

16.1   Lateral- und Frontalansicht des frühmodernen Kraniums Qafzeh 9 von Jebel Qafzeh, Israel. Maßstab: ein Zentimeter. (D. M.)

sich erinnern, daß die Hominiden von Skhul anatomisch modern sind oder sich zumindest vom modernen Menschen nicht nennenswert unterscheiden, während es sich bei den Hominiden aus Tabun zweifellos um Neandertaler handelt. Beide Daten liegen weiter zurück als irgendjemand erwartet hatte, und sie bestätigen, daß Neandertaler und moderne Menschen in der Levante schon sehr früh auf gewisse Weise nebeneinander existierten. Welcher Art diese Koexistenz war, bleibt jedoch unklar. Möglicherweise lebten die beiden menschlichen Spezies auf Tuchfühlung miteinander (Tabun trennt nur ein gemächlicher Fünf-Minuten-Marsch von Skhul), doch ist dies schwer vorstellbar. Plausibler ist wohl, daß die beiden Arten das Gebiet alternierend bewohnten, vielleicht den lokalen Klimaschwankungen folgend. Aber was auch immer zutrifft, die Koexistenz war ein langlebiges Phänomen; denn die Neandertaler verweilten einer jüngsten Datierung von Kebara zufolge in dieser Region ungestört bis vor mindestens etwa 50 000 Jahren. Thermolumineszenz-Datierungen gebrannter Feuersteine aus Jebel Qafzeh, dessen menschliche Überreste allgemein als modern gelten, bestätigen diese lange Überschneidung, denn sie entpuppten sich als über 90 000 Jahre alt. Und auf der afrikanischen Seite des Mittelmeergebiets hat man die modern wirkenden Schädel von Jebel Irhoud mittels Elektronen-Spin-Resonanz auf ein Alter von mehr als 100 000 Jahren datiert.

Dies weicht stark von der traditionellen Vorstellung ab, die auf westeuropäischen Fossilfunden beruht. Hier zeigt sich klar das Bild einer relativ abrupten Verdrängung der Neandertaler durch moderne Typen (obwohl sich diese Klarheit durch neuere Datierungen von Neandertalern der iberischen Halbinsel, ebenso wie durch die Neubewertung von Radiocarbon-Datierungen, die den Zeitpunkt der Besiedlung Europas durch frühe moderne Menschen zurückschrauben, ein wenig verliert). Ich finde es jedoch besonders interessant, daß wir etwa genau zur Zeit des jüngsten bekannten Neandertalerfossils der Levante (was natürlich nicht mit dem letzten Neandertaler gleichzusetzen ist) in der Region erste Belege für Industrien des Jungpaläolithikums antreffen. In Europa sind solche Industrien mit eindeutig modernen Menschen assoziiert; und obwohl die frühesten Zeugnisse des Jungpaläolithikums in der Levante (aus der 45 000 Jahre alten Fundstelle von Boker Tachtit in der Wüste Negev) nicht in Verbindung mit menschlichen Fossilien gefunden werden, hat man doch

Grund zu der Annahme, daß anatomisch moderne Menschen (die sich schließlich schon seit 50 000 Jahren in der Region aufhielten) dafür verantwortlich waren. Können wir dann behaupten, der Neandertaler sei aus dieser Region verschwunden, als *Homo sapiens* nicht mehr nur modern aussah, sondern sich auch modern zu verhalten begann? Ich selbst würde darauf wetten, doch solange wir dortige archäologische Stätten und hominide Fossilien aus dieser Zeit nicht noch weit präziser datiert haben, können wir uns nicht sicher sein.

Das Thema Verhalten wird dadurch kompliziert, daß Stein- und Knochenwerkzeuge des Jungpaläolithikums zwar in Europa von Beginn an mit Belegen für „Kreativität" in Form von Gravuren, Skulpturen, Zeichen, Musikinstrumenten und dergleichen einhergingen, nicht jedoch in der Levante. Außerdem wurden die frühesten Werkzeuge des Jungpaläolithikums in Boker Tachtit, obwohl eindeutig dieser Zeit zuzuordnen, mit bereits im Mittelpaläolithikum geläufigen Techniken hergestellt. Da aber anatomisch moderne Menschen in den ersten 50 000 Jahren ihrer Existenz mittelpaläolithische Werkzeuge herstellten, sollte uns das wohl nicht allzu sehr erstaunen.

Wenn Neandertaler und moderne Menschen die Welt lange Zeit gemeinsam besiedelten, nahmen sie höchstwahrscheinlich auch gegenseitigen Einfluß aufeinander. Und wenn es einen solchen Einfluß gab, wie sah er dann aus? Vor allem die Verfechter der regionalen Kontinuität vertreten eine Lehrmeinung, die in den variablen Morphologien Beweise für Kreuzungen zwischen Neandertalern und modernen Menschen sieht. Ihrer Auffassung nach wurde die unverwechselbare Morphologie der Neandertaler letztendlich von modernen Genen „überschwemmt". Dagegen spricht jedoch einiges: So sind Fossilbelege für „Bastarde" (oder Fossilien, die man als solche interpretieren könnte) gerade in der Region, wo eine lange gemeinsame Existenz am besten dokumentiert ist, am seltensten – nach meiner Ansicht fehlen sie sogar völlig. Außerdem, wenn die Neandertaler wirklich eine andere Art als die unsere darstellten – was die Anhänger der multiregionalen Kontinuität natürlich bestreiten würden – wäre ein nennenswerter Austausch von Genen gar nicht möglich gewesen (obwohl vielleicht manche Individuen gewollt oder ungewollt durchaus Versuche zur Bastardierung unternommen haben werden). Dagegen spricht schließlich auch die entsetzliche Art und Weise, mit der erobernde Völker in historischer Zeit miteinander umgegangen sind – ganz zu

schweigen von der Behandlung anderer Arten. Das Bild eines giganti-
schen paradiesischen Liebeslebens zwischen morphologisch unterschiedlichen Hominiden im späten Pleistozän widerspricht einfach
jeder Logik, so gern wir es uns auch so vorstellen möchten. Es gibt
auch noch weitere Gegenargumente. Hat beispielsweise Lewis Binford mit seiner Vermutung über das Verhalten der Neandertaler recht,
so macht die Unvereinbarkeit der Verhaltensmuster von Neandertalern
und zeitgenössischen modernen Menschen ein erfolgreiches Vermischen sehr unwahrscheinlich. Halten wir für den Moment fest, daß
sowohl fossile als auch archäologische Dokumente erst einer peinlich
genauen Prüfung bedürfen, bevor wir annehmen können, die Neandertaler seien unsere Vorfahren oder unsere Vorfahren hätten den Genpool der Neandertaler ihrem eigenen einverleibt.

Mit Zunahme der Fossilbelege und der Verfeinerung von Datierungstechniken können wir erwarten, daß das Bild vom Ursprung
unserer eigenen Art klarer wird – oder zumindest darauf hoffen. Bis
dahin sollten wir bedenken, daß die Enstehung des *Homo sapiens* das
jüngste größere Ereignis in der Evolution unserer Abstammungslinie
ist. Eine Tatsache, die ihre Vor- und Nachteile hat. Zu den Vorteilen
gehört die recht große Anzahl von Fundstellen und Fossilien aus den
letzten etwa 100 000 Jahren. Doch da wir aus geringem Abstand zu-
rückblicken, sind wir zu einer viel genaueren Betrachtung gezwungen
als bei jedem vergleichbaren früheren Ereignis der menschlichen Fossilgeschichte. Artbildung ist kein einfacher Prozeß, und unsere geringen Kenntnisse darüber verraten uns nicht, welche anatomischen Hinweise wir zu erwarten haben. Schon unter günstigsten Bedingungen
ist es also nicht leicht, Alternativen zu testen; doch besonders schwierig ist, mit vielen weit verstreuten und oft fragmentarischen Fossilien
zu arbeiten.

Das ist vielleicht nicht gerade die erfreulichste Schlußbemerkung
zu einer Geschichte. Wir sind nun aber beim heutigen Stand der Dinge
ankommen, nachdem wir betrachtet haben, wie sich das Wissen von
unserer Vergangenheit als Art in den letzten Jahrunderten entwickelt
hat, und wir müssen bedenken, daß diese Geschichte niemals enden
wird, solange *Homo sapiens* auf Erden weilt. Ich gebe nicht vor, daß
das, was Sie in diesem Buch bisher gelesen haben, objektive Geschichte im eigentlichen Sinne ist; es ist einfach die Wahrnehmung
von jemandem, der die Wissenschaft von der Paläoanthropologie ak-

tiv betreibt. Ich hoffe jedoch, daß es einen gewissen Einblick in unseren heutigen Wissensstand geben konnte. Wie ich schon eingangs bemerkte, hängt unser heutiges Denken sehr stark davon ab, was wir gestern dachten. Sollten alle fossilen Zeugnisse des Menschen erst morgen entdeckt und von erfahrenen Paläontologen untersucht werden, die ihre Fertigkeiten abseits vorgefaßter Meinungen über die Ursprünge des Menschen erwarben, dann würden sicherlich (nach dem unvermeidlichen Anfall intellektueller Verdauungsprobleme) zahlreiche Interpretationen entstehen, die von den derzeitigen stark abweichen.

Unter diesem Vorbehalt wollen wir uns nun wieder den wesentlichen Fossilbelegen unseres Ursprungs zuwenden und dabei unsere historische Bürde bei der Interpretation bedenken. Wir alle wollen wissen, woher wir gekommen sind; das Wissen darum, wo eine vorherrschende Lehrmeinung die Erkenntnisse zu unserer Herkunft beeinflußt, möge uns bei einer etwas objektiveren Annäherung an diese Frage helfen.

17.   Wo stehen wir?

Angesichts der Fülle verfügbarer Interpretationsansätze ist es ziemlich viel verlangt, den heutigen Stand der Paläoanthropologie zusammenzufassen. Doch wenn Sie bis hierher gelesen haben, sind Sie bereits mit den wichtigsten fossilen Zeugnissen der Menschheitsgeschichte und deren wesentlichen Interpretationen vertraut. Die sinnvollste Form einer Zusammenfassung ist wohl, meiner eigenen Anweisung zu folgen und die Dokumente der Vergangenheit unserer eigenen Art zu betrachten, indem ich vom Einfachen zum Komplizierten fortschreite: von einem Kladogramm über einen Stammbaum schließlich zu einem kurzen Szenarium unserer Evolution. Zunächst aber sollten wir unser Augenmerk auf die unterste Ebene der Analyse lenken: auf die Artenvielfalt unter den fossilen Zeugnissen des Menschen. Denn bevor man beginnt, die Verwandtschaftsverhältnisse zwischen ausgestorbenen Arten der Menschenfamilie herauszuarbeiten, muß man eine zuverlässige Vorstellung von der Anzahl solcher Arten unter den vielen hundert bekannten hominiden Fossilien haben.

Wir haben bereits erfahren, daß dies traditionell nicht gerade eine Stärke der Anthropologen war und die Schätzungen über die Zahl ausgestorbener hominider Arten weit auseinandergehen. Es gibt keine jüngere minimalistische Schätzung über die Anzahl der australopithecinen Arten, doch nehme ich an, daß (wenn überhaupt) nur wenige Paläoanthropologen nach dem Ende der „Eine-Art-Hypothese" weniger als drei oder vielleicht vier Arten anerkennen würden: *Australopithecus afarensis*, *A. africanus*, *A. robustus* und (vielleicht) *A. boisei*. In der Gattung *Homo* würden die Minimalisten dagegen nur zwei Arten akzeptieren: *H. habilis* und *H. sapiens*. Im wesentlichen reduzierte das die Zahl der Arten zwischen uns und unseren frühesten bekannten bipeden Vorfahren auf bloße zwei: eine lächerlich unangemessene Zahl angesichts unseres Wissens über die Vielzahl von Unterschieden in der knöchernen Anatomie, wie sie sich typischerweise unter nahe verwandten rezenten Arten findet.

Eine gängigere Einschätzung würde der Gattung *Homo* mindestens eine weitere Art zuordnen, den *erectus*, außerdem die inoffiziellen Unterteilungen „archaischer *Homo sapiens*" und Neandertaler. Ich selbst – und vermutlich auch immer mehr meiner Kollegen – zöge es allerdings vor, innerhalb der Menschenfamilie wenigstens drei Gattungen anzuerkennen, die etwa ein Dutzend Arten umfassen. So gesehen würde die Gattung *Australopithecus* nur aus *A. afarensis* und *A. africanus* bestehen und die „robuste" Gruppe einer eigenen Gattung, *Paranthropus*, zugerechnet werden. (Ich sollte hier wahrscheinlich anmerken, daß *A. afarensis*, wenn er wirklich eine „Stamm"-Art ist und einerseits *A. africanus*, andererseits die *Paranthropus*-Arten hervorbrachte, genau genommen einen eigenen Gattungsnamen erhalten sollte. Die Paläoanthropologie ist jedoch in der Praxis noch nicht soweit, diese Möglichkeit in Erwägung zu ziehen; und da die Neubestimmung der immer zahlreicher werdenden, für gewöhnlich *A. afarensis* zugeordneten Fossilien ein Hauptstreitpunkt der nächsten Jahre zu werden verspricht, wäre jeder konkrete Vorschlag dazu mehr als ein wenig verfrüht.) Innerhalb der Gattung *Paranthropus* kann man mindestens drei Arten deutlich unterscheiden: *P. robustus*, *P. boisei* und *P. aethiopicus*. Mancher Paläoanthropologe würde in der wahrscheinlich richtigen Annahme, die „Robusten" von Kromdraai und Swartkrans stellten verschiedene Arten dar, sogar noch eine vierte hineinzwängen, *P. crassidens*. Man kann darüber streiten, ob der Name *aethiopicus* für die Art angemessen ist, der der „*Schwarze Schädel*" angehört. Das gegenwärtig verabredete Schweigen zu diesem Thema ist auf jeden Fall wünschenswert und wird hoffentlich gewahrt.

Noch interessanter ist die nähere Betrachtung der Gattung *Homo*, besonders weil es keinen ersichtlichen Grund gibt, weshalb ihr Formen wie die grazilen Fossilien aus den unteren Abschnitten von Olduvai angehören sollten. Wie wir gesehen haben, rechnete man ursprünglich die Überreste von Olduvai zu unserer Gattung, weil man die Herstellung von Steinwerkzeugen vermutete, das Hirnvolumen im Verhältnis zum *Australopithecus* geringfügig größer war und vor allem wohl, weil Louis Leakey das Bedürfnis hatte, seinen langjährigen Glauben an das hohe Alter von *Homo* zu rechtfertigen. In keiner anderen Säugetiergruppe würden derartige Betrachtungen den Zusammenschluß von so ungleichen Arten wie *H. habilis* und *H. sapiens* in derselben Gattung rechtfertigen. Obwohl die Taxonomie bei den Hominiden offenbar für immer zu ganz eigenen Spielregeln verurteilt ist, sollte schon die Ursprünglichkeit des postkranialen Skeletts vom jüngst entdeckten OH 62 die Paläoanthropologen über die Vielfalt auf der Gattungsebene innerhalb der Hominidae nachdenken lassen. Doch leider werden sie das mit ziemlicher Gewißheit nicht tun, und so müssen wir weiterhin mit unserer seltsam aufgeblähten Vorstellung von der Gattung *Homo* leben. Wieviele Arten dieser Gattung kennen wir also unter diesen Umständen?

Derzeit gibt es keine gut begründete Alternative zu Bernard Woods Schlußfolgerung, daß man alle grazilen Fossilien von Olduvai und Exemplare wie das KNM-ER-1813-Kranium von Koobi Fora sowie Stw 53 aus Sterkfontein der Art *Homo habilis* zuschreiben könne. Es ist vernünftig, dies vorläufig zu akzeptieren. Noch vernünftiger ist es, Wood darin beizupflichten, daß Exemplare wie der KNM-ER-1470-Schädel aus Koobi Fora sich deutlich abheben und einer eigenen Art, *Homo rudolfensis*, zugeordnet werden sollten. Dicht an die Fersen dieser Art heftet sich *Homo ergaster*, der postkranial und kranial gesehen insgesamt moderner ist, wie der „Junge von Turkana" bestätigt. Fred Grine rekonstruierte unlängst den teilweise erhaltenen Gesichtsschädel SK 847 aus Swartkrans, von dem man lange dachte, daß er dem *Homo ergaster*-Exemplar-KNM-ER-3733 aus Koobi Fora sehr nahe stünde. Grine konnte zwischen den beiden bestimmte Unterschiede nachweisen. Noch läßt sich nicht mit Gewißheit sagen, ob dies die Existenz einer etwa zur gleichen Zeit in Südafrika lebenden, mit dem ostafrikanischen *ergaster* verwandten Art bedeutet. Andererseits ist zumindest mir vollkommen klar, daß *H. ergaster* nicht dasselbe ist wie der klassische *H. erectus* Ostasiens. Eine verwandte Art wohl, aber die afrikanische Form ist ursprünglicher als die asiatische und verdient die Anerkennung als eigenständige Art. Unter den jüngeren Fossilien begegnen wir bestimmten Typen früher Menschen, die man lange durch inoffizielle Bezeichnungen unterschied und die mittlerweile reif für eine formelle Anerkennung sind. Der „archaische *Homo sapiens*", wie ihn beispielsweise die Exemplare von Bodo und Arago repräsentieren, verdient seinen eigenen Artnamen, wahrscheinlich *Homo heidelbergensis*; während kein Zweifel über den korrekten Artnamen für die Neandertaler bestehen kann: *Homo neanderthalensis*. Alle heute lebenden Menschen und alle fossilen Menschen, die uns ähnelten, gehören zur Art *Homo sapiens*.

Diese kurze Zusammenfassung der unterscheidbaren Arten in der Gattung *Homo* schließt einige einzelne Fossilien aus, die zwar vielversprechende Besonderheiten aufweisen, aber keine Beweise mit dem zur Etablierung neuer Arten nötigen Gewicht liefern. Bob Martin äußerte vor kurzem die (in meinen Augen großzügige) Schätzung, daß in der Fossildokumentation nur von drei Prozent aller Primatenarten, die jemals existierten, Hinweise erhalten blieben. Selbst wenn wir innerhalb der aufgeblähten Gattung *Homo* sechs Arten anerkennen, unterschätzen wir doch ganz offensichtlich die tatsächliche Artenvielfalt der Hominiden während der vergangenen zwei bis zweieinhalb Millionen Jahre um einiges. Dennoch, wenn wir dem traditionellen Drang widerstehen, die Gattung *Homo* über alle biologisch begründbaren Grenzen hinaus auszudehnen, können wir immer noch eine Grundlage für den Übergang zur nächsten Analyseebene erhalten: zu unserem Kladogramm.

Wieviele ausgestorbene Hominidenarten man auch immer akzeptiert, die Verwandtsschaftsverhältnisse zwischen ihnen sind Gegenstand heftiger Debatten und werden es auch bleiben. Es wäre sinnlos zu behaupten, ich könnte im geringsten darauf hoffen, eine der gegenwärtigen Unsicherheiten hier zu klären. Das V-Diagramm in Abbildung 17.1 ist nur ein möglicher Weg, um eine Reihe einigermaßen nachvollziehbarer Verwandtschaften zwischen unserem Dutzend Arten darzustellen. Wie alle Kladogramme drückt dieses Diagramm nur die relative verwandtschaftliche Nähe aus. Es teilt nichts darüber mit, um welche Arten von Verwandtschaft es im einzelnen geht – ob sie beispielsweise zwischen einem Vorfahren und seinem direkten Nachkommen bestehen oder einfach zwischen Nachkommen desselben gemeinsamen Vorfahren. Auch über die Zeit sagt es nichts aus. Solche zusätzlichen Details finden sich in evolutionären Stammbäumen wie dem in Abbildung 17.2 gezeigten. Natürlich sind Stammbäume komplexere Aussagen als Kladogramme, und ein einzelnes Kladogramm mag mit mehreren unterschiedlichen Stammbäumen in Einklang zu bringen sein. Setzte man mich unter Druck, müßte ich außerdem zugeben, daß wohl nur wenige Exemplare unter den fossilen Zeugnissen des Menschen den direkten Vorfahren eines jüngeren Fossils darstellen, obwohl sie alle zwangsläufig irgendjemandes Nachkommen

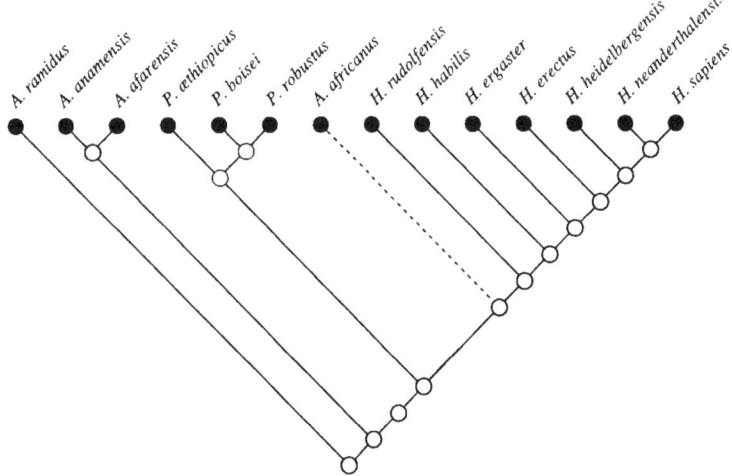

17.1 Kladogramm, das mögliche Verwandtschaftsbeziehungen zwischen den verschiedenen Arten aus der Menschenfamilie (einschließlich der neu beschriebenen frühen Arten *Ardipithecus ramidus* und *Australopithecus anamensis*) zeigt. Falls dieses Kladogramm richtig ist, so veranschaulicht es gut die Schwierigkeit, die durch die Aufnahme von *A. africanus* und das Paar *A. afarensis* und *A. anamensis* in dieselbe Gattung entsteht. (D. S.)

sind. Der abgebildete Stammbaum ist nur einer von vielen möglichen und birgt viele Ansatzpunkte für Dispute. Faßt man jedoch die Begriffe Vorfahrenschaft und Abstammung großzügig auf, so stellt er eine vertretbare Überlegung zum Evolutionsverlauf der Hominiden dar – wie ihn uns die bekannten Fossilien heute wiedergeben.

Stammbäume vermitteln ihre Aussage auf optischem Wege; so sprechen sie für sich selbst, und weitere verbale Erläuterungen sind kaum nötig. In unserem Stammbaum bedarf nur die Schwäche der Verbindung zwischen dem bemerkenswert ursprünglichen *Homo habilis* und dem wenig jüngeren, aber ungleich höher entwickelten *Homo ergaster* besonderer Erwähnung. Will man aber einen Stammbaum durch ein ausgewachsenes Evolutionsszenarium beleben, dann kommt die verbale Erläuterung voll zum Zuge. Szenarien sind natürlich die interessanteste Form evolutionärer Aussagen, denn sie schließen Fragen der Adaptation und Umwelt ebenso ein wie die Basisgrößen Zeit und Verwandtschaft. Doch wie bereits gesagt, sind sie meist so komplex, daß sich bei dem Vergleich alternativer Szenarien für gewöhnlich eher die Erzählkunst als die Wissenschaft des Paläoanthropologen zu erkennen gibt. Genau genommen ist ein gründlicher Vergleich konkurrierender Hypothesen nur auf Ebene des Kladogramms möglich, obwohl viele Wissenschaftler auch Stammbäume für vergleichbar halten, solange man nur die ihnen zugrundeliegenden Kladogramme kennt. Szenarien sind da etwas ganz anderes: Hier trägt man die ganze Verantwortung selbst. Die meisten Zutaten für eine ganze Reihe ausgewachsener Szenarien sind bereits in den früheren Kapiteln dieses Buches enthalten, und sicher möchte jede und jeder diese Zutaten selbst mischen. Wir wollen unseren Rückblick jedoch mit einem verkürzten Szenarium abschließen, welches das bisher gezeigte Bild abzurunden versucht.

Diese Geschichte beginnt mit einer Art „Urknall", allerdings nur weil der anfängliche und wahrscheinlich mühsame Abstieg der Menschheit von den Bäumen durch keinerlei Fossilien dokumentiert ist. Mit Ausnahme einiger weniger Fragmente, die eine wie auch immer geartete Existenz früher Hominiden vor etwa fünf bis sechs Millionen Jahren lediglich andeuten, bildet der *Australopithecus afarensis* den frühesten Beleg für unsere Vorfahren auf der Welt – das

---

* Seit die englische Ausgabe dieses Buches in Druck ging, sind zwei neue Hominidenarten beschrieben worden, die dem *Australopithecus afarensis* vorausgingen. Als Vorfahr von *A. afarensis* erscheint *Australopithecus anamensis* am plausibelsten. Diese Art ist von einigen wenigen Zahn-, Schädel- und postkranialen Fragmenten bekannt, die man bei Kanapoi und Allia Bay in Nordkenia gefunden hat und deren Alter man auf 4,2 bis 3,9 Millionen Jahre schätzt. In den behandelten Skeletteilen unterscheidet sich *A. anamensis* nur sehr wenig von *A. afarensis*, und ein Schienbeinstück spricht sehr für einen aufrechten Gang. Nur wenig älter, aber morphologisch deutlich abgesetzt ist *Ardipithecus ramidus*. Diese Gattung wird durch eine ähnlich kleine und fragmentarische Sammlung von Zahn-, Schädel- und postkranialen Teilen aus Aramis in der Middle-Awash-Region repräsentiert. Die auf ein Alter von 4,4 Millionen Jahre datierten *A. ramidus*-Fossilien zeigen ein eigenständiges Zahnbild; wie Abbildung 17.1 andeutet, scheint es sich bei dieser Art eher um ein „Schwester"-Taxon der anderen Hominiden zu handeln als um einen unmittelbaren Vorläufer. Indirekt können die Schädelfragmente Hinweise auf einen aufrechten Gang von *A. ramidus* liefern, aber dieser ist bislang nicht schlüssig belegt; noch unbeschriebene postkraniale Fossilien mögen hier weiterhelfen. Für *A. anamensis* ist bei Kanapoi ein relativ trockener, offener Lebensraum beschrieben worden (obwohl bei Allia Bay ein Waldgebiet lag); dagegen hat man für *A. ramidus* ein geschlossenes Waldland als Lebensraum vermutet (wie auch kürzlich für Makapansgat vor etwa drei Millionen Jahren). Die Frage, in welcher Landschaft sich der aufrechte Gang der Menschen entwickelt hat, wird in Zukunft noch heftig diskutiert werden. (Weitere neue Funde und Erkenntnisse sind im Kasten auf Seite 312f geschildert.)

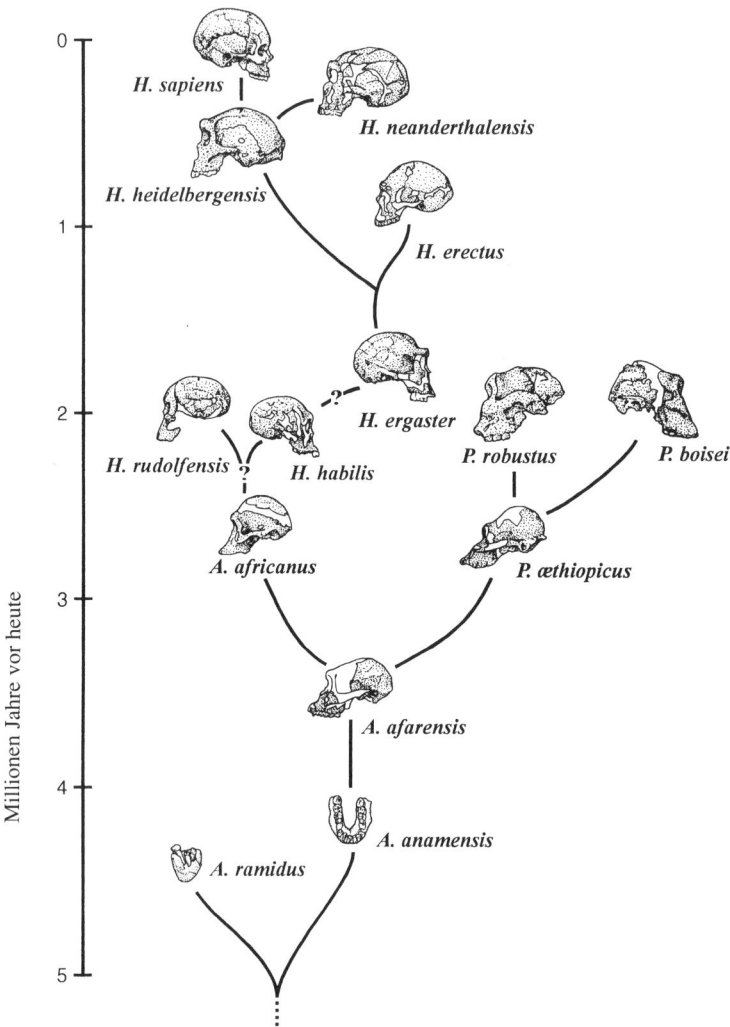

17.2 Stammbaum, der ein mögliches Schema von der Herkunft und Abstammung unter den verschiedenen Arten der Menschenfamilie zeigt. (D. S.)

heißt in Afrika*. Diese ostafrikanische Art kann man nur an Fossilien klar diagnostizieren, die weit weniger als vier Millionen Jahre alt sind; zu der Zeit hatte sich der aufrechte, bipede Körperbau bereits allgemein etabliert – allerdings kombiniert mit eher affenähnlichen Proportionen des Kopfes. Niemand bestreitet, daß der Erwerb des aufrechten Ganges unter Hominoiden ein adaptiver Durchbruch war. Entsprechende Episoden in der langen Geschichte des Lebens auf der Erde legen nahe, daß oft kurz nach radikalen Neuerungen eine rasche Bildung vieler neuer Formen in der betreffenden Gruppe einsetzte. Dennoch gibt es in diesem Fall derzeit kaum Belege, die auf eine wirklich nennenswert beschleunigte Formbildung schließen lassen. Vielleicht erscheint also dieser Vorgang nur im Rückblick einer egozentrischen Art als triumphaler „Durchbruch"!

Doch gibt es gute indirekte Hinweise auf eine enge Beziehung der Entwicklung des aufrechten Ganges bei unseren hominiden Vorfahren und einem Wandel von Klima und Umwelt*. Sie war irgendwie eine Reaktion auf das Schrumpfen und die Zerstückelung der vormals ausgedehnten Waldgebiete, die Afrika im Regenschatten östlich und südlich des großen, von aufgeworfenen Höhenzügen begleiteten Rift Valley (Ostafrikanischer Grabenbruch) bedeckten. Als es immer weniger zusammenhängende Waldgebiete gab und diese sich schließlich nur noch auf Flußufer und Seengebiete beschränkten, waren die Urhominiden gezwungen, zwischen den verbliebenen Waldgebieten umherzuziehen, weil ein einzelnes von ihnen die nahrungssuchenden Gruppen großer Primaten nicht über das ganze Jahr hinweg versorgen konnte. Das Umherziehen in offener Landschaft stellte physiologische Anforderungen, mit denen sich die waldbewohnenden Vorfahren der Urhominiden nicht hatten auseinandersetzen müssen. Doch die Aneignung dauerhafter Zweibeinigkeit in der Savanne war wohl eine wirksame Art der Fortbewegung für einen Hominoiden, der seinen Rumpf bereits mit Vorliebe aufrecht hielt. Diese Haltung hatte, wie wir schon erfahren haben, weitere Vorteile: die Kühlung von Gehirn und Körper und eine geringere Abhängigkeit von Wasservorkommen. Der Geschwindigkeitsverlust bedeutete wohl keinen kritischen Faktor, denn Raubtiere der offenen Landschaft waren auch gegenüber dem schnellsten Hominoiden im Vorteil. Hingegen trug die aufrechte Haltung zum

---

* Siehe die Fußnote auf Seite 295.

Bewahren der zur Verteidigung nützlichen Kletterkünste bei, die man dem *A. afarensis* aufgrund der Proportionen seiner Gliedmaßen und dem Bau seiner Hände und Füße zugeschrieben hat.

Der aufrechte Gang brachte draußen in der offenen Savanne sicher noch weitere Vorteile. So vergrößert sich der Sichthorizont, und auch mögliche Feinde sind – besonders in hohem Gras – durch eine größere Augenhöhe eher auszumachen. Zudem ist eine vertikale Silhouette für Fleischfresser weniger attraktiv als eine horizontale. Außerdem war die Savanne immer mehr als nur ein Hindernis, das es möglichst effizient und risikolos zu durchqueren galt. Sie bot auch zahlreiche neue Nahrungsquellen für Lebewesen, die diese zu nutzen verstanden. Dazu gehörten Wurzeln und Rhizome (Erdsprosse) von Sträuchern und Gräsern sowie – besonders entscheidend – Überreste von toten Tieren, eine unvergleichliche Quelle von Fetten und Eiweißen. Angesichts unserer Abstammung vom fähigsten aller Jäger neigen wir dazu, den Verzehr von Tierkadavern als recht niedere und simple Tätigkeit zu betrachten; in Wirklichkeit setzt diese Beschäftigung jedoch vielfältige Fertigkeiten voraus. Für die Entwicklung der gerühmten kognitiven Fähigkeiten der Menschheit schien beispielsweise das Hervorbringen „geistiger Landkarten" von Orten mit Nahrungsvorkommen besonders wichtig zu sein. Tatsache ist jedoch, daß jeder beliebige Primat und ganz gewiß jeder Fruchtfresser sein Territorium zu durchstreifen vermag und voraussehen kann, wo er in den jeweiligen Jahreszeiten bestimmte Nahrungsquellen finden wird. Die Aasfresser der Savannen unterscheiden sich dagegen durch das Fehlen solcher „Landkarten": Die zeitliche und räumliche Verteilung von Löwenbeute ist weit weniger vorhersehbar als diejenige von früchtetragenden Bäumen, die zuverlässig einem mehr oder weniger regelmäßigen Zeitplan folgen. Um im Grasland Kadaver zu finden, muß man indirekte Hinweise verstehen lernen: Geier, die darüber am Himmel kreisen, Bewegungen von Herdentieren. Natürlich ließ sich Beute anderer Tiere vor der Erfindung der Steinwerkzeuge nur begrenzt nutzen. Doch das Potential war vorhanden, und die Savanne bot auch Gelegenheit, kleinere und wehrlosere Lebewesen zu jagen, wie man es bei Schimpansen im Wald beobachtet hat.

Für langsame Lebewesen von Lucys Größe ist es riskant, sich überhaupt in der Savanne aufzuhalten. Auch wenn sich solche Primaten zunächst nur auf dem Weg von einem Waldflecken zum nächsten in die freie Steppe wagten, so waren es wohl das Aasfressen und das Graben nach Wurzeln, was sie hier festhielt. Das soll nicht heißen, die frühen Hominiden hätten ihrer Vergangenheit auf Bäumen abrupt und unwiederbringlich den Rücken gekehrt – das taten sie eindeutig nicht. Die Australopithecinen blieben wohl über annähernd zwei Millionen Jahre gleichzeitig beiden Lebensstilen angepaßt. Sie kombinierten einen effektiven aufrechten Gang (mit freien Händen) zur Fortbewegung auf dem Boden mit der Greiffähigkeit, den langen Armen und schmalen Schultern für eine recht geschickte Fortbewegung in den Bäumen. Das besondere Zusammenspiel von Fähigkeiten gestattete diesen Hominoiden nicht nur, problemlos Schutz in der relativen Sicherheit von Bäumen zu suchen; sie konnten auch hochspezialisierte Tätigkeiten ausführen, beispielsweise auf Bäumen verstaute Leopardenbeute stehlen, und gleichzeitig Nahrungsquellen am Erdboden nutzen. Sicher ist an der grundlegenden Überlebensstrategie der Australopithecinen allein ihr anhaltender Erfolg, auch wenn sie ursprünglich nur ein Kompromiß zwischen zwei Lebensweisen gewesen sein mag. Denn offenbar blieb sie während der gesamten ersten Hälfte der dokumentierten Existenz von Hominiden im wesentlichen unverändert bestehen.

Wie verhält es sich mit der Trennung der Wege von „robusten" Australopithecinen und anderen frühen Hominiden und wie mit den Divergenzen der robusten Formen untereinander? Diese Frage bedarf hier keiner näheren Ausführungen, da sie meiner Meinung nach einerseits mit der speziellen Ernährung und den Umweltbedingungen, andererseits mit der allgemeinen Tendenz von Entwicklungslinien, sich (vor allem in sich verändernden Umgebungen) aufzuspalten, recht befriedigend beantworten läßt. Schwerer ist es da, beim Entwerfen eines Szenariums zu erklären, weshalb die Erfindung der Steinwerkzeuge offenbar kaum unmittelbare Konsequenzen (abgesehen von der wahrscheinlich gesteigerten Befähigung zum Aasfressen) innerhalb der schließlich zu uns führenden Abstammungslinie hatte.

Die frühesten Steinwerkzeuge tauchten vor ungefähr 2,5 Millionen Jahren auf. Das entspricht etwa dem frühesten Auftreten von *Homo rudolfensis*, falls (ein vielleicht großes „falls") ein kürzlich entdeckter Kieferknochen aus Uraha in Malawi am Westufer des Malawi-Sees wirklich zu dieser Art gehört. Der *Homo rudolfensis* besaß ein größeres Gehirn als alle anderen Australopithecinen, und die Morphologie seiner Gliedmaßen war offenbar etwas moderner. Er wies jedoch auch einige Spezialisierungen auf, die es wenig wahrscheinlich erscheinen lassen, daß er und nicht der *Homo habilis* mit seinem kleineren Gehirn und den ursprünglicheren Gliedmaßen Vorfahr der späteren Menschen ist. Wir wissen nicht genau, wer die ältesten aus Ostafrika bekannten Steinwerkzeuge hergestellt hat; wir können lediglich sagen, daß sich der *Homo rudolfensis* damals (wahrscheinlich) irgendwo in dieser Gegend aufhielt. Wenn aber *Homo habilis* der Werkzeugmacher von Bed I in der Olduvai-Schlucht war – was praktisch sicher ist –, so ging diese neue Fähigkeit (die, wie Toth und Schick in ihren Experimenten mit Bonobos zeigten, einen wirklich großen, kognitiven Fortschritt darstellte) kaum mit einer Revolutionierung von Anatomie oder Lebensstil einher. Diesen Sprung vorwärts vollführte ein Hominide, der sich äußerlich – oder, soweit wir sagen können, in seinem Verhalten – kaum von seinen australopithecinen Vorgängern unterschied. Und das führt uns zu einem Thema, welches den Verlauf der menschlichen Evolution fortwährend geprägt hat: die Entkopplung von technologischer und anatomischer Veränderung.

In gewisser Weise widerstrebt das Fehlen dieser Verknüpfung dem Vorstellungsvermögen; schließlich ist es einfach und befriedigend, jeden technologischen (und wohl auch kognitiven) Fortschritt mit einem neuen Hominidentypus zu erklären, der sich durch eine neuartige Struktur auszeichnet – sei es nun eine Hand, die zu präzisen Manipulationen fähig ist, oder ein Gehirn, das neue Gedankenverbindungen zustande bringen kann. Denkt man aber darüber nach, so wird deutlich, daß es so nicht gewesen sein kann. Arten werden nicht einfach sprunghaft zu ganz anderen Arten. Jedes neuartige Verhalten – eigentlich jede Innovation – muß sich *innerhalb* einer Art entwickeln; anders geht es nicht. Neuerungen, ganz gleich ob genetisch oder im Verhalten, entstehen letztlich mit Individuen; und jedes Individuum muß einer bereits existierenden Art angehören.

Die vielzitierte Lückenhaftigkeit der fossilen Überlieferung hat in diesem Zusammenhäng vielleicht die größte Bedeutung. Wir können einfach nicht genügend Einzelheiten unserer Vorgeschichte erkennen, um die zahlreichen kleinen Veränderungen zu entdecken, die sich zu den größeren Auswirkungen zusammenfügten, die für uns in unserem komprimierten Rückblick wahrnehmbar sind. Sicher, wenn wir uns der Gegenwart nähern und die fossilen Belege lückenloser werden, beginnen vermeintlich eindeutige Ereignisse aus früherer Zeit auf geheimnisvolle Weise zu verschwinden. So können wir uns beispielsweise, auch wenn wir über die Einzelheiten streiten mögen, prinzipiell vorstellen, daß *A. afarensis* einerseits eine robuste, andererseits eine grazile Abstammungslinie hervorgebracht hat. Wie der *Homo sapiens* aus seinem Vorläufer hervorging, ist freilich etwas ganz anderes – und viel komplizierter. Allerdings würde uns die spätere Geschichte von *A. afarensis* zweifellos ebenso kompliziert erscheinen, wenn wir sie detaillierter betrachten könnten. Ich bin mir fast sicher, daß die gesamte lange menschliche Entwicklungsgeschichte von zahllosen kleineren biologischen Veränderungen – Speziationen – durchsetzt ist, die angesichts der unvollständigen Fossilbelege nur bei ihrer Häufung sichtbar werden.

Dies mag auf einer gewissen Ebene weniger für technologische (oder kognitive) als für biologische Neuerungen gelten: Schließlich ist es doch ein Unterschied wie Tag und Nacht, ob Lebewesen Steinwerkzeuge – wenn auch noch so einfache – herstellen oder nicht. Und die uns zur Verfügung stehenden Urkunden, beispielsweise jene, die darauf hinweisen, daß frühe Hominiden Steine mit sich herumtrugen, weil sie diese später als Rohmaterial für Werkzeuge brauchen konnten, teilen uns etwas über diese Wesen mit, was wir sonst nicht wissen könnten. Dennoch kann es auch sein, daß technische Innovationen Lebensstile nur geringfügig beeinflussen; und vielleicht können wir gerade in diesem Zusammenhang am besten verstehen, wie frühe Hominiden mit kleinen Gehirnen und ursprünglichem Körperbau mit der Herstellung von Steinwerkzeugen begannen und trotzdem weiterhin so lebten und aussahen, wie sie es bereits seit Millionen von Jahren getan hatten. Denn obwohl die Erfindung der Steinwerkzeuge vom technischen Standpunkt aus wie eine wahrhaft bedeutende Innovation erscheint, mag sie damals den Hominiden lediglich das ein wenig erleichtert zu haben, was sie schon immer getan hatten. Ebenso bauten seitdem alle neuen Technikgenerationen auf der jeweils vorhergehenden auf, und jede neigt letztlich dazu, zumindest für eine Weile neben ihrer Nachfolgerin bestehen zu bleiben.

Es steht noch nicht einmal fest, ob das Auftreten neuer Körperproportionen größere Veränderungen im Lebensstil der Hominiden ankündigte. Schließlich fertigte der erste *Homo ergaster* Werkzeuge, die von denen des *Homo habilis* praktisch nicht zu unterscheiden sind, und auch für die Entwicklung anderer Verhaltensweisen gibt es kaum

Belege. Hiermit wird keineswegs bestritten, daß, abgesehen vom aufrechten Gang, das Erscheinen des *Homo ergaster* die in der gesamten
menschlichen Evolution wichtigste Körperbauveränderung unterhalb
des Halses darstellte. Dies war eindeutig der Fall, und ebenso eindeutig erfolgte diese Umwandlung nicht auf einen Schlag. Alan Walker
und seine Kollegen demonstrierten nicht nur in eleganter Weise am
Skelett des „Turkana-Jungen" dessen im Grunde genommen moderne
und höchst effiziente Art des Schreitens. Darüber hinaus verwiesen sie
auch auf zahlreiche Merkmale, die auf eine sehr spezifische Anpassung an eine Umgebung mit hoher Belastung durch Wärmestrahlung
hindeuten. Wie die Geschichte der Differenzierung vom *Homo sapiens* (mit so unterschiedlichen Populationen wie den Dinka und den
Eskimos) zeigt, benötigen solche Anpassungen an die Umwelt nicht
unbedingt viel Zeit: sicher weniger als 100 000 Jahre. Nicht so sicher
ist, daß auch eine so radikale Veränderung im Körperbau wie die vom
(1,8 Millionen Jahre alten) OH 62 zum (1,6 Millionen Jahre alten)
„Jungen von Turkana" sich (evolutionär gesehen) über Nacht ereignen
könnte. Dennoch bleibt es offensichtlich – es sei denn, die bekannten
Fossilbelege weisen in eine grundsätzlich falsche Richtung –, daß die
Aneignung des im wesentlichen modernen Körperbaues und der Körperproportionen relativ schnell erfolgte. Wahrscheinlich wurde dieser
Prozeß vom starken Wettbewerb zwischen den unterschiedlichen Populationen (Arten?) von Hominiden beschleunigt, die unter immer
härteren Umweltbedingungen um ihr Überleben rangen.

Zumindest im Rückblick kann man leicht erkennen, weshalb sich
das „Paket" von Adaptationen beim Skelett des modernen Menschen
so schnell etablierte, wenn man seine Entstehung verfolgt. Schwieri-
ger dürfte jedoch die Vergrößerung des Hirnvolumens zu erklären
sein, die diese Adaptationen offenbar begleitete. Nun ist aber das
Gehirn ein sehr empfindliches Organ, das viel Energie benötigt, darum einen wesentlichen Anteil am Gesamtenergiebedarf des Körpers
beansprucht, und das wirksam gekühlt werden muß. Jede Vergrößerung steigert diesen Bedarf noch; und wo eine solche auftritt, sollte
man daher in deren Begleitung eigentlich einen Vorteil erwarten, der
den damit verbundenen Nachteil aufwiegt. Welcher Vorteil mag das
gewesen sein?

Eine Möglichkeit besteht darin, daß zumindest ein Teil der Gehirngrößenzunahme, die im Vergleich beispielsweise zum *Homo habilis* –

beim *Homo ergaster* zu beobachten ist, einfach auf ein Anwachsen der Körperhöhe zurückgeht: Je mehr Masse kontrolliert werden muß, desto größer muß das Kontrollorgan sein. Und eine gesteigerte Körpergröße war wahrscheinlich an sich schon vorteilhaft, etwa um weniger verwundbar durch Raubtiere zu sein. Man kann mathematisch ermitteln, ob ein beobachtetes Gehirnvolumen den bei einer bestimmten Körpergröße „erwarteten" Wert übersteigt; allerdings wird dieser Wert je nach der Gruppe von Arten variieren, auf die man seine Erwartung gründet. Doch selbst bei vorsichtigsten Annahmen scheint der *Homo ergaster* im Vergleich zu früheren Hominiden eine gesteigerte relative Hirngröße gehabt zu haben; in diesem Falle müssen wir uns nach anderen Erklärungen als der Körperhöhe für diese geringe Vergrößerung des Gehirns umsehen. Leider helfen die „üblichen Verdächtigen" hier kaum weiter. Die archäologischen Belege geben keinen Hinweis darauf, daß *Homo ergaster* – zumindest anfänglich – seine Umgebung deutlich besser ausnutzen konnte als *Homo habilis*, daß also die schlauere Art ihr Energiebudget zu erhöhen vermochte. Außerdem lassen auch anatomische Untersuchungen nicht vermuten, der Turkana-Junge habe besonders viel kommuniziert.

Sprache, eine einzigartig effektive Kommunikationsform, galt früher oft als Schlüssel für Gehirngrößenzunahme sowie Steigerung menschlicher Intelligenz und Kommunikation im Verlauf der Evolution. Jahrelang untersuchten beispielsweise Paläoneurologen minutiös verschiedene Punkte der Hirnoberfläche auf Belege für das Sprachvermögen. Leider stellte sich heraus, daß diese Fähigkeit weit weniger im Gehirn lokalisiert ist, als viele angenommen hatten. Das wirft uns in der Untersuchung von Gehirnabgüssen ein beträchtliches Stück zurück. Die Untersuchung vom Skelett des Jungen von Turkana eröffnete jedoch einen neuen und unerwarteten Weg, um die entsprechende Sprachfähigkeit zu enthüllen. Ann MacLarnon vom Londoner Roehampton Institute bemerkte, daß in der Wirbelsäule dieses Individuums der Rückenmarksabschnitt, der die Muskulatur des Brustkorbes kontrolliert, weitaus weniger Platz hatte als bei modernen Menschen. Was könnte das bedeuten? Die überzeugendste Erklärung lautet, daß der „Turkana-Junge" seine Brustwandmuskulatur weit weniger genau kontrollieren konnte als wir. Im Brustkorb befindet sich die Lunge, die eigentliche Quelle der vibrierenden, von dem oberen Luftweg zur Spracherzeugung manipulierten Luftsäule. Eine ungenaue Steuerung von Brust und Bauchwand mag daher sehr wohl mit einer fehlenden Sprachfähigkeit zusammenhängen. Bedenkt man außerdem, daß die Neigung der Schädelbasis von *Homo ergaster* nicht ausgeprägt genug ist, um auf einen deutlich tieferen Sitz des Kehlkopfes schließen zu lassen (obwohl sie vielleicht im Zusammenhang mit der Befeuchtung eingeatmeter Luft eine Anpassung an extrem aride Klimate darstellt), so muß man fast zwingend annehmen, daß diese Art keine Sprache, wie wir sie heute kennen, besaß. Wahrscheinlich verfeinerten sich dennoch die gestischen und vokalen kommunikativen Fähigkeiten, vielleicht in dem Maße wie immer mehr Zeichen und Geräuschen symbolische Werte zugeordnet (und, was vielleicht wichtiger ist, mit zusätzlichen Geräuscheffekten versehen) wurden. Natürlich findet man unter den archäologischen Belegen kaum direkte Bestätigung für diese Annahme, und man kann sich derzeit nicht einmal vorstellen, wie eine solche Bestätigung genau aussehen könnte.

So lassen sich nur wenige Vorteile hinsichtlich des vergrößerten Gehirns vom *Homo ergaster* vermuten, und obwohl dies vielleicht auch einfach ein Zeichen mangelnder Vorstellungskraft ist, finde ich es doch recht beruhigend. Ich muß nämlich gestehen, kein Anhänger der Lehrmeinung zu sein, nach der alle Arten ganz besonders fein auf ihre Umwelt abgestimmt sein müßten. Tatsächlich können die meisten weitverbreiteten Arten mit verschiedenen Umgebungen zurechtkommen, und dabei weisen sie bestenfalls kleinere morphologische Abwandlungen auf. Diese Varianten bilden allerdings die Basis evolutionären Wandels. Sie geben – da eine Struktur erst einmal bestehen muß, bevor sie eine Funktion erfüllen kann – auch neuen Fertigkeiten die Möglichkeit, sich zu beweisen, wenn sich die Gelegenheit dazu ergibt. Dies war sicherlich beim *Homo ergaster* der Fall, der für die nächste Neuerung in der Technikgeschichte verantwortlich war: die Erfindung der Acheuléen-Steinwerkzeuge, die erstmals vor etwa 1,5 Millionen Jahren auftauchen – ungefähr gleichzeitig mit dem frühesten (vermutlichen) Anzeichen einer Beherrschung des Feuers.

Sie werden sich erinnern, daß Faustkeil und Spaltkeil, typisch für das Acheuléen, die ersten Werkzeuge waren, die nach einem bestimmten Schema hergestellt wurden: nach einer „geistigen Schablone", die der Hersteller im Kopf hatte. Die Werkzeughersteller des Oldowan dagegen waren – wie später auch weiterhin viele des Acheuléen –

vornehmlich an der Herstellung scharfer Steinabschläge interessiert gewesen, die sie als Klingen oder Schaber benutzen konnten. Sie kannten die Prinzipien sehr genau, nach denen sie einen Stein im richtigen Winkel behauen mußten, um solche Abschläge herzustellen; aber sie wollten nicht unbedingt Werkzeuge von ganz bestimmter Gestalt hervorbringen. Die Werkzeughersteller des Acheuléen legten aber Wert darauf – und schließlich schwelgten sie förmlich darin. An vielen Fundstätten finden sich identische Faustkeile in fast unvorstellbaren Mengen, und an Stätten wie Isimila in Tansania sind sie gelegentlich ungeheuer groß und manchmal zu schwer, um sie mit einer Hand anzuheben. Werkzeuge wie die aus Isimila zeigen uns nicht nur, daß ihre Hersteller weitaus stärker waren als jeder heutige Mensch – denn für die Bearbeitung großer Steinkerne dieser Art braucht man erhebliche Körperkräfte –, sie beweisen sogar einen gewissen Sinn für Humor oder zumindest für ein klares Design: Manche dieser Werkzeuge waren für den Gebrauch schlicht zu groß, jedenfalls für einen präzisen Einsatz. Von solchen Launen einmal abgesehen, bezeichnet man den Acheuléen-Faustkeil passend auch als „Schweizer Armeemesser des Paläolithikums", weil er vielerlei Funktionen wie Schneiden, Hacken, Schaben und Graben erfüllte. Er wurde über weit mehr als eine Million Jahre hinweg hergestellt.

Ich habe keinen Zweifel daran, daß wir bei der Erfindung ausgefeilter, zweiflächiger Abschlagwerkzeuge wie Faustkeilen Zeuge eines neuerlichen, großen kognitiven Sprunges der Menschheit sind. Diese Entwicklung war jedoch offenbar wiederum unabhängig von irgendeiner größeren biologischen oder sogar kulturellen Innovation. So widerstrebt es beispielsweise den Archäologen zu glauben, daß der *Homo ergaster* oder sein späterer Verwandter *Homo erectus* jemals systematisch Großwild jagten, selbst als sich die Acheuléen-Kultur voll etabliert hatte. Auch die Beherrschung des Feuers – wenn sie wirklich zu Beginn des Acheuléen eintrat – scheint trotz der später zahlreichen mystischen Bedeutungen ursprünglich ebenfalls keine größere Auswirkung gehabt zu haben. Abgesehen von den Steinwerkzeugen selbst unterschieden sich die Überreste der Acheuléen-Hominiden kaum von denen ihrer Vorgänger, obwohl ihre Faustkeile ausgezeichnete Allzweckwerkzeuge für das Zerlegen toter Tiere waren. Wieder einmal stoßen wir hier auf das Fortbestehen einer allgemeinen Lebensweise, selbst als bereits technische Verbesserungen existierten, von denen man mehr hätte erwarten können, als diese Lebensweise bloß effektiver und vielleicht weniger gefährlich zu machen. Man sollte anmerken, daß solche kognitive Innovationen wie „geistige Schablonen" durchaus die Spielregeln der natürlichen Auslese verändert haben könnten, weil sie nun abstrakte intellektuelle Fähigkeiten höher bewertete. So haben sie vielleicht zukünftige biologische und kulturelle Entwicklungen grundlegend beeinflußt.

Vielleicht ist dies tatsächlich die Antwort auf die naheliegende, aus großen Teilen der vorangegangenen Diskussion resultierende Frage: Wenn sich die allgemeine Lebensweise vor dem Erscheinen des *Homo sapiens* nur so geringfügig gewandelt hat, warum erkennen wir im Verlauf der menschlichen Evolution so viele körperliche Veränderungen – besonders die Vergrößerung des Gehirns? Eine Möglichkeit ist, daß vielleicht schon relativ geringe technische Fortschritte – Veränderungen einfach in der Art, wie Hominiden die Manipulierbarkeit der Welt beurteilten – jenen Individuen einen evolutionären Vorteil verschafften, die sich diese technischen Neuerungen aneignen und nutzen konnten. Das hätte in kurzer Zeit die Zusammensetzung der kleinen Gruppen und Populationen beeinflußt, in denen die frühen Hominiden lebten; und die sehr wechselhaften klimatischen – und geographischen – Bedingungen des Pleistozäns hätten ihrerseits einen raschen Ausleseprozeß innerhalb dieser Populationen gefördert. Letztlich werden die Archäologen die entsprechenden Belege vorlegen müssen, um wenigstens die erste dieser Möglichkeiten zu überprüfen: Kognitiver Wandel äußert sich besonders deutlich im Verhalten, und die Erforschung von fossilem Verhalten ist Sache der Archäologie. Zu diesem Zweck müssen die archäologischen Funde allerdings sehr viel genauer analysiert werden, als es bisher üblich war. Die jüngeren Fortschritte in der Archäologie des Paläolithikums konzentrierten sich meist weniger auf ein genaueres Verständnis der Funde selbst als vielmehr auf die möglichen Schwächen früherer Forschungen (Waren die Charakteristika in Terra Amata – oder Olduvai – wirkliche Strukturen? Gibt es tatsächlich Belege für einen „Bärenkult" der Neandertaler?). Das ist leider unvermeidlich, denn der Vorgang des Ausgrabens schädigt die Fundstücke schon beim Freilegen, und erst seit relativ kurzer Zeit dokumentiert man in der Archäologie sorgfältig auch das, was entfernt wurde. Einige der bedeutendsten Fundstellen legte man in einer Zeit frei, als die Archäologie nur sehr langsam dazulernte, und die meisten in ihnen enthaltenen Informationen sind unwiederbringlich verloren. Es ist tragisch, wenn auch unausweichlich, daß zu einer Zeit, da die Archäologen endlich mit der unermeßlichen Vielschichtigkeit ihres Faches umzugehen lernen, viele der wichtigsten Fundstellen schon für immer verloren sind.

Wahrscheinlich sind wir also einfach nicht in der Lage, alle wichtigen Ereignisse in der Entwicklung der Erkenntnisfähigkeit aufzuspüren, die die körperliche Entwicklung des Menschen begleiteten – und diese möglicherweise beeinflußten. Dennoch muß das Fehlen von Veränderung bei den archäologischen Funden nicht unbedingt nur eine Folge unserer beschränkten Wahrnehmung sein. So dauerte es nach der Erfindung von Faustkeilen und ähnlichen zweiflächigen Werkzeugen wie Spitzkeilen und Spaltkeilen vor etwa 1,5 Millionen Jahren weitere 0,5 Millionen Jahre bis zu einem bemerkenswerten Fortschritt in der Steinbearbeitung. Und selbst dabei drückte sich der Wandel lediglich als Verbesserung der grundlegenden Technik beim Herstellen von Faustkeilen aus. Vor etwa einer Million Jahren begann man mit der Anfertigung schlankerer Faustkeile. Bei der dazu angewandten sogenannten „Plattformpräparation" wurde der Faustkeilrand zunächst weniger angeschrägt, um eine Oberfläche zu erhalten, auf die man mehr Kraft richten konnte. Dieser Fortschritt ging mit der zumindest gelegentlichen Benutzung von „weichen Hämmern" einher, die aus weicheren organischen Materialien – Knochen, Holz, Geweihe – und nicht aus sprödem Stein gefertigt waren. Wer war für diese Erfindung verantwortlich? Wir wissen es nicht; assoziierte Hominidenfossilien fehlen. Wir können uns jedoch sicher sein, daß diese frühen Hominiden einiges an abstraktem Denkvermögen besaßen, denn, wie Kathy Schick und Nick Toth hervorheben, ist die Plattformpräparation kein intuitiv naheliegendes Verfahren. Das wirft eine Frage auf, die wir bislang vermieden haben: Lassen sich diese progressiveren Hominiden des Acheuléens als Menschen bezeichnen? Im streng gesetzmäßigen Sinne muß man sie wohl „von Amts wegen" als Menschen, Mitglieder der Gattung *Homo*, betrachten. Das heißt aber nicht, daß wir sie sofort als solche erkennen würden, wenn wir bei einem Spaziergang in der Savanne einer Gruppe von ihnen begegneten. In Ermangelung einer anerkannten, funktionalen Definition dessen, was „menschlich" ist und was nicht, muß sich jeder seine eigene Meinung bilden; fest steht jedoch, daß selbst die spätesten Hominiden des Acheuléen weit entfernt davon waren, so wie wir heute, *vollständig* menschlich zu sein.

Die Zeit vor etwa einer Million Jahren war für die menschliche Evolution besonders ereignisreich. Neben den technischen Fortschritten gab es damals nämlich auch die erste gut dokumentierte Auswanderung von Hominiden aus Afrika und die Besiedlung weiter Teile Asiens und vielleicht auch Europas. Zwar weisen archäologische Funde und Fossilien darauf hin, daß Menschen Afrika möglicherweise sogar schon vor 1,5 bis zwei Millionen Jahren verlassen haben; doch jedes dieser Ereignisse ist vor allem hinsichtlich der Datierung fraglich. Gewißheit haben wir erst ab der Zeit vor etwa einer Million Jahren – aus der wir beispielsweise erste Hinweise auf *Homo erectus* in Asien finden*. Die Steinwerkzeuge aus dieser Periode – und späterer Zeit – sind interessanterweise oft recht jämmerlich; obwohl es, wie wir gesehen haben, dafür vielleicht besondere Gründe gibt. Aus technischer Sicht ist diese Hominidenausbreitung dennoch sehr bemerkenswert, weil sie die Besiedlung gemäßigter Zonen und somit das Überleben unter Umweltbedingungen einschließt, die denen der Tropen sehr wenig glichen. Auch hier lassen sich aber derzeit aus den archäologischen Belegen noch nicht genügend Feinheiten herauslesen, um zu erfahren, wie sich Strategien entwickelten, um hiermit zurechtzukommen.

Gegen Ende der Blütezeit des Acheuléen näherte sich die Größe des hominiden Gehirns allmählich dem modernen Durchschnitt. Vor allem aus diesem Grund beschrieb man die meisten hominiden Fossilien der letzten etwa 500 000 Jahre als „archaische" Formen des *Homo sapiens*. Die Hominiden dieser Periode sahen vom Hals aufwärts jedoch ganz anders aus als wir; ihre Stirn wich hinter dicken Oberaugenwülsten zurück, und ihre großen Gesichter mit den (im Vergleich zum *Homo sapiens*) relativ großen Zähnen saßen vor dem Hirnschädel und

---

* Carl Swisher sowie seine Kollegen aus Indonesien und vom Institute of Human Origins in Berkeley berichten, daß ihre Datierung zweier hominider Fossilien von Java ein Alter von etwa 1,8 und 1,6 Millionen Jahren ergab. Keines der Exemplare ist besonders klar bestimmt – die klassischen *Homo erectus*-Fossilien müssen noch endgültig datiert werden –, doch bestärkt diese neue Datierung die Annahme, daß die Hominiden Afrika zum ersten Mal schon sehr früh verlassen haben – und mit Sicherheit lange vor der Erfindung der Faustkeile. Das erklärt vielleicht das praktisch völlige Fehlen von Faustkeilen an ostasiatischen Stätten und läßt vermuten, daß aufeinanderfolgende Wellen neuer Hominidenarten Afrika mehrmals verließen.

nicht darunter. Wir haben keine aussagekräftigen assoziierten Skelette (zumindest keine beschriebenen), um zu erfahren, wie diese Hominiden vom Hals abwärts genau ausgesehen haben. Die uns zur Verfügung stehenden Knochen legen jedoch nahe, daß ihr Körperbau dem unsrigen weitgehend ähnelte und nur um einiges kräftiger war. Mindestens eine solche sehr deutlich erkennbare Art ist weltweit bekannt: *Homo heidelbergensis*, die durch Fossilfunde aus so weit voneinander entfernten Stätten wie Kabwe in Sambia, Bodo in Äthiopien, Arago in Frankreich, Petralona in Griechenland und (wahrscheinlich) Jiefang (westlicher Bezirk Dali) in China repräsentiert ist. Die Datierung fast aller dieser Funde ist zumeist ungenau, doch in derselben Zeitspanne vor 400 000 bis 200 000 Jahren finden sich (neben späten Überlebenden des *Homo erectus*) auch Fossilien wie die vom Ndutu-See und von Steinheim, deren Morphologie mit der des *Homo heidelbergensis* nicht allzu gut zusammenpaßt. Die tatsächliche Vielfalt der Hominidenarten an dieser Stelle unserer Vorgeschichte ist also nicht völlig geklärt.

Zusammen mit einigen dieser neuen Menschentypen (besonders mit denen außerhalb Afrikas) finden wir bemerkenswert rudimentäre Techniken der Steinbearbeitung. Doch ab der Zeit vor etwa 200 000 Jahren begegnen wir nach und nach einer sehr viel ausgefeilteren Bearbeitungstechnik, die auch „Kernpräparation" einschließt. Bei dieser Technik bereitete man den Stein weitaus intensiver vor, so daß sich mit einem einzigen letzten Schlag (meist mit einem weichen Hammer) ein „Abschlag" lostrennen ließ, der praktisch das fertige Werkzeug darstellte. Dies war ein beträchtlicher Fortschritt, denn es gewährleistete die Herstellung einer langen, gleichmäßigen Klingenkante entlang fast des gesamten Werkzeugrandes. Während dieser Periode treten außerdem erstmals regelmäßig Feuerstellen – absichtlich eingerichtete Lagerfeuerstätten – an archäologischen Fundorten auf, ebenso Hinweise auf häusliche Bauten wie etwa Hütten. Interessanterweise erhalten wir nun auch Beweise für das absichtliche Entbeinen menschlicher Überreste, belegt etwa durch Schnittspuren von Steinwerkzeugen an der Stirn und in den Augenhöhlen des *Homo heidelbergensis*-Teilschädels von Bodo. Ob dieses Skalpieren auf Kannibalismus (was ein wenig unwahrscheinlich erscheint) oder auf ein anderes rituelles Verhalten hinweist, wissen wir nicht. Von diesem Zeitpunkt an wurden die Steinwerkzeuge außerdem immer kleiner, obwohl man einige der alten Formen bewahrte. Beispielsweise fertigte man kleine Faustkeile aus Abschlägen und nicht aus großen Kernsteinen, die aus noch größeren Brocken herausgehauen waren, wie es zu Acheuléenzeiten Brauch war. Andere Werkzeuge aus Abschlägen befestigte man vielleicht an Griffen oder Speerspitzen.

Die Neandertaler brachten diese Art der Werkzeugherstellung zur Vollendung; ihre wunderschön gefertigten Moustérienwerkzeuge hatten vielerlei standardisierte Formen. Die ältesten Neandertalerfossilien stammen aus der Zeit vor etwa 200 000 bis 150 000 Jahren (je nachdem, wie man einige eher fragmentarische Funde interpretiert); doch schon bei 300 000 Jahre alten, *Homo heidelbergensis*-artigen Fossilien fand man neandertalerähnliche Merkmale. Das Gehirn der Neandertaler, besonders der späteren „klassischen" Formen aus Europa, war ebenso groß wie unser eigenes; allerdings war es in einem ganz anders geformten Hirnschädel eingebettet und saß eher hinter und nicht über dem morpologisch unverwechselbaren großen Gesichtsschädel. Obwohl es kürzlich einige Meinungsverschiedenheiten darüber gab, steht doch fest, daß Neandertaler zumindest gelegentlich ihre Toten begruben. Manchmal unterstützten sie auch behinderte Gruppenmitglieder über längere Zeit. Sie bemalten ihren eigenen Körper mit Ocker, scheinen aber, abgesehen von wenigen Spuren aus dem Châtelperronien, keine Gegenstände verziert zu haben. An den meisten Neandertalerstätten findet man kaum Hinweise auf eine bewußte Gestaltung des häuslichen Bereichs, allerdings stellt Kebara hier vielleicht eine Ausnahme dar. Wenn Binford recht hat, so lebten die Männer und Frauen der klassischen Neandertaler praktisch getrennt und erfüllten ganz unterschiedliche ökonomische Aufgaben. Jedenfalls hinterließen sie keine Belege für die hochentwickelte Jagd (und das Fischen) auf die breite Palette von Tieren, welche die Beute späterer, vollkommen moderner Menschen war.

In Europa wurden die Neandertaler relativ abrupt von den modernen Menschen verdrängt, selbst wenn dieser Vorgang keine Invasion in nur einer oder zwei Wellen war, wie frühere Paläoanthropologen es sich vorstellten. Damals scheint eher Verdrängung an der Tagesordnung gewesen zu sein als ein Vermischen von modernen Menschen und Neandertalern. In der Levante war die Situation jedoch weniger eindeutig, in dieser Region lebten Neandertaler und anatomisch moderne Menschen über mindestens 50 000 Jahre lang nebeneinander oder wechselten sich in deren Besiedlung ab. Der *Homo sapiens* selbst ist höchstwahrscheinlich in Afrika entstanden, von wo er letztlich in alle bewohnbaren Regionen der Erde auswanderte und dabei Gruppen mehr archaischer Menschen verdrängte. Dieser Ursprung liegt sicherlich über 100 000 Jahre zurück, obwohl der genaue Zeitpunkt ein Gegenstand der Spekulation bleibt. Die Koexistenz der Neandertaler und moderner Menschen im westlichen Mittelmeerraum wird vielleicht dadurch weniger bemerkenswert, daß beide in dieser Zeit über nahezu identische Techniken der Steinwerkzeugherstellung – und wohl auch ökonomische Strategien – verfügten. Erst als „anatomisch moderne" Menschen sich „modernere" Verhaltensweisen aneigneten, wie sie archäologische Funde zum Vorschein bringen, endete schließlich die gemeinsame Besiedlung der Levante, und *Homo sapiens* setzte sich endgültig durch.

In Europa dagegen brachten die anatomisch modernen Menschen schon moderne Verhaltenweisen mit sich und sorgten damit wahrscheinlich für das recht schnelle Verschwinden der Neandertaler, die vor etwas mehr als 30 000 Jahren aufhörten zu existieren. Die Menschen des Aurignacien, der frühesten modernen Kultur Europas, hinterließen direkte Belege für Kunst, begriffliche und symbolische Darstellung, Musik, raffinierte Materialbearbeitung, einen lebhaften Erfindergeist und alle grundlegenden Verhaltensmuster, die wir mit uns selbst verbinden. Erstmals haben wir die Gewißheit, daß Menschen über eine ausgefeilte Sprache verfügten, während wir uns dessen bei keiner früheren Gruppe sicher sein können. Auch hier bestand keine Kontinuität von Neuerungen in der Anatomie und im Verhalten: Die Menschen begannen erst lange nach dem Erwerb einer modernen Anatomie damit, sich modern zu verhalten; genau wie (wahrscheinlich) der *Homo ergaster* erst lange nach seinem physischen Debüt die Acheuléen-Industrie erfand. Eine solche Entkopplung ist also Teil eines festen Musters in der menschlichen Evolution und nicht, wie oft vermutet, ein besonderes Schema, das einer speziellen Erklärung bedarf. Über die Ankunft moderner Menschen und das Verschwinden früherer Typen ist aus anderen Teilen der Erde weniger bekannt. Es zeichnet sich jedoch ab, daß moderne Verhaltensweisen andernorts bereits an den Tag gelegt worden waren, bevor sie in Europa Einzug hielten. In Australien datierte man beispielsweise manche Felsenmalerei auf ein Alter von mehr als 40 000 Jahren, und schon vor etwa

Die Geschichte geht weiter...

Von Friedemann Schrenk

Die neunziger Jahre haben eine Vielzahl neuer Hominidenfunde und Erkenntnisse zur Evolution des Menschen gebracht. So war es beispielsweise eine feste Lehrmeinung, daß Australopithecinen nur im Osten und Süden Afrikas lebten. Der Fund eines Hominidenfragments 1995 im Tschad (Bahr el gazal), ungefähr 2 500 Kilometer westlich des Ostafrikanischen Grabenbruchs, verursachte daher einen wissenschaftlichen Schock. Die Funde wurden als neue Art *Australopithecus bahrelgazali* von *Australopithecus afarensis* und *Australopithecus anamensis* abgetrennt.

Die Lücke in der Verbreitung der Australopithecinen zwischen den Fundstellen im südlichen und östlichen Afrika wurde 1996 in Malawi geschlossen. Ein etwa 2,5 Millionen Jahre altes Oberkieferfragment aus Malema gehört zu *Australopithecus boisei*. Da in Malawi (Uraha) bereits 1991 Reste von *Homo rudolfensis* gefunden wurden, ist schon für die Zeit vor 2,5 Millionen Jahren eine Koexistenz der robusten Australopithecinen mit der Gattung *Homo* belegt.

Die erste Auswanderung der Hominiden aus Afrika dürfte vor weit über 2 Millionen Jahren stattgefunden haben und auf *Homo ergaster* zurückgehen. In Israel (Yiron) wurden 2,4 Millionen Jahre alte Steinwerkzeuge beschrieben. Auch die Besiedlung Europas fand früher statt als bislang angenommen; so wird für Südspanien (Orce) und Georgien (Dmanisi) ein Alter von über 1,6 Millionen Jahren vermutet.

Die zeitlichen Überschneidungen der verschiedenen *Homo*-Arten sind zum Teil erheblich. Neben den ältesten Nachweisen von *Homo erectus* in Java mit ungefähr 1,8 Millionen Jahren zeigen neue Altersbestimmungen, daß die letzten Überlebenden dieser Art dort noch vor rund 30 000 Jahren existiert haben. Doch bereits vor 200 000 Jahren war – nach neuen Datierungen an afrikanischen Funden – der moderne Mensch in Afrika entstanden. Und neuentdeckte Felszeichnungen in Australien sind möglicherweise weit über 100 000 Jahre alt.

Den schon bekannten Arten der Gattung *Homo* wurde inzwischen eine weitere hinzugefügt. Anhand von etwa 800 000 Jahre alten Hominidenfragmenten wurde 1997 *Homo antecessor* aus Atapuerca in Spanien beschrieben. Diese Art soll dem gemeinsamen Ursprung der Neandertaler und des modernen Menschen nahestehen. Die Beziehung von *Homo antecessor* zu den archaischen *Homo sapiens*-Formen Afrikas bleibt ungeklärt. Jedoch ist inzwischen durch genetische Untersuchungen an fossilem Material nachgewiesen worden, daß der moderne Mensch nicht von den Neandertalern abstammen kann.

In den letzten Jahren haben sich vor allem in Afrika die Bedingungen für Geländearbeiten durch politische Entspannung stark verbessert. Auch von dort sind in Zukunft noch viele Überraschungen zu erwarten. Die Geschichte geht also weiter ...

Der Paläontologe Friedemann Schrenk arbeitet am Hessischen Landesmuseum in Darmstadt und leitet mehrere Forschungsprojekte zur Evolution des Menschen in Afrika.

50 000 Jahren verfügten die Menschen dort über beträchtliche navigatorische Fähigkeiten. Schließlich mußten die frühen Besiedler Australasiens, von denen wir heute wissen, daß sie etwa zu dieser Zeit ankamen, mindestens 80 Kilometer auf offener See zurücklegen.

Als sich die modernen Verhaltensmuster erst einmal etabliert hatten, nahm das Tempo technologischer Veränderungen zu, obwohl einige Populationen mit ihrer Umwelt offenbar so im Einklang standen, daß ihre Lebensweise sich im Verlauf der wenigen letzten Dutzend Jahrtausende kaum veränderte. Auch dieses Schema können wir um uns herum in unserer eigenen Gesellschaft beobachten; verschiedene technologische „Generationen" existieren trotz rasant voranschreitender Innovation nebeneinander. Auf der ganzen Welt gibt es in unserem Jahrhundert Gesellschaften, die praktisch alle technischen und ökonomischen Strategien anwenden (und anwendeten), welche der Mensch seit dem Jungpaläolithikum entwickelt hat. Angesichts des Grundmusters von Unveränderlichkeit, das den Großteil archäologischer Belege aus dem Paläolithikum charakterisiert, läßt sich daraus kaum etwas anderes schließen, als daß es in der Evolution des Menschen nur einen wirklich großen Sprung (vorwärts?) gab: den Sprung, der unsere eigene Art *Homo sapiens* hervorbrachte. Hätten Sie zu irgendeinem früheren Zeitpunkt der menschlichen Evolution gelebt und einige Kenntnisse über die Vergangenheit besessen, hätten Sie mit einiger Genauigkeit voraussagen können, was wohl als nächstes entsteht. *Homo sapiens* ist aber ausdrücklich kein Organismus, der genau dasselbe tut wie seine Vorgänger, nur ein wenig besser; er ist etwas ganz – und vielleicht ganz gefährlich – anderes. Mit der Geburt unserer Art geschah, wenn auch vollkommen zufällig, etwas Außerordentliches. Und obwohl sich die biologische Vergangenheit des Menschen über fünf oder mehr Millionen fast unbekannte Jahre erstreckt, bleibt das eigentliche Rätsel doch die Natur dieses Ereignisses, das erst vor kurzem stattfand und immer noch im Dunkeln liegt.

Epilog

Gerade habe ich gesagt, daß bei der Entstehung unserer Art, *Homo sapiens*, vielleicht zum ersten Mal bisherige Errungenschaften keine Garantie – oder zumindest keine sichere Vorhersage – für künftige Resultate sind. Können wir aber eine Aussage über unsere Zukunft als Art wagen, indem wir die Regeln berücksichtigen, die den Evolutionsprozeß bestimmen – denn, so außergewöhnlich wir auch sein mögen, gibt es doch keinen Grund anzunehmen, wir hätten uns von ihnen emanzipiert? Obwohl eine schier unendliche Zahl historischer Tatsachen das Gegenteil beweist, scheint es Menschen enorm schwerzufallen, sich von der Vorstellung ihrer eigenen potentiellen Vervollkommnung zu lösen. Einem möglichen Weg dieser Perfektionierbarkeit hängen besonders Science-Fiction-Autoren an, die regelmäßig Visionen zukünftiger Menschen mit großen Gehirnen (allerdings auch schmächtigeren Körpern) anbieten, deren rationale Fähigkeiten sich erfolgreich gegenüber ihren eher atavistischen, emotionalen Instinkten durchsetzen.

Aber ist es denn überhaupt vernünftig, sich eine Zukunft vorzustellen, in der die Evolution gleichsam auf einem weißen Roß geritten kommt, um uns vor uns selbst zu retten? Schon kurzes Nachdenken zeigt uns, wie unwahrscheinlich das ist. Alles, was wir über den Evolutionsprozeß wissen und nicht nur vermuten, weist darauf hin, daß die Aufspaltung von Populationen (ergänzt durch genetische Innovation und gefolgt von Speziation) eine Voraussetzung für die Akkumulation jedes signifikanten evolutionären Wandels bei Säugetieren ist. Wir leben aber in einer Zeit, da die menschliche Population sich sprunghaft verdichtet und die individuelle Mobilität unvergleichlich viel größer ist als jemals zuvor. Der *Homo sapiens* befindet sich heute eher in einem Zustand der Vermischung als der Differenzierung. Es herrschen einfach nicht die Bedingungen für signifikanten evolutionären Wandel – und werden auch nicht herrschen, es sei denn, es kommt zu einer nur allzu gut vorstellbaren Katastrophe. Sollte diese Katastrophe nicht eintreten, so müssen wir bei nachweisbarem Fehlen der

Fähigkeit zur Vervollkommnung lernen, so mit uns zu leben, wie wir sind. Und zwar schnell.

Literaturverzeichnis

Kein Literaturverzeichnis vernünftiger Länge könnte alle Publikationen aufführen, die für die Vorbereitung dieser Arbeit Berücksichtigung gefunden haben. Dennoch gibt die folgende Aufstellung fast alle wesentlichen Bücher und Aufsätze an, auf die verwiesen wird, einschließlich derer, aus denen Zitate stammen. Der Schwerpunkt liegt auf für den Laien verständlicher Literatur. Veröffentlichungen mit Sternchen sind leicht verständliche Übersichten und/oder enthalten ausführliche Bibliographien. Zur besseren Übersicht sind die Literaturangaben kapitelweise zusammengefaßt.

Kapitel 1

Buffon, G. L. *Les Epoques de la Nature.* 1779. In: Roger, J. (Hrsg.) *Mém. Mus. Nat. Hist. Natl., Paris* C, 10 (1962) S. 1–343.

Chambers, R. *Natürliche Geschichte der Schöpfung, des Weltalls, der Erde und der auf ihr befindlichen Organismen begründet auf die durch die Wissenschaft errungenen Thatsachen.* Braunschweig (Vieweg) 1851 und 1858. [Originalausgabe: *Vestiges of the Natural History of Creation.* London (Churchill) 1844.]

Cuvier, G. *Récherches sur les Ossemens Fossiles de Quadrupèdes, où l'on Rétablit les Caractères de Plusieurs Espèces d'Animaux que Révolution du Globe Paroissent Avoir Dètruites.* Paris (Deterville) 1812.

*Grayson, D. K. *The Establishment of Human Antiquity.* New York (Academic Press) 1983.

Grayson, D. K. *The Provision of Time Depth for Paleoanthropology.* In: *Geol. Soc. Amer. Spec. Paper* 242 (1990) S. 1–13.

Lamarck, J.-B. de *Zoologische Philosophie.* Leipzig (Kröner) 1909. [Originalausgabe: *Philosophie Zoologique.* 1809]

Lyell, C. *Principles of Geology, Being an Attempt to Explain the Former Changes of the Earth's Surface by References to Causes*

Now in Operation. Bd. 1, Bd. 2. London (John Murray) 1830, 1832.

Mayer, F. *Über die fossilen Überreste eines menschlichen Schädels und Skelettes in einer Felsenhöhle des Düssel- oder Neander-Thales.* In: *Arch. Inst. Physiol.* (1864) S. 1–26.

*Mayr, E. *Die Entstehung der biologischen Gedankenwelt. Vielfalt, Evolution und Vererbung.* Berlin, Heidelberg, New York (Springer) 1984. [Originalausgabe: *The Growth of Biological Thought:* Cambridge, Mass. (Belknap Press/Harvard University Press, 1982.]

Schaaffhausen, H. *Über Beständigkeit und Umwandlung der Arten.* In: *Verh. Naturhist. Vereins Preussischen Rheinlande und Westphalens* 10 (1853) S. 420–451.

Schaaffhausen, H. *Zur Kenntniss der ältesten Rassenschädel.* In: *Arch. Anat. Phys. wiss. Med.* (1858) S. 453–478.

Schmerling, P. C. *Recherches sur les Ossements Fossiles Découvertes dans les Cavernes de la Province de Liège.* Bd. 1, Bd. 2. Liège (Collardin) 1833, 1834.

Kapitel 2

*Bahn, P.; Vertut, J. *Images of the Ice Age.* New York (Facts on File) 1988.

*Bowler, P. J. *Theories of Human Evolution: A Century of Debate, 1844–1944.* Baltimore (Johns Hopkins University Press) 1986.

Busk, G. *Pithecan Priscoid Man from Gibraltar.* In: *The Reader* (1864).

Darwin, C. R. *Über die Entstehung der Arten durch natürliche Zuchtwahl oder die Erhaltung der begünstigten Rassen im Kampf um's Dasein.* Stuttgart (Kröner) 1906. [Originalausgabe: *On the Origin of Species by Means of Natural Selection.* London (John Murray) 1859.]

Darwin, C. R. *Die Abstammung des Menschen und die geschlechtliche Zuchtwahl.* In: *Darwin's Gesammelte Werke.* Bd. 5/6. Stuttgart (Schweitzerbart) 1875–1879. [Originalausgabe: *The Descent of Man in Relation to Sex.* London (John Murray) 1871; aktuell lieferbare deutsche Ausgabe: *Die Abstammung der Menschen.* 3. Aufl. Wiesbaden (Fourier) 1996.]

Haeckel, E. *Natürliche Schöpfungsgeschichte.* Berlin (G. Reimer) 1868.

Huxley, T. H. *Zeugnisse für die Stellung des Menschen in der Natur.* Braunschweig (Vieweg) 1863. [Originalausgabe: *Evidence as to Man' s Place in Nature.* London (Williams & Norgate) 1863.]

King, W. *The Neanderthal Skull.* In: *Anthrop. Rev.* 1 (1863) S. 393–394.

Lartet, E. *Nouvelles Recherches sur la Coexistance de l'Homme et des Grands Mammifères Fossiles.* 1861. [In englischer Übersetzung veröffentlicht in: *Nat. Hist. Review* (1862) S. 33–71.]

Lartet, E.; Christy, H. *Reliquiae Aquitaniae.* 1865. [In englischer Übersetzung erschienen bei Williams & Norgate 1875.]

Lubbock, J. *Prehistoric Times: As Illustrated by Ancient Remains and the Manners and Customs of Modern Savages.* London (Williams & Norgate) 1865.

*Mayr, E. *Die Entstehung der biologischen Gedankenwelt. Vielfalt, Evolution und Vererbung.* Berlin, Heidelberg, New York (Springer) 1984. [Originalausgabe: *The Growth of Biological Thought.* Cambridge, Mass. (Belknap Press/Harvard University Press, 1982.]

*Milner, R. *The Encyclopedia of Evolution: Humanity's Search for Its Origins.* New York (Facts on File) 1990.

Mortillet, G. de *Le Préhistorique: Antiquité de l'Homme.* Paris (Reinwald) 1883

*Theunissen, B. *Eugène Dubois and the Ape-Man from Java: The History of the First „Missing Link" and its Discoverer.* Dordrecht, Boston (Kluwer Academic) 1988.

Virchow, R. *Untersuchungen des Neanderthal-Schädels.* In: *Zool.-Ethnol.* 4 (1872) S. 157–165.

Wallace, A. R. *On the Tendency of Species to Depart Indefinitely from the Original Type.* In: *Proc. Linn. Soc.* London (Zoology) 3 (1858) S. 53–62.

Kapitel 3

Cunningham, D. J. *The Place of „Pithecanthropus" on the Genealogical Tree.* In: *Nature* 53 (1895) S. 269.

Dubois, E. *Palaeontologische onderzoekingen op Java.* In: *Verslag van het Mijnwezen* 9 (1891) S. 12–15.

Dubois, E. *Pithecanthropus erectus, eine menschenähnliche Uebergangsform aus Java.* Batavia (Landesdruckerei) 1894.

Fraipont, J.; Lohest, M. *La Race Humaine de Néanderthal ou de Canstadt en Belgique.* In: *Arch. Biol.* 7 (1886) S. 587–755.

*Reader, J. *Missing Links: The Hunt for Earliest Man.* Boston (Little, Brown) 1981.

Schwalbe, G. *Studien über Pithecanthropus erectus Dubois.* In: *Morphol. Anthropol.* 1 (1899) S. 16–228.

Schwalbe, G. *Der Neanderthalschädel.* In: *Jahrb. Verh. Altersfr. Rheinlande* 106 (1900) S. 1–72.

*Theunissen, B. *Eugène Dubois and the Ape-Man from Java: The History of the First „Missing Link" and its Discoverer.* Dordrecht, Boston (Kluwer Academic) 1988.

Kapitel 4

Boule, M. *L'Homme Fossiles de La Chapelle-aux Saints.* In: *Annales de Paléontologie* 6 (1911) S. 1–64; 7 (1912) S. 65–208; 8 (1913) S. 209–279.

Dawson, C.; Woodward, A. S. *On the Discovery of a Palaeolithic Human Skull and Mandible in a Flint-Bearing Gravel Overlying the Wealden (Hastings Beds) at Piltdown, Fletching, (Sussex).* In: *Quart. Jour. Geol. Soc. London* 69 (1913) S. 117–151.

Hrdlička, A. *The Neanderthal Phase of Man.* In: *Jour. Roy. Anthropol. Inst.* 57 (1927) S. 249–274.

Hrdlička, A. *The Skeletal Remains of Early Man.* In: *Smithsonian Misc.* 83 (1930).

Huxley, T. H. *Collected Essays.* Bd. 2: *Darwiniana.* Bd. 7: *Man's Place in Nature.* London (Macmillan) 1893.

Keith, A. *The Piltdown Skull and Brain Cast.* In: *Nature* 92 (1913) S. 107–109, 197–199, 292, 345–346.

*Mayr, E. *Die Entstehung der biologischen Gedankenwelt. Vielfalt, Evolution und Vererbung.* Berlin, Heidelberg, New York (Springer) 1984. [Originalausgabe: *The Growth of Biological Thought.* Cambridge, Mass. (Belknap Press/Harvard University Press, 1982.]

Mendel, G. *Versuche über Pflanzen-Hybriden.* In: *Verh. Naturf. Vereins Brünn* 4 (1866) S. 3–57.

*Reader, J. *Missing Links: The Hunt for Earliest Man.* Boston (Little, Brown) 1981.

Schoetensack, O. *Der Unterkiefer des Homo heidelbergensis aus den Sanden von Mauer bei Heidelberg.* Leipzig (W. Engelmann) 1908.

Smith, G. E. *The Piltdown Skull and Brain Cast.* In: *Nature* 92 (1913) S. 267–268, 318–319.

*Spencer, F. *Piltdown: A Scientific Forgery.* London (Natural History Museum/Oxford University Press) 1990.

Trémaux, P. *Origine et Transformations de l'Homme et Autres Etres.* Paris (Hachette) 1865.

Vries, H. de *Die Mutationstheorie. Versuche und Beobachtungen der Arten im Pflanzenreich.* Bd. 1. 1901.

Kapitel 5

Anon. *Pithecanthropus erectus – „The Ape-Man of Java."* In: *Carnegie Inst. News Serv. Bull.* 4(27) (1938) S. 227–232.

Black, D. *On a Lower Molar Hominid Tooth from the Chou Kou Tien Deposit.* In: *Palaeont. Sinica, ser.* D, 7 (1927) S. 1–29.

Black, D. *Evidence of the Use of Fire by Sinanthropus.* In: *Bull. Geol. Soc. China* 11 (1931) S. 107f.

Boule, M. *Le Sinanthropus.* In: *L'Anthropologie* 39 (1929) S. 455–460.

Boule, M. *Le Sinanthrope.* In: *L'Anthropologie* 47 (1937) S. 1–22.

*Clark, W. E. Le Gros. *Man-Apes or Ape-Man? The Story of Discoveries in Afrika.* New York (Holt, Rinehart and Winston) 1967.

Dart, R. A. *Australopithecus africanus*: *The Man-Ape of South Africa.* In: *Nature* 115 (1925) S. 195–199.

Dubois, E. *The Shape and the Size of the Brain in Sinanthropus and in Pithecanthropus.* In: *Proc. Kon. Ned. Akad. Wet.* 36 (1933) S. 415–423.

Koenigswald von, G. H. R. *Ein neuer Pithecanthropus-Schädel.* In: *Proc. Akad. Sci. Amst.* 41 (1938) S. 185–192.

Koenigswald von, G. H. R.; Weidenreich, F. *The Relationship Between Pithecanthropus and Sinanthropus*. In: *Nature* 144 (1939) S. 926–927.

Oppenoorth, W. F. F. *Homo (Javanthropus) soloensis, een plistoceene Mensch von Java*. In: *Wet. Meded. Dienst. Mijnb. Ned.-Oest. Indië* 20 (1932) S. 49–75.

Oppenoorth, W. F. F. *Ein neuer diluvialer Urmensch von Java*. In: *Natur und Museum* 62 (1932) S. 269–279.

Osborn, H. F. *Men of the Old Stone Age*. New York (Charles Scribner's Sons) 1916.

*Reader, J. *Missing Links: The Hunt for Earliest Man*. Boston (Little, Brown) 1981.

*Shapiro, H. L. *Das Geheimnis des Pekingmenschen*. Frankfurt (Umschau Verlag) 1976. [Originalausgabe: *Peking Man: The Discovery, Disappearance and Mystery of a Priceless Scientific Treasure*. New York (Simon and Schuster) 1974.]

Weidenreich, F. *Pithecanthropus and Sinanthropus*. In: *Nature* 141 (1938) S. 378–379.

Weidenreich, F. *Six Lectures on Sinanthropus pekinensis and Related Problems*. In: *Bull. Geol. Soc. China* 19 (1939) S. 1–110.

Weidenreich, F. *The Skull of Sinanthropus pekinensis: A Comparative Study on a Primitive Hominid Skull*. In: *Palaeont. Sinica, new ser.* D, 10 (1943) S. 1–291.

Weidenreich, F. *Facts and Speculations Concerning the Origin of Homo Sapiens*. In: *Amer. Anthropol.* 49 (1947) S. 187–203.

Wernert, P. *Le culte des crânes à l'époque Paléolithique*. In: Gorce, M.; Mortier, R. (Hrsg.) *Histoire Générale des Réligions*. Bd. 1. Paris (Quillet) 1948.

Woodward, A. S. *A New Cave Man from Rhodesia, South Africa*. In: *Nature* 108 (1921) S. 371f.

Zdansky, O. *Preliminary Notice on Two Teeth of a Hominid from a Cave in Chihli (China)*. In: *Bull. Geol. Soc. China* 5 (1927) S. 281–284.

Kapitel 6

Ardrey, R. *Adam kam aus Afrika. Auf der Suche nach unseren Vorfahren.* Wien, München, Zürich (Molden) 1971. [Originalausgabe: *African Genesis* New York (Atheneum) 1961.]

Broom, R. *A New Fossil Anthropoid Skull from South Africa.* In: *Nature* 138 (1936) S. 486–488.

Broom, R. *The Sterkfontein Ape.* In: *Nature* 139 (1937) S. 326.

Broom, R. *Another New Type of Fossil Ape-Man.* In: *Nature* 163 (1949) S. 57.

Broom, R.; Robinson, J. T. *Man Contemporaneous with Swartkrans Ape-Man.* In: *Amer. Jour. Phys. Anthropol.* 8 (1949) S. 151–156.

Broom, R.; Robinson, J. T. *Further Evidence of the Structure of the Sterkfontein Ape-Man Plesianthropus.* In: *Transvaal Mus. Memoir* 4 (1) (1950) S. 8–83.

Broom, R.; Schepers, G. W. H. *The South African Fossil Ape-Man. The Australopithecinae.* In: *Transvaal Mus. Memoir* 2 (1946) S. 1–271.

*Clark, W. E. Le Gros. *Man-Apes or Ape-Man? The Story of Discoveries in Afrika.* New York (Holt, Rinehart and Winston) 1967.

Dart, R. A. *The Makapansgat Proto-Human Australopithecus prometheus.* In: *Amer. Jour. Phys. Anthropol.* 6 (1948) S. 259–284.

Dart, R. A. *The Osteodontokeratic Culture of Australopithecus prometheus.* In: *Transvaal Mus. Memoir* 10 (1957) S. 1–105.

Gregory, W. K. *The South African Fossil Man-Apes and the Origin of the Human Dentition.* In: *Jour. Amer. Dental Assoc.* 26 (1939) S. 645.

Hooton, E. A. *Up from the Ape.* 2. Aufl. New York (Macmillan) 1946.

Keith, A. *New Discoveries Relating to the Antiquity of Man.* London (Williams & Norgate) 1930.

Keith, A. *A New Theory of Human Evolution.* London (Watts) 1948.

Koenigswald, G. H. R., von *The South African Man-Apes and Pithecanthropus.* In: *Carnegie Inst. Publ.* 530 (1942) S. 205–222.

Koenigswald, G. H. R., von *Meeting Prehistoric Man.* New York (Harper & Bros) 1956.

McCown, T.; Keith, A. *The Stone Age of Mount Carmel.* Bd. 2. Oxford (Clarendon Press) 1939.

*Reader, J. *Missing Links: The Hunt for Earliest Man*. Boston (Little, Brown) 1981.

Schepers, G. W. H. *The Brain Casts of the Recently Discovered Plesianthropus Skulls*. In: *Transvaal Mus. Memoir* 4 (2) (1950) S. 85–117.

*Stringer, C. B.; Gamble, C. *In Search of the Neanderthals: Solving the Puzzle of Human Origins*. London (Thames and Hudson) 1993.

*Trinkaus, E.; Shipman, P. *Die Neandertaler: Spiegel der Menschheit*. München (Bertelsmann) 1993. [Originalausgabe: *The Neanderthales: Changing the Image of Mankind*. New York (Knopf) 1993.]

Weidenreich, F. *About the Morphological Character of the Australopithecinae Skull*. In: *Spec. Publ. Roy. Soc. S. Afr.* (1948) S. 153–158.

Weinert, H. *Über die neuen Vor- und Frühmenschenfunde aus Afrika, Java, China und Frankreich*. In: *Zeitschr. Morph. Anthrop.* 42 (1950) S. 113–148.

*Willis, D. *The Leaky Family: Leaders in the Search for Human Origins*. New York (Fact on File) 1992.

Kapitel 7

Arambourg, C. *A Recent Discovery in Human Paleontology: Atlanthropus of Ternifine (Algeria)*. In: *Amer. Jour. Phys. Anthropol.* 13 (1955) S. 191–202.

Arambourg, C. *Sur l'Attitude, en Station Verticale, de Néanderthaliens*. In: *C. R. Acad. Sci. Paris* 240 (1955) S. 804–806.

Dobzhansky, T. *Die genetischen Grundlagen der Artbildung*. Jena (Fischer) 1939. [Originalausgabe: *Genetics and the Origin of Species*. New York (Columbia University Press) 1937.]

Dobzhansky, T. *On Species and Races of Living and Fossil Man*. In: *Amer. Jour. Phys. Anthropol.* 2 (1944) S. 251–265.

*Eldredge, N. *Time Frames: The Rethinking of Darwinian Evolution and the Theory of Punctuated Equilibria*. New York (Simon and Schuster) 1985.

Howell, F. C. *The Place of Neanderthal Man in Human Evolution*. In: *Amer. Jour. Phys. Anthropol.* 9 (1951) S. 379–416.

Mayr, E. *Taxonomic Categories in Fossil Hominids.* In: *Cold Spring Harbor Symp. Quant. Biol.* 15 (1950) S. 109–118.

*Mayr, E. *Die Entstehung der biologischen Gedankenwelt. Vielfalt, Evolution und Vererbung.* Berlin, Heidelberg, New York (Springer) 1984. [Originalausgabe: *The Growth of Biological Thought.* Canbridg, Mass. (Belknap Press/Harvard University Press) 1982.]

Movius, H. *The Abri Pataud Program of the French Upper Paleolithic in Retrospect.* In: Willey, G. (Hrsg.) *Archaeological Research in Retrospect.* Cambridge, MA (Winthrop) 1973. S. 87–116.

Simpson, G. G. *Zeitmaße und Ablaufformen der Evolution.* Göttingen (Musterschmidt) 1959. [Originalausgabe: *Tempo and Mode in Evolution.* New York (Columbia University Press) 1944.]

Solecki, R. S. *Shanidar: The First Flower People.* New York (Knopf) 1971.

Straus, W. L.; Cave, J. E. *Pathology and the Posture of Neanderthal Man.* In: *Quart. Rev. Biol.* 32 (1957) S. 348–363.

*Stringer, C. B.; Gamble, C. *In Search of the Neanderthals: Solving the Puzzle of Human Origins.* London (Thames and Hudson) 1993.

*Trinkaus, E.; Shipman, P. *Die Neandertaler: Spiegel der Menschheit.* München (Bertelsmann) 1993. [Originalausgabe: *The Neanderthals: Changing the Image of Mankind.* New York (Knopf) 1993.]

Wright, S. *The Roles of Mutation, Inbreeding, Crossbreeding, and Selection in Evolution.* In: *Proc. 6th Intl. Congr. Genetics* 1 (1932) S. 356–366.

Kapitel 8

Brace, C. *The Fate of the „Classic" Neanderthals: A Consideration of Hominid Catastrophism.* In: *Curr. Anthropol.* 5 (1964) S. 3–43.

Day, M. H.; Napier, J. R. *Hominid Fossils from Bed I, Olduvai Gorge, Tanganyika. Fossil Foot Bones.* In: *Nature* 201 (1964) S. 967–970.

Koenigswald von, G. H. R.; Gentner, W.; Lippolt, H. J. *Age of the Basalt Flow at Olduvai, East Africa.* In: *Nature* 192 (1961) S. 720f.

Leakey, L. S. B. *A New Fossil Skull from Olduvai.* In: *Nature* 184 (1959) S. 491–493.

Leakey, L. S. B. *New Finds at Olduvai Gorge.* In: *Nature* 189 (1961) S. 649f.

Leakey, L. S. B.; Evernden, J. F.; Curtis, G. H. *Age of Bed I, Olduvai Gorge, Tanganyika.* In: *Nature* 191 (1961) S. 478f.

Leakey, L. S. B.; Leakey, M. D. *Recent Discoveries of Fossil Hominids in Tanganyika: At Olduvai and Near Lake Natron.* In: *Nature* 202 (1964) S. 5–7.

Leakey, M. D. *A Review of the Oldowan Culture from Olduvai Gorge, Tanzania.* In: *Nature* 210 (1966) S. 462–466.

*Leakey, M. D. *Olduvai Gorge.* Bd. 3. Cambridge (Cambridge University Press) 1971.

Oakley, K. P. *Man the Toolmaker.* London (British Museum, Natural History) 1949.

Pilbeam, D. R. ; Simons E. L. *Some Problems of Hominid Classification.* In: *Amer. Scientist* 53 (1965) S. 237–259.

*Reader, J. *Missing Links: The Hunt for Earliest Man.* Boston (Little, Brown) 1981.

Robinson, J. T. *The Affinities of the New Olduvai Australopithecine.* In: *Nature* 186 (1960) S. 456–458.

Robinson J. T. *The Distinctiveness of Homo habilis.* In: *Nature* 209 (1966) S. 957–960.

Tobias, P. V. *Cranial Capacity of Zinjanthropus and Other Australopithecines.* In: *Nature* 197 (1963) S. 743–746.

*Tobias P. V. *Olduvai Gorge.* Bd. 2. Cambridge (Cambridge University Press) 1967.

*Tobias, P. V. *Olduvai Gorge.* Bd. 4. Cambridge (Cambridge University Press) 1991.

Tobias, P. V.; Koenigswald, G. H. R., von *Comparison Between the Olduvai Hominines and Those of Java and Some Implications for Hominid Phylogeny.* In: *Nature* 204 (1964) S. 515–518.

*Willis, D. *The Leakey Family: Leaders in the Search for Human Origins.* New York (Facts on File) 1992.

Kapitel 9

Andrews, P.; Cronin, J. E. *The Relationships of Sivapithecus and Ramapithecus and the Evolution of the Orang-Utan.* In: *Nature* 297 (1982) S. 541–546.

Andrews, P.; Tekkaya, I. *A Revision of the Turkish Miocene Hominoid Sivapithecus meteai.* In: *Palaeontology* 23 (1980) S. 83–95.

*Conroy, G. C. *Primate Evolution.* New York (Norton) 1990.

Goodman, M. *Immunochemistry of the Primates and Primate Evolution.* In: *Ann. N. Y. Acad. Sci.* 102, S. 219–234.

Hrdlička, A. *The Yale Fossils of Anthropoid Apes.* In: *Amer. Jour. Sci.* (1935) S. 533–538.

Leakey, L. S. B. *A New Lower Pliocene Fossil Primate from Kenya.* In: *Ann. Mag. Nat. Hist.,* Ser. 13, 4 (1962) S. 689–696.

Leakey, L. S. B. *An Early Miocene Member of Hominidae.* In: *Nature* 213 (1967) S. 155–163.

*Lewin, R. *Bones of Contention: Controversies in the Search for Human Origins.* New York (Simon and Schuster) 1987.

Lewis, G. E. *Preliminary Notice of Man-Like Apes from India.* In: *Amer. Jour. Sci.* 27 (1934) S. 161–179.

Nuttall, G. H. F. *Blood Immunity and Blood Relationship.* Cambridge (Cambrigde University Press) 1904.

Pilbeam, D. R. *Recent Finds and Interpretations of Miocene Hominoids.* In: *Ann. Rev. Anthropol.* 8 (1979) S. 333–352.

Sarich, V. M.; Wilson, A. C. *Quantitive Immunochemistry and the Evolution of Primate Albumins: Micro-Complement Fixation.* In: *Science* 154 (1966) S. 1563–1566.

Sarich, V. M.; Wilson, A. C. *Immunological Time Scale for Hominid Evolution.* In: *Science* 158 (1967) S. 1200–1203.

Sarich, V. M.; Wilson, A. C. *Rates of Albumin Evolution in Primates.* In: *Proc. Nat. Acad. Sci.* 58 (1967) S. 142–148.

*Schwartz, J. H. *The Red Ape: Orang-Utans and Human Origins.* Boston (Houghton Mifflin) 1987.

Simons, E. L. *The Phyletic Position of Ramapithecus.* In: *Peabody Mus. Postilla* 57 (1961) S. 1–9.

Simons, E. L. *On the Mandible of Ramapithecus.* In: *Proc. Nat. Acad. Sci.* 51 (1964) S. 528–535.

Simons. E. L.; Pilbeam, D. R. *Preliminary Revision of the Dryopithe-cinae (Pongidae, Anthropoidea)*. In: *Folia Primatol.* 3 (1965) S. 81–152.

Vogel, C. *Remarks on the Reconstruction of the Dental Arcade of Ramapithecus*. In: Tuttle, R. H. (Hrsg.) *Paleoanthropology. Morphology and Paleoecology*, Chicago (Aladine) 1975. S. 87–98.

Walker, A. C.; Andrews, P. *Reconstruction of the Dental Arcade of Ramapithecus wickeri*. In: *Nature* 244 (1973) S. 313–314.

Kapitel 10

Alexeev, V. P. *The Origin of the Human Race*. Moskau (Progress Publishers) 1986.

*Binford, L. R. *Bones: Ancient Men and Modern Myths*. Orlando, Florida (Academic Press) 1981.

Brace, C. L. *The Fate of the „Classic" Neanderthals: A Consideration of Hominid Catastrophism*. In: *Curr. Anthropol.* 5 (1964) S. 3–43.

Brace, C. L.; Montagu, A. *Human Evolution: An Introduction to Biological Anthropology*. New York (Macmillan) 1965.

Brown, F. H.; Feibel, C. S. *Revision of Lithostratigraphic Nomenclature to the Koobi Fora Region, Kenya*. In: *Jour. Geol. Soc.* 143 (1986) S. 297–310.

Day, M. H.; Leakey, R. E. F.; Walker, A. C.; Wood, B. A. *New Hominids from East Turkana, Kenya*. In: *Amer. Jour. Phys. Anthropol.* 45 (1976) S. 369–436.

Feibel, C. S.; Brown, F. H.; MacDougall, I. *Stratigraphic Context of Fossil Hominids from the Omo Group Deposits: Northern Turkana Basin, Kenya and Ethiopia*. In: *Amer. Jour. Phys. Anthropol.* 78 (1989) S. 595–622.

Groves, C. P.; Mazak, V. *An Approach to the Taxonomy of the Hominidae: Gracile Villafranchian Hominids of Africa*. In: *Casopis pro Mineralogii Geologii* 20 (1975) S. 225–247.

Howell, F. C. *Remains of Hominidae from Pliocene/Pleistocene Formations in the Lower Omo Basin, Ethiopia*. In: *Nature* 223 (1969) S. 1234–1239.

*Howell, F. C. *Hominidae*. In: Maglio V. J.; Cooke H. B. S. (Hrsg.) *Evolution of African Mammals*. Cambrige, MA. (Harvard University Press) 1978. S. 154–248.

Isaac, G. L. *The Food-Sharing Behavior of Proto-Human Hominids.* In: *Scientific American* 238 (1978) S. 90–108.

Isaac, G. L. *Bones in Contention: Competing Explanations for the Juxtaposition of Early Pleistocene Artefacts and Faunal Remains.* In: Clutton-Brock, J.; Grigson, G. (Hrsg.) *Animals and Archaeology: Hunters and Their Prey.* Oxford (British Archaeological Reports) 1983. S. 3–19.

*Johanson, D. C.; Edey, M. A. *Lucy: Die Anfänge der Menschheit.* 2. Aufl. München (Piper) 1982 [Originaltitel: *Lucy: The Beginnings of Humankind* (Simon and Schuster) 1981].

Leakey, R. E. F. *New Hominid Remains and Early Artefacts from Northern Kenya.* In: *Nature* 226 (1970) S. 226–228.

Leakey, R. E. F. *Further Evidence of Lower Pleistocene Hominids from East Rudolf, Kenya.* In: *Nature* 231 (1971) S. 241–245.

Leakey, R. E. F. *Further Evidence of Lower Pleistocene Hominids from East Rudolf, North Kenya.* In: *Nature* 237 (1972) S. 264–269.

Leakey, R. E. F. *Further Evidence of Lower Pleistocene Hominids from East Rudolf, North Kenya.* In: *Nature* 242 (1973) S. 170–173.

Leakey, R. E. F. *Further Evidence of Lower Pleistocene Hominids from East Rudolf, North Kenya.* In: *Nature* 248 (1974) S. 653–656.

Leakey, R. E. F.; Walker, A. C. *Australopithecus*, *Homo erectus and the Single Species Hypothesis.* In: *Nature* 261 (1976) S. 572–574.

*Lewin, R. *Bones of Contention: Controversies in the Search for Human Origins.* New York (Simon and Schuster) 1987.

*Willis, D. *The Leakey Family: Leaders in the Search for Human Origins.* New York (Facts on File) 1992.

Wolpoff, M. H. *Paleoanthropology.* New York (Knopf) 1980.

*Wood, B. *Koobi Fora Research Project.* Bd. 4. Oxford (Clarendon Press) 1991.

Kapitel 11

Clark, J. D.; Asfaw, B.; Assefa, G.; Harris, J. W. K.; Kurashina, H.; Walter, R. C.; White, T. D.; Williams, M. A. J. *Palaeoanthropological Discoveries in the Middle Awash Valley, Ethiopia.* In: *Nature* 307 (1984) S. 423–428.

Conroy, G. C.; Jolly, C. J.; Cramer, D.; Kalb, J. E. *Newly Discovered Fossil Hominid Skull from the Afar Depression, Ethiopia.* In: *Nature* 275 (1978) S. 67–70.

Day, M. H.; Leakey, M. E.; Magori, C. *A New Hominid Skull (LH 18) from the Ngaloba Beds, Laetoli, Northern Tanzania.* In: *Nature* 284 (1980) S. 55f.

Falk, D. *A Good Brain is Hard to Cool.* In: *Natural History* 102(8) (1993) S. 65.

*Johanson, D. C.; Edey, M. A. *Lucy: Die Anfänge der Menschheit.* 2. Aufl. München (Piper) 1982 [Originaltitel: *Lucy: The Beginnings of Humankind* (Simon and Schuster) 1981].

Johanson, D. C.; Taieb, M. *Plio-Pleistocene Hominid Discoveries in Hadar, Ethiopia.* In: *Nature* 260 (1976) S. 293–297.

Johanson, D. C.; White, T. D. *A Systematic Assessment of Early African Hominids.* In: *Science* 202 (1979) S. 321–330.

Johanson, D. C.; White, T. D.; Coppens, Y. *A New Species of the Genus Australopithecus (Primates: Hominidae) from the Pliocene of Eastern Africa.* In: *Kirtlandia* 28 (1978) S. 1–14.

Johanson, D. C. et. al. *Pliocene Hominid Fossils from Hadar, Ethiopia.* In: *Amer. Jour. Phys. Anthropol.* 57(4) (1982) S. 373–724.

*Leakey, M. D.; Harris, J. M. (Hrsg.) *Laetoli: A Pliocene Site in Northern Tanzania.* Oxford (Clarendon Press) 1987.

Olson, T. *Basicranial Morphology of the Extant Hominoids and Pliocene Hominids: the New Material from the Hadar Formation, Ethiopia, and its Significance in Early Human Evolution and Taxonomy.* In: Stringer, C. B. (Hrsg.) *Aspects of Human Evolution.* London (Taylor and Francis) 1981. S. 99–128.

Taieb, M.; Johanson, D. C.; Coppens, Y.; Aronson, J. L. *Geological and Palaeontological Background of Hadar Hominid Site, Afar, Ethiopia.* In: *Nature* 260 (1976) S. 289–293.

Tobias, P. V. „*Australopithecus afarensis*" *and A. africanus: Critique and Alternative Hypothesis.* In: *Palaeont. Africana* 23 (1980) S. 1–17.

Weinert, H. *Über die neuen Vor- und Frühmenschenfunde aus Afrika, Java, China und Frankreich.* In: *Zeitschr. Morph. Anthrop.* 42 (1950) S. 113–148.

Wheeler, P. *Human Ancestors Walked Tall, Stayed Cool.* In: *Natural History* 102 (1993) S. 65–67.

White, T. D. *New Fossil Hominids from Laetoli, Tanzania.* In: *Amer. Jour. Phys. Anthrop.* 53 (1977) S. 197–230.

White, T. D. *Additional Hominid Specimens from Laetoli, Tanzania.* In: *Amer. Jour. Phys. Anthropol.* 53 (1980) S. 487–504.

Kapitel 12

Eldredge, N. *The Allopatric Model and Phylogeny in Paleozoic Invertebrates.* In: *Evolution* 25 (1971) S. 156–167.

*Eldredge, N. *Time Frames: The Rethinking of Darwinian Evolution and the Theory of Punctuated Equilibria.* New York (Simon and Schuster) 1985.

*Eldredge, N.; Cracraft, J. *Phylogenetic Patterns and the Evolutionary Process.* New York (Columbia University Press) 1980.

Eldredge, N.; Gould, S. J. *Punctuated Equilibria: An Alternative to Phyletic Gradualism.* In: Schopf, T. J. M. (Hrsg.) *Models in Paleobiology.* San Francisco (Freeman Cooper) 1972. S. 82–115.

Eldredge, N.; Tattersall, I. *Evolutionary Models, Phylogenetic Reconstruction, and Another Look at Hominid Phylogeny.* In: Szalay, F. S. (Hrsg.) *Approaches to Primate Paleobiology.* Basel (Karger) 1975. S. 218–242.

Hennig, W. *Grundzüge einer Theorie der phylogenetischen Systematik.* Berlin (Deutscher Zentralverlag) 1950.

Mayr, E. *Systematics and the Origin of Species.* New York (Columbia University Press) 1942, Neuauflage: 1982.

*Otte, D.; Endler, J. A. (Hrsg.) *Speciation and its Consequences.* Sunderland, MA (Sinauer Associates) 1989.

Tattersall, I.; Eldredge, N. *Fact, Theory and Fantasy in Human Paleontology.* In: *Amer. Scientist* 65 (1977) S. 204–211.

Kapitel 13

Antunes, M. T.; Santinho Cunha, A. *Neanderthalian Remains from Figueira Brava Cave, Portugal.* In: *Géobios* 25 (1991) S. 681–692.

Arsuaga, J.-L.; Martinez, I.; Gracia, A.; Carretero, J.-M.; Carbonell, E. *Three New Human Skulls from the Sima de los Huesos Middle Pleistocene Site in Sierra de Atapuerca, Spain.* In: *Nature* 362 (1993) S. 534–537.

Clarke, R. J. *The Ndutu Cranium and the Origin of Homo sapiens.* In: *J. Hum. Evol.* 19 (1990) S. 699–736.

*Day, M. H. *Guide to Fossil Man.* 4. Aufl. Chicago (University of Chicago Press) 1988.

Deacon, H. *Southern Africa and Modern Human Origins.* In: *Phil. Trans Roy. Soc. Lond.* B1280 (1992) S. 177–184.

*Gowlett, J. *Ascent to Civilization: The Archaeology of Early Man.* New York (Knopf) 1984.

*Klein, R. G. *The Human Career: Human Biological and Cultural Origins.* Chicago (University of Chicago Press) 1989.

Rightmire, G. P. *The Evolution of Homo erectus. Comparative Anatomical Studies of an Extinct Human Species.* New York (Cambridge University Press) 1990.

Singer, R.; Wymer, J. *The Middle Stone Age at Klasies River Mouth in South Africa.* Chicago (University of Chicago Press) 1982.

*Stringer, C. B.; Gamble, C. *In Search of the Neanderthals: Solving the Puzzle of Human Origins.* London (Thames and Hudson) 1993.

Stringer, C. B.; Howell, F. C.; Melentis, J. K. *The Significance of the Fossil Hominid Skull from Petralona, Greece.* In: *J. Arch. Sci.* 6 (1979) S. 235–253.

*Tattersall, I. *The Human Odyssey: Four Million Years of Human Evolution.* New York (Prentice Hall) 1993.

*Tattersall, I.; Delson, E.; Van Couvering, J. A. (Hrsg.) *Encyclopedia of Human Evolution and Prehistory.* New York (Garland) 1988.

Kapitel 14

Andrews, P. *An Alternative Interpretation of the Characters Used to Define Homo erectus.* In: *Cour. Forsch. Inst. Senckenberg.* 69 (1984) S. 167–175.

Brown, F.; Harris, J.; Leakey, R.; Walker, A. *Early Homo erectus Skeleton from West Lake Turkana, Kenya.* In: *Nature* 316 (1985) S. 788–792.

*Grine, F. E. (Hrsg.) *Evolutionary History of the „Robust" Australopithecines.* New York (Aldine de Gruyter) 1988.

Hughes, A. R.; Tobias, P. V. *A Fossil Skull Probably of the Genus Homo from Sterkfontein, Transvaal.* In: *Nature* 265 (1977) S. 310–312.

Johanson, D. C.; Masao, F. T.; Eck, G. G.; White, T. D.; Walter, R. C.; Kimbel, W. H.; Asfaw, B.; Manega, P.; Ndessokia, P.; Suwa, G. *New Partial Skeleton* of Homo habilis from Olduvai Gorge, Tanzania. In: *Nature* 327 (1987) S. 205–209.

*Johanson, D. C.; Shreeve, J. *Lucys Kind. Auf der Suche nach den ersten Menschen.* 2. Aufl. München, Zürich (Piper) 1992 [Originalausgabe: *Lucy's Child. The Discovery fo a Human Ancestor.* New York (William Morrow) 1989].

*Leakey, R.; Lewin, R. *Der Ursprung des Menschen.* 2. Aufl. Frankfurt (Fischer) 1993. [Originalausgabe: *Origins Reconsidered: In Search of What Makes Us Human.* New York (Doubleday) 1992.]

Stringer, C. B. *The Credibility of Homo habilis.* In: *Major Topics in Primate and Human Evolution.* Wood, B.; Martin, L.; Andrews, P. (Hrsg.) Cambridge (The University Press) 1986. S. 266–294.

Vrba, E. S. *Late Pleistocene Climatic Events and Hominid Evolution.* In: Grine, F. E. (Hrsg.) *Evolutionary History of the „Robust" Australopithecines.* New York (Aldine de Gruyter) 1988. S. 405–426.

Wood, B. *Australopithecus and Early* Homo *in East Africa.* In: Delson, E. (Hrsg.) *Ancestors: The Hard Evidence.* New York (Alan R. Liss) 1985. S. 206–214.

*Wood, B. *Koobi Fora Research Project.* Bd. 4: *Hominid Cranial Remains.* Oxford (Clarendon Press) 1991.

Wood, B. *Origin and Evolution of the Genus Homo.* In: *Nature* 355 (1992) S. 783–790.

Kapitel 15

*Binford, L. R. *Bones: Ancient Men and Modern Myths*. New York (Academic Press) 1981.

Binford, L. R. *Human Ancestors: Changing Views of Their Behavior.* In: *J. Anthrop. Arch.* 4 (1985) S. 292–347.

Brain, C. K. *New Finds at the Swartkrans Australopithecines Site.* In: *Nature* 225 (1970) S. 1112–1119.

Brain, C. K. *A Reinterpretation of the Swartkrans Site and its Remains.* In: *S. Afr. J. Sci.* 72 (1976) S. 141–146.

*Brain, C. K. *The Hunters of the Hunted? An Introduction to African Cave Taphonomy*. Chicago (University of Chicago Press) 1981.

Brain, C. K.; Sillen, A. *Evidence from the Swartkrans Cave for the Earliest Use of Fire.* In: *Nature* 336 (1988) S. 464–466.

Bunn, H. T.; Kroll, E. *Systematic Butchery by Plio-Pleistocene Hominids at Olduvai Gorge, Tanzania.* In: *Curr. Anthrop.* 5 (1986) S. 431–452.

Clarke, R. J. *A New Australopithecus Cranium from Sterkfontein and its Bearing on the Ancestry of Paranthropus.* In: Grine, F. E. (Hrsg.) *Evolutionary History of the „Robust" Australopithecines.* New York (Aldine de Gruyter) 1988. S. 285–292.

Clarke, R. J. *Observations on Some Restored Hominid Specimens in the Transvaal Museum, Pretoria.* In: Sperber, G. (Hrsg.) *From Apes To Angels: Essays in Honor of Phillip V. Tobias.* New York (Wiley-Liss) 1990. S. 135–152.

Delson, E. *Chronology of South African Australopith Site Units.* In: Grine, R. E. (Hrsg.) *Evolutionary History of the „Robust" Australopithecines.* New York (Aldine de Gruyter) 1988. S. 317–324.

Hughes, A. R.; Tobias, P. V. *A Fossil Skull Probably of Homo from Sterkfontein, Transvaal.* In: *Nature* 265 (1977) S. 310–312.

Jones, P. *Experimental Implement Manufacture and Use: A Case Study from Olduvai Gorge.* In: *Phil. Trans. Roy. Soc. Lond.* B292 (1981) S. 189–195.

Kay, R. F.; Grine, F. E. *Tooth Morphology, War and Diet in Australopithecus and Paranthropus from South Africa.* In: Grine, F. E. (Hrsg.) *Evolutionary History of the „Robust" Australopithecines.* New York (Aldine de Gruyter) 1988. S. 427–448.

Laitman, J. T. *Speech (Origins of)*. In: Tattersall, I.; Delson E.; Van Couvering, J. A. (Hrsg.) *Encyclopedia of Human Evolution and Prehistory*. New York (Garland) 1988. S. 539f.

Leakey, M. D. *Stone Artefacts from Swartkrans*. In: *Nature* 225 (1970) S. 1222–1225.

*Schick, K. D.; Toth, N. *Making Silent Stones Speak*. New York (Simon and Schuster) 1993.

Susman, R. *Who Made the Oldowan Tools? Fossil Evidence for Behavior in Plio-Pleistocene Hominids*. In: *J. Anthrop. Res.* 47 (1991) S. 129–152.

Tobias, P. V.; Hughes, A. R. *The New Witwatersrand University Excavation at Sterkfontein*. In: *S. Afr. Arch. Bull.* 24 (1969) S. 158–169.

Toth, N.; Schick, K. D.; Savage-Rumbaugh, E. S.; Sevcik, R.; Rumbaugh, D. *Investigations in the Stone Tool-Making and Tool-Using Capabilities of a Bonobo*. In: *J. Arch. Sci.* 20 (1993) S. 81–91.

Vrba, E. S. *Biostratigraphy and Chronology, Based Particularly on Bovidae, of Southern Hominid-Associated Assemblages: Maka-pansgat, Sterkfontein, Taung, Kromdraai, Swartkrans*. In: Lumley, H. de; Lumley, M.-A. de. (Hrsg.) *Prétirage du Premier Congres International de la Paléontologie. Humaine*. Bd. 2. Nice (Centre Nationale pour la Recherche Scientifique) 1982. S. 707–752.

Kapitel 16

Bräuer, G. *A Craniological Approach to the Origin of Anatomically Modern Homo sapiens in Africa and Implications for the Appearance of Modern Europeans*. In: Smith F. H.; Spencer, F. (Hrsg.) *The Origins of Modern Humans: A World Survey of the Fossil Evidence*. New York (Alan R. Liss) 1984. S. 327–410.

Cann, R. L.; Stoneking, M.; Wilson, A. C. *Mitochondrial DNA and Human Evolution*. In: *Nature* 325 (1987) S. 31–36.

Coon, C. S. *The Origin of Races*. New York (Knopf) 1962.

Howells, W. W. *Mankind in the Making*. Rev. ed. New York (Double-day) 1967.

Leakey, R. E. F.; Lewin, R. *Der Ursprung des Menschen*. 2. Aufl. Frankfurt (Fischer) 1993. [Originalausgabe: *Origins Reconsidered: In Search of What Makes Us Human*. New York (Doubleday) 1992.]

Nei, M.; Roychoudhury, A. K. *Genic Variation Within and Between the Three Major Races of Man, Caucasoids, Negroids and Mongoloids*. In: *Amer. Jour. Hum. Genet.* 26 (1974) S. 421–443.

Stoneking, M.; Sherry, S. T.; Redd, A. J.; Vigilant, L. *New Approaches to Dating Suggest a Recent Age for the Human mtDNA Ancestor*. In: *Phil. Trans. Roy. Soc. Lond.* B337 (1993) S. 167–175.

Stringer, C. B.; Andrews, P. *Genetic and Fossil Evidence for the Origin of Modern Humans*. In: *Science* 239 (1988) S. 1263–1268.

*Stringer, C. B.; Gamble, C. *In Search of the Neanderthals: Solving the Puzzle of Human Origins*. London (Thames and Hudson) 1993.

Tattersall, I. *Species Recognition in Human Paleontology*. In: *Jour. Hum. Evol.* 15 (1986) S. 165–175.

Tattersall, I. *Species Concepts and Species Identification in Human Evolution*. In: *Jour. Hum. Evol.* 22 (1992) S. 341–349.

*Tattersall, I. *The Human Odyssey: Four Million Years of Human Evolution*. New York (Prentice Hall) 1993.

*Tattersall, I.; Delson, E.; Van Couvering, J. A. (Hrsg.) *Encyclopedia of Human Evolution and Prehistory*. New York (Garland) 1988.

Thorne, A. G.; Wolpoff, M. H. *Regional Continuity in Australasian Pleistocene Hominid Evolution*. In: *Amer. Jour. Phys. Anthrop.* 55 (1981) S. 337–350.

Weidenreich, F. *Six Lectures on Sinanthropus pekinensis and Related Problems*. In: *Bull. Geol. Soc. China* 19 (1939) S. 1-110.

Weidenreich, F. *Facts and Speculations Concerning the Origin of Homo Sapiens*. In: *Amer. Anthropol.* 49 (1947) S. 187–203.

Wolpoff, M. H.; Wu, X.; Thorne, A. G. *Modern Homo sapiens Origins: A General Theory of Hominid Evolution Involving Evidence from East Asia*. In: Smith F. H.; Spencer, F. (Hrsg.) *The Origins of Modern Humans. A World Survey of the Fossil Evidence*. New York (Alan R. Liss) 1984. S. 411–483.

Zusätzliche deutschsprachige Literatur

Baumunk, B.-M.; Rieß, J. (Hrsg.) *Darwin und Darwinismus: eine Ausstellung zur Kultur- und Naturgeschichte.* Berlin (Akademie) 1994.

Cavalli-Sforza, L.L. *Stammbäume von Völkern und Sprachen.* In: *Spektrum der Wissenschaft* 1 (1992) S. 90–98.

Coppens, Y. *Geotektonik. Klima und der Ursprung des Menschen.* In: *Spektrum der Wissenschaft* 12 (1994) S. 64–71.

Falk, D. *Braindance oder warum Schimpansen nicht steppen können. Die Evolution des menschlichen Gehirns.* Basel (Birkhäuser) 1994.

Feustel, R. *Abstammungsgeschichte des Menschen.* 6. überarb. u. erw. Aufl. Stuttgart (UTB) 1992.

Heinsohn, G. *Wie alt ist das Menschengeschlecht? Stratigraphische Grundlegung der Paläoanthropologie und der Vorzeit.* 2. erw. Aufl. (Mantis) 1995.

Heiss, S. J. *Homo erectus, Neandertaler und Cromagnon.* Frankfurt (Lang) 1994.

Henke, W.; Rothe, H. *Paläoanthropologie.* Berlin (Springer) 1994.

Junker, R.; Hartwig-Scherer, S. *Stammt der Mensch von Adam ab? Die Aussagen der Bibel und die Daten der Naturwissenschaft.* 4. Aufl. Neuhausen (Hänssler) 1996.

Kingdon, J. *Und der Mensch schuf sich selbst. Das Wagnis der menschlichen Evolution.* Basel (Birkhäuser) 1994.

Leakey, M.; Walker, A. *Frühe Hominiden.* In: *Spektrum der Wissenschaft* 8 (1997) S. 50–55.

Lewin, R. *Spuren der Menschwerdung.* Heidelberg (Spektrum Akademischer Verlag) 1992.

Noiré, L. *Das Werkzeug und seine Bedeutung für die Entwicklungsgeschichte der Menscheit.* Neudr. d. Ausg. 1880. Vaduz (Sändig Reprint) 1968.

Schrenk, F. *Die Frühzeit des Menschen. Der Weg zum Homo sapiens.* München (Beck) 1997.

Streit, B. (Hrsg.) *Evolution des Menschen.* Heidelberg (Spektrum Akademischer Verlag) 1995.

Stringer, C. B. *Die Herkunft des anatomisch modernen Menschen.* In: *Spektrum der Wissenschaft* 2 (1991) S. 112–120.

Stringer, C.; McKie, R. *Afrika – Wiege der Menschheit. Die Entstehung, Entwicklung und Ausbreitung des Homo sapiens.* München (Limes) 1996.

Tattersall, I. *Ein neues Modell der Homo-Evolution.* In: *Spektrum der Wissenschaft* 6 (1997) S. 64–72.

Wilson, A. C.; Cann, R. L. *Afrikanischer Ursprung des modernen Menschen.* In: *Spektrum der Wissenschaft* 6 (1992) S. 72–79.

Sachindex

A

Aasfresser 265
Abbevillien 43
„abgeleitete" Merkmale 215 f
Abri Pataud 131
Abris 42
Abschläge, siehe Steinwerkzeuge
absolutes Alter 130
Abstammung 32, 34 f, 41, 56,
    81 f, 218, 281, 296
Abstammungslinie 23, 32, 56 f,
    65, 124
Acheuléen 21, 42, 44, 109, 135,
    142, 188, 227 f, 266 f, 304 f,
    307 f
Adaptation 32, 54, 58, 122,
    209–211, 218, 302
adaptive Landschaft 121, 123
Afar, Fundorte 195
Afar-Dreieck 182
„Affe", Begriff 100 f
Alalus 46
Allele 60–62, 121
Allia Bay 295
Altamira 45, 158
„Alter Mann" 41, 66, 134
Altpaläolithikum, siehe Paläo-
    lithikum
Altweltaffen 162
Ambrona 226, 267
American Museum of Natural
    History 81, 91, 95, 119, 132,
    206, 214, 243
Amud-Höhle 232
Anatomie, vergleichende 39
Anpassung, siehe Adaptation
Anthropopithecus 47

antievolutionäres Denken 151
Antiselektionismus 118
Arago
    Fossilien 225, 232, 279, 292
    Fundort 224, 309
Aramis 295
Archaeolemur 67
Archäologie, experimentelle 261,
    264
archäologische Dokumentation
    306
archäologische Fundstellen, Natur
    von 264 f
„Arche-Noah"-Modell 273
Ardipithecus ramidus 294–296
Arier-Hypothese 40
Arten 14, 121, 123–125
    Anzahl in der Menschenfamilie
    290 f
    Aufspaltung 208
    Aussterben 209, 280
    Definition 62 f
    Erkennung 73, 196, 211, 244 f,
    277 f
    Konstanz der 23, 32 f
    polytypische 125 f
    Umwandlung 22, 28
    Variabilität 276
    Varianten 277
    Vielfalt 23, 61, 276
    Wettbewerb unter 209, 280,
    302
    zeitliche und räumliche Dimen-
    sion 205
Artbildung (Speziation) 22–24,
    64, 122 f, 206–211, 252, 277
    allopatrische 206–208,
    280

Namensindex

ca. 500 S., 70 Abb., geb.
DM 58,- / öS 424,- / sFr 52,50
ISBN 3-8274-0078-3

May R. Berenbaum

Blutsauger, Staatsgründer, Seidenfabrikanten
Die zwiespältige Beziehung von Mensch und Insekt

Sie produzieren Honig und Gift, bringen Glück oder nächtliche Albträume. Sie kooperieren in hochkomplexen Gesellschaften oder töten ihre nächsten Angehörigen. Gemeinsam ist ihnen nicht nur die Zugehörigkeit zur Klasse der Insekten. Sie zeigen auch Verhaltensweisen, die an die menschlichen erinnern, und Lebensformen, die unsere beeinflussen. Die verblüffenden Fähigkeiten und Eigenheiten der Gliederfüßer wie auch ihre vielfältige Bedeutung für die menschliche Geschichte stehen im Mittelpunkt dieses außergewöhnlichen und interdisziplinären Insektenführers. Ganz nebenbei vermittelt er die Grundlagen der klassischen Insektenkunde (Sinnesphysiologie, Systematik, Verhalten) und kann fast schon als entomologisches Nachschlagewerk dienen.

Bernard Dixon

Der Pilz, der John F. Kennedy zum Präsidenten machte

Dieses ebenso amüsante wie informative Buch zeigt auf, in welch verschiedenen Rollen Mikroorganismen auftreten können: als Motor der Weltgeschichte, als Überraschungsgäste, als gefährliche Angreifer, als hilfreiche Dienstleister und als vielversprechende Künstler. Mikroorganismen haben Napoleons Feldzug beendet, entscheidend zur Gründung des Staates Israel beigetragen und John F. Kennedy zum amerikanischen Präsidenten gemacht. Die 75 Portraits dieses Bandes gewähren einen faszinierenden Einblick in die erstaunliche Vielfalt der Lebensweisen und Leistungen dieser unterschätzten Organismengruppe.

248 S., 16 Abb., geb.
DM 49,80 / öS 389,- / sFr 48,-
ISBN 3-86025-289-5

ca. 256 S., geb.
DM 49,80 / öS 364,- / sFr 46,-
ISBN 3-8274-0139-9

Michael Groß

Exzentriker des Lebens
Zellen zwischen Hitzeschock und Kältestreß

Leben in Salz und Säure, in kochendem Wasser und dichtem Eis – wie ist das möglich? Welche Organismen sind zu solch ungewöhnlichen Leistungen fähig? Und wo liegen die physiologischen Grenzen biologischer Existenz? In seinem anregenden Buch erläutert der Biochemiker und Wissenschaftsjournalist Michael Groß die biologisch-chemischen Anpassungsstrategien der Extremisten unter den einzelligen Mikroorganismen, die sich vulkanisch heiße wie klirrend kalte Lebensräume erobert haben und sich in der salzhaltigen Lake des Toten Meeres ebenso tummeln wie unter 1100 Atmosphären Druck in 11000 Metern Wassertiefe.

Evolution – ein spannendes Stück Menschheitsgeschichte